高职高专“十二五”规划教材

高等数学

组冠兴　崔若青　主编
石勇　梁靓　副主编
李德家　主审

第二版

GAODENG SHUXUE

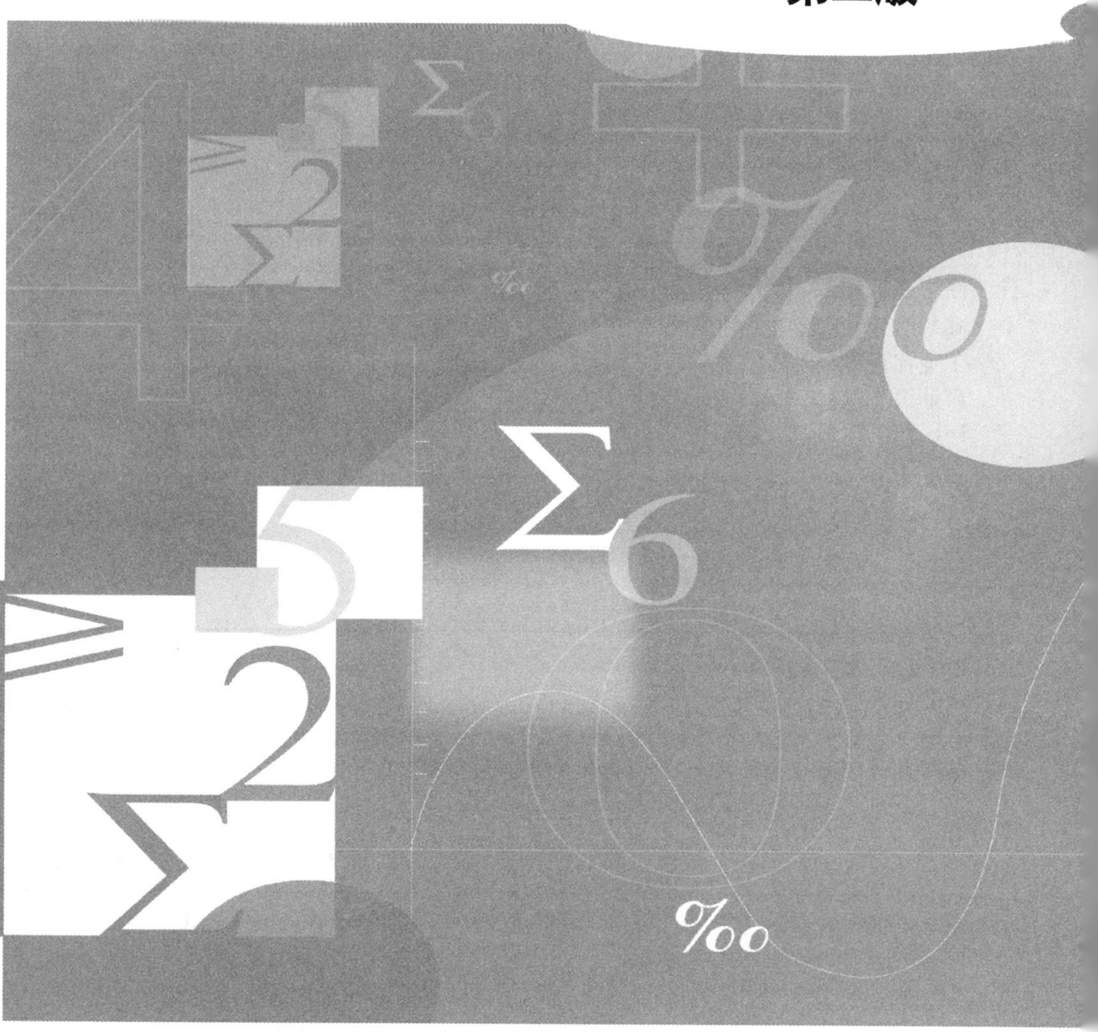

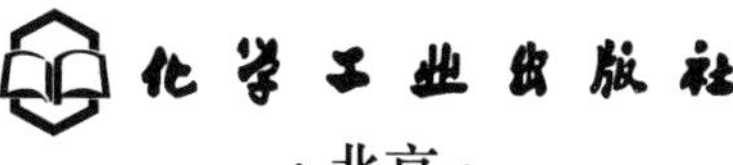

·北京·

本书是在充分研究当前我国高职高专大众化发展趋势下的教育现状，认真总结、分析高职高专院校高等数学教学改革的经验，在第一版的基础上修改成的，这次修改从高职高专教育人才培养目标出发，在保证本书第一版特色的前提下，适当降低了难度，调整了部分内容。

本书从概念的引入，内容的选择，例题和数学模型的求解都考虑到了技能型人才培养的要求。与目前高职高专学生的实际水平相衔接。

全书内容包括函数极限与连续、导数与微分及其应用、不定积分、定积分及其应用、常微分方程、向量代数与空间解析几何、多元函数微积分、无穷级数、拉普拉斯变换。书后附有习题答案。

与本书配套的辅助教材有俎冠兴、崔若青主编的《高等数学训练教程》。

本书可作为高职高专工科各专业通用高等数学教材，也可作为工程技术人员的高等数学知识更新教材。

图书在版编目（CIP）数据

高等数学/俎冠兴，崔若青主编．—2版．—北京：化学工业出版社，2011.6（2019.8重印）

高职高专“十二五”规划教材

ISBN 978-7-122-10832-6

Ⅰ．高… Ⅱ．①俎…②崔… Ⅲ．高等数学-高等职业教育-教材 Ⅳ．O13

中国版本图书馆CIP数据核字（2011）第046675号

责任编辑：高 钰　　装帧设计：韩 飞

责任校对：吴 静

出版发行：化学工业出版社（北京市东城区青年湖南街13号 邮政编码100011）

印　　刷：北京市振南印刷有限责任公司

装　　订：北京国马印刷厂

787mm×1092mm 1/16 印张15½ 字数410千字 2019年8月北京第2版第9次印刷

购书咨询：010-64518888　　售后服务：010-64518899

网　　址：http://www.cip.com.cn

凡购买本书，如有缺损质量问题，本社销售中心负责调换。

定　　价：40.00元

前　言

高等数学是高职高专院校各专业必修的一门重要的公共基础课，它不仅是学生学习后续专业课程的基础和工具，也对培养、提高学生的思维素质、创新能力、科学精神、治学态度以及用数学知识解决实际问题的能力都有着非常重要的作用。本教材第二版是经过我们诸位一线教师的努力，进一步吸收了各相关院校的改进意见，在内容结构，适应程度各个方面做了更好的把握。

本教材以“掌握概念、强化应用、培养技能”为重点，以“必须、够用”为指导原则。理论描述精确简约，具体讲解明晰易懂，很好地兼顾了高职各专业后续课程教学对高等数学知识的要求，同时也充分考虑了学生可持续发展的需要。全书内容包括函数极限与连续、导数与微分及其应用、不定积分、定积分及其应用、常微分方程、向量代数与空间解析几何、多元函数微积分、无穷级数、拉普拉斯变换。书后附有习题答案。

本教材在编写过程中，突出了以下特点：

(1) 淡化抽象的数学概念，突出数学概念与实际问题的联系；

(2) 淡化抽象的逻辑推理，充分利用几何说明，使学生能够比较直观地建立起有关的概念和理论；

(3) 充分考虑了高职学生的数学基础，较好地处理了初等数学与高等数学的衔接，突出应用；

(4) 每节配有思考题和练习题，便于学生理解、巩固基础知识，提高基本技能，培养学生应用数学知识解决实际问题的能力；

(5) 优选了部分应用实例，可供不同专业选择使用；

(6) 难度大的练习题和习题在配套的《高等数学训练教程》第二版上有详细解答。

本教材的参考学时为 80～128，标有 * 号的内容是可根据专业选学。

本书可作为高等职业院校、高等专科院校、成人高校等工科各专业高等数学教材，也可作为工程技术人员的高等数学知识更新教材。

本书由俎冠兴、崔若青主编，石勇、梁靓任副主编，李德家主审，参加编写的还有：王凌云、顾越昆、高群、王峥、孟玲、徐海燕、丁霞、李兆斌、张海英、曲梅丽。

由于编者水平有限，时间也比较仓促，书中不当之处恳请同仁和读者批评指正。

编者

2011 年 2 月

目　　录

第一章　函数、极限与连续

函数是对现实世界中各种变量之间相互依存关系的一种抽象，它是微积分研究的基本对象，是高等数学的重要概念之一．研究的基本方法是极限方法．本章在复习和加深函数有关知识的基础上，学习函数的极限和函数的连续性．

第一节　函　　数

一、函数的概念

1. 引例

在同一个事物的变化过程中，往往同时有几个变量在变化着．这几个变量并不是孤立地在变，而是按照一定的规律相互联系着，其中一个量变化时，另外的量也随之变化．观察下面的几个例子．

引例 1　自由落体运动的位移与时间的关系为

$$h=\frac{1}{2}gt^2$$

其中，g 是重力加速度．当时间 t 在允许的范围内给定一个数值时，按上式位移 h 就有唯一确定的数值与其对应．

引例 2　某股票某天的走势图（图 1-1）．

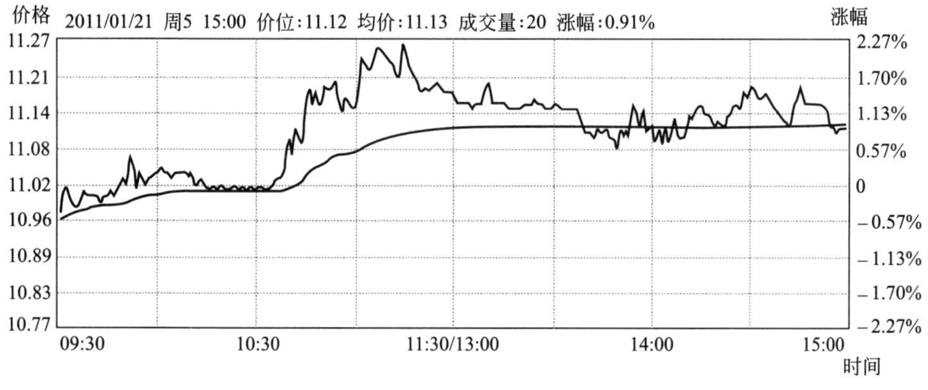

图 1-1

从走势可以看出这只股票当天的价格随时间的变化情况．

引例 3　某单位 2006 年每个月的产量见表 1-1．

表 1-1

1	2	3	4	5	6	7	8	9	10	11	12
1050	1030	1100	1070	1130	1100	1150	1190	1260	1190	1300	1380

从表中可以很直观地看到该单位产量随月份的变化情况．

2. 函数定义

以上三个引例的实际意义和表达形式虽然都不相同，但却有共同之处：每个例子所描述的变化过程都有两个变量，当其中的一个变量在一定的变化范围内取定一数值时，按照某个确定的法则，另一个变量有唯一确定的数值与之对应. 变量之间的这种对应关系就是函数概念的本质.

定义 1.1 设在某个变化过程中有两个变量 x 和 y，D 是一个数集. 若对于每一个 $x\in D$，按照某一对应法则 f，变量 y 总有唯一确定的值与之对应，则称 y 是定义在数集 D 上 x 的函数. x 称为自变量，y 称为因变量，也常常称 y 为 x 的函数，记作 $y=f(x)$. 数集 D 称为函数的定义域.

若对于确定的 $x_0\in D$，通过对应关系 f，函数 y 有唯一确定的值 y_0 相对应，则称 y_0 为 $y=f(x)$ 在 x_0 处的函数值，记作

$$y_0=y|_{x=x_0}=f(x_0)$$

函数值的集合称为函数的值域，记作 M，即

$$M=\{y|y=f(x),x\in D\}$$

3. 函数的两个要素

函数定义域 D 和对应关系 f 唯一确定函数 $y=f(x)$，故定义域和对应关系称为函数的两个要素. 如果函数的两个要素相同，那么它们就是相同的函数，否则就是不同的函数.

函数 $y=f(x)$ 的对应法则 f 也可用 φ、h、g、F 等表示，相应的函数就记作 $\varphi(x)$，$h(x)$，$g(x)$，$F(x)$.

在实际问题中，函数的定义域是根据问题的实际意义确定的. 对于解析式表达的函数，其定义域为使解析式有意义的一切实数值.

【例 1.1】 已知 $f(x)=-2x+1$，求 $f(-1)$，$f(a)$，$f\left(\frac{1}{a}\right)$和 $f(-x)$.

解

$$f(-1)=-2\times(-1)+1=3$$

$$f(a)=-2a+1$$

$$f\left(\frac{1}{a}\right)=-2\times\frac{1}{a}+1=-\frac{2}{a}+1$$

$$f(-x)=-2\times(-x)+1=2x+1$$

【例 1.2】 设 $f(x-1)=x^2-3x+5$，求 $f(x)$.

解法 1 （代入法）令 $x-1=t$，则 $x=t+1$，则

$$f(t)=(t+1)^2-3(t+1)+5=t^2-t+3$$

所以

$$f(x)=x^2-x+3$$

解法 2 （还原法）

$$f(x-1)=x^2-3x+5=(x-1)^2-(x-1)+3$$

所以

$$f(x)=x^2-x+3$$

【例 1.3】 求函数 $y=\frac{1}{\sqrt{3-x^2}}+\arcsin\left(\frac{x}{2}-1\right)$的定义域.

解 由所给函数知，要使函数有定义，必须

$$\begin{cases}\sqrt{3-x^2}\neq 0\\ 3-x^2>0\\ \left|\dfrac{x}{2}-1\right|\leqslant 1\end{cases}$$

即

$$0\leqslant x<\sqrt{3}$$

因此，所给函数的定义域为 $[0,\sqrt{3})$.

【例 1.4】 试讨论下列各组函数是否为相同函数.

(1) $y=1$ 与 $y=\dfrac{x}{x}$；

(2) $y=|x|$ 与 $y=\sqrt{x^2}$；

(3) $y=\ln 3x$ 与 $y=\ln 3\ln x$.

解 (1) 函数 $y=1$ 的定义域为 $(-\infty,+\infty)$，而函数 $y=\dfrac{x}{x}$ 的定义域为 $(-\infty,0)\cup(0,+\infty)$，故不是同一函数.

(2) 两个函数的定义域和对应法则都相同，故是相同函数.

(3) 两个函数的定义域都是 $(0,+\infty)$，但对应法则不一致，所以不是相同的函数.

4. 函数的表示法

函数的表示方法有：解析法、图像法和表格法等. 如引例 1、引例 2 和引例 3.

5. 反函数

函数 $y=f(x)$ 反映了两个变量之间的关系，当自变量 x 在定义域 D 内取定一个值后，因变量 y 的值也随之唯一确定. 但是，这种因果关系并不是绝对的. 例如，在自由落体运动中，如果已知物体下落时间 t，而要求出下落高度 h，则有公式 $h=\dfrac{1}{2}gt^2\ (t\geqslant 0)$. 也常常考虑反过来的问题：已知下落高度 h，要求出下落时间 t. 这时可从上式解得 $t=\sqrt{\dfrac{2h}{g}}\ (h\geqslant 0)$. 在数学上，如果把一个函数中的自变量和因变量进行对换后能得到新的函数，就把这个新函数称为原来函数的反函数. 严格地说如下.

定义 1.2 设函数 $y=f(x)$ 是定义在数集 D 上的一个函数，其值域为 M. 如果对每一个数值 $y\in M$，有唯一确定的且满足 $y=f(x)$ 的数值 $x(x\in D)$ 与之对应，其对应法则 f^{-1}，那么定义在 M 上的函数 $x=f^{-1}(y)$ 叫做函数 $y=f(x)$ 的反函数.

由于习惯用 x 表示自变量而用 y 表示函数，因此常常将 $y=f(x)$ 的反函数记作 $y=f^{-1}(x)$. 例如 $y=\sin x$ 与 $y=\arcsin x$ 互为反函数.

如果把函数 $y=f(x)$ 与其反函数 $y=f^{-1}(x)$ 的图形画在同一平面直角坐标系内，那么它们的图形关于直线 $y=x$ 对称 (图 1-2).

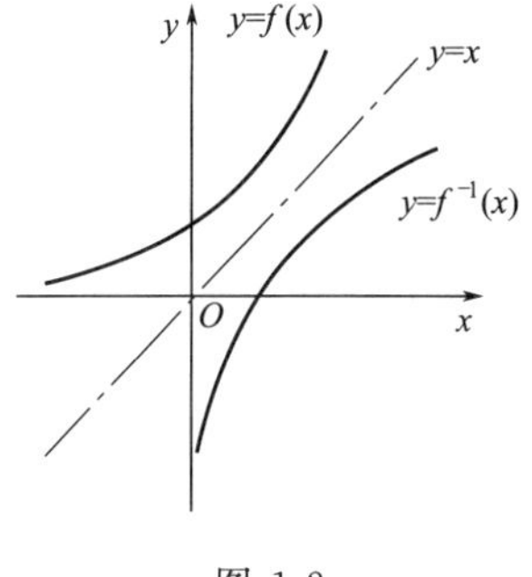

图 1-2

二、函数的几种特性

设函数 $y=f(x)$ 在某区间 I 内有定义.

1. 奇偶性

设 I 为关于原点对称的区间，若对于每一个 $x\in I$，都有 $f(-x)=-f(x)$，则函数 $f(x)$ 为奇函数；若 $f(-x)=f(x)$，则称函数 $f(x)$ 为偶函数.

奇函数的图像关于原点对称（图 1-3），偶函数的图像关于 y 轴对称（图 1-4）.

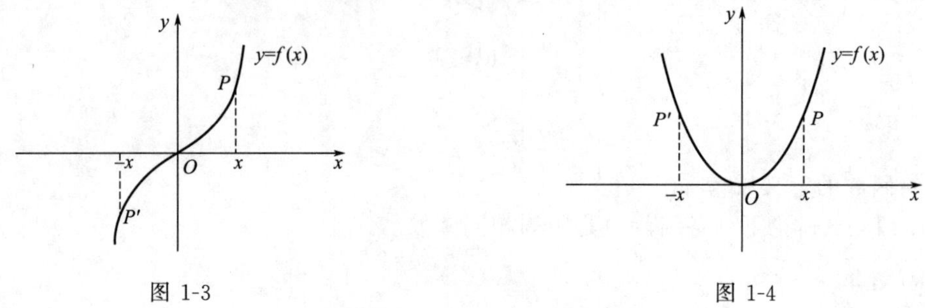

图 1-3　　图 1-4

例如，函数 $y=x^2$，$y=\cos x$ 等为偶函数；函数 $y=\sin x$，$y=x^3$ 等为奇函数；函数 $y=e^x+x$ 既不是奇函数，也不是偶函数，称它为非奇非偶函数.

2. 单调性

若对于区间 I 内任意两点 x_1、x_2，当 $x_1<x_2$ 时，若恒有 $f(x_1)<f(x_2)$，则称函数 $f(x)$ 在 I 上是单调增加的；当 $x_1<x_2$ 时，若恒有 $f(x_1)>f(x_2)$，则称函数 $f(x)$ 在区间 I 上是单调减少的. 单调增加和单调减少的函数统称为单调函数.

单调增加的函数其图像是自左向右上升的（图 1-5）；单调减少的函数其图像是自左向右下降的（图 1-6）.

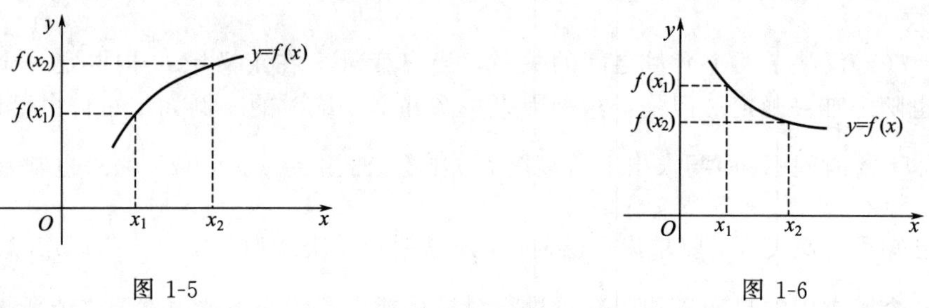

图 1-5　　图 1-6

例如，函数 $y=e^x$ 在（$-\infty$，$+\infty$）内是单调增加的；函数 $y=\log_{\frac{1}{2}}x$ 在（0，$+\infty$）内是单调减少的；函数 $y=x^2$ 在（$-\infty$，$+\infty$）内不是单调的.

3. 周期性

设存在常数 $l\neq 0$，使得对于任意的 $x\in I$，有 $x+l\in I$，且 $f(x+l)=f(x)$ 恒成立，则称函数 $f(x)$ 为周期函数. 通常称使得公式成立的最小正数 l 为函数 $f(x)$ 的周期.

例如，$y=\sin x$，$y=\cos x$ 是周期为 2π 的周期函数；$y=\tan x$，$y=\cot x$ 是周期为 π 的周期函数.

4. 有界性

若存在正数 M，使得在区间 I 上恒有 $|f(x)|\leqslant M$，则称函数 $f(x)$ 在 I 上有界，否则称 $f(x)$ 在 I 上无界.

例如，函数 $y=\arctan x$ 在（$-\infty$，$+\infty$）上有界；函数 $y=\dfrac{1}{x}$ 在（0，1）上无界，但在（2，4）上就有界.

三、分段函数

在公式法表示的函数中，常常会碰到一种特殊且重要的函数——分段函数. 就是在同一函数的定义域内不同区间上用不同的解析式表示的函数.

【例 1.5】 绝对值函数

$$f(x)=|x|=\begin{cases} x & x\geqslant 0 \\ -x & x<0 \end{cases}$$

它的定义域是 $(-\infty, +\infty)$，值域是 $[0, +\infty)$（图 1-7）.

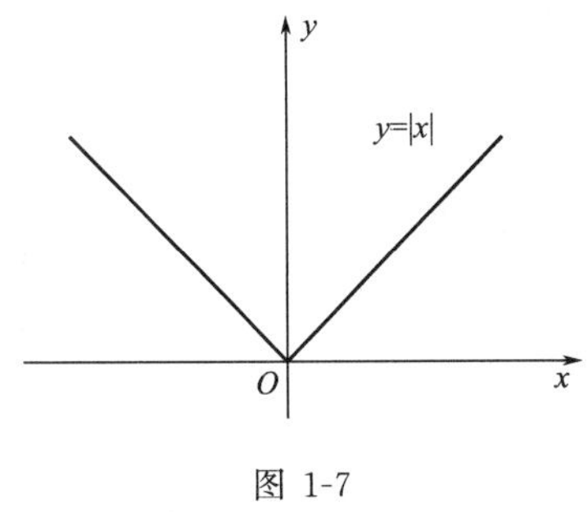

图 1-7

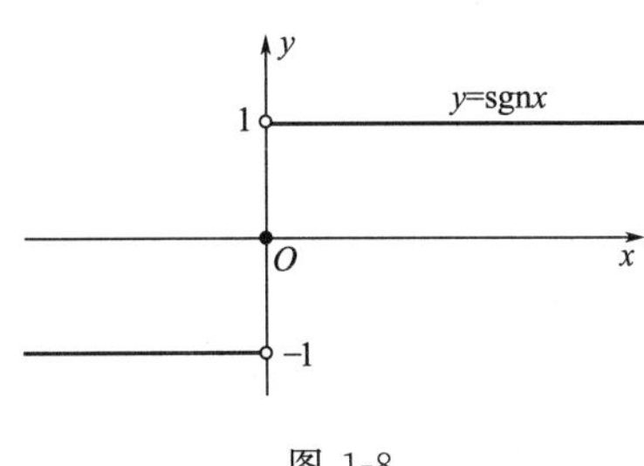

图 1-8

【例 1.6】 符号函数

$$y=\text{sgn}x=\begin{cases} 1 & x>0 \\ 0 & x=0 \\ -1 & x<0 \end{cases}$$

是分段函数，定义域是 $(-\infty, +\infty)$，值域是 $\{-1, 0, 1\}$（图 1-8）.

【例 1.7】 设 x 为任一实数，则函数

$$f(x)=[x]$$

称为取整函数，它的定义域是 $(-\infty, +\infty)$，值域是整数集 Z（图 1-9）.

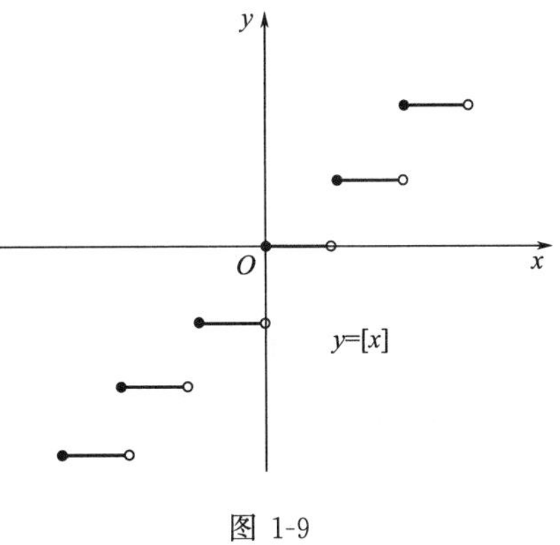

图 1-9

四、复合函数、初等函数

1. 复合函数

设 $y=\sqrt{u}$，而 $u=1+x^2$，以 $1+x^2$ 代替第一式中的 u 得

$$y=\sqrt{1+x^2}$$

说函数 $y=\sqrt{1+x^2}$ 是由 $y=\sqrt{u}$ 及 $u=1+x^2$ 复合而成的复合函数. 对于这种函数，给出下面的定义.

定义 1.3 如果 y 是 u 的函数 $y=f(u)$，而 u 又是 x 的函数 $u=\varphi(x)$，通过 u 将 y 表示成 x 的函数，即 $y=f[\varphi(x)]$，那么 y 就叫做 x 的复合函数，其中 u 叫做中间变量.

注意：函数 $u=\varphi(x)$ 的值域应该取在函数 $y=f(u)$ 的定义域内，否则复合函数失去意义. 例如，复合函数 $y=\ln u$，$u=x+1$. 由于 $y=\ln u$ 的定义域为 $(0, +\infty)$，所以中间变量 $u=x+1$ 的值域必须在 $(0, +\infty)$ 内，即 x 应在 $(-1, +\infty)$ 内.

一个函数也可以由两个以上的函数复合构成.

【例 1.8】 写出下列复合函数的复合过程：

（1）$y=\sqrt{\tan(2x+1)}$　　（2）$y=e^{\cos\log_2(3x-1)}$

解 （1）$y=\sqrt{u}$，$u=\tan v$，$v=2x+1$

（2）$y=e^u$，$u=\cos v$，$v=\log_2 t$，$t=3x-1$

2. 初等函数

由基本初等函数和常数经过有限次的四则运算和有限次的函数复合步骤所构成的并可用一

个式子表示的函数，称为初等函数.

例如，$y=\mathrm{e}^{\sqrt{x}}$，$y=\log_a\sin2x$，$y=\sqrt{\cot\frac{x}{2}}$ 等都是初等函数.

注意：由初等函数的概念可知，分段函数一般不是初等函数，因为分段函数一般都由几个解析式来表示．在复合函数的分解中，每个函数应是基本初等函数形式或是基本初等函数及常数的四则运算式形式.

五、函数模型

数学模型，从广义理解，一切数学概念、数学理论体系、数学公式、方程式和算法系统都可称为数学模型．从狭义理解，只有那些反映特定问题的数学结构才称为数学模型，即数学模型可以描述为，对于现实世界的一个特定对象，为了一个特定的目的，根据特有的内在规律，作出一些必要的简化假设，运用适当的数学工具，得到的一个数学结构.

数学是从现实世界中发现问题、研究问题和解决问题中发展起来的．函数模型是数学模型的一种，是一种涉及的变量较少、关系较为简单的数学模型．所说的函数模型一般只涉及两个变量.

在解决实际问题时，通常要先建立问题的函数模型，也就是所说的建立函数关系式．然后进行分析和计算.

【例 1.9】 要建造一个容积为 V 的长方体水池，它的底为正方形．如果池底的单位面积造价为侧面积造价的 3 倍，试建立总造价与底面边长之间的函数关系.

解 底面边长为 x，总造价为 y，侧面单位造价为 a．由已知条件可得池深为$\frac{V}{x^2}$，侧面积为 $4x\frac{V}{x^2}=\frac{4V}{x}$，从而得出

$$y=3ax^2+4a\frac{V}{x}\ (0<x<+\infty)$$

【例 1.10】 某运输公司规定货物的吨公里运价为：在 a 以内，每吨公里为 k 元；超过 a 时，超过部分为每吨公里$\frac{4}{5}k$ 元．求运价 m 和里程 s 之间的函数关系.

解 根据题意可列出函数关系如下：

$$m=\begin{cases}ks & 0<s\leqslant a\\ ka+\frac{4}{5}k(s-a) & s>a\end{cases}$$

思考题 1.1

1．函数的两个要素是什么？
2．函数 $y=x+1$ 和 $x=y-1$ 是不是同一个函数？
3．分段函数都不是初等函数吗？
4．函数有几种特性？分别举例说明.
5．举例说明不是所有的函数都能构成复合函数.

练习题 1.1

1. 下列函数中，$f(x)$ 与 $g(x)$ 是否表示同一个函数，说明理由：

(1) $f(x)=\frac{x^2-1}{x-1}$与 $g(x)=x+1$；

(2) $f(x)=\sqrt{(x-2)^2}$与$g(x)=|2-x|$.

2. 设函数 $f(x)=\begin{cases}\sin x & x\geqslant 0\\ x^2+1 & x<0\end{cases}$，求 $f(0)$，$f\left(\frac{\pi}{2}\right)$，$f\left(-\frac{\pi}{2}\right)$.

3. 设 $f(x+2)=x^2+3x+5$，求 $f(x)$.

4. 求函数 $y=3x+2$ 的反函数.

5. 求下列函数的定义域：

(1) $y=\arccos\frac{x-1}{3}$　　(2) $y=\sqrt{\ln\frac{2x-x^2}{2}}$

(3) $y=\sqrt{9-x^2}-\lg\frac{x-1}{x^2-x-6}$

6. 将 $y=|2x-1|-\sqrt{(x-1)^2}$用分段函数表示，并作出函数图像.

7. 判断下列函数的奇偶性：

(1) $y=\frac{e^x-1}{e^x+1}$　　(2) $y=\ln(x+\sqrt{x^2+1})$

(3) $y=x\sin(x+1)$

8. 写出下列复合函数的复合过程：

(1) $y=\cot(\sqrt{4x^5+3x-1})$　　(2) $y=\ln^3\sin^2(x^2+1)$

9. 用铁皮做一个容积为 V 的圆柱形罐头筒，将它的全面积表示成底半径的函数.

10. 旅客乘坐火车时，可免费随身携带不超过 20kg 的物品，超过 20kg 的部分，收费 0.20 元/kg，超过 50kg 部分再加收 50%. 试建立收费与物品质（重）量的函数关系.

第二节 极　　限

极限是高等数学的重要概念之一，是研究自变量在某一变化过程中函数的变化趋势. 高等数学中的导数、积分、级数等概念都是基于极限而定义或与之密切相关. 因此，学习和掌握极限概念与计算方法是十分重要的. 本节主要研究数列极限、函数极限及函数左右极限的概念，介绍极限的运算法则.

一、数列的极限

在初等数学中，大家都学习过数列. 现在从函数的角度可以认为数列是一种特殊的函数. 数列 $\{x_n\}$ 可以理解为正整数 n 为自变量的函数，从而可以写成

$$x_n=f(n)\ (n=1,2,3,\cdots)$$

因此又可以称数列为整标函数. 其定义域为正整数集.

数列极限的思想早在古代就已萌生. 中国《庄子》一书中著名的“一尺之棰，日取其半，万世不竭”；刘徽的“割圆术”用圆内接多边形的面积去逼近圆面积等，都是极限思想的萌芽.

数列的极限，就是要讨论当 n 无限增大（即 $n\to\infty$）时，考察数列 $\{x_n\}$ 的变化趋势，它是否能够无限接近于一个定值，这个定值等于多少?

引例 1　考察下面几个数列：

(1) $1，\frac{1}{2}，\frac{1}{3}，\cdots，\frac{1}{n}，\cdots$

(2) $2，\frac{1}{2}，\frac{4}{3}，\cdots，\frac{n+(-1)^{n-1}}{n}，\cdots$

(3) $\sin\frac{\pi}{2}，\sin\frac{2\pi}{2}，\sin\frac{3\pi}{2}，\cdots，\sin\frac{n\pi}{2}，\cdots$

观察上述两个数列可以发现，当 n 无限增大（即 $n\to\infty$）时，数列 (1) 的各项呈现出确

定的变化趋势，即无限趋近于常数 0，数列（2）的奇数项从大于 1 的方向无限趋近于常数 1，偶数项从小于 1 的方向无限趋近于常数 1，数列（3）在 1、0 和 -1 三个数中变动，不趋近于某个常数.

定义 1.4 设 $\{x_n\}$ 是一个数列，如果当 n 无限增大（即 $n\to\infty$）时，x_n 无限接近于某个确定的常数 A，则称 A 为数列 $\{x_n\}$ 的极限，记作

$$\lim_{n\to\infty} x_n = A \text{ 或 } x_n \to A(n\to\infty)$$

定义 1.4 中的含义是：当 n 充分大时，x_n 与 A 的差的绝对值 $|x_n - A|$ 可以任意小，数列的这种变化趋势用下面的定义给予精确的数量描述.

定义 1.5 设 $\{x_n\}$ 是一个数列，对于任意给定的正数 ε，总有自然数 N 存在，使得当 $n>N$ 时，不等式

$$|x_n - A| < \varepsilon$$

总成立，则称数列 $\{x_n\}$ 以 A 为极限，记作

$$\lim_{n\to\infty} x_n = A \text{ 或 } x_n \to A\ (n\to\infty)$$

定义中的"当 $n>N$ 时，不等式 $|x_n - A| < \varepsilon$ 总成立"这句话，从几何的观点看就是：第 N 项以后的一切项将全部落入点 A 的 ε 邻域内.

【例 1.11】 观察下列数列的极限：

（1）$x_n = q^{n-1}$ （$|q|<1$）；　　（2）$x_n = 2n$；

（3）$x_n = C$.

解 观察数列在 $n\to\infty$ 时的变化趋势得

（1）$\lim\limits_{n\to\infty} q^{n-1} = 0$；

（2）$\lim\limits_{n\to\infty} 2n$ 不存在；

（3）$\lim\limits_{n\to\infty} C = C$.

通过上例可以知道，不是所有的数列都有极限的. 常数数列的极限等于其本身.

二、函数的极限

1. 函数 $f(x)$ 当 $x\to\infty$ 时的极限

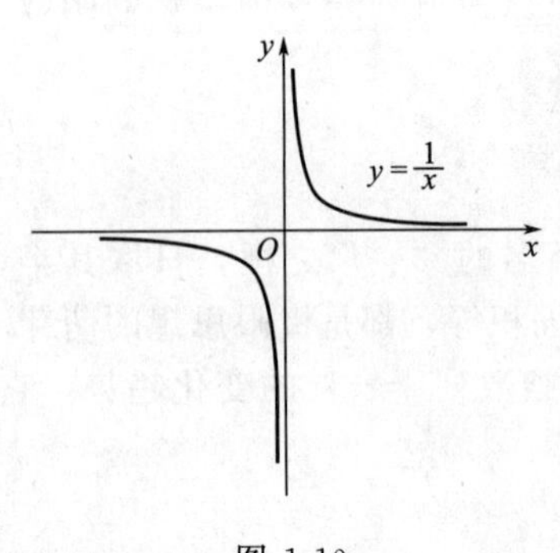

图 1-10

对于函数 $y=f(x)$，函数 y 随着自变量 x 的变化而变化. $x\to\infty$ 表示 $|x|$ 无限增大. 当 $x>0$ 且无限增大时，记作 $x\to+\infty$；当 $x<0$ 且 $|x|$ 无限增大时，记作 $x\to-\infty$.

引例 2 考察当 $x\to\infty$ 时，函数 $y=\dfrac{1}{x}$ 的变化趋势.

如图 1-10 所示，当 $x\to\infty$（包括 $x\to+\infty$，$x\to-\infty$）时，函数趋向于确定的常数 0. 即函数图形无限接近于直线 $y=0$（x 轴）.

定义 1.6 设函数 $y=f(x)$ 当 $|x|$ 大于某一正数时有定义，如果 $|x|$ 无限增大时，函数 $f(x)$ 无限趋近于确定的常数 A，则称 A 为 $x\to\infty$ 时函数 $f(x)$ 的极限，记为

$$\lim_{x\to\infty} f(x) = A \text{ 或 } f(x)\to A(x\to\infty)$$

若只当 $x\to+\infty$（或 $x\to-\infty$）时，函数趋近于确定的常数 A，记为

$$\lim_{x\to+\infty} f(x) = A \text{ 或 } \lim_{x\to-\infty} f(x) = A$$

定理 1.1　$\lim\limits_{x\to\infty} f(x)=A$ 的充要条件是 $\lim\limits_{x\to+\infty} f(x)=\lim\limits_{x\to-\infty} f(x)=A$.

【例 1.12】　观察下列函数的图像（图 1-11、图 1-12），求极限值.

（1）$\lim\limits_{x\to\infty}\left(1+\dfrac{1}{x}\right)$；

（2）$\lim\limits_{x\to+\infty}\arctan x$ 和 $\lim\limits_{x\to-\infty}\arctan x$.

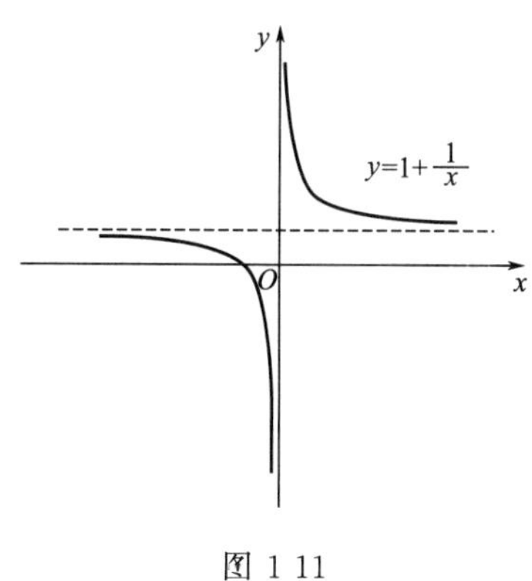

图 1-11

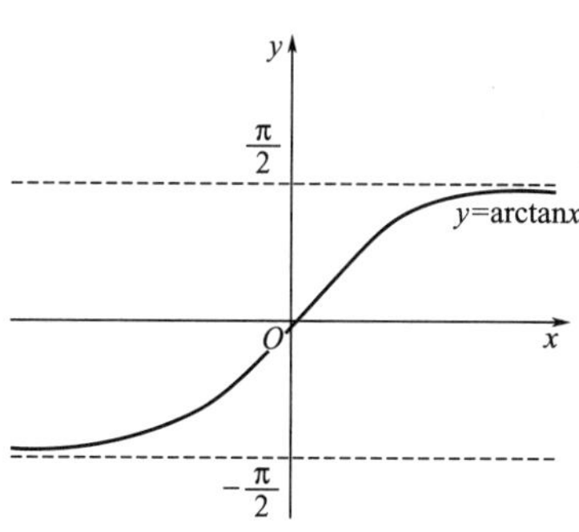

图 1-12

解　（1）由图 1-11 可以看出：$\lim\limits_{x\to\infty}\left(1+\dfrac{1}{x}\right)=1$；

（2）由图 1-12 可以看出：$\lim\limits_{x\to+\infty}\arctan x=\dfrac{\pi}{2}$，$\lim\limits_{x\to-\infty}\arctan x=-\dfrac{\pi}{2}$.

2. 函数 $f(x)$ 当 $x\to x_0$ 时的极限

引例 3　考察当 $x\to3$ 时，函数 $f(x)=\dfrac{1}{3}x+1$ 的变化趋势.

设 x 从 3 的左侧无限接近于 3，即 x 取 2.9，2.99，2.999，…，3 时，对应的函数 $f(x)$ 的值从 1.97，1.997，1.9997，…，2.

设 x 从 3 的右侧无限接近于 3，即 x 取 3.1，3.01，3.001，…，3 时，对应的函数 $f(x)$ 的值从 2.03，2.003，2.0003，…，2.

由此可知，当 $x\to3$ 时，函数 $f(x)=\dfrac{1}{3}x+1$ 的值无限接近于 2. 如图 1-13 所示.

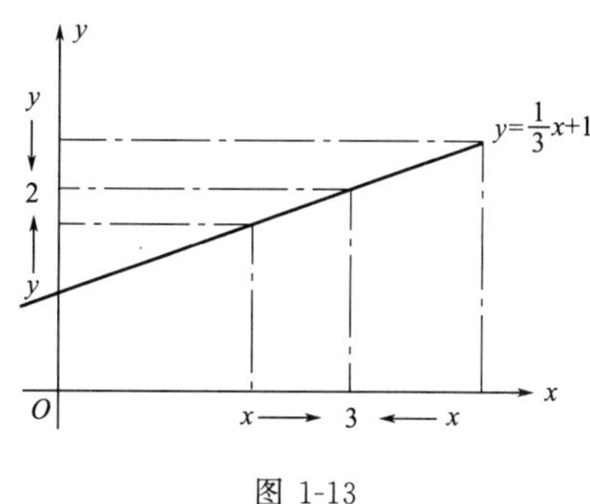

图 1-13

定义 1.7　设函数 $y=f(x)$ 在点 x_0 的左右近旁有定义（x_0 点可以除外），当自变量 x 无限趋近于 x_0 时，相应的函数值 $f(x)$ 无限接近于常数 A，则称 A 为函数 $f(x)$ 当 $x\to x_0$ 时的极限，记作

$$\lim_{x\to x_0} f(x)=A \text{ 或 } f(x)\to A(x\to x_0)$$

上面讨论了 $x\to x_0$ 时函数 $f(x)$ 的极限，对于 $x\to x_0^-$（x 从 x_0 的左侧趋向于 x_0）或 $x\to x_0^+$（x 从 x_0 的右侧趋向于 x_0）时的情形，有如下定义.

定义 1.8　设函数 $f(x)$ 在 x_0 的左侧（或右侧）近旁有定义，当 $x\to x_0^-$（或 $x\to x_0^+$）时，相应的函数值 $f(x)$ 无限接近于常数 A，则称 A 为函数 $f(x)$，在 x_0 处的左（右）极限，记作

$$\lim_{x\to x_0^-} f(x)=A\left[\lim_{x\to x_0^+} f(x)=A\right]$$

或 $$f(x_0+0)=A[f(x_0-0)=A]$$

定理 1.2 $\lim\limits_{x\to x_0}f(x)=A$ 的充要条件是 $\lim\limits_{x\to x_0^-}f(x)=\lim\limits_{x\to x_0^+}f(x)=A$.

【例 1.13】 设 $f(x)=\begin{cases}|x| & x\neq 0\\ 1 & x=0\end{cases}$，画出该函数的图像，并讨论 $\lim\limits_{x\to 0^+}f(x)$，$\lim\limits_{x\to 0^-}f(x)$，$\lim\limits_{x\to 0}f(x)$ 是否存在.

解 $f(x)$ 的图像如图 1-14 所示，由图可以看出

$$\lim_{x\to 0^+}f(x)=0,\ \lim_{x\to 0^-}f(x)=0$$

根据定理 1.2 可得

$$\lim_{x\to 0}f(x)=0$$

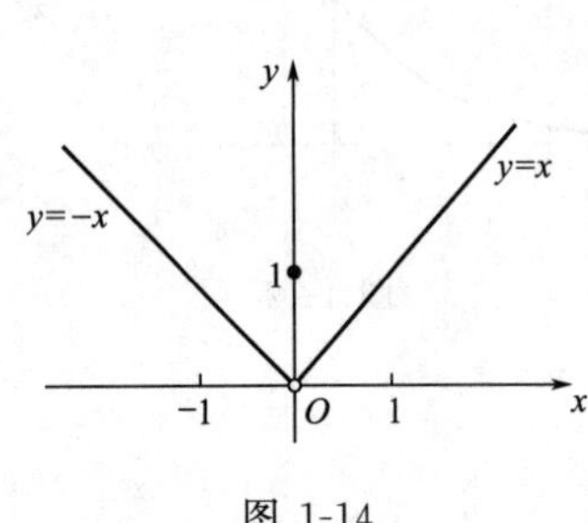

图 1-14

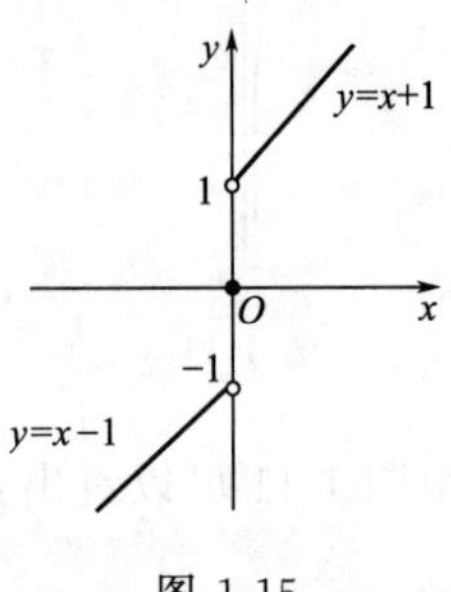

图 1-15

【例 1.14】 设 $f(x)=\begin{cases}x-1 & x<0\\ 0 & x=0\\ x+1 & x>0\end{cases}$，画出该函数的图像，并讨论 $\lim\limits_{x\to 0^+}f(x)$，$\lim\limits_{x\to 0^-}f(x)$，$\lim\limits_{x\to 0}f(x)$ 是否存在.

解 $f(x)$ 的图像如图 1-15 所示，由图可以看出

$$\lim_{x\to 0^+}f(x)=1,\ \lim_{x\to 0^-}f(x)=-1$$

因为 $\lim\limits_{x\to 0^+}f(x)\neq\lim\limits_{x\to 0^-}f(x)$，根据定理 1.2 可得 $\lim\limits_{x\to 0}f(x)$ 不存在.

三、极限的运算法则

设 $\lim f(x)=A$，$\lim g(x)=B$（假定 x 在同一变化过程中），则有：

法则 1 $\lim[f(x)\pm g(x)]=\lim f(x)\pm\lim g(x)=A\pm B$.

法则 2 $\lim[f(x)g(x)]=\lim f(x)\lim g(x)=AB$.

推论 $\lim[Cf(x)]=C\lim f(x)=CA$（$C$ 是常数）.

法则 3 $\lim\dfrac{f(x)}{g(x)}=\dfrac{\lim f(x)}{\lim g(x)}=\dfrac{A}{B}(B\neq 0)$.

说明：法则 1 和法则 2 可以推广到有限多个函数的代数和或乘积的情形.

【例 1.15】 求 $\lim\limits_{x\to 2}(x^2+2x+3)$.

解 $\lim\limits_{x\to 2}(x^2+2x+3)=\lim\limits_{x\to 2}x^2+\lim\limits_{x\to 2}2x+\lim\limits_{x\to 2}3=\lim\limits_{x\to 2}x^2+2\lim\limits_{x\to 2}x+3=2^2+2\times 2+3=11$

【例 1.16】 求 $\lim\limits_{x\to 1}\dfrac{2x^2-3}{2x^3-3x+2}$.

解 $\lim\limits_{x\to 1}\dfrac{2x^2-3}{2x^3-3x+2}=\dfrac{\lim\limits_{x\to 1}(2x^2-3)}{\lim\limits_{x\to 1}(2x^3-3x+2)}=\dfrac{-1}{1}=-1$

【例 1.17】 求$\lim\limits_{x\to 0}\dfrac{\sqrt{1+x}-\sqrt{1-x}}{2x}$.

解 注意到分子、分母的极限全为零.

$$\lim_{x\to 0}\frac{\sqrt{1+x}-\sqrt{1-x}}{2x}=\lim_{x\to 0}\frac{(\sqrt{1+x}-\sqrt{1-x})(\sqrt{1+x}+\sqrt{1-x})}{2x(\sqrt{1+x}+\sqrt{1-x})}$$

$$=\lim_{x\to 0}\frac{1}{\sqrt{1+x}+\sqrt{1-x}}=\frac{1}{2}$$

综合上面的例题，当 $x\to a$ 时，多项式和分式的极限主要是看分母的极限是否为零，若不为零，则只要将 $x=a$ 代入求函数值就行了；若分母极限为零，则根据不同的情况分别处理.

【例 1.18】 求$\lim\limits_{x\to -2}\left(\dfrac{1}{x+2}-\dfrac{12}{x^3+8}\right)$.

解 注意到 $x\to -2$ 时$\dfrac{1}{x+2}$和 $\dfrac{12}{x^3+8}$都是无穷大，所以不能直接用法则.

$$\frac{1}{x+2}-\frac{12}{x^3+8}=\frac{x^2-2x+4-12}{(x+2)(x^2-2x+4)}=\frac{(x+2)(x-4)}{(x+2)(x^2-2x+4)}=\frac{x-4}{x^2-2x+4}$$

于是

$$\lim_{x\to -2}\left(\frac{1}{x+2}-\frac{12}{x^3+8}\right)=\lim_{x\to -2}\frac{x-4}{x^2-2x+4}=\frac{-2-4}{4+4+4}=-\frac{1}{2}$$

【例 1.19】 求$\lim\limits_{x\to\infty}\dfrac{x^2-2x+7}{x^2+5x-3}$.

解 注意到$\lim\limits_{x\to\infty}x$ 不存在，而$\lim\limits_{x\to\infty}\dfrac{1}{x}=0$，所以

$$\lim_{x\to\infty}\frac{x^2-2x+7}{x^2+5x-3}=\lim_{x\to\infty}\frac{1-\frac{2}{x}+\frac{7}{x^2}}{1+\frac{5}{x}-\frac{3}{x^2}}=1$$

用同样的方法，可得如下结果：

$$\lim_{x\to\infty}\frac{a_0x^m+a_1x^{m-1}+\cdots+a_{m-1}x+a_m}{b_0x^n+b_1x^{n-1}+\cdots+b_{n-1}x+b_n}=\begin{cases}\dfrac{a_0}{b_0} & \text{当 } m=n \text{ 时}\\ \infty & \text{当 } m>n \text{ 时}\\ 0 & \text{当 } m<n \text{ 时}\end{cases}(a_0\neq 0,b_0\neq 0)$$

思考题 1.2

1. 若函数 $f(x)$ 在 x_0没有定义，极限$\lim\limits_{x\to x_0}f(x)$ 是否一定不存在？

2. 若$\lim\limits_{x\to x_0^-}f(x)$，$\lim\limits_{x\to x_0^+}f(x)$ 都存在，那么$\lim\limits_{x\to x_0}f(x)$ 一定存在. 这种说法对吗？

3. 若$\lim\limits_{x\to x_0}f(x)=0$，则$\lim\limits_{x\to x_0}\dfrac{g(x)}{f(x)}=\infty$. 是否一定正确？举例说明.

4. 根据例 1.18，指出$\lim\limits_{x\to -2}\left(\dfrac{1}{x+2}-\dfrac{12}{x^3+8}\right)=\infty-\infty=0$ 错误的原因.

练习题 1.2

1. 设 $f(x)=\begin{cases}2x+1 & x<0\\ e^x & x\geqslant 0\end{cases}$，画出 $f(x)$ 的图形，求$\lim\limits_{x\to 0^-}f(x)$ 和$\lim\limits_{x\to 0^+}f(x)$，并问$\lim\limits_{x\to 0}f(x)$ 是否存在？

2. 讨论符号函数在 $x=0$ 点的极限情况.

3. 设 $f(x)=\begin{cases} x+1 & x>1 \\ 1 & x=1 \\ x-1 & x<1 \end{cases}$，作出 $f(x)$ 的图形，讨论 $\lim\limits_{x\to 1}f(x)$ 是否存在？

4. 根据函数 $y=\text{arccot}x$ 的图形，讨论极限 $\lim\limits_{x\to+\infty}\text{arccot}x$ 和 $\lim\limits_{x\to-\infty}\text{arccot}x$ 的值，并由此说明 $\lim\limits_{x\to\infty}\text{arccot}x$ 是否存在？

5. 求下列函数的极限：

(1) $\lim\limits_{x\to 1}(3x^2-x+2)$ (2) $\lim\limits_{x\to 0}\dfrac{3x^2+2x-5}{2x^2-5x+6}$ (3) $\lim\limits_{x\to 0}\dfrac{\sqrt{x^2+9}-3}{x^2}$

(4) $\lim\limits_{x\to 1}\left(\dfrac{1}{x-1}-\dfrac{3}{x^3-1}\right)$ (5) $\lim\limits_{x\to\infty}\dfrac{6x^3-3x+5}{3x^3+5x^2-2x+6}$ (6) $\lim\limits_{x\to\infty}\dfrac{x^2-1}{3x^3-x+3}$

(7) $\lim\limits_{x\to\infty}\dfrac{4x^4-3x^2+1}{x^2+x-1}$ (8) $\lim\limits_{n\to\infty}\dfrac{1+2+3+\cdots+n}{n^2}$

第三节 两个重要极限

一、极限 $\lim\limits_{x\to 0}\dfrac{\sin x}{x}=1$

列表 1-2 考察当 $|x|\to 0$ 时，函数 $\dfrac{\sin x}{x}$ 的变化趋势.

表 1-2

x(单位 rad)	±0.3	±0.2	±0.1	±0.01	…	→0
$\dfrac{\sin x}{x}$	0.98507	0.99335	0.99833	0.99998	…	→1

由表中可以看出，当 $x\to 0^+$ 或 $x\to 0^-$ 时，函数 $\dfrac{\sin x}{x}$ 的值都无限趋近于 1，根据函数极限的定义有

$$\lim_{x\to 0}\frac{\sin x}{x}=1$$

利用夹逼定理可以证明该重要极限.

【例 1.20】 求 $\lim\limits_{x\to 0}\dfrac{\sin 5x}{x}$.

解 $\lim\limits_{x\to 0}\dfrac{\sin 5x}{x}=\lim\limits_{x\to 0}\dfrac{5\sin 5x}{5x}=5\lim\limits_{x\to 0}\dfrac{\sin 5x}{5x}=5$

【例 1.21】 求 $\lim\limits_{x\to 0}\dfrac{\tan x}{x}$.

解 $\lim\limits_{x\to 0}\dfrac{\tan x}{x}=\lim\limits_{x\to 0}\dfrac{\frac{\sin x}{\cos x}}{x}=\lim\limits_{x\to 0}\left(\dfrac{\sin x}{x}\times\dfrac{1}{\cos x}\right)=\lim\limits_{x\to 0}\dfrac{\sin x}{x}\lim\limits_{x\to 0}\dfrac{1}{\cos x}=1\times 1=1$

【例 1.22】 求 $\lim\limits_{x\to 0}\dfrac{\sin 5x}{\sin 3x}$.

解 $\lim\limits_{x\to 0}\dfrac{\sin 5x}{\sin 3x}=\lim\limits_{x\to 0}\left(\dfrac{\sin 5x}{5x}\times\dfrac{3x}{\sin 3x}\times\dfrac{5}{3}\right)=\dfrac{5}{3}\lim\limits_{x\to 0}\dfrac{\sin 5x}{5x}\lim\limits_{x\to 0}\dfrac{3x}{\sin 3x}=\dfrac{5}{3}$

【例 1.23】 求 $\lim\limits_{x\to 0}\dfrac{1-\cos 4x}{x^2}$.

解 $\lim\limits_{x\to 0}\dfrac{1-\cos 4x}{x^2}=\lim\limits_{x\to 0}\dfrac{2\sin^2 2x}{x^2}=8\lim\limits_{x\to 0}\left(\dfrac{\sin 2x}{2x}\right)^2=8$

【例 1.24】 求 $\lim\limits_{x\to\frac{\pi}{2}}\dfrac{\cos x}{\frac{\pi}{2}-x}$.

解 因为 $\cos x=\sin\left(\dfrac{\pi}{2}-x\right)$，所以令 $t=\dfrac{\pi}{2}-x$，则有

$$\lim_{x\to\frac{\pi}{2}}\frac{\cos x}{\frac{\pi}{2}-x}=\lim_{t\to 0}\frac{\sin t}{t}=1$$

二、极限 $\lim\limits_{x\to\infty}\left(1+\dfrac{1}{x}\right)^x=\mathrm{e}$

列表 1-3 考察当 $x\to\infty$ 时，函数 $f(x)=\left(1+\dfrac{1}{x}\right)^x$ 的变化趋势.

表 1-3

x	5000	10000	30000	100000	1000000	2000000	…
$\left(1+\frac{1}{x}\right)^x$	2.71801	2.71815	2.71824	2.71827	2.71828	2.71828	…
x	−5000	−10000	−30000	−100000	−1000000	−2000000	…
$\left(1+\frac{1}{x}\right)^x$	2.71855	2.71842	2.71833	2.7183	2.71828	2.71828	…

从表中可以看出，当 $x\to+\infty$ 和 $x\to-\infty$ 时，函数 $\left(1+\dfrac{1}{x}\right)^x$ 的值无限趋近于 2.71828…（e=2.71828…）. 可以证明当 $x\to\infty$ 时，函数 $\left(1+\dfrac{1}{x}\right)^x$ 的极限存在且等于 e，即

$$\lim_{x\to\infty}\left(1+\frac{1}{x}\right)^x=\mathrm{e}$$

在上式中，设 $t=\dfrac{1}{x}$，则当 $x\to\infty$ 时，$t\to 0$，于是得到

$$\lim_{t\to 0}(1+t)^{\frac{1}{t}}=\mathrm{e}$$

【例 1.25】 求 $\lim\limits_{x\to\infty}\left(1+\dfrac{1}{x}\right)^{3x}$.

解 $\lim\limits_{x\to\infty}\left(1+\dfrac{1}{x}\right)^{3x}=\lim\limits_{x\to\infty}\left[\left(1+\dfrac{1}{x}\right)^x\right]^3=\left[\lim\limits_{x\to\infty}\left(1+\dfrac{1}{x}\right)^x\right]^3=\mathrm{e}^3$

【例 1.26】 求 $\lim\limits_{x\to\infty}\left(1-\dfrac{1}{x}\right)^x$.

解 $\lim\limits_{x\to\infty}\left(1-\dfrac{1}{x}\right)^x=\lim\limits_{x\to\infty}\left[\left(1+\dfrac{1}{-x}\right)^{-x}\right]^{-1}=\left[\lim\limits_{x\to\infty}\left(1+\dfrac{1}{-x}\right)^{-x}\right]^{-1}=\mathrm{e}^{-1}$

【例 1.27】 求 $\lim\limits_{x\to\infty}\left(\dfrac{x-4}{x-3}\right)^x$.

解 $\lim\limits_{x\to\infty}\left(\dfrac{x-4}{x-3}\right)^x=\lim\limits_{x\to\infty}\left(\dfrac{x-3-1}{x-3}\right)^x=\lim\limits_{x\to\infty}\left(1+\dfrac{1}{-x+3}\right)^x$

$=\lim\limits_{x\to\infty}\left[\left(1+\dfrac{1}{-x+3}\right)^{-x+3}\left(1+\dfrac{1}{-x+3}\right)^{-3}\right]^{-1}$

$$=\left[\lim_{x\to\infty}\left(1+\frac{1}{-x+3}\right)^{-x+3}\lim_{x\to\infty}\left(1+\frac{1}{-x+3}\right)^{-3}\right]^{-1}=\frac{1}{\mathrm{e}}$$

【例 1.28】 求$\lim\limits_{x\to0}(1+\tan x)^{\cot x}$.

解 令$t=\tan x$，则当$x\to0$时$t\to0$，所以

$$\lim_{x\to0}(1+\tan x)^{\cot x}=\lim_{t\to0}(1+t)^{\frac{1}{t}}=\mathrm{e}$$

【例 1.29】 求$\lim\limits_{x\to\infty}\left(\dfrac{2x-1}{2x+1}\right)^{x+\frac{3}{2}}$.

解 因为$\left(\dfrac{2x-1}{2x+1}\right)^{x+\frac{3}{2}}=\left(1-\dfrac{2}{2x+1}\right)^{x+\frac{3}{2}}$，故设$t=-\dfrac{2}{2x+1}$，则$x=-\dfrac{1}{2}-\dfrac{1}{t}$

当$x\to\infty$时，$t\to0$，于是有

$$\lim_{x\to\infty}\left(\frac{2x-1}{2x+1}\right)^{x+\frac{3}{2}}=\lim_{t\to0}(1+t)^{1-\frac{1}{t}}=\lim_{t\to0}(1+t)\lim_{t\to0}[(1+t)^{\frac{1}{t}}]^{-1}=\frac{1}{\mathrm{e}}$$

【例 1.30】 求$\lim\limits_{x\to\infty}\left(1+\dfrac{a}{x}\right)^{bx+c}$（$a$、$b$、$c$为整数）.

解

$$\lim_{x\to\infty}\left(1+\frac{a}{x}\right)^{bx+c}=\lim_{x\to\infty}\left(1+\frac{1}{\frac{x}{a}}\right)^{\left(\frac{x}{a}ab+c\right)}=\lim_{x\to\infty}\left[\left(1+\frac{1}{\frac{x}{a}}\right)^{\left(\frac{x}{a}ab\right)}\left(1+\frac{1}{\frac{x}{a}}\right)^{c}\right]$$

$$=\left[\lim_{x\to\infty}\left(1+\frac{1}{\frac{x}{a}}\right)^{\frac{x}{a}}\right]^{ab}\lim_{x\to\infty}\left(1+\frac{1}{\frac{x}{a}}\right)^{c}=\mathrm{e}^{ab}$$

这个结果可以作为公式使用：

$$\lim_{x\to\infty}\left(1+\frac{a}{x}\right)^{bx+c}=\mathrm{e}^{ab}$$

思考题 1.3

极限$\lim\limits_{x\to\infty}\dfrac{\sin x}{x}$与$\lim\limits_{x\to\infty}x\sin\dfrac{1}{x}$是重要极限吗？说明理由.

练习题 1.3

1. 计算下列极限：

(1) $\lim\limits_{x\to0}\dfrac{\sin bx}{ax}$　(2) $\lim\limits_{x\to0}\dfrac{\tan3x}{x}$　(3) $\lim\limits_{x\to0}\dfrac{\sin ax}{\sin bx}$

(4) $\lim\limits_{x\to0}\dfrac{\sin2x}{x(x+3)}$　(5) $\lim\limits_{x\to\pi}\dfrac{\sin x}{\pi-x}$　(6) $\lim\limits_{x\to0}\dfrac{2\arcsin x}{3x}$

2. 计算下列极限：

(1) $\lim\limits_{x\to\infty}\left(1+\dfrac{1}{x}\right)^{3x+2}$　(2) $\lim\limits_{x\to0}(1-2x)^{\frac{1}{x}}$　(3) $\lim\limits_{x\to\infty}\left(\dfrac{x+1}{x+3}\right)^{2x}$

(4) $\lim\limits_{x\to\infty}\left(\dfrac{2x+3}{2x-1}\right)^{x+1}$

第四节　无穷小量与无穷大量

一、无穷小量

1. 无穷小量的定义

先来看下面几个例子．函数 $f(x)=x+1$，当 $x\to-1$ 时，有 $x+1\to0$，这时称 $x\to-1$ 时，函数 $f(x)=x+1$ 是无穷小量．又如函数 $f(x)=\dfrac{1}{x-1}$，当 $x\to\infty$ 时，有 $\dfrac{1}{x-1}\to0$，这时称 $x\to\infty$ 时，函数 $f(x)=\dfrac{1}{x-1}$ 是无穷小量．由此可见无穷小量是指以 0 为极限的函数．

定义 1.9 如果 $x\to x_0$（或 $x\to\infty$）时，函数 $f(x)$ 的极限为零，则称 $f(x)$ 为 $x\to x_0$（或 $x\to\infty$）时的无穷小量，简称为无穷小．

注意：(1) 说一个函数 $f(x)$ 是无穷小，必须指明自变量的变化趋向；

(2) 不要把一个绝对值很小的常数说成是无穷小，因为这个常数在 $x\to x_0$（或 $x\to\infty$）时，极限仍为常数本身，而不是零；

(3) 常数 0 是无穷小，因为 $\lim\limits_{x\to x_0}0=0$．也是唯一可作为无穷小量的常数．

【例 1.31】 自变量 x 在怎样的变化过程中，下列函数为无穷小量：

(1) $y=x^2-1$；　　(2) $y=\dfrac{1}{2x-3}$；　　(3) $y=\ln x$．

解 (1) 因为 $\lim\limits_{x\to\pm1}(x^2-1)=0$，所以当 $x\to\pm1$ 时函数 $y=x^2-1$ 为无穷小；

(2) 因为 $\lim\limits_{x\to\infty}\dfrac{1}{2x-3}=0$，所以当 $x\to\infty$ 时函数 $y=\dfrac{1}{2x-3}$ 为无穷小；

(3) 因为 $\lim\limits_{x\to1}\ln x=0$，所以当 $x\to1$ 时函数 $y=\ln x$ 为无穷小．

2. 函数极限与无穷小之间的关系

设 $\lim\limits_{x\to x_0}f(x)=A$，即 $x\to x_0$ 时，函数 $f(x)$ 无限接近于常数 A，也就是说 $f(x)-A\to0$，所以 $f(x)-A$ 是当 $x\to x_0$ 时的无穷小量，若记 $\alpha=f(x)-A$，则有 $f(x)=A+\alpha$，于是有以下定理．

定理 1.3（函数极限与无穷小量的关系）在自变量的同一变化过程 $x\to x_0$（或 $x\to\infty$）中，具有极限的函数等于它的极限与一个无穷小之和；反之，如果函数可表示为常数与无穷小之和，那么该常数就是这个函数的极限．

定理在 $x\to x_0^+$，$x\to x_0^-$，$x\to+\infty$，$x\to-\infty$ 时仍然成立．

3. 无穷小量的性质

性质 1 有限个无穷小量的代数和是无穷小量．

性质 2 有限个无穷小量的积是无穷小量．

性质 3 无穷小量与有界函数的乘积是无穷小量．

推论 常数与无穷小量的积是无穷小量．

【例 1.32】 求 $\lim\limits_{x\to\infty}\dfrac{2\sin x+3\cos x}{2x}$．

解 $f(x)=\dfrac{2\sin x+3\cos x}{2x}=\dfrac{1}{x}\sin x+\dfrac{3}{2x}\cos x$

因为 $\lim\limits_{x\to\infty}\dfrac{1}{x}=0$，当 $x\to\infty$ 时，$\sin x$ 和 $\cos x$ 虽然极限不存在，但都是有界函数．根据性质有

$$\lim_{x\to\infty}\frac{2\sin x+3\cos x}{2x}=\lim_{x\to\infty}\frac{\sin x}{x}+\frac{3}{2}\lim_{x\to\infty}\frac{\cos x}{x}=0+0=0$$

4. 无穷小的比较

在重要极限 $\lim\limits_{x\to0}\dfrac{\sin x}{x}=1$ 中，$x\to0$ 时，x 和 $\sin x$ 都是无穷小．是不是所有的无穷小之比的

极限都是1呢？答案显然是否定的．看下面几个例子，当$x\to0$时，x、$2x$和x^2都是无穷小，但它们比的极限分别为：

$$\lim_{x\to0}\frac{2x}{x}=2,\ \lim_{x\to0}\frac{x^2}{2x}=0,\ \lim_{x\to0}\frac{2x}{x^2}=\infty$$

这是因为当$x\to0$时，x、$2x$和x^2虽然都是无穷小，但趋近于零的速度是不一样的，而x^2趋近于零的速度要快得多．反映无穷小量趋近于零的快慢程度可用无穷小之比的极限来衡量．定义如下．

定义 1.10 设在自变量的同一变化过程中，α、β都是无穷小．

(1) 如果$\lim\frac{\alpha}{\beta}=0$，则称$\alpha$是比$\beta$高阶的无穷小；

(2) 如果$\lim\frac{\alpha}{\beta}=\infty$，则称$\alpha$是比$\beta$低阶的无穷小；

(3) 如果$\lim\frac{\alpha}{\beta}=c$（$c$为非零常数），则称$\alpha$与$\beta$是同阶无穷小．

特别地，在同阶无穷小中，当$c=1$时，称α与β是等价无穷小，记作$\alpha\sim\beta$.

根据以上定义，可知当$x\to0$时，x与$2x$是同阶无穷小，$2x$是比x^2低阶的无穷小，x与$\sin x$是等价无穷小，即$x\sim\sin x$.

【例 1.33】 当$x\to0$时，试比较无穷小$1-\cos x$与x^2的阶．

解 $$\lim_{x\to0}\frac{1-\cos x}{x^2}=\lim_{x\to0}\frac{2\sin^2\frac{x}{2}}{x^2}=\lim_{x\to0}2\left(\frac{\sin\frac{x}{2}}{2\times\frac{x}{2}}\right)^2=\lim_{x\to0}\frac{1}{2}\left(\frac{\sin\frac{x}{2}}{\frac{x}{2}}\right)^2=\frac{1}{2}$$

所以，当$x\to0$时，无穷小$1-\cos x$与x^2是同阶无穷小．

***定理 1.4** 设$\alpha\sim\alpha'$，$\beta\sim\beta'$，且$\lim\frac{\beta'}{\alpha'}$存在，则$\lim\frac{\beta}{\alpha}=\lim\frac{\beta'}{\alpha'}$.

证明 $\lim\frac{\beta}{\alpha}=\lim\left(\frac{\beta}{\beta'}\times\frac{\beta'}{\alpha'}\times\frac{\alpha'}{\alpha}\right)=\lim\frac{\beta}{\beta'}\lim\frac{\beta'}{\alpha'}\lim\frac{\alpha'}{\alpha}=\lim\frac{\beta'}{\alpha'}$.

下面是几个常用的等价无穷小代换：

当$x\to0$时，有$\sin x\sim x$，$\tan x\sim x$，$\arcsin x\sim x$，$\arctan x\sim x$，$1-\cos x\sim\frac{x^2}{2}$，$\ln(1+x)\sim x$，$e^x-1\sim x$，$\sqrt{1+x}-1\sim\frac{1}{2}x$.

【例 1.34】 求$\lim\limits_{x\to0}\frac{1-\cos x}{x\sin x}$.

解 因为当$x\to0$时，$1-\cos x\sim\frac{x^2}{2}$，$\sin x\sim x(x\sin x\sim x^2)$，根据定理有

$$\lim_{x\to0}\frac{1-\cos x}{x\sin x}=\lim_{x\to0}\frac{\frac{1}{2}x^2}{x^2}=\frac{1}{2}$$

【例 1.35】 求$\lim\limits_{x\to0}\frac{\sin x-\tan x}{x\tan^2x}$.

解 $$\lim_{x\to0}\frac{\sin x-\tan x}{x\tan^2x}=\lim_{x\to0}\frac{\sin x\left(\frac{\cos x-1}{\cos x}\right)}{xx^2}=\lim_{x\to0}\frac{x\left(-\frac{1}{2}x^2\right)\frac{1}{\cos x}}{x^3}=-\frac{1}{2}$$

二、无穷大量

定义 1.11 如果$x\to x_0$（或$x\to\infty$）时，函数$f(x)$的绝对值无限增大，则称$f(x)$为x

$\to x_0$（或 $x\to\infty$）时的无穷大量，简称为无穷大.

说明：按照极限定义，如果 $f(x)$ 是当 $x\to x_0$（或 $x\to\infty$）时为无穷大，那么它的极限不存在，但是为了便于描述函数的这种变化趋向，也说“函数的极限为无穷大”. 记作

$$\lim_{\substack{x\to x_0\\(x\to\infty)}} f(x)=\infty$$

注意：(1) 说一个函数 $f(x)$ 是无穷大，必须指明自变量的变化趋向；

(2) 不要把一个绝对值很大的常数说成是无穷大，因为这个常数在 $x\to x_0$（或 $x\to\infty$）时，极限仍为常数本身，而不是无限增大.

【例 1.36】 自变量在怎样的变化过程中，下列函数为无穷大：

(1) $y=\dfrac{1}{x-1}$；　　(2) $y=e^x$.

解 (1) 因为 $\lim\limits_{x\to 1}(x-1)=0$，所以 $\dfrac{1}{x-1}$ 为 $x\to 1$ 时的无穷大；

(2) 因为当 $x\to+\infty$ 时，函数 e^x 也无限增大，所以 e^x 为 $x\to+\infty$ 时的无穷大.

三、无穷小量与无穷大量之间的关系

无穷小量与无穷大量之间有一种简单的关系，如下.

定理 1.5 在自变量的同一变化过程中，若 $f(x)$ 为无穷大，则 $\dfrac{1}{f(x)}$ 为无穷小；反之，若 $f(x)$ 为无穷小，且 $f(x)\neq 0$，则 $\dfrac{1}{f(x)}$ 为无穷大.

【例 1.37】 求 $\lim\limits_{x\to 2}\dfrac{2x+1}{x-2}$.

解 因为 $\lim\limits_{x\to 2}\dfrac{x-2}{2x+1}=0$，所以根据定理 1.5 可得

$$\lim_{x\to 2}\frac{2x+1}{x-2}=\infty$$

【例 1.38】 求 $\lim\limits_{x\to\infty}(x^2-5x+3)$.

解 因为 $\lim\limits_{x\to\infty}\dfrac{1}{x^2-5x+3}=\lim\limits_{x\to\infty}\dfrac{\frac{1}{x^2}}{1-\frac{5}{x}+\frac{3}{x^2}}=0$，所以根据定理 1.5 可得

$$\lim_{x\to\infty}(x^2-5x+3)=\infty$$

以上两个例题都是不满足极限运算法则的条件，不能直接使用极限运算法则求解. 而它们的倒数都是无穷小量的情况. 符合无穷小量与无穷大量之间的关系.

思考题 1.4

1. 函数 $f(x)=x$ 是无穷小，这种说法对吗？
2. 0.01^{100} 是无穷小，这种说法对吗？
3. 任意个无穷小的和是无穷小，这种说法对吗？如果不对，举例说明.
4. 无穷大的倒数是无穷小，反之亦然. 这种说法对吗？为什么？
5. 当 $x\to\infty$ 时，$3x$ 和 $2x$ 都是无穷大，那么 $\lim\limits_{x\to\infty}(3x-2x)=0$ 对吗？

练习题 1.4

1. 下列函数在自变量怎样的变化过程中，是无穷小？是无穷大？

(1) $f(x)=\frac{x-1}{x}$；　　(2) $f(x)=\ln x$；

(3) $f(x)=e^x-1$；　　(4) $f(x)=x^2-1$.

2. 当 $x\to\infty$ 时，下列函数均有极限，用极限与无穷小之和将它们表示出来：

(1) $f(x)=\frac{x^2}{x^2-1}$；　　(2) $f(x)=\frac{x^2}{2x^2+1}$.

3. 比较当 $x\to 0$ 时，无穷小 $\frac{1}{1-x}-1-x$ 与 x^2 阶数的高低.

4. 求下列极限：

(1) $\lim\limits_{x\to\infty}\frac{\cos x}{x}$　　(2) $\lim\limits_{x\to 0}x^2\cos\frac{1}{x}$

(3) $\lim\limits_{x\to 3}\frac{3x^2+2x-1}{x-3}$　　(4) $\lim\limits_{x\to\infty}(x^2-7x+100)$

(5) $\lim\limits_{x\to 0}\frac{\tan 2x}{\sin 5x}$　　(6) $\lim\limits_{x\to 0}\frac{\sin x}{x^3+3x}$

第五节　函数的连续性

有许多自然现象，都是连续变化的，如时间的变化、温度的变化、河水的流动、人体的身高等都是连续变化的. 这些现象反映在数学上，就是函数的连续性.

一、函数的连续

1. 函数的增量

定义 1.12　设变量 u 从它的初值 u_1 变到终值 u_2，终值与初值的差 u_2-u_1 称为变量 u 的增量或改变量，记作 Δu，即 $\Delta u=u_2-u_1$.

注意：(1) Δu 可正可负；(2) Δu 是一个符号，而非两个符号相乘关系.

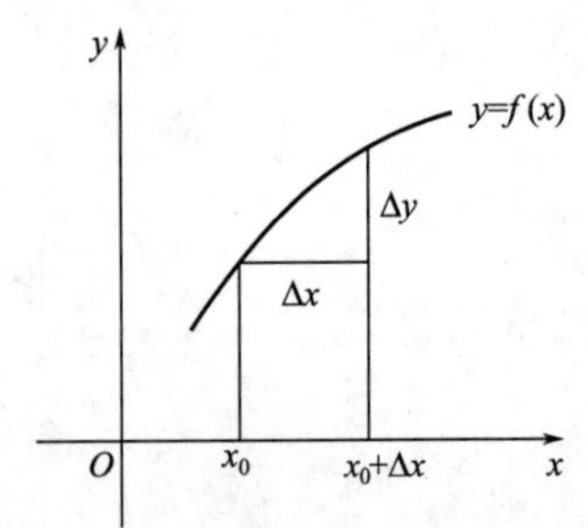

图 1-16

设函数 $y=f(x)$，当自变量 x 从 x_0 变到 $x_0+\Delta x$，即 x 在 x_0 点取得增量 Δx 时，函数 y 的值相应地从 $f(x_0)$ 变到 $f(x_0+\Delta x)$，y 取得增量 Δy 为

$$\Delta y=f(x_0+\Delta x)-f(x_0)$$

一般来说，Δy 既与点 x_0 有关，也与 x 的增量 Δx 有关，其几何意义如图 1-16 所示.

2. 函数 $y=f(x)$ 在点 x_0 的连续性

先从函数图像上观察在给定点 x_0 处函数 $f(x)$ 的变化情况.

从图 1-17 中看出，函数 $y=f(x)$ 的图像是连续不断的曲线. 图 1-18 中，函数 $y=\varphi(x)$ 的图像在点 $x=x_0$ 处断开了. 说函数 $y=f(x)$ 在点 $x=x_0$ 处是连续的，而函数 $y=\varphi(x)$ 在点 $x=x_0$ 处有间断.

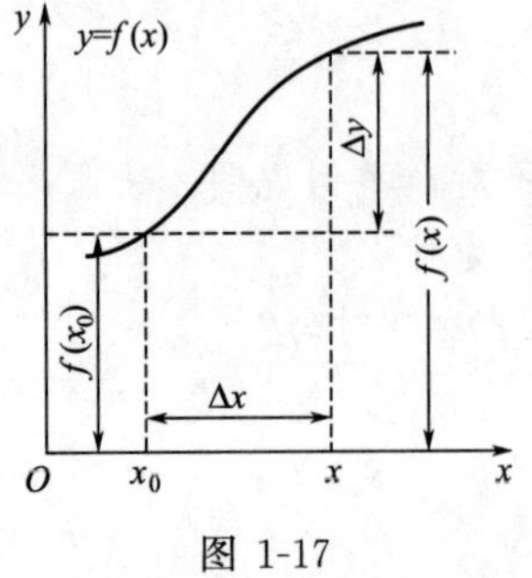

图 1-17

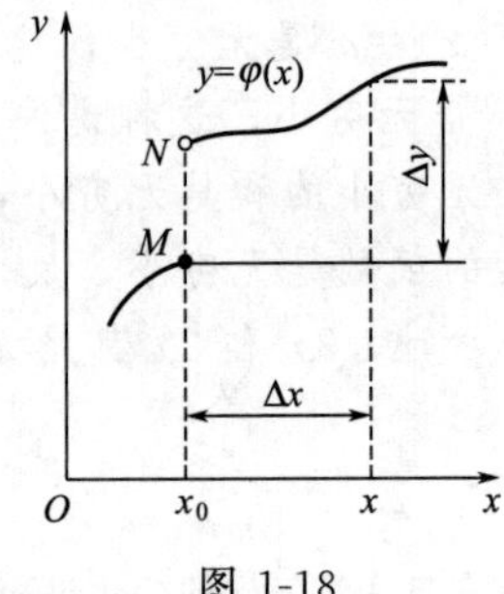

图 1-18

由图 1-18 可以看到，函数 $y=\varphi(x)$ 在点 $x=x_0$ 处有间断，是因为当 x 经过 x_0 时，函数值发生了跳跃式的变化．也就是，自变量 x 在点 x_0 取得增量 Δx 时，函数 y 得到相应的增量 Δy．由图可以看出，当 $\Delta x\to 0$ 时，Δy 不趋向于零．但在图 1-17 中没有这种情况，而是当 $\Delta x\to 0$ 时，相应地 $\Delta y\to 0$．通过以上分析知道，函数 $y=f(x)$ 在点 x_0 连续的特征是：当 $\Delta x\to 0$ 时，$\Delta y\to 0$．函数 $y=\varphi(x)$ 在点 $x=x_0$ 处断开的特征是：当 $\Delta x\to 0$ 时，Δy 不趋向于零．由此已经给出函数在某点处连续的定义．

定义 1.13 设函数 $y=f(x)$ 在点 x_0 及其近旁有定义，如果当自变量 x 在点 x_0 处的增量 Δx 趋近于零时，函数 $y=f(x)$ 相应的增量 $\Delta y=f(x_0+\Delta x)-f(x_0)$ 也趋近于零，那么就叫做函数 $y=f(x)$ 在点 x_0 连续．用极限表示即为

$$\lim_{\Delta x\to 0}\Delta y=0$$

或

$$\lim_{\Delta x\to 0}[f(x_0+\Delta x)-f(x_0)]=0$$

【例 1.39】 根据定义 1.13 证明函数 $y=x^2+2x-3$ 在 $x=1$ 点连续．

证明 因为函数 $y=x^2+2x-3$ 的定义域为 $(-\infty,+\infty)$，所以函数在 $x=1$ 点及其近旁有定义．

给自变量 x 在 $x=1$ 点一增量 Δx，函数相应的增量

$$\Delta y=[(1+\Delta x)^2+2(1+\Delta x)-3]-(1^2+2\times 1-3)=(\Delta x)^2+4\Delta x$$

因为

$$\lim_{\Delta x\to 0}\Delta y=\lim_{\Delta x\to 0}[(\Delta x)^2+4\Delta x]=0$$

根据定义 1.13 知函数 $y=x^2+2x-3$ 在 $x=1$ 点连续．

在定义 1.13 中，设 $x=x_0+\Delta x$，即 $\Delta x=x-x_0$，则 $\Delta x\to 0$ 就相当于 $x\to x_0$，而 $\Delta y=f(x_0+\Delta x)-f(x_0)\to 0$ 就相应于 $f(x)\to f(x_0)(x\to x_0)$ 即

$$\lim_{\Delta x\to 0}\Delta y=0$$

就等价于

$$\lim_{x\to x_0}f(x)=f(x_0)$$

因此定义 1.13 可以等价表述如下．

定义 1.14 设函数 $y=f(x)$ 在点 x_0 及其左右近旁有定义，如果函数 $f(x)$ 当 $x\to x_0$ 时的极限存在，且等于它在 x_0 处的函数值 $f(x_0)$，即

$$\lim_{x\to x_0}f(x)=f(x_0)$$

那么就称函数 $f(x)$ 在点 x_0 处连续．

由定义 1.14 可知，函数 $y=f(x)$ 在 x_0 处连续，必须满足下列三个条件：

(1) 函数 $y=f(x)$ 在点 x_0 处有定义；

(2) $\lim\limits_{x\to x_0}f(x)$ 存在；

(3) $\lim\limits_{x\to x_0}f(x)=f(x_0)$．

【例 1.40】 根据定义 1.14 证明函数 $f(x)=x^2+2x-3$ 在 $x=1$ 点连续．

证明 (1) 函数 $f(x)=x^2+2x-3$ 的定义域为 $(-\infty,+\infty)$，所以在 $x=1$ 点及其近旁有定义；

(2) $\lim\limits_{x\to 1}f(x)=\lim\limits_{x\to 1}(x^2+2x-3)=0$；

(3) $f(1)=0$，即$\lim\limits_{x\to1}f(x)=f(1)=0$.

所以，根据定义 1.14 可知函数 $f(x)=x^2+2x-3$ 在 $x=1$ 点连续.

3. 函数 $y=f(x)$在区间 (a, b) 内的连续

设函数 $f(x)$ 在区间 $(a, b]$ 内有定义，如果左极限 $\lim\limits_{x\to b^-}f(x)$存在且等于 $f(b)$，即

$$\lim_{x\to b^-}f(x)=f(b)$$

就说函数 $f(x)$ 在点 b 左连续.

设函数 $f(x)$ 在区间 $[a, b)$ 内有定义，如果右极限 $\lim\limits_{x\to a^+}f(x)$ 存在且等于 $f(a)$，即

$$\lim_{x\to a^+}f(x)=f(a)$$

就说函数 $f(x)$ 在点 a 右连续.

在区间 (a, b) 内任一点都连续的函数叫做在该区间内的连续函数，区间 (a, b) 叫做函数的连续区间. 如果函数 $f(x)$ 在 $[a, b]$ 上有定义，在 (a, b) 内连续且 $f(x)$ 在右端点 b 左连续，在左端点 a 右连续，那么就称函数在 $[a, b]$ 上连续.

连续函数的图像是一条连续不间断的曲线.

4. 复合函数的连续性

定理 1.6 设函数 $y=f(u)$ 在点 u_0 处连续，函数 $u=\varphi(x)$ 在点 x_0 处连续，且 $u_0=\varphi(x_0)$，则复合函数 $y=f[\varphi(x)]$在点 x_0处连续，即

$$\lim_{x\to x_0}f[\varphi(x)]=f[\varphi(x_0)]=f[\lim_{x\to x_0}\varphi(x)]$$

此定理表明，由连续函数复合而成的复合函数仍是连续函数，复合函数求极限时，极限运算与函数运算可以交换运算次序.

一切初等函数在其定义区间内都是连续的.

【例 1.41】 求下列极限：

(1) $\lim\limits_{x\to0}(1+x)^{\frac{3}{x}}$；　　(2) $\lim\limits_{x\to1}\ln(3x^2-1)$；

(3) $\lim\limits_{x\to4}\dfrac{\sqrt{x+5}-3}{x-4}$.

解 (1) $\lim\limits_{x\to0}(1+x)^{\frac{3}{x}}=\lim\limits_{x\to0}[(1+x)^{\frac{1}{x}}]^3=[\lim\limits_{x\to0}(1+x)^{\frac{1}{x}}]^3=\mathrm{e}^3$

(2) $\lim\limits_{x\to1}\ln(3x^2-1)=\ln(3\times1^2-1)=\ln2$

(3) $\lim\limits_{x\to4}\dfrac{\sqrt{x+5}-3}{x-4}=\lim\limits_{x\to4}\dfrac{(\sqrt{x+5}-3)(\sqrt{x+5}+3)}{(x-4)(\sqrt{x+5}+3)}=\lim\limits_{x\to4}\dfrac{1}{\sqrt{x+5}+3}=\dfrac{1}{\sqrt{4+5}+3}=\dfrac{1}{6}$

二、函数的间断

根据函数在一点连续的定义知道，函数 $f(x)$ 在点 x_0处连续必须满足三个条件，只要其中一个不满足，那么就称函数 $f(x)$ 在点 x_0处不连续或间断，点 x_0称函数 $f(x)$ 的不连续点或间断点.

根据产生间断的原因不同，将间断点分成两大类，设 x_0为 $f(x)$ 的一个间断点，如果当 $x\to x_0$时，$f(x)$ 的左、右极限都存在，则称 x_0为 $f(x)$ 的第一类间断点；否则，称 x_0为$f(x)$的第二类间断点.

在第一类间断点中，如果 $\lim\limits_{x\to x_0^-}f(x)$ 和 $\lim\limits_{x\to x_0^+}f(x)$ 存在但不相等时，称 x_0为 $f(x)$ 的跳跃间断点；如果$\lim\limits_{x\to x_0}f(x)$ 存在但不等于 $f(x_0)$ 或 $f(x)$ 在 x_0处没有定义，称 x_0为 $f(x)$ 的可

去间断点.

在第二类间断点中，如果 $\lim\limits_{x \to x_0} f(x)=\infty$，称 x_0 为 $f(x)$ 的无穷间断点.

【例 1.42】 讨论函数 $f(x)=\dfrac{x^2-1}{x-1}$在 $x=1$ 处的连续性.

解 $f(x)=\dfrac{x^2-1}{x-1}$的定义域为 $x\neq 1$ 的一切实数，所以 $f(x)$ 在 $x=1$ 处没有定义，故间断. 如图 1-19 所示.

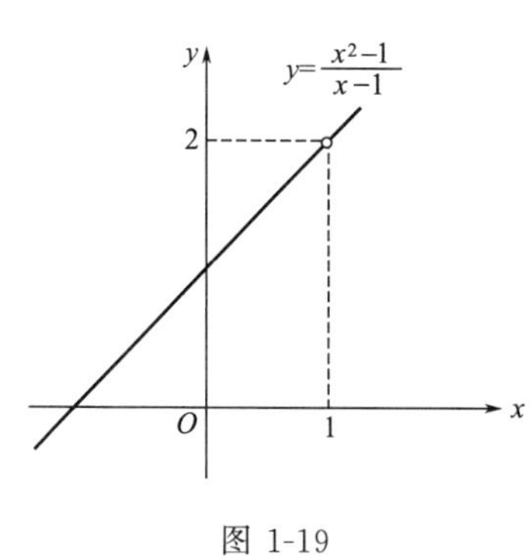

图 1-19

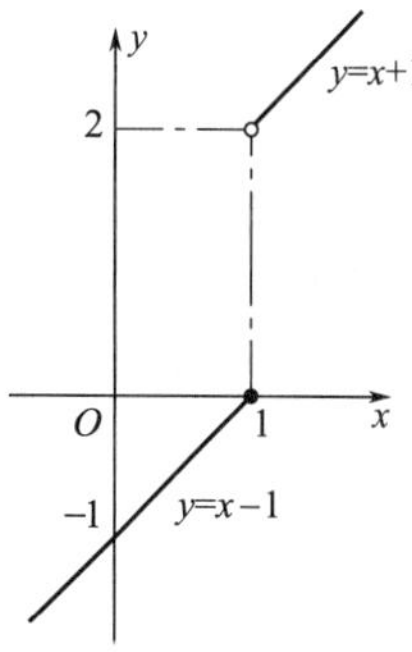

图 1-20

【例 1.43】 讨论函数 $f(x)=\begin{cases} x+1 & x>1 \\ x-1 & x\leqslant 1 \end{cases}$ 在 $x=1$ 处的连续性.

解 函数 $f(x)=\begin{cases} x+1 & x>1 \\ x-1 & x\leqslant 1 \end{cases}$ 定义域为$(-\infty,+\infty)$,所以在 $x=1$ 点及其近旁有定义.

又

$$\lim_{x\to 1^-} f(x)=\lim_{x\to 1^-}(x-1)=0,\ \lim_{x\to 1^+} f(x)=\lim_{x\to 1^+}(x+1)=2$$

所以 $\lim\limits_{x\to 1} f(x)$ 不存在. 故函数在 $x=1$ 处间断，且为跳跃间断点. 如图 1-20 所示.

【例 1.44】 讨论函数 $f(x)=\begin{cases} x & x\neq 1 \\ \dfrac{1}{2} & x=1 \end{cases}$在 $x=1$ 处的连续性.

解 函数 $f(x)=\begin{cases} x & x\neq 1 \\ \dfrac{1}{2} & x=1 \end{cases}$定义域为 $(-\infty, +\infty)$，所以在 $x=1$ 点及其近旁有定义.

又

$$\lim_{x\to 1} f(x)=\lim_{x\to 1} x=1,\ f(1)=\frac{1}{2}$$

即

$$\lim_{x\to 1} f(x)\neq f(1)$$

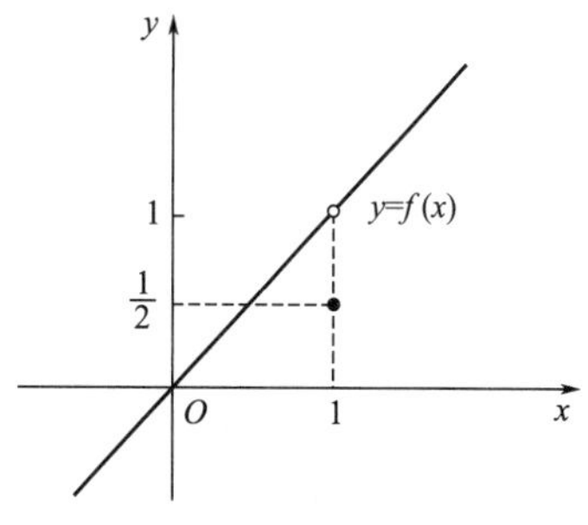

图 1-21

所以函数在 $x=1$ 点间断. 如图 1-21 所示.

【例 1.45】 设函数

$$f(x)=\begin{cases} 2x^2+b & x\leqslant 0 \\ \dfrac{\sin x}{x} & x>0 \end{cases}$$

在 $x=0$ 处连续，试求 b 的值.

解 $f(x)$ 的定义域为一切实数，且 $f(0)=b$

$$\lim_{x\to 0^-} f(x)=\lim_{x\to 0^-}(2x^2+b)=b$$

$$\lim_{x\to 0^+} f(x)=\lim_{x\to 0^+}\frac{\sin x}{x}=1$$

因为 $f(x)$ 在 $x=0$ 处连续，所以

$$\lim_{x\to 0^-} f(x)=\lim_{x\to 0^-} f(x)=\lim_{x\to 0^+} f(x)=f(0)$$

所以

$$b=1$$

三、闭区间上连续函数的性质

定理 1.7 （最值定理）闭区间上连续的函数一定存在最大值和最小值.

如果函数在开区间内连续，或函数在闭区间上有间断点，那么函数在该区间上就不一定有最大值和最小值. 例如，开区间内的单调函数就没有最大值和最小值. 又如函数

$$f(x)=\begin{cases}-x+1 & 0\leqslant x<1\\ 1 & x=1\\ -x+3 & 1<x\leqslant 2\end{cases}$$

在闭区间 $[0,2]$ 上有间断点 $x=1$，函数在该区间上也没有最大值和最小值.

推论 闭区间上的连续函数在该区间上有界.

定理 1.8 （介值定理）闭区间上的连续函数定能取得介于其最大值 M 和最小值 m 之间的一切值.

也就是说，设函数 $y=f(x)$ 在 $[a,b]$ 上连续，其最大值为 M，最小值为 m，那么，任意的 $c\in(m,M)$，则至少存在一点 $\xi\in[a,b]$，使得 $f(\xi)=c$.

定理 1.9 （零点定理）设函数 $y=f(x)$ 在闭区间 $[a,b]$ 上连续，且 $f(a)$ 与 $f(b)$ 异号，则至少存在一点 $\xi\in(a,b)$，使得 $f(\xi)=0$.

【例 1.46】 证明方程 $e^x-5x+1=0$ 在 $(0,1)$ 内至少有一个实根.

证明 设 $f(x)=e^x-5x+1$，显然 $f(x)$ 在 $[0,1]$ 上连续，而

$$f(0)=2>0,\ f(1)=e-4<0$$

所以由推论知，至少存在一个 $\xi\in(0,1)$，使得

$$f(\xi)=e^{\xi}-5\xi+1=0$$

即方程 $e^x-5x+1=0$ 在 $(0,1)$ 内至少有一个实根.

思考题 1.5

1. 初等函数在其定义域内都连续吗?
2. 求连续函数的极限值，只要求出在该点的函数值即可，是这样吗?
3. 利用复合函数的连续性，可以交换极限运算和函数运算的运算次序. 这种说法对吗?
4. 间断点有几种类型?
5. 无穷间断点是第一类间断点吗?

练习题 1.5

1. 求下列极限：

(1) $\lim\limits_{x\to 0}\dfrac{e^x+1}{3x+5}$　(2) $\lim\limits_{x\to\frac{\pi}{6}}\ln(2\cos 2x)$　(3) $\lim\limits_{x\to 1}[\sin(\ln x)]$　(4) $\lim\limits_{x\to e}(x\ln x+2x)$

2. 求下列极限：

(1) $\lim\limits_{x\to\infty}e^{\frac{1}{x}}$ (2) $\lim\limits_{x\to 0}e^{\frac{\sin x}{x}}$ (3) $\lim\limits_{x\to 0}\ln\frac{\tan x}{x}$ (4) $\lim\limits_{x\to 0}\frac{\ln(a+x)-\ln a}{x}$

3. 设函数 $f(x)=\begin{cases} x & -1\leqslant x\leqslant 1 \\ 1 & x<-1 \text{ 或 } x>1 \end{cases}$，作出函数 $f(x)$ 的图形，讨论 $x=\pm 1$ 处的连续性.

4. 已知函数 $f(x)=\begin{cases} x+a & x\leqslant 1 \\ \ln x & x>1 \end{cases}$ 在 $x=1$ 处连续，试求 a 的值.

5. 已知函数 $f(x)=\begin{cases} \frac{\sin x}{x}+a & x<0 \\ e^x+2 & x\geqslant 0 \end{cases}$ 在 $x=0$ 处连续，试求 a 的值.

6. 证明方程 $x^3+3x^2-1=0$ 在区间（0，1）内至少有一个实根.

7. 证明方程 $\sin x-x+1=0$ 在区间（0，π）内至少有一个实根.

习 题 一

1. 求下列函数的定义域：

(1) $y=\sqrt{\lg(x+4)}$ (2) $y=\arcsin\frac{x-3}{2}$ (3) $y=\sqrt{\sin x}+\sqrt{16-x^2}$

2. 设 $f\left(x+\frac{1}{x}\right)=x^2+\frac{1}{x^2}$，求 $f(x)$，$f\left(x-\frac{1}{x}\right)$.

3. 设 $\varphi(t)=\lg\frac{1-t}{1+t}$，证明 $\varphi(x)+\varphi(y)=\varphi\left(\frac{x+y}{1+xy}\right)$.

4. 当 $x\to 0$ 时，比较下列各组无穷小的阶：

(1) x 与 $\tan x$ (2) $2x^2$ 与 $\cos x-1$ (3) x 与 $2x^2+10x$

5. 求下列极限：

(1) $\lim\limits_{x\to 1}\frac{\sin(x-1)}{2(x-1)}$ (2) $\lim\limits_{x\to 0}\frac{\sin 3x}{\tan 2x}$ (3) $\lim\limits_{x\to\infty}\left(\frac{2x-1}{2x+1}\right)^x$

(4) $\lim\limits_{x\to\infty}\left(1-\frac{1}{x}\right)^{3x}$ (5) $\lim\limits_{x\to 4}\frac{x-4}{\sqrt{x}-2}$ (6) $\lim\limits_{x\to 1}\frac{x^4-1}{x^3-1}$

(7) $\lim\limits_{x\to\infty}\frac{3x^2+2}{1-4x^2}$ (8) $\lim\limits_{x\to\infty}\frac{3x^2+2}{1-4x^3}$ (9) $\lim\limits_{n\to\infty}\sqrt{n}(\sqrt{n+3}-\sqrt{n+4})$

(10) $\lim\limits_{x\to\infty}\frac{x^2+2x-\sin x}{2x^2+\sin x}$

6. 找出函数 $y=\frac{1}{1-e^{\frac{x}{x-1}}}$ 的间断点，并判断其类型.

7. 设函数 $f(x)=\begin{cases} x^2-1 & 0\leqslant x\leqslant 1 \\ x+3 & x>1 \end{cases}$.（1）求函数的定义域；（2）当 $x=1$ 时，$f(x)$ 是否连续？若不连续是什么类型的间断点？

8. 设函数 $f(x)=\begin{cases} (1+x)^{\frac{1}{2x}} & x<0 \\ 2x+k & x\geqslant 0 \end{cases}$，试确定 k 取何值时，函数 $f(x)$ 在 $x=0$ 处连续？

第二章　导数与微分

微分学是微积分的重要组成部分，导数与微分是微分学的两个基本概念．导数反映实际问题的变化率，即函数相对于自变量的变化快慢程度；而微分反映当自变量有微小变化时，函数的变化幅度大小，即函数相对于自变量的改变量很小时，其改变量的近似值．导数与微分紧密相关，在科学技术和社会实践中有着广泛的应用．

第一节　导数的概念

一、两个实例

1. 变速直线运动的速度

在中学物理课程里已学习了变速直线运动的瞬时速度的直观概念，现在进一步研究它，并给出由运动方程求瞬时速度的计算方法．

设质点作变速直线运动，开始运动的时刻为 $t=0$，经时间 t，质点所经过的位移 s 是时间 t 的函数

$$s=s(t)$$

通常把这个关系式称为运动方程．现在讨论如何描述质点在 $t=t_0$ 时刻的瞬时速度 $v(t_0)$．

显然，从时刻 t_0 到时刻 $t_0+\Delta t$ 这段时间质点所经过的位移为

$$\Delta s=s(t_0+\Delta t)-s(t_0)$$

比值

$$\overline{v}=\frac{\Delta s}{\Delta t}=\frac{s(t_0+\Delta t)-s(t_0)}{\Delta t}$$

表示质点在这段时间间隔内的平均速度．

如果质点的运动是匀速的，则平均速度 $\overline{v}$ 对每一段时间 Δt 都是一样的，它就是质点在时刻 t_0 的瞬时速度．但当质点的运动不是匀速时，则 $\overline{v}$ 不仅与 t_0 有关，也与 Δt 有关，因此它不能精确地表达质点在 t_0 时刻的瞬时速度．很明显，当 Δt 很小时，在 t_0 到 $t_0+\Delta t$ 这段时间内，质点的速度变化不大，可以近似地认为质点是作匀速运动．因此，可以用 $\frac{\Delta s}{\Delta t}$ 来作为质点在时刻 $t=t_0$ 的瞬时速度的近似值．一般来说，Δt 愈小时，近似程度愈好，于是当 $\Delta t\to 0$ 时，如果平均速度 $\overline{v}=\frac{\Delta s}{\Delta t}$ 的极限存在，则此极限值就是质点在 t_0 时刻的瞬时速度 $v(t_0)$，即

$$v(t_0)=\lim_{\Delta t\to 0}\overline{v}=\lim_{\Delta t\to 0}\frac{\Delta s}{\Delta t}=\lim_{\Delta t\to 0}\frac{s(t_0+\Delta t)-s(t_0)}{\Delta t}$$

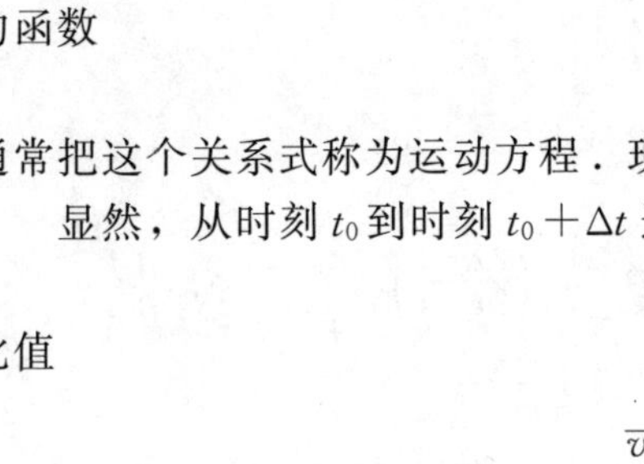

图 2-1

2. 平面曲线的切线斜率

首先介绍曲线 $y=f(x)$ 在一点 $M_0(x_0, y_0)$ 处的切线，如图 2-1 所示，在曲线上取与 $M_0(x_0, y_0)$ 邻近的一点 $N(x_0+\Delta x, y_0+\Delta y)$，作割线 M_0N，当点 N 沿着曲线逐渐向点 M_0 接近时，割线 M_0N 将绕着点 M_0 转动．当点 N 沿着曲线无限接近于点 M_0 时（$N\to M_0$），割线 M_0N

的极限位置 M_0T 就叫做曲线 $y=f(x)$ 在点 M_0 处的切线．

下面求曲线 $y=f(x)$ 在点 M_0 处切线的斜率．设割线 M_0N 的倾斜角为 β，则割线 M_0N 的斜率为

$$\tan\beta=\frac{\Delta y}{\Delta x}=\frac{f(x_0+\Delta x)-f(x_0)}{\Delta x}$$

又设切线 M_0T 的倾斜角为 α，那么当 $\Delta x\to 0$ 时，割线 M_0N 的斜率的极限就是切线 M_0T 的斜率，即

$$k=\tan\alpha=\lim_{\beta\to\alpha}\tan\beta=\lim_{\Delta x\to 0}\frac{\Delta y}{\Delta x}=\lim_{\Delta x\to 0}\frac{f(x_0+\Delta x)-f(x_0)}{\Delta x}\quad(\alpha\neq\frac{\pi}{2})$$

二、导数与高阶导数的概念

1. 导数的定义

以上两个实际问题的实际意义虽然不同，但从数量关系来看，它们具有共同特点，都是求当自变量的增量趋近于零时，函数的增量与自变量的增量之比的极限．在自然科学和工程技术中，有许多情况可以归结为求上述形式的极限，把它定义为导数.

定义 2.1　设函数 $y=f(x)$ 在点 x_0 的某个邻域内有定义，当自变量 x 在 x_0 处取得增量 Δx（点 $x_0+\Delta x$ 仍在该邻域内）时，函数有相应的增量 $\Delta y=f(x_0+\Delta x)-f(x_0)$，如果当 $\Delta x\to 0$ 时，$\frac{\Delta y}{\Delta x}$的极限存在，则称函数 $y=f(x)$ 在点 x_0 处可导，并称这个极限值为函数 $y=f(x)$ 在点 x_0 处的导数，记为 $f'(x_0)$，即

$$f'(x_0)=\lim_{\Delta x\to 0}\frac{\Delta y}{\Delta x}=\lim_{\Delta x\to 0}\frac{f(x_0+\Delta x)-f(x_0)}{\Delta x}$$

也可记作$y'|_{x=x_0}$，$\left.\frac{\mathrm{d}y}{\mathrm{d}x}\right|_{x=x_0}$或$\left.\frac{\mathrm{d}f(x)}{\mathrm{d}x}\right|_{x=x_0}$.

如果函数 $y=f(x)$ 在 x_0 处有导数，就说函数 $f(x)$ 在点 x_0 处可导，如果极限 $\lim\limits_{\Delta x\to 0}\frac{\Delta y}{\Delta x}$不存在，就说函数在点 x_0 处没有导数或不可导，如果不可导的原因是当 $\Delta x\to 0$ 时，$\frac{\Delta y}{\Delta x}\to\infty$，为了方便起见，往往也说函数 $y=f(x)$ 在点 x_0 处的导数为无穷大．

如果函数 $y=f(x)$ 在区间 (a,b) 内的每一点都可导，就说函数 $f(x)$ 在区间 (a,b) 内可导．这时，对于区间 (a,b) 内的每一个 x 值，都有唯一确定的导数值 $f'(x)$ 与之对应，这就构成了 x 的一个新函数，这个新函数叫做函数 $y=f(x)$ 的导函数，记作 $f'(x)$，y'，$\frac{\mathrm{d}y}{\mathrm{d}x}$或$\frac{\mathrm{d}f(x)}{\mathrm{d}x}$，即

$$f'(x)=\lim_{\Delta x\to 0}\frac{\Delta y}{\Delta x}=\lim_{\Delta x\to 0}\frac{f(x+\Delta x)-f(x)}{\Delta x}$$

显然，函数 $y=f(x)$ 在点 x_0 处的导数 $f'(x_0)$ 就是导函数 $f'(x)$ 在点 $x=x_0$ 处的函数值，即

$$f'(x_0)=f'(x)|_{x=x_0}$$

通常情况下，导函数也简称导数．

有了导数的定义，前面讨论的两个问题可以叙述如下.

作变速直线运动的物体在任何时刻 t_0 的速度 $v(t_0)$ 就是位移函数 $s(t)$ 在时刻 t_0 处的导数，即

$$v(t_0)=s'(t_0)$$

曲线 $y=f(x)$ 在点 $M_0(x_0, y_0)$ 处切线的斜率是函数 $y=f(x)$ 在点 x_0 处的导数，即

$$k=\tan\alpha=f'(x_0)$$

2. 左、右导数

由于函数在点 x_0 处的导数是用极限来定义的，因此左右极限的概念应用到导数的定义上，则有：

如果当 $\Delta x\to 0^-$ 时，$\frac{\Delta y}{\Delta x}$ 的极限存在，则称此极限值为函数 $f(x)$ 在 x_0 处的左导数. 记为 $f'_-(x_0)$，即

$$f'_-(x_0)=\lim_{\Delta x\to 0^-}\frac{\Delta y}{\Delta x}=\lim_{\Delta x\to 0^-}\frac{f(x_0+\Delta x)-f(x_0)}{\Delta x}$$

如果当 $\Delta x\to 0^+$ 时，$\frac{\Delta y}{\Delta x}$ 的极限存在，则称此极限值为函数 $f(x)$ 在 x_0 处的右导数. 记为 $f'_+(x_0)$，即

$$f'_+(x_0)=\lim_{\Delta x\to 0^+}\frac{\Delta y}{\Delta x}=\lim_{\Delta x\to 0^+}\frac{f(x_0+\Delta x)-f(x_0)}{\Delta x}$$

根据左右极限的性质，有下面的定理.

定理 2.1 函数 $y=f(x)$ 在点 x_0 处可导的充要条件是 $f'_-(x_0)$ 和 $f'_+(x_0)$ 存在且相等.

3. 高阶导数的概念

由导数的定义可以知道，变速直线运动的速度 $v(t)$ 是位移函数 $s(t)$ 对时间 t 的导数，即

$$v=\frac{\mathrm{d}s}{\mathrm{d}t} \text{ 或 } v=s'$$

而加速度 a 又是速度 v 对时间 t 的变化率，即速度 v 对时间 t 的导数

$$a=\frac{\mathrm{d}v}{\mathrm{d}t}=\frac{\mathrm{d}}{\mathrm{d}t}\left(\frac{\mathrm{d}s}{\mathrm{d}t}\right) \text{ 或 } a=(s')'$$

这种导数的导数 $\frac{\mathrm{d}}{\mathrm{d}t}\left(\frac{\mathrm{d}s}{\mathrm{d}t}\right)$ 或 $(s')'$，称为 s 对 t 的二阶导数，记作

$$\frac{\mathrm{d}^2 s}{\mathrm{d}t^2} \text{ 或 } s''(t)$$

所以，直线运动的加速度就是位移函数 $s(t)$ 对 t 的二阶导数.

一般地，函数 $y=f(x)$ 的导数 $y'=f'(x)$ 仍然是 x 的函数. 把 $y'=f'(x)$ 的导数叫做函数 $y=f(x)$ 的二阶导数，记作 y'' 或 $\frac{\mathrm{d}^2 y}{\mathrm{d}x^2}$，即

$$y''=(y')' \text{ 或 } \frac{\mathrm{d}^2 y}{\mathrm{d}x^2}=\frac{\mathrm{d}}{\mathrm{d}x}\left(\frac{\mathrm{d}y}{\mathrm{d}x}\right)$$

相应地，把 $y=f(x)$ 的导数 $f'(x)$ 叫做函数 $y=f(x)$ 的一阶导数.

类似地，二阶导数的导数，叫做三阶导数，三阶导数的导数叫做四阶导数，…，$n-1$ 阶导数的导数叫做 n 阶导数，分别记作

$$y''', \ y^{(4)}, \ \cdots, \ y^{(n)}$$

或

$$\frac{\mathrm{d}^3 y}{\mathrm{d}x^3}, \ \frac{\mathrm{d}^4 y}{\mathrm{d}x^4}, \ \cdots, \ \frac{\mathrm{d}^n y}{\mathrm{d}x^n}$$

二阶及二阶以上的导数叫做函数 $y=f(x)$ 的高阶导数.

三、求导举例

由导数定义可以得到求函数 $y=f(x)$ 的导数的一般步骤：

(1) 求函数的增量：$\Delta y=f(x+\Delta x)-f(x)$；

(2) 求比值：$\dfrac{\Delta y}{\Delta x}=\dfrac{f(x+\Delta x)-f(x)}{\Delta x}$；

(3) 取极限：$y'=\lim\limits_{\Delta x\to 0}\dfrac{\Delta y}{\Delta x}$.

【例 2.1】 求函数 $f(x)=C$（C 是常数）的导数.

解
$$\Delta y=f(x+\Delta x)-f(x)=C-C=0$$
$$\frac{\Delta y}{\Delta x}=\frac{0}{\Delta x}=0$$
$$f'(x)=\lim_{\Delta x\to 0}\frac{\Delta y}{\Delta x}=\lim_{\Delta x\to 0}0=0$$

即
$$(C)'=0$$

【例 2.2】 求函数 $f(x)=\sqrt{x}$的导数.

解 $\Delta y=f(x+\Delta x)-f(x)=\sqrt{x+\Delta x}-\sqrt{x}$
$$\frac{\Delta y}{\Delta x}=\frac{\sqrt{x+\Delta x}-\sqrt{x}}{\Delta x}=\frac{(\sqrt{x+\Delta x}-\sqrt{x})(\sqrt{x+\Delta x}+\sqrt{x})}{\Delta x(\sqrt{x+\Delta x}+\sqrt{x})}=\frac{1}{\sqrt{x+\Delta x}+\sqrt{x}}$$
$$f'(x)=\lim_{\Delta x\to 0}\frac{\Delta y}{\Delta x}=\lim_{\Delta x\to 0}\frac{1}{\sqrt{x+\Delta x}+\sqrt{x}}=\frac{1}{2\sqrt{x}}$$

即
$$(\sqrt{x})'=\frac{1}{2\sqrt{x}}$$

一般地，幂函数 $y=x^\alpha$（α 为任意实数）的求导公式为
$$(x^\alpha)'=\alpha x^{\alpha-1}$$

【例 2.3】 求函数 $f(x)=\sin x$ 的导数.

解 $\Delta y=f(x+\Delta x)-f(x)=\sin(x+\Delta x)-\sin x=2\cos(x+\dfrac{\Delta x}{2})\sin\dfrac{\Delta x}{2}$
$$\frac{\Delta y}{\Delta x}=\frac{2\cos\left(x+\dfrac{\Delta x}{2}\right)\sin\dfrac{\Delta x}{2}}{\Delta x}$$
$$f'(x)=\lim_{\Delta x\to 0}\frac{\Delta y}{\Delta x}=\lim_{\Delta x\to 0}\frac{2\cos(x+\dfrac{\Delta x}{2})\sin\dfrac{\Delta x}{2}}{\Delta x}=\lim_{\Delta x\to 0}\cos\left(x+\frac{\Delta x}{2}\right)\frac{\sin\dfrac{\Delta x}{2}}{\dfrac{\Delta x}{2}}=\cos x$$

即
$$(\sin x)'=\cos x$$

类似地，可求得
$$(\cos x)'=-\sin x$$

【例 2.4】 求函数 $f(x)=\log_a x(a>0,a\neq 1)$的导数.

解 $\Delta y=f(x+\Delta x)-f(x)=\log_a(x+\Delta x)-\log_a x=\log_a\dfrac{x+\Delta x}{x}=\log_a(1+\dfrac{\Delta x}{x})$
$$\frac{\Delta y}{\Delta x}=\frac{\log_a\left(1+\dfrac{\Delta x}{x}\right)}{\Delta x}$$

$$f'(x)=\lim_{\Delta x\to 0}\frac{\Delta y}{\Delta x}=\lim_{\Delta x\to 0}\frac{1}{\Delta x}\log_a\left(1+\frac{\Delta x}{x}\right)=\lim_{\Delta x\to 0}\left[\frac{1}{x}\times\frac{x}{\Delta x}\log_a\left(1+\frac{\Delta x}{x}\right)\right]$$

$$=\frac{1}{x}\lim_{\Delta x\to 0}\log_a\left(1+\frac{\Delta x}{x}\right)^{\frac{x}{\Delta x}}=\frac{1}{x\ln a}$$

即

$$(\log_a x)'=\frac{1}{x\ln a}$$

特殊地，当 $a=\mathrm{e}$ 时，得到

$$(\ln x)'=\frac{1}{x}$$

【例 2.5】 设 $f(x)=\sqrt[3]{x}$，求 $f'(x)$ 和 $f'(-1)$.

解 $f'(x)=(\sqrt[3]{x})'=(x^{\frac{1}{3}})'=\frac{1}{3}x^{\frac{1}{3}-1}=\frac{1}{3\sqrt[3]{x^2}}$

$$f'(-1)=\frac{1}{3\sqrt[3]{x^2}}\bigg|_{x=-1}=\frac{1}{3}$$

四、导数的几何意义

根据平面曲线切线的斜率讨论可知，函数 $f(x)$ 在点 x_0 处的导数的几何意义，就是曲线 $y=f(x)$ 在点 $M(x_0,\ y_0)$ 处切线的斜率，即

$$f'(x_0)=\tan\alpha$$

其中，α 是切线的倾斜角.

如果 $y=f(x)$ 在点 x_0 处的导数为无穷大，这时曲线 $y=f(x)$ 在点 $M(x_0,\ y_0)$ 处具有垂直于 x 轴的切线 $x=x_0$.

由导数的几何意义和直线的点斜式方程得到曲线 $y=f(x)$ 在点 $M(x_0,\ y_0)$ 处的切线方程

$$y-y_0=f'(x_0)(x-x_0)$$

和法线方程

$$y-y_0=-\frac{1}{f'(x_0)}(x-x_0)\quad [f'(x_0)\neq 0]$$

【例 2.6】 求抛物线 $y=x^2$ 在点（1，1）处的切线的斜率，并写出在该点处的切线方程和法线方程.

解 根据导数的几何意义知道，所求切线的斜率为

$$k_1=y'|_{x=1}$$

由于 $y'=(x^2)'=2x$，于是

$$k_1=2x|_{x=1}=2$$

从而所求切线方程为

$$y-1=2(x-1)$$

即

$$2x-y-1=0$$

所求法线的斜率为

$$k_2=-\frac{1}{k_1}=-\frac{1}{2}$$

于是所求法线方程为

$$y-1=-\frac{1}{2}(x-1)$$

即

$$x+2y-3=0$$

五、可导与连续的关系

函数 $y=f(x)$ 在点 x_0 处连续是指 $\lim\limits_{\Delta x\to 0}\Delta y=0$，而在点 x_0 处可导是指 $\lim\limits_{\Delta x\to 0}\frac{\Delta y}{\Delta x}$ 存在，那么这两种极限有什么关系呢？

定理 2.2 如果函数 $y=f(x)$ 在点 x_0 处可导，则 $f(x)$ 在点 x_0 处一定连续.

证明 函数 $y=f(x)$ 在点 x_0 处可导，即

$$\lim_{\Delta x\to 0}\frac{\Delta y}{\Delta x}=f'(x_0)$$

存在，由具有极限的函数与无穷小的关系知道

$$\frac{\Delta y}{\Delta x}=f'(x_0)+\alpha$$

其中，α 是当 $\Delta x\to 0$ 时的无穷小.

上式两边同乘以 Δx，得

$$\Delta y=f'(x_0)\Delta x+\alpha\Delta x$$

由此可见，当 $\Delta x\to 0$ 时，$\Delta y\to 0$. 这就是说，函数 $y=f(x)$ 在点 x_0 处是连续的.

定理的逆命题不成立，即一个函数在某点连续，却不一定在该点可导.

例如，函数 $y=|x|$ 在点 $x=0$ 处连续但不可导. 因为在 $x=0$ 处

$$\Delta y=|0+\Delta x|-|0|=|\Delta x|$$

显然，当 $\Delta x\to 0$ 时，$\Delta y\to 0$. 表明函数 $y=|x|$ 在点 $x=0$ 处是连续的，但又因为

$$\lim_{\Delta x\to 0^+}\frac{\Delta y}{\Delta x}=\lim_{\Delta x\to 0^+}\frac{|\Delta x|}{\Delta x}=1$$

$$\lim_{\Delta x\to 0^-}\frac{\Delta y}{\Delta x}=\lim_{\Delta x\to 0^-}\frac{|\Delta x|}{\Delta x}=-1$$

所以，$\lim\limits_{\Delta x\to 0}\frac{\Delta y}{\Delta x}$ 不存在，即函数 $y=|x|$ 在点 $x=0$ 处不可导. 如图 2-2 所示.

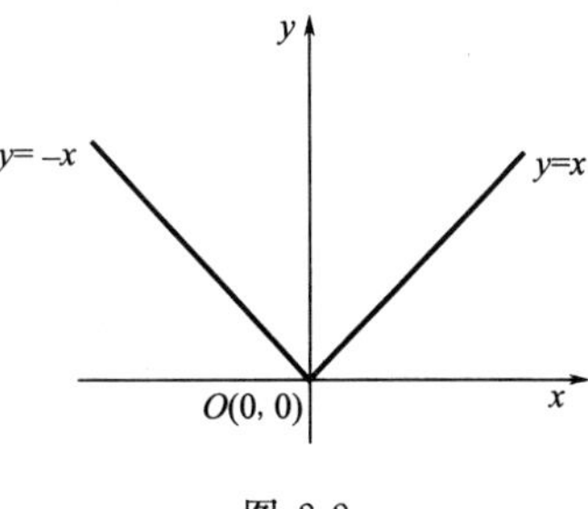

图 2-2

由此可见，如果函数 $y=f(x)$ 在点 x 处连续，则函数在该点不一定可导. 即：函数在某点连续是函数在该点可导的必要条件，但不是充分条件.

思考题 2.1

1. $f'(x_0)=\lim\limits_{\Delta x\to 0}\frac{f(x_0-\Delta x)-f(x_0)}{-\Delta x}$ 是否正确？为什么？

2. $f'(x_0)=[f(x_0)]'$ 和 $f'(x_0)=f'(x)|_{x=x_0}$ 这两种表示方法是否正确？如果错误，说明原因.

3. 一物体作变速直线运动，其运动规律为 $s=s(t)$，应怎样确定物体在时刻 t_0 的加速度？

4. 如果函数 $y=f(x)$ 在某点 x_0 有平行于 x 轴的切线，试求 $f'(x_0)$ 的值.

5. 若函数 $y=f(x)$ 在某点 x_0 是连续的，则在该点必可导. 这种说法是否正确？如果不正

确，举例说明.

练习题 2.1

1. 设函数 $f(x)$ 在点 x_0 处可导，且 $f'(x_0)=2$，求极限$\lim\limits_{h\to 0}\dfrac{f(x_0-h)-f(x_0)}{h}$.

2. 设函数 $y=f(x)$ 满足$\lim\limits_{x\to 0}\dfrac{f(0)-f(2x)}{x}=1$，求 $f'(0)$.

3. 设 $f'(x_0)$ 存在，证明：$\lim\limits_{\Delta x\to 0}\dfrac{f(x_0)-f(x_0-\Delta x)}{\Delta x}=f'(x_0)$.

4. 求下列函数的导数：

(1) $y=x^{\frac{3}{2}}$　　(2) $y=x^{-\frac{1}{3}}$　　(3) $y=\dfrac{x^2\sqrt{x}}{\sqrt[4]{x}}$

5. 设 $f(x)=\sin x$，求 $f'\left(\dfrac{\pi}{6}\right)$和 $f'\left(\dfrac{\pi}{3}\right)$.

6. 求曲线 $y=\cos x$ 在 $x=\dfrac{2}{3}\pi$ 处的切线的斜率.

7. 求曲线 $y=\ln x$ 在 $x=1$ 点的切线和法线方程.

8. 函数 $f(x)=\begin{cases}x+2 & 0\leqslant x<1\\ 3x-1 & x\geqslant 1\end{cases}$，在点 $x=1$ 处是否可导？为什么？

第二节　函数四则运算的求导法则

上节中，利用导数的定义求出了一些简单函数的导数，但是这种计算很麻烦，也很有局限性，对有些函数求导甚至是不可能，这就需要讨论求函数导数的方法.

一、函数和、差、积、商的求导法则

1. 函数和、差的求导法则

法则 2.1　两个可导函数的和（或差）的导数等于这两个函数的导数的和（或差）. 即

$$(u\pm v)'=u'\pm v'$$

其中，$u=u(x)$，$v=v(x)$ 在点 x 处均可导.

证明　设 $y=u(x)+v(x)$，给自变量 x 以增量 Δx，函数 $u=u(x)$，$v=v(x)$ 及 $y=u(x)+v(x)$相应地有增量 Δu、Δv、Δy.

$$\Delta y=[u(x+\Delta x)+v(x+\Delta x)]-[u(x)+v(x)]=[u(x+\Delta x)-u(x)]+[v(x+\Delta x)-v(x)]$$
$$=\Delta u+\Delta v$$

$$\frac{\Delta y}{\Delta x}=\frac{\Delta u}{\Delta x}+\frac{\Delta v}{\Delta x}$$

于是

$$y'=\lim_{\Delta x\to 0}\frac{\Delta y}{\Delta x}=\lim_{\Delta x\to 0}\frac{\Delta u}{\Delta x}+\lim_{\Delta x\to 0}\frac{\Delta v}{\Delta x}=u'+v'$$

即

$$(u+v)'=u'+v'$$

类似地，有

$$(u-v)'=u'-v'$$

说明：这个法则可推广到有限个可导函数代数和的情况.

【例 2.7】　求函数 $y=x^3+\sqrt{x}-\dfrac{1}{x^2}$的导数.

解 $y'=\left(x^3+\sqrt{x}-\frac{1}{x^2}\right)'=(x^3)'+(\sqrt{x})'-\left(\frac{1}{x^2}\right)'=3x^2+\frac{1}{2\sqrt{x}}+\frac{2}{x^3}$

2. 函数乘积的求导法则

法则 2.2 两个可导函数乘积的导数等于第一个函数的导数乘以第二个函数，再加上第一个函数乘以第二个函数的导数. 即

$$(uv)'=u'v+uv'$$

其中，$u=u(x)$，$v=v(x)$ 在点 x 处均可导.

证明 设 $y=u(x)v(x)$，给自变量 x 以增量 Δx，函数 $u=u(x)$，$v=v(x)$ 及 $y=u(x)+v(x)$相应地有增量 Δu、Δv、Δy.

$$\begin{aligned}\Delta y&=[u(x+\Delta x)v(x+\Delta x)]-[u(x)v(x)]\\&=[u(x+\Delta x)-u(x)]v(x+\Delta x)+u(x)[v(x+\Delta x)-v(x)]\\&=\Delta uv(x+\Delta x)+u(x)\Delta v\end{aligned}$$

$$\frac{\Delta y}{\Delta x}=\frac{\Delta u}{\Delta x}v(x+\Delta x)+u(x)\frac{\Delta v}{\Delta x}$$

于是

$$y'=\lim_{\Delta x\to 0}\frac{\Delta y}{\Delta x}=\lim_{\Delta x\to 0}\frac{\Delta u}{\Delta x}\lim_{\Delta x\to 0}v(x+\Delta x)+\lim_{\Delta x\to 0}u(x)\lim_{\Delta x\to 0}\frac{\Delta v}{\Delta x}=u'v+uv'$$

即

$$(uv)'=u'v+uv'$$

特别地，当 $v(x)=C$（C 为常数）时，有

$$(Cu)'=Cu'$$

【例 2.8】 求函数 $y=3\sin x\ln x$ 的导数.

解 $y'=(3\sin x\ln x)'=3(\sin x\ln x)'=3[(\sin x)'\ln x+\sin x(\ln x)']=3\left(\cos x\ln x+\frac{\sin x}{x}\right)$

【例 2.9】 设函数 $f(x)=(1+x^2)\left(3-\frac{1}{x^3}\right)$，求 $f'(1)$ 和 $f'(-1)$.

解 $f'(x)=(1+x^2)'\left(3-\frac{1}{x^3}\right)+(1+x^2)\left(3-\frac{1}{x^3}\right)'=2x\left(3-\frac{1}{x^3}\right)+(1+x^2)(3x^{-4})$

$$=6x-\frac{2}{x^2}+\frac{3}{x^4}+\frac{3}{x^2}=6x+\frac{1}{x^2}+\frac{3}{x^4}$$

所以

$$f'(1)=10,\ f'(-1)=-2$$

3. 函数商的求导法则

法则 2.3 两个可导函数商的导数等于分子的导数乘以分母，减去分母的导数乘以分子，再除以分母的平方. 即

$$\left(\frac{u}{v}\right)'=\frac{u'v-uv'}{v^2}$$

其中，$u=u(x)$，$v=v(x)$ 在点 x 处均可导，且 $v(x)\neq 0$.

证明 设 $y=\frac{u(x)}{v(x)}$，给自变量 x 以增量 Δx，函数 $u=u(x)$，$v=v(x)$ 及 $y=\frac{u(x)}{v(x)}$相应地有增量 Δu、Δv、Δy.

$$\Delta y=\frac{u(x+\Delta x)}{v(x+\Delta x)}-\frac{u(x)}{v(x)}=\frac{u(x+\Delta x)v(x)-u(x)v(x+\Delta x)}{v(x+\Delta x)v(x)}$$

$$=\frac{[u(x+\Delta x)-u(x)]v(x)-u(x)[v(x+\Delta x)-v(x)]}{v(x+\Delta x)v(x)}$$

$$=\frac{\Delta uv(x)-u(x)\Delta v}{v(x+\Delta x)v(x)}$$

$$\frac{\Delta y}{\Delta x}=\frac{\Delta uv(x)-u(x)\Delta v}{v(x+\Delta x)v(x)\Delta x}=\frac{\frac{\Delta u}{\Delta x}v(x)-u(x)\frac{\Delta v}{\Delta x}}{v(x+\Delta x)v(x)}$$

于是

$$y'=\lim_{\Delta x\to 0}\frac{\Delta y}{\Delta x}=\lim_{\Delta x\to 0}\frac{\frac{\Delta u}{\Delta x}v(x)-u(x)\frac{\Delta v}{\Delta x}}{v(x+\Delta x)v(x)}=\frac{u'v-uv'}{v^2}$$

即

$$\left(\frac{u}{v}\right)'=\frac{u'v-uv'}{v^2}$$

【例 2.10】 求函数 $y=\tan x$ 的导数.

解 $y'=(\tan x)'=\left(\frac{\sin x}{\cos x}\right)'=\frac{(\sin x)'\cos x-\sin x(\cos x)'}{\cos^2 x}=\frac{\cos^2 x+\sin^2 x}{\cos^2 x}=\frac{1}{\cos^2 x}=\sec^2 x$

即

$$(\tan x)'=\sec^2 x$$

【例 2.11】 求函数 $y=\sec x$ 的导数.

解 $y'=(\sec x)'=\left(\frac{1}{\cos x}\right)'=\frac{(1)'\times\cos x-1\times(\cos x)'}{\cos^2 x}=\frac{\sin x}{\cos^2 x}=\sec x\tan x$

即

$$(\sec x)'=\sec x\tan x$$

用类似的方法可求得

$$(\cot x)'=-\csc^2 x$$
$$(\csc x)'=-\csc x\cot x$$

二、高阶导数的运算

由高阶导数的概念知道，求高阶导数就是多次求导数. 所以，仍可用前面学过的求导方法来计算高阶导数.

【例 2.12】 已知物体的运动规律为 $s=2t^3+t+5$(m)，求物体在 $t=1$(s) 时的加速度.

解 由导数的力学意义可知：

$$v=\frac{\mathrm{d}s}{\mathrm{d}t}=6t^2+1(\mathrm{m/s}),\ a=\frac{\mathrm{d}^2 s}{\mathrm{d}t^2}=12t(\mathrm{m/s^2})$$

所以，当 $t=1\mathrm{s}$ 时，$a=12\mathrm{m/s^2}$.

【例 2.13】 求函数 $y=x^2\ln x$ 的二阶导数.

解 $y'=2x\ln x+x^2\ \frac{1}{x}=2x\ln x+x$ $\qquad y''=(2x\ln x+x)=2\ln x+2x\ \frac{1}{x}+1=2\ln x+3$

【例 2.14】 求函数 $y=\ln x$ 的 n 阶导数 .

解 $y'=\frac{1}{x}$，$y''=-\frac{1}{x^2}$，$y'''=\frac{1\times 2}{x^3}$，…

依次类推，可得

$$y^{(n)}=(-1)^{n-1}\frac{(n-1)!}{x^n}$$

思考题 2.2

1. 在商的求导法则中，如果分母的导数为零，是否可以？
2. $f''(x_0)$ 与 $[f'(x_0)]'$是否相等？
3. 求函数的 n 阶导数，就是对函数求 n 次导数. 请问这种做法是否正确？

练习题 2.2

1. 求下列函数的导数：

(1) $y=x^2-\frac{2}{x}+103$ (2) $y=(1+x^2)\cos x$ (3) $y=\frac{1-\ln x}{1+\ln x}+\frac{1}{x^2}$

(4) $y=x\ln x\sin x$ (5) $y=(\sqrt{x}+1)\left(\frac{1}{\sqrt{x}}-1\right)$ (6) $y=x\tan x+\sin\frac{25\pi}{3}$

2. 求下列函数在给定点的导数：

(1) $y=x\sin x+\frac{1}{2}\cos x$，在 $x=4$ (2) $y=\frac{1-\sqrt{x}}{1+\sqrt{x}}$，在 $x=4$

3. 求下列函数的二阶导数：

(1) $y=2x^2+\ln x$ (2) $y=x\cos x$ (3) $y=(1+x^2)\ln x$

4. 已知 $f(x)=\frac{x}{1-x^2}$，求 $f''(0)$.

5. 求下列函数的 n 阶导数：

(1) $y=x\ln x$ (2) $y=\lg x$

第三节 复合函数与初等函数的导数

一、复合函数的导数

设函数 $y=f(u)$ 和 $u=\varphi(x)$ 分别是 u 和 x 的可导函数，现在求复合函数 $y=f[\varphi(x)]$的导数$\frac{dy}{dx}$.

设自变量 x 有增量 Δx，则对应的 u、y 分别有增量 Δu、Δy，因为 $u=\varphi(x)$ 在点 x 处可导，则在 x 处必连续．因此，当 $\Delta x\to 0$ 时，$\Delta u\to 0$，当 $\Delta u\neq 0$ 时，有

$$\frac{\Delta y}{\Delta x}=\frac{\Delta y}{\Delta u}\times\frac{\Delta u}{\Delta x}$$

又因为

$$\lim_{\Delta x\to 0}\frac{\Delta y}{\Delta u}=\lim_{\Delta u\to 0}\frac{\Delta y}{\Delta u}$$

所以有

$$\lim_{\Delta x\to 0}\frac{\Delta y}{\Delta x}=\lim_{\Delta u\to 0}\frac{\Delta y}{\Delta u}\lim_{\Delta x\to 0}\frac{\Delta u}{\Delta x}$$

即

$$\frac{dy}{dx}=\frac{dy}{du}\times\frac{du}{dx}$$

当 $\Delta u=0$ 时，公式也成立.

这就是复合函数的求导法则.

法则 2.4 复合函数对自变量的导数，等于已知函数对中间变量的导数，乘以中间变量对

自变量的导数，即

$$\frac{\mathrm{d}y}{\mathrm{d}x}=\frac{\mathrm{d}y}{\mathrm{d}u}\times\frac{\mathrm{d}u}{\mathrm{d}x}$$

复合函数的求导法则可以推广到多个中间变量的情形.

【例 2.15】 求函数 $y=\cos(x^2+1)$的导数.

解 设 $y=\cos u$，$u=x^2+1$，则

$$y'_x=y'_u u'_x=(\cos u)'_u(x^2+1)'_x=(-\sin u)2x=-2x\sin(x^2+1)$$

【例 2.16】 求函数 $y=\sqrt[3]{2x^2-3}$的导数.

解 设 $y=u^{\frac{1}{3}}$，$u=2x^2-3$，则

$$y'_x=y'_u u'_x=(u^{\frac{1}{3}})'_u(2x^2-3)'_x=\left(\frac{1}{3}u^{-\frac{2}{3}}\right)4x=\frac{4x}{3\sqrt[3]{(2x^2-3)^2}}$$

运用复合函数的求导法则关键在于把复合函数的复合过程搞清楚．一般情形下，复合函数求导后，都要把引进的中间变量代换成原来的自变量的式子．在运用复合函数求导法则熟练到一定程度后，就可以不写中间变量，只要心中明确对哪个变量求导就可以了.

【例 2.17】 求函数 $y=(1-x^5)^3$的导数.

解 $y'=[(1-x^5)^3]'=3(1-x^5)^2(1-x^5)'=3(1-x^5)^2(-5x^4)=-15x^4(1-x^5)^2$

【例 2.18】 求函数 $y=\dfrac{1}{x-\sqrt{x^2-1}}$的导数.

解 先将分母有理化，然后再求导：

$$y=\frac{x+\sqrt{x^2-1}}{(x-\sqrt{x^2-1})(x+\sqrt{x^2-1})}=x+\sqrt{x^2-1}$$

$$y'=(x+\sqrt{x^2-1})'=1+\frac{1}{2\sqrt{x^2-1}}(x^2-1)'=1+\frac{x}{\sqrt{x^2-1}}$$

二、反函数的导数

法则 2.5 反函数的导数等于原来函数导数的倒数．即

$$f'(x)=\frac{1}{\varphi'(y)}$$

其中，$x=\varphi(y)$ 是 $y=f(x)$ 的反函数，且 $\varphi'(y)\neq0$.

【例 2.19】 求函数 $y=a^x$ （$a>0$ 且 $a\neq1$） 的导数.

解 $y=a^x$是 $x=\log_a y$ 的反函数

$$x'_y=(\log_a y)'_y=\frac{1}{y\ln a}$$

$$y'_x=\frac{1}{x'_y}=y\ln a$$

即

$$(a^x)'=a^x\ln a$$

特别地，当 $a=\mathrm{e}$ 时，有

$$(\mathrm{e}^x)'=\mathrm{e}^x$$

【例 2.20】 求函数 $y=\arcsin x(-1<x<1)$的导数.

解 因为 $y=\arcsin x$ 是 $x=\sin y$ 的反函数，所以

$$y'=(\arcsin x)'=\frac{1}{x'_y}=\frac{1}{(\sin y)'_y}=\frac{1}{\cos y}=\frac{1}{\sqrt{1-x^2}}$$

即

$$(\arcsin x)'=\frac{1}{\sqrt{1-x^2}}$$

用类似的方法可求得

$$(\arccos x)'=-\frac{1}{\sqrt{1-x^2}}$$

【例 2.21】 求函数 $y=\arctan x(-\infty<x<+\infty)$的导数.

解 因为 $y=\arctan x$ 是 $x=\tan y$ 的反函数，所以

$$y'=(\arctan x)'=\frac{1}{x'_y}=\frac{1}{(\tan y)'_y}=\frac{1}{\sec^2 y}=\frac{1}{1+\tan^2 y}=\frac{1}{1+x^2}$$

即

$$(\arctan x)'=\frac{1}{1+x^2}$$

用类似的方法可求得

$$(\mathrm{arccot} x)'=-\frac{1}{1+x^2}$$

【例 2.22】 证明$(x^\alpha)'=\alpha x^{\alpha-1}$ （$x>0$，α 为任意实数）.

证明 因为 $x^\alpha=\mathrm{e}^{\ln x^\alpha}=\mathrm{e}^{\alpha\ln x}$，所以

$$(x^\alpha)'=(\mathrm{e}^{\alpha\ln x})'=\mathrm{e}^{\alpha\ln x}(\alpha\ln x)'=\mathrm{e}^{\alpha\ln x}\alpha\,\frac{1}{x}=\mathrm{e}^{\ln x^\alpha}\frac{\alpha}{x}=x^\alpha\frac{\alpha}{x}=\alpha x^{\alpha-1}$$

即

$$(x^\alpha)'=\alpha x^{\alpha-1}$$

三、参数方程的导数

两个变量 x 和 y 间的函数关系，除了用显函数 $y=f(x)$ 和隐函数 $F(x,y)=0$ 表示外，还可以用参数方程

$$\begin{cases}x=\varphi(t)\\ y=\psi(t)\end{cases}\qquad (\text{其中 } t \text{ 为参数})$$

来表示，现在讨论如何由参数方程求 y 对 x 的导数.

在参数方程中，如果函数 $x=\varphi(t)$ 具有单调连续的反函数 $t=\varphi^{-1}(x)$，那么由参数方程所确定的函数可以看成是由函数 $y=\psi(t)$ 和 $t=\varphi^{-1}(x)$ 复合而成的函数. 假设 $x=\varphi(t)$，$y=\psi(t)$都可导，而且 $\varphi'(t)\neq 0$，则根据复合函数的求导法则与反函数的求导法则，有

$$\frac{\mathrm{d}y}{\mathrm{d}x}=\frac{\mathrm{d}y}{\mathrm{d}t}\times\frac{\mathrm{d}t}{\mathrm{d}x}$$

即

$$\frac{\mathrm{d}y}{\mathrm{d}x}=\frac{\frac{\mathrm{d}y}{\mathrm{d}t}}{\frac{\mathrm{d}x}{\mathrm{d}t}}$$

这就是由参数方程所确定的函数 y 对 x 的导数公式.

【例 2.23】 已知参数方程$\begin{cases}x=\sin t\\ y=\cos t\end{cases}$，求$\frac{\mathrm{d}y}{\mathrm{d}x}$.

解 $\frac{dy}{dx}=\frac{y'_t}{x'_t}=\frac{(\cos t)'}{(\sin t)'}=\frac{-\sin t}{\cos t}=-\tan t$

四、导数的基本公式

基本初等函数的导数公式在初等函数的求导运算中起着重要的作用，必须熟练地掌握它们，为了便于查阅，把常数和基本初等函数的导数公式归纳如下：

(1) $(C)'=0$　　(2) $(x^\alpha)'=\alpha x^{\alpha-1}$　　(3) $(\sin x)'=\cos x$

(4) $(\cos x)'=-\sin x$　　(5) $(\tan x)'=\sec^2 x$　　(6) $(\cot x)'=-\csc^2 x$

(7) $(\sec x)'=\sec x\tan x$　　(8) $(\csc x)'=-\csc x\cot x$　　(9) $(a^x)'=a^x\ln a$

(10) $(e^x)'=e^x$　　(11) $(\log_a x)'=\frac{1}{x\ln a}$　　(12) $(\ln x)'=\frac{1}{x}$

(13) $(\arcsin x)'=\frac{1}{\sqrt{1-x^2}}$　　(14) $(\arccos x)'=-\frac{1}{\sqrt{1-x^2}}$　　(15) $(\arctan x)'=\frac{1}{1+x^2}$

(16) $(\text{arccot}\,x)'=-\frac{1}{1+x^2}$

思考题 2.3

$(\sin\sqrt{x^2-1})'=\cos\sqrt{x^2-1}(\sqrt{x^2-1})'(x^2-1)'$是否正确？如果错误，找出错误的原因.

练习题 2.3

1. 求下列复合函数的导数：

(1) $y=(2x^2+3)^5$　　(2) $y=\sqrt{1+3x^2}$　　(3) $y=\sin\left(5x+\frac{\pi}{4}\right)$

(4) $y=\ln(1-x)$　　(5) $y=\cot\left(\frac{x}{2}+1\right)$　　(6) $y=\csc\frac{x}{3}$

(7) $y=(3x^2+4x-5)^6$　　(8) $y=\frac{1}{\sqrt{1+x^2}}$　　(9) $y=(x-1)\sqrt{x^2+1}$

(10) $y=\sqrt{x+\sqrt{x}}$　　(11) $y=\cos^2 x-x\sin^2 x$　　(12) $y=\frac{x^2}{\sqrt{x^2+1}}$

(13) $y=\frac{x}{2}\sqrt{x^2-a^2}$　　(14) $y=\sin^2(x^2+1)$　　(15) $y=\frac{\sqrt{1+x}+\sqrt{1-x}}{\sqrt{1+x}-\sqrt{1-x}}$

(16) $y=\cos^2\frac{x}{3}\tan\frac{x}{2}$　　(17) $y=\ln x^2+(\ln x)^2$　　(18) $y=\csc^3(\ln x)$

(19) $y=(2x+\cos^2 x)^3$　　(20) $y=(\ln\ln x)^4$　　(21) $y=\log_3\frac{x}{1-x}$

(22) $y=x^2\tan\frac{x+1}{3}$　　(23) $y=\sin^n x\cos nx$（n为常数）　　(24) $y=x^2\cos 3x^3$

(25) $y=\frac{1}{\sqrt{a^2+x^4}}$　　(26) $y=\lg\frac{\sqrt{x^2+1}}{\sqrt[3]{3+x}}$

2. 求下列函数的导数：

(1) $y=e^{3x}$　　(2) $y=\frac{5^x}{2^x}$　　(3) $y=\sin 3^x$

(4) $y=x^2e^x$　　(5) $y=e^{x\ln x}$　　(6) $y=5^x+x^4$

(7) $y=3^{\cos 2x}+\ln x^2$　　(8) $y=e^{\sqrt{x+1}}$　　(9) $y=\text{arccot}\sqrt{x^3-2x}$

(10) $y=e^{\arctan\sqrt{x}}$　　(11) $y=\frac{1}{\arcsin x}$　　(12) $y=\sqrt{x}\arctan x$

(13) $y=x\sin x\arctan x$　　(14) $y=\sqrt{4-x^2}+x\arcsin\frac{x}{2}$

3. 求下列参数方程所确定函数的导数$\frac{dy}{dx}$：

(1) $\begin{cases}x=1+t^2\\y=t^3-t\end{cases}$　　(2) $\begin{cases}x=\cos t\\y=2t\end{cases}$　　(3) $\begin{cases}x=\cos^2 t\\y=\sin^2 t\end{cases}$

(4) $\begin{cases}x=e^t\sin t\\y=e^t\cos t\end{cases}$

第四节　隐函数求导法

一、隐函数求导法

前面讨论的函数都可表示为 $y=f(x)$ 的形式，这样的函数叫做显函数. 但在实际问题中，还会遇到用另外一种形式表示的函数，就是 y 与 x 的函数关系是由一个含 x 和 y 的方程 $F(x,y)=0$ 所确定. 例如$(x-a)^2+(y-b)^2=r^2$. 像这样由方程 $F(x,y)=0$ 所确定的函数叫做隐函数. 有些隐函数很容易化为显函数，而有些则很困难，甚至不可能. 如方程 $xy=e^{x+y}$就无法把 y 表示成 x 的显函数的形式.

实际上，求隐函数的导数并不需要先将隐函数化为显函数，而是可以利用复合函数的求导法则，将方程两边同时对 x 求导，并注意到其中变量 y 是 x 的函数．就可直接求出隐函数的导数.

【例 2.24】　求由方程 $x^2+y^2=R^2$ （R 是常数）确定的隐函数的导数$\frac{dy}{dx}$.

解　将方程两边同时对 x 求导，并注意到 y 是 x 的函数，y^2 是 x 的复合函数，按求导法则，得

$$(x^2)'+(y^2)'=(R^2)'$$

$$2x+2y\frac{dy}{dx}=0$$

即

$$\frac{dy}{dx}=-\frac{x}{y}$$

【例 2.25】　求由方程 $e^y+x^2y-5=0$ 所确定的隐函数的导数$\frac{dy}{dx}$.

解　将方程两边同时对 x 求导，并注意到 y 是 x 的函数，得

$$e^y\frac{dy}{dx}+2xy+x^2\frac{dy}{dx}=0$$

即

$$\frac{dy}{dx}=-\frac{2xy}{x^2+e^y}$$

【例 2.26】　求由方程 $y\sin x+\ln y=1$ 所确定的隐函数的导数$\frac{dy}{dx}$.

解　方程两边对 x 求导得

$$\frac{dy}{dx}\sin x+y\cos x+\frac{1}{y}\times\frac{dy}{dx}=0$$

即

$$\frac{dy}{dx}=-\frac{y^2\cos x}{1+y\sin x}$$

【例 2.27】 求由方程 $y^5+2y-x-3x^7=0$ 所确定的隐函数在 $x=0$ 处的导数 $\left.\frac{dy}{dx}\right|_{x=0}$.

解 方程两边对 x 求导得

$$5y^4\frac{dy}{dx}+2\frac{dy}{dx}-1-21x^6=0$$

即

$$\frac{dy}{dx}=\frac{1+21x^6}{5y^4+2}$$

因为当 $x=0$ 时，从原方程得 $y=0$，所以

$$\left.\frac{dy}{dx}\right|_{x=0}=\frac{1}{2}$$

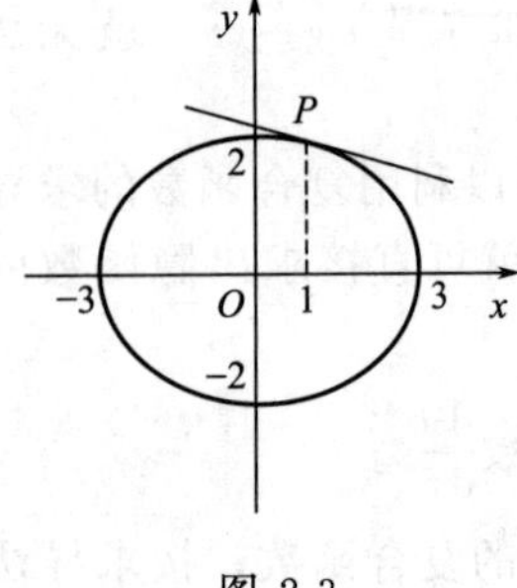

图 2-3

【例 2.28】 求椭圆 $\frac{x^2}{9}+\frac{y^2}{4}=1$ 在点 $P\left(1,\frac{4\sqrt{2}}{3}\right)$ 处的切线方程（图 2-3）.

解 将方程两边同时对 x 求导得

$$\frac{2x}{9}+\frac{2yy'}{4}=0$$

$$y'=-\frac{4x}{9y}$$

将 $P\left(1,\frac{4\sqrt{2}}{3}\right)$ 代入，得所求切线斜率

$$k=-\left.\frac{4x}{9y}\right|_{\substack{x=1\\ y=\frac{4\sqrt{2}}{3}}}=-\frac{4\times 1}{9\times\frac{4\sqrt{2}}{3}}=-\frac{\sqrt{2}}{6}$$

则切线方程为

$$y-\frac{4\sqrt{2}}{3}=-\frac{\sqrt{2}}{6}(x-1)$$

即

$$2x+6\sqrt{2}y-18=0$$

从上面的例子可以看出，求隐函数的导数时，可将方程两边同时对自变量 x 求导，遇到 y 就看成 x 的函数，遇到 y 的函数就看成 x 的复合函数，然后从关系式中解出 y'_x 即可.

二、对数求导法

在求导数的计算中，有时会遇到一些显函数，对其直接求导很困难或很麻烦. 对这样的函数求导，一般先对等式两边取自然对数，变成隐函数的形式，然后利用隐函数的求导方法求出它的导数，这种方法叫做对数求导法. 通过下面的例子来说明这种方法.

【例 2.29】 求函数 $y=x^x$ 的导数.

解 函数 $y=x^x$ 两边取自然对数得

$$\ln y=x\ln x$$

两边对 x 求导得

$$\frac{1}{y}y'_x=\ln x+x\frac{1}{x}$$

即

$$y'_x = y(\ln x + 1) = x^x(\ln x + 1)$$

【例 2.30】 求函数 $y=(\tan x)^{\sin x}$ 的导数.

解　函数 $y=(\tan x)^{\sin x}$ 两边取自然对数得

$$\ln y = \sin x \ln\tan x$$

两边对 x 求导得

$$\frac{1}{y}y'_x = \cos x\ln\tan x + \sin x\,\frac{\sec^2 x}{\tan x}$$

即

$$y'_x = y\left(\cos x\ln\tan x + \frac{1}{\cos x}\right) = (\tan x)^{\sin x}\left(\cos x\ln\tan x + \frac{1}{\cos x}\right)$$

【例 2.31】 求函数 $y=x^x+(\tan x)^{\sin x}$ 的导数.

解　这个函数不能直接应用对数求导法. 可设 $y_1=x^x$，$y_2=(\tan x)^{\sin x}$. 则 $y=y_1+y_2$ 所以

$$y' = y'_1 + y'_2$$

根据上面两例的结果有

$$y' = x^x(\ln x + 1) + (\tan x)^{\sin x}\left(\cos x\ln\tan x + \frac{1}{\cos x}\right)$$

【例 2.32】 求函数 $y=\sqrt[3]{\frac{(x-a)(x-b)}{(x-c)(x-d)}}$ 的导数.

解　函数两边取自然对数得

$$\ln y = \frac{1}{3}[\ln(x-a)+\ln(x-b)-\ln(x-c)-\ln(x-d)]$$

两边对 x 求导得

$$\frac{1}{y}y'_x = \frac{1}{3}\left(\frac{1}{x-a}+\frac{1}{x-b}-\frac{1}{x-c}-\frac{1}{x-d}\right)$$

即

$$y' = \frac{1}{3}\sqrt[3]{\frac{(x-a)(x-b)}{(x-c)(x-d)}}\left(\frac{1}{x-a}+\frac{1}{x-b}-\frac{1}{x-c}-\frac{1}{x-d}\right)$$

思考题 2.4

1. 显函数和隐函数有什么区别?
2. 所有隐函数都能化为显函数吗?
3. 对幂指函数求导，举例说明有几种方法?

练习题 2.4

1. 求下列隐函数的导数 $\frac{dy}{dx}$:

(1) $2x^2+3xy+5y^3=0$　　(2) $ye^x+\ln y=1$　　(3) $\cos(xy)=x$

(4) $y=x^2+xe^y$　　(5) $y=x+\ln y$　　(6) $y=\sin(x+y)$

(7) $\sqrt{x}+\sqrt{y}=\sqrt{a}$　　(8) $\arctan\frac{y}{x}=\ln\sqrt{x^2+y^2}$

2. 求隐函数 $e^y-xy=e$ 在 (0，1) 的导数.
3. 求曲线 $ye^x+\ln y=1$ 上点 (0，1) 处的切线方程.

4. 用对数求导法求下列函数的导数：

(1) $x^y=y^x$　　(2) $y=(\sin x)^{\cos x}+(\cos x)^{\sin x}$　　(3) $y=\sqrt[5]{\dfrac{x-5}{\sqrt[5]{x^2+2}}}$

(4) $y=\dfrac{\sqrt{x+2}(3-x)^4}{(x+1)^5}$　　(5) $y=x\sqrt{\dfrac{1-x}{1+x}}$　　(6) $y=x^{\sin x}$

(7) $y=\dfrac{x^2}{1-x}\sqrt[3]{\dfrac{3-x}{(3+x)^2}}$　　(8) $y=\left(\dfrac{b}{a}\right)^x\left(\dfrac{b}{x}\right)^a\left(\dfrac{x}{a}\right)^b(a>0,b>0)$

第五节　函数的微分

导数表示函数相对于自变量的变化快慢程度. 在实际中还会遇到与此相关的另一类问题，就是当自变量有微小变化时，要求知道相应的函数的改变量 Δy，可是由于 Δy 的表达式往往很复杂，计算它的精确值也就很困难了. 而在实际中，一般不需要精确值，只要有一定的精确度就可以，由此引出微分学的另一基本概念：函数的微分.

一、微分的概念

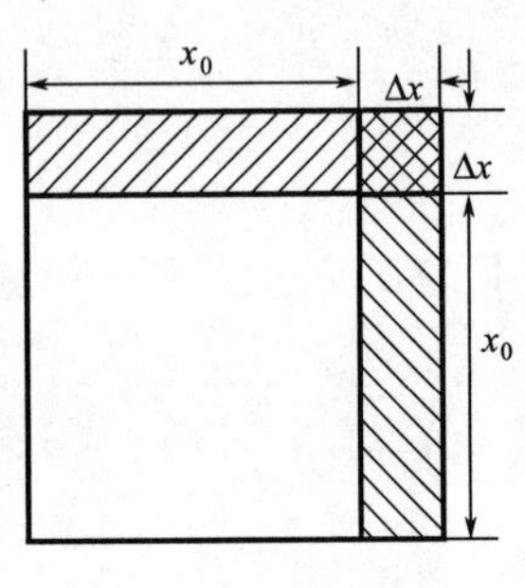

图 2-4

设一块正方形金属薄片，边长为 x_0，当受热后边长增加 Δx，如图 2-4 所示. 那么面积 y 相应的增量 $\Delta y=(x_0+\Delta x)^2-x_0{}^2=2x_0\Delta x+(\Delta x)^2$.

从上式可以看出，Δy 分成两部分，第一部分 $2x_0\Delta x$ 是 Δx 的线性函数，即图中带有斜线的两个矩形面积之和，而第二部分 $(\Delta x)^2$ 在图中是带有交叉斜线的小正方形的面积，当 $\Delta x\to 0$ 时，第二部分 $(\Delta x)^2$ 是比 Δx 高阶的无穷小，即 $(\Delta x)^2=o(\Delta x)$. 由此可见，如果边长改变很微小，即 $|\Delta x|$ 很小时，面积的改变量 Δy 可近似地用第一部分来代替.

$$\Delta y\approx 2x_0\Delta x$$

由于 $f'(x_0)=2x_0$，所以上式可写成

$$\Delta y\approx f'(x_0)\Delta x$$

由此给出函数微分的定义.

定义 2.2　如果函数 $y=f(x)$ 在点 x_0 具有导数 $f'(x_0)$，则 $f'(x_0)\Delta x$ 叫做函数 $y=f(x)$ 在点 x_0 的微分，记为 $\mathrm{d}y|_{x=x_0}$，即

$$\mathrm{d}y|_{x=x_0}=f'(x_0)\Delta x$$

【例 2.33】　求函数 $y=\sqrt{x}$ 在 $x=1$ 处的微分.

解　$y'|_{x=1}=\left.\dfrac{1}{2\sqrt{x}}\right|_{x=1}=\dfrac{1}{2}$

$$\mathrm{d}y|_{x=1}=y'|_{x=1}\Delta x=\frac{1}{2}\Delta x$$

一般地，函数 $y=f(x)$ 在点 x 的微分叫做函数的微分，记为 $\mathrm{d}y$，即

$$\mathrm{d}y=f'(x)\Delta x$$

通常把自变量的微分定义为自变量的增量，记为 $\mathrm{d}x$，即

$$\mathrm{d}x=\Delta x$$

于是函数 $y=f(x)$ 的微分可记为

$$dy=f'(x)dx$$

由此得出如下两个结论：

(1) 微分 dy 是 Δx 的一次函数（线性函数），且有 $dy\approx\Delta y$，当 $y'\neq0$ 时，dy 与 Δy 相差一个比 Δx 更高阶的无穷小量；

(2) 由 $dy=f'(x)dx$ 可得 $\frac{dy}{dx}=f'(x)$，即 $\frac{dy}{dx}$ 为函数的微分与自变量的微分之商. 因而称导数为微商. 从而 $f(x)$ 在 x 处可微与可导等价，即

$$dy=f'(x)dx\Leftrightarrow\frac{dy}{dx}=f'(x)$$

因此，求一个函数的微分的问题便归结为求导数的问题，故将求函数的导数与微分的方法称为微分法.

【例 2.34】 求函数 $y=\cos(3x-5)$ 的微分.

解 $dy=y'dx=[\cos(3x-5)]'dx=-3\sin(3x-5)dx$

二、微分的几何意义

如图 2-5 所示，过曲线 $y=f(x)$ 上点 $M(x,y)$ 的切线为 MT，它的倾斜角为 φ，则

$$\tan\varphi=f'(x)$$

当自变量 x 有增量 Δx 时，即自变量由 N 点变化到 N' 点，函数便得到增量 $\Delta y=QM'$，同时切线上的纵坐标也得到对应的增量 QP.

$$QP=\tan\varphi\Delta x=f'(x)\Delta x=dy$$

因此，函数 $y=f(x)$ 在点 x 处的微分的几何意义，就是曲线 $y=f(x)$ 在点 $M(x,y)$ 处的切线 MT 的纵坐标的增量 QP.

由图 2-5 可知，函数的微分可能小于函数的增量，也可能大于函数的增量.

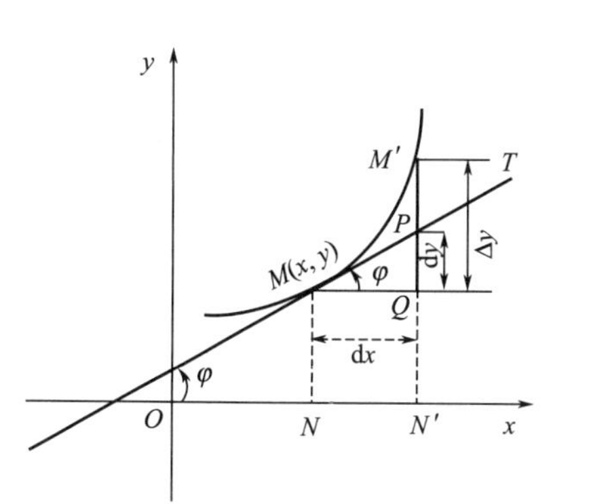

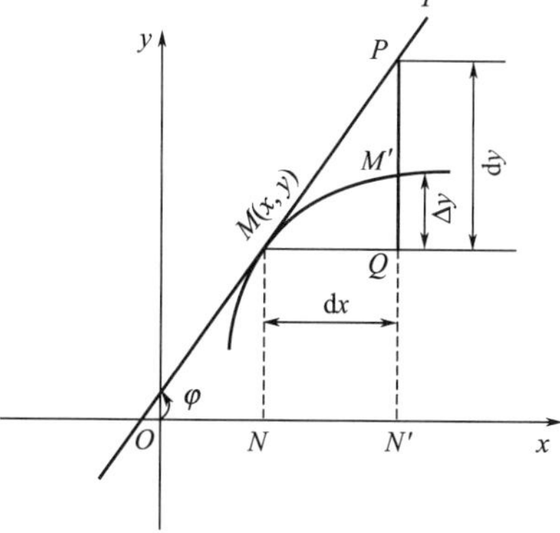

图 2-5

三、基本初等函数的微分公式与微分运算法则

由 $dy=f'(x)dx$ 可知，要计算函数的微分，只要求出函数的导数，再乘以自变量的微分就可以了，所以从导数的基本公式和法则就可以直接推出微分的基本公式和法则.

1. 基本初等函数的微分公式

(1) $d(C)=0$

(2) $d(x^\alpha)=\alpha x^{\alpha-1}dx$

(3) $d(\sin x)=\cos x dx$

(4) $d(\cos x)=-\sin x dx$

(5) $d(\tan x)=\sec^2 x dx$

(6) $d(\cot x)=-\csc^2 x dx$

(7) $d(\sec x)=\sec x\tan x dx$

(8) $d(\csc x)=-\csc x\cot x dx$

(9) $d(a^x)=a^x\ln a dx$

(10) $d(e^x)=e^x dx$

(11) $d(\log_a x)=\frac{1}{x\ln a}dx$　　(12) $d(\ln x)=\frac{1}{x}dx$

(13) $d(\arcsin x)=\frac{1}{\sqrt{1-x^2}}dx$　　(14) $d(\arccos x)=-\frac{1}{\sqrt{1-x^2}}dx$

(15) $d(\arctan x)=\frac{1}{1+x^2}dx$　　(16) $d(\text{arccot}x)=-\frac{1}{1+x^2}dx$

2. 函数和、差、积、商的微分法则

假设 u 和 v 都是 x 的可微函数，C 为常数，则有

(1) $d(u\pm v)=du\pm dv$

(2) $d(uv)=udv+vdu$

(3) $d(Cu)=Cdu$

(4) $d\left(\frac{u}{v}\right)=\frac{vdu-udv}{v^2}(v\neq 0)$

3. 微分形式的不变性

根据微分的定义，当 u 是自变量时，函数 $y=f(u)$ 的微分是

$$dy=f'(u)du$$

如果 u 不是自变量而是中间变量，且为 x 的可微函数 $u=\varphi(x)$，那么，对于复合函数 $y=f[\varphi(x)]$有

$$dy=f'(u)\varphi'(x)dx=f'(u)du$$

这就表明：无论 u 是自变量还是中间变量，函数 $y=f(u)$ 的微分总保持同一形式，都用 $f'(u)du$ 表示，这一性质称为微分形式的不变性.

【例 2.35】 求函数 $y=\sin(3x^2+2)$的微分.

解 $dy=d[\sin(3x^2+2)]=\cos(3x^2+2)d(3x^2+2)=6x\cos(3x^2+2)dx$

【例 2.36】 求函数 $y=\frac{e^{3x}}{2x}$的微分 dy.

解 $dy=d\left(\frac{e^{3x}}{2x}\right)=\frac{2xd(e^{3x})-e^{3x}d(2x)}{4x^2}=\frac{6xe^{3x}dx-2e^{3x}dx}{4x^2}=\frac{3x-1}{2x^2}e^{3x}dx$

【例 2.37】 求由方程 $e^{xy}=a^xb^y$所确定的隐函数 y 的微分 dy.

解 对所给方程的两边分别求微分，得

$$d(e^{xy})=d(a^xb^y)$$

$$e^{xy}d(xy)=b^yd(a^x)+a^xd(b^y)$$

$$e^{xy}(ydx+xdy)=a^xb^y(\ln a)dx+a^xb^y(\ln b)dy$$

由于 $e^{xy}=a^xb^y$，故上式可化为

$$ydx+xdy=(\ln a)dx+(\ln b)dy$$

即

$$dy=\frac{\ln a-y}{x-\ln b}dx$$

四、微分在近似计算中的应用

由微分定义知道，当$|\Delta x|$很小时，Δy 可以用 dy 近似代替，即

$$\Delta y=f(x_0+\Delta x)-f(x_0)\approx dy=f'(x_0)\Delta x$$

一般而言，求增量的计算比较复杂，而求微分的运算就比较简单，所以，当$|\Delta x|$很小时，就可以利用上式来计算函数的增量 Δy 的近似值，也可以计算函数值 $f(x_0+\Delta x)$的近似值.

1. 计算函数增量的近似值

利用公式

$$\Delta y \approx f'(x_0)\Delta x$$

可计算函数增量的近似值.

注意：在公式的应用中，除了要有确定的函数 $f(x)$，x_0 和 Δx 以外，$|\Delta x|$ 要相对比较小.

【例 2.38】 有一批半径为 1cm 的球，为了提高球面的光洁度，要镀上一层铜，厚度定为 0.01cm. 估计一下每只球需用铜多少克（铜的密度是 $8.9\mathrm{g/cm^3}$）?

解 先求出镀层的体积，再乘上密度就得到每只球需用铜的质量.

因为镀层的体积等于两个球体体积之差，所以它就是球体体积 $V=\frac{4}{3}\pi R^3$ 当 R 自 R_0 取得增量 ΔR 时的增量 ΔV.

求 V 对 R 的导数

$$V'|_{R=R_0}=\left(\frac{4}{3}\pi R^3\right)'\bigg|_{R=R_0}=4\pi R_0^2$$

$$\Delta V \approx 4\pi R_0^2 \Delta R$$

将 $R_0=1$，$\Delta R=0.01$ 代入上式，得

$$\Delta V \approx 4\times 3.14\times 1^2\times 0.01 \approx 0.13(\mathrm{cm^3})$$

于是镀每只球需用的铜约为

$$0.13\times 8.9\approx 1.16(\mathrm{g})$$

2. 计算函数 $f(x)$ 在点 $x=x_0$ 附近的近似值

利用公式

$$f(x_0+\Delta x)\approx f(x_0)+f'(x_0)\Delta x$$

可近似地计算函数在某点附近的函数值.

注意：在公式的应用中，除了要有确定的函数 $f(x)$，x_0 和 Δx 以外，$f(x_0)$ 和 $f'(x_0)$ 要容易计算，而且 $|\Delta x|$ 要相对比较小.

【例 2.39】 利用微分计算 $\sin 30°30'$ 的近似值.

解 把 $\sin 30°30'$ 化为弧度得

$$30°30'=\frac{\pi}{6}+\frac{\pi}{360}$$

由于所求的是正弦函数的值，故设 $f(x)=\sin x$，此时 $f'(x)=\cos x$. 如果取 $x_0=\frac{\pi}{6}$，则 $f\left(\frac{\pi}{6}\right)=\sin\frac{\pi}{6}=\frac{1}{2}$ 与 $f'\left(\frac{\pi}{6}\right)=\cos\frac{\pi}{6}=\frac{\sqrt{3}}{2}$ 都容易计算，并且 $\Delta x=\frac{\pi}{360}$ 比较小. 所以

$$\sin 30°30'=\sin\left(\frac{\pi}{6}+\frac{\pi}{360}\right)\approx\sin\frac{\pi}{6}+\cos\frac{\pi}{6}\times\frac{\pi}{360}=\frac{1}{2}+\frac{\sqrt{3}}{2}\times\frac{\pi}{360}\approx 0.5+0.0076=0.5076$$

3. 计算函数 $f(x)$ 在点 $x=0$ 附近的近似值

在公式 $f(x_0+\Delta x)\approx f(x_0)+f'(x_0)\Delta x$ 中，取 $x_0=0$，$\Delta x=x$，得

$$f(x)\approx f(0)+f'(0)x$$

应用该公式可以推得以下几个在工程上常用的近似公式（下面都假定 $|x|$ 是较小的数值）：

(1) $\sqrt[n]{1+x}\approx 1+\frac{1}{n}x$；

(2) $\sin x\approx x$（x 用弧度作单位来表达）；

(3) $\tan x \approx x$（x 用弧度作单位来表达）；

(4) $e^x \approx 1+x$；

(5) $\ln(1+x) \approx x$.

证明 取 $f(x)=\sqrt[n]{1+x}$，那么 $f(0)=1$，$f'(0)=\frac{1}{n}(1+x)^{\frac{1}{n}-1}|_{x=0}=\frac{1}{n}$，代入公式 $f(x)\approx f(0)+f'(0)x$ 便得

$$\sqrt[n]{1+x}\approx 1+\frac{1}{n}x$$

其它几个近似公式可用类似方法证明.

【例 2.40】 计算 $\sqrt{1.05}$ 的近似值.

解 $\sqrt{1.05}=\sqrt{1+0.05}$

这里 $x=0.05$，其值较小，利用近似公式（1）（$n=2$ 的情形），便得

$$\sqrt{1.05}\approx 1+\frac{1}{2}(0.05)=1.025$$

【例 2.41】 计算 $\tan 1^\circ$ 的近似值.

解 $\tan 1^\circ=\tan\frac{\pi}{180}\approx\frac{\pi}{180}\approx 0.017$

【例 2.42】 计算 $e^{1.98}$ 的近似值.

解 $e^{1.98}=e^{2-0.02}=e^2 e^{-0.02}\approx e^2(1-0.02)\approx 7.25$

思考题 2.5

1. 自变量的微分是如何定义的？
2. 微分的几何意义是什么？
3. 若函数在某点可导，那么函数是否一定在该点可微？
4. Δy 和 dy 哪个更大？能确定吗？
5. 如何理解微分形式的不变性？它适用于什么类型的函数？

练习题 2.5

1. 已知 $y=x^3-x$，计算在 $x=2$ 处当 Δx 分别等于 1、0.1、0.01 时的 Δy 及 dy.

2. 将适当的函数填入下列括号内，使等式成立：

(1) d( )$=2dx$ (2) d( )$=3xdx$ (3) d( )$=\cos t dt$

(4) d( )$=\sin\omega x dx$ (5) d( )$=\frac{1}{1+x}dx$ (6) d( )$=e^{-2x}dx$

(7) d( )$=\frac{1}{\sqrt{x}}dx$ (8) d( )$=\sec^2 3x dx$

3. 求下列函数在指定点处的微分：

(1) $y=\arcsin\sqrt{x}$，$x=\frac{1}{2}$ 和 $x=\frac{a^2}{2}$ $(a>0)$

(2) $y=\frac{x}{1+x^2}$，$x=0$ 和 $x=1$

4. 求下列函数的微分：

(1) $y=x\ln x-x^2$ (2) $y=e^{-ax}\sin bx$ (3) $y=x\arctan\sqrt{x}$

(4) $y=\ln\tan\frac{x}{2}$ (5) $y=1+xe^y$ (6) $y^2\cos x=a^2\sin 3x$

（7）$y=\arcsin\sqrt{x}$

5. 求下列方程所确定的函数 y 的微分 dy：

（1）$xy=e^x-e^y$　　（2）$ye^x+\ln y=0$　　（3）$\arctan\dfrac{y}{x}=\sqrt{x^2+y^2}$

6. 一金属圆管，它的外半径为 10cm，当管壁厚为 0.04cm 时，利用微分求圆管截面的面积的近似值.

7. 计算下列近似值：

（1）$\cos 29°$　　（2）$\arccos 0.4995$　　（3）$\sqrt[6]{65}$

（4）$e^{1.01}$　　（5）$\ln 0.98$　　（6）$\sqrt[3]{1.03}$

习　题　二

1. 求下列函数的导数：

（1）$y=\dfrac{1}{1+\cos x}$　　（2）$y=\cos(e^{-x})$　　（3）$y=(1+x^2)\arctan x$

（4）$y=\arcsin(\sin x)$　　（5）$y=\sin\ln x^2$　　（6）$y=\dfrac{x\ln x}{1+x}$

（7）$y=\dfrac{\cos x}{x^2-1}$　　（8）$y=\sqrt{1+x^2}+\ln\cos x+e^2$　　（9）$y=2^{\tan\frac{1}{x}}$

（10）$y=\arctan\dfrac{1+x}{1-x}$

2. 求下列函数的二阶导数：

（1）$y=xe^x$　　（2）$y=x^3\ln x$　　（3）$y=\ln\dfrac{2-x}{2+x}$

（4）$y=e^{\sqrt{x}}$　　（5）$y=e^{\cos x}$

3. 已知函数 $f(x)$ 可导，求下列函数的导数：

（1）$y=f(x^2)$　　（2）$y=a^{f(x)}+[f(x)]^2$

4. 将一物体垂直上抛，设其运动方程为 $s=10t-\dfrac{1}{2}gt^2$（g 为重力加速度），试求：

（1）$t=1$ 时的速度与加速度；

（2）何时物体到达最高点？

5. 求下列函数的导数$\dfrac{dy}{dx}$：

（1）$e^x-e^y=\sin(xy)$　　（2）$y^3=x+\arccos(xy)$　　（3）$y=(\cot x)^{\frac{1}{x}}$

（4）$y=\sin x+x^{\sqrt{x}}$

6. 求下列参数方程的导数$\dfrac{dy}{dx}$：

（1）$\begin{cases}x=a(t-\sin t)\\y=b(1-\cos t)\end{cases}$　　（2）$\begin{cases}x=t^2\\y=\dfrac{1}{1+t}\end{cases}$

7. 求下列函数的微分：

（1）$y=\sin^3x-\cos 3x$　　（2）$y=\sqrt{1+x^2}$　　（3）$y=e^x\arctan x$

（4）$y=\sqrt{\ln x}$　　（5）$x^2+xy+y^2=3$　　（6）$xy=e^{x-y}$

8. 设抛物线 $y=ax^2+bx+c$ 与曲线 $y=e^x$ 在点 $x=0$ 处相交，并在交点处有相同的一阶和二阶导数，试确定 a、b、c 的值.

9. 求下列曲线在给定点处的切线方程和法线方程：

（1）$x^{\frac{3}{2}}+y^{\frac{3}{2}}=1$ 在（0，1）　　（2）$\begin{cases}x=\sin t\\y=\cos 2t\end{cases}$ 在 $t=\dfrac{\pi}{4}$

第三章　导数的应用

在第二章建立了导数和微分的概念，并讨论了它们的计算方法. 本章将利用导数来研究函数的一些性态，并应用这些知识解决一些常见的导数应用问题.

第一节　中 值 定 理

中值定理是微分学中最重要的定理，本章的好多结果都是建立在中值定理的基础上.

一、罗尔定理

定理 3.1（罗尔定理）如果函数 $f(x)$ 满足：

(1) 在闭区间 $[a,b]$ 上连续；

(2) 在开区间 (a,b) 内可导；

(3) $f(a)=f(b)$.

那么，在区间 (a,b) 内至少有一点 ξ $(a<\xi<b)$，使得 $f'(\xi)=0$.

现在来看定理的几何意义. 该定理假设 $f(x)$ 在 $[a,b]$ 上连续，在 (a,b) 内可导，说明 $f(x)$ 在平面上是一条以 A、B 为端点的连续且处处有切线的曲线段. 由 $f(a)=f(b)$知道，线段 AB 平行于 x 轴，定理结论为 $f'(\xi)=0$，说明在曲线段 $f(x)$ 上必有一点 C（横坐标为 ξ 的点），该点的切线斜率为 0，即该点的切线平行于 x 轴. 这样，定理的结论告诉大家，在曲线段$\overset{\frown}{ACB}$上至少存在一点C，在该点具有水平切线. 如图 3-1 所示.

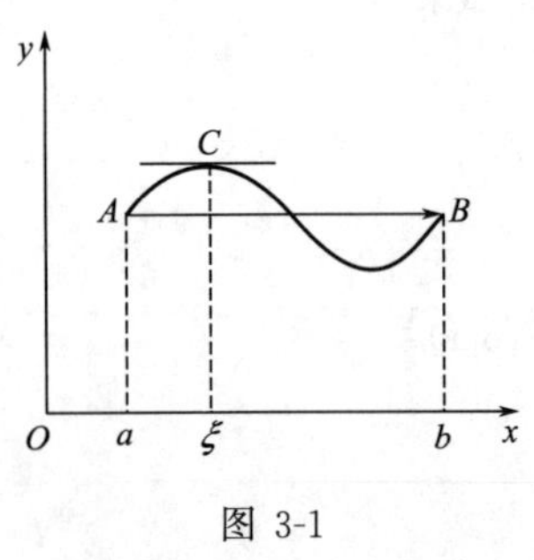

图 3-1

说明：(1) 定理的三个条件是十分重要的，如果有某一个条件不满足，定理的结论就可能不成立；

(2) 定理的三个条件是充分的，而非必要的. 即，若满足定理的三个条件，则定理的结论必定成立，如果定理的三个条件不完全满足的话，则定理的结论可能成立，也可能不成立.

【例 3.1】 验证函数 $f(x)=x^3+4x^2-7x-10$ 在区间 $[-1,2]$ 上满足罗尔定理的条件，并求出满足 $f'(\xi)=0$ 的 ξ 点.

解 函数 $f(x)=x^3+4x^2-7x-10$ 的定义域为 $(-\infty,+\infty)$，故在 $[-1,2]$ 上连续，在 $(-1,2)$ 内可导. 又 $f(-1)=f(2)=0$. 因此，函数 $f(x)$ 满足罗尔定理的条件.

又 $f'(x)=3x^2+8x-7$，令 $f'(x)=0$ 得 $x_1=\dfrac{-4+\sqrt{37}}{3}$，$x_2=\dfrac{-4-\sqrt{37}}{3}$. 显然，$x_2\notin(-1,2)$，应舍去. 而 $x_1\in(-1,2)$，因此可把 x_1 取作 ξ，就有 $f'(\xi)=0$.

二、拉格朗日中值定理

定理 3.2（拉格朗日中值定理）如果函数 $f(x)$ 满足：

(1) 在闭区间 $[a,b]$ 上连续；

(2) 在开区间 (a,b) 内可导.

那么，在区间 (a,b) 内至少有一点 ξ $(a<\xi<b)$，使得

$$f(b)-f(a)=f'(\xi)(b-a)$$

从图 3-2 可以看出图像在开区间 (a,b) 内至少有一点 ξ，这一点的切线斜率 $f'(\xi)$ 正好等于两端点连线 AB 的斜率 $\frac{f(b)-f(a)}{b-a}$，即

$$f'(\xi)=\frac{f(b)-f(a)}{b-a}$$

推论 1　如果函数 $f(x)$ 在区间 (a,b) 内的导数恒为零，那么 $f(x)$ 在区间 (a,b) 内是一个常数.

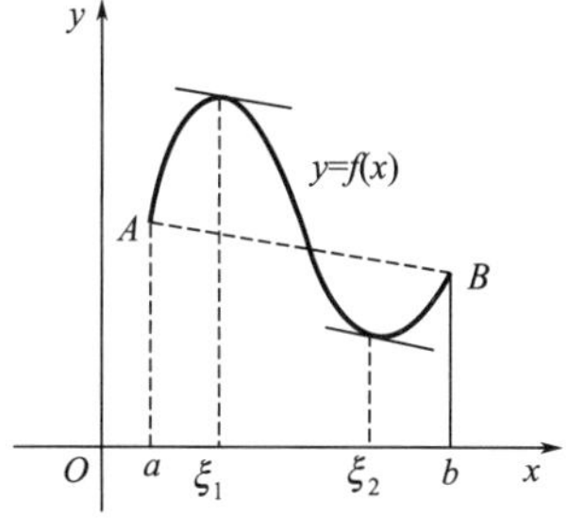

图 3-2

证明　在 (a, b) 内任取两点 x_1、$x_2(x_1<x_2)$，由拉格朗日中值定理可得

$$f(x_2)-f(x_1)=f'(\xi)(x_2-x_1)\ (x_1<\xi<x_2)$$

由条件知 $f'(\xi)=0$，所以 $f(x_2)-f(x_1)=0$，即

$$f(x_2)=f(x_1)$$

由点 x_1、x_2 的任意性表明，函数 $f(x)$ 在区间 (a, b) 内所有点的函数值是相等的，即为一个常数.

推论 2　如果在开区间 (a,b) 内恒有 $f'(x)=g'(x)$，则在 (a,b) 内恒有

$$f(x)=g(x)+C(C\text{ 为一常数})$$

【例 3.2】　验证拉格朗日中值定理对函数 $f(x)=x^3$ 在区间 $[0,2]$ 上的正确性.

解　$f(x)=x^3$ 在区间 $[0,2]$ 上连续，在区间 $(0,2)$ 内可导，所以满足拉格朗日中值定理的条件.

又因为 $f(2)=8$，$f(0)=0$，$f'(x)=3x^2$，若令 $\frac{f(2)-f(0)}{2-0}=f'(x)$，即 $3x^2=4$，$x=\pm\frac{2}{3}\sqrt{3}$. 显然 $-\frac{2}{3}\sqrt{3}\notin(0,2)$，$\frac{2}{3}\sqrt{3}\in(0,2)$.

取 $\xi=\frac{2}{3}\sqrt{3}$，则 ξ 能使 $f(2)-f(0)=f'(\xi)(2-0)$ 成立.

*三、中值定理的初步应用

中值定理的应用很广泛，在以后的学习中会进一步看到. 作为一个初步的应用，就是可以用它来证明一些不等式. 下面举例说明.

【例 3.3】　证明：$|\sin x-\sin y|\leqslant|x-y|$.

证明　设 $f(u)=\sin u$，因为对任意的 x、y（不妨设 $y<x$），函数在 $[y,x]$ 上满足拉格朗日中值定理的条件，故存在 $\xi\in(y,x)$，使

$$\sin x-\sin y=\cos\xi(x-y)$$

取绝对值，并注意到 $|\cos\xi|\leqslant1$，故有

$$|\sin x-\sin y|=|\cos\xi||x-y|\leqslant|x-y|$$

【例 3.4】　证明：当 $x\neq0$ 时，$e^x>1+x$.

证明　设 $f(u)=e^u$. 任取 x，则函数在 $[0,x]$ 或 $[x,0]$ 上都满足拉格朗日中值定理的条件，故在 0 与 x 之间至少存在一点 ξ，使

$$\frac{e^x-e^0}{x-0}=e^\xi$$

所以有

$$e^x=e^\xi x+1$$

当 $x>0$ 时，$\xi>0$，则 $e^\xi>1$，$xe^\xi>x$，因而有

$$e^x>1+x$$

当 $x<0$ 时，$\xi<0$，则 $e^{\xi}<1$，$xe^{\xi}>x$，因而也有

$$e^{x}>1+x$$

这就证明了当 $x\neq 0$ 时，$e^{x}>1+x$.

思考题 3.1

1. 罗尔定理和拉格朗日中值定理的条件有什么区别？
2. 在拉格朗日中值定理中，定理的条件是结论的充分条件还是必要条件？
3. 在拉格朗日中值定理中，定理的某个条件如果不满足，是否一定没有定理的结论？

练习题 3.1

1. 验证拉格朗日中值定理对函数 $y=-x^2+x-2$ 在区间 $[0,2]$ 上的正确性.
2. 证明函数 $y=px^2+qx+r$ 在 $[a,b]$ 上应用拉格朗日定理所求得的点 $\xi=\frac{1}{2}(a+b)$.
3. 证明：若 $0<b\leqslant a$，则 $\frac{a-b}{a}\leqslant\ln\frac{a}{b}\leqslant\frac{a-b}{b}$.
4. 证明：若 $x>0$，则 $\frac{x}{1+x}<\ln(1+x)<x$.

第二节　罗必塔法则

在前面的学习中，已经掌握了几种求极限的方法，但对“$\frac{0}{0}$”、“$\frac{\infty}{\infty}$”型的极限，不能直接使用极限运算法则，一般先要对其进行适当的变换、化简，然后求极限. 但这种方法有一定的局限性.

当 $x\to x_0$（或 $x\to\infty$）时，函数 $f(x)$ 和 $g(x)$ 都趋于零或都趋于无穷大，此时极限 $\lim\limits_{\substack{x\to x_0\\(x\to\infty)}}\frac{f(x)}{g(x)}$ 可能存在，也可能不存在，通常把这种形式的极限称为未定式. 下面介绍的罗必塔法则就是求这类极限的简便而有效的方法.

一、“$\frac{0}{0}$”型未定式

定理 3.3（罗必塔法则）如果函数 $f(x)$ 和 $g(x)$ 满足如下三个条件：

(1) $\lim\limits_{x\to x_0}f(x)=0$，$\lim\limits_{x\to x_0}g(x)=0$；

(2) $f(x)$ 和 $g(x)$ 在点 x_0 的左右近旁（点 x_0 可除外）可导，且 $g'(x)\neq 0$；

(3) $\lim\limits_{x\to x_0}\frac{f'(x)}{g'(x)}$ 存在(或无穷大).

则极限 $\lim\limits_{x\to x_0}\frac{f(x)}{g(x)}$ 存在（或无穷大），且

$$\lim_{x\to x_0}\frac{f(x)}{g(x)}=\lim_{x\to x_0}\frac{f'(x)}{g'(x)}$$

推论　如果当 $x\to x_0$ 时，$\frac{f'(x)}{g'(x)}$ 仍为 $\frac{0}{0}$ 型未定式，而 $f'(x)$ 和 $g'(x)$ 仍满足罗必塔法则的条件，则

$$\lim_{x\to x_0}\frac{f(x)}{g(x)}=\lim_{x\to x_0}\frac{f'(x)}{g'(x)}=\lim_{x\to x_0}\frac{f''(x)}{g''(x)}$$

上述推论告诉大家，只要符合定理条件，可以多次使用罗必塔法则．顺便提一下，对后述法则也有相应结论．

注意：法则中的极限过程 $x\to x_0$ 改为 $x\to\infty$ 后法则同样成立．对后述法则也有相应结论．

【例 3.5】 求极限 $\lim\limits_{x\to 0}\dfrac{\sin ax}{\sin bx}$ $(b\neq 0)$．

解 由于 $\lim\limits_{x\to 0}\sin ax=0$，$\lim\limits_{x\to 0}\sin bx=0$，故用罗必塔法则得

$$\lim_{x\to 0}\frac{\sin ax}{\sin bx}=\lim_{x\to 0}\frac{a\cos ax}{b\cos bx}=\frac{a}{b}$$

【例 3.6】 求极限 $\lim\limits_{x\to 0}\dfrac{1-\cos x}{x^2}$．

解 因为是 $\dfrac{0}{0}$ 型，故用罗必塔法则得

$$\lim_{x\to 0}\frac{1-\cos x}{x^2}=\lim_{x\to 0}\frac{\sin x}{2x}=\frac{1}{2}$$

【例 3.7】 求极限 $\lim\limits_{x\to 0}\dfrac{\tan x-x}{x-\sin x}$．

解 该极限为 $\dfrac{0}{0}$ 型，故用罗必塔法则得

$$\lim_{x\to 0}\frac{\tan x-x}{x-\sin x}=\lim_{x\to 0}\frac{\dfrac{1}{\cos^2 x}-1}{1-\cos x}=\lim_{x\to 0}\frac{\dfrac{1-\cos^2 x}{\cos^2 x}}{1-\cos x}=\lim_{x\to 0}\frac{1+\cos x}{\cos^2 x}=\frac{2}{1}=2$$

此例表明，分子分母求导后要进行化简，然后再取极限．

【例 3.8】 求极限 $\lim\limits_{x\to\frac{\pi}{2}}\dfrac{\cos x}{x-\dfrac{\pi}{2}}$．

解 该极限为 $\dfrac{0}{0}$ 型，故用罗必塔法则得

$$\lim_{x\to\frac{\pi}{2}}\frac{\cos x}{x-\dfrac{\pi}{2}}=\lim_{x\to\frac{\pi}{2}}\frac{-\sin x}{1}=-1$$

【例 3.9】 求极限 $\lim\limits_{x\to+\infty}\dfrac{\dfrac{\pi}{2}-\arctan x}{\dfrac{1}{x}}$．

解 由于上式为当 $x\to+\infty$ 时的 $\dfrac{0}{0}$ 型未定式，因而有

$$\lim_{x\to+\infty}\frac{\dfrac{\pi}{2}-\arctan x}{\dfrac{1}{x}}=\lim_{x\to+\infty}\frac{-\dfrac{1}{1+x^2}}{-\dfrac{1}{x^2}}=\lim_{x\to+\infty}\frac{x^2}{1+x^2}=1$$

【例 3.10】 求极限 $\lim\limits_{x\to 0}\dfrac{2xe^x-e^x+1}{6\ (e^x-1)\ e^x}$．

解
$$\lim_{x\to 0}\frac{2xe^x-e^x+1}{6(e^x-1)e^x}=\lim_{x\to 0}\frac{2xe^x-e^x+1}{6(e^x-1)}\lim_{x\to 0}\frac{1}{e^x}=\lim_{x\to 0}\frac{2e^x+2xe^x-e^x}{6e^x}\times 1$$
$$=\lim_{x\to 0}\frac{2x+1}{6}=\frac{1}{6}$$

从本例可以看出，如果有极限存在的乘积因子也要及时地把它分出来取极限．这样，可以

简化并正确地求出其极限.

二、“$\frac{\infty}{\infty}$”型未定式

定理 3.4（罗必塔法则）如果函数 $f(x)$ 和 $g(x)$ 满足如下三个条件：

(1) $\lim\limits_{x\to x_0} f(x)=\infty$，$\lim\limits_{x\to x_0} g(x)=\infty$；

(2) $f(x)$ 和 $g(x)$ 在点 x_0 的左右近旁（点 x_0 可除外）可导，且 $g'(x)\neq 0$；

(3) $\lim\limits_{x\to x_0}\dfrac{f'(x)}{g'(x)}$存在（或无穷大）.

则极限$\lim\limits_{x\to x_0}\dfrac{f(x)}{g(x)}$存在（或无穷大），且

$$\lim_{x\to x_0}\frac{f(x)}{g(x)}=\lim_{x\to x_0}\frac{f'(x)}{g'(x)}$$

【例 3.11】 求极限 $\lim\limits_{x\to+\infty}\dfrac{\ln^2 x}{x}$.

解 上式为$\frac{\infty}{\infty}$型未定式，使用罗必塔法则得

$$\lim_{x\to+\infty}\frac{\ln^2 x}{x}=\lim_{x\to+\infty}\frac{2\ln x\,\frac{1}{x}}{1}=\lim_{x\to+\infty}\frac{2\ln x}{x}=2\lim_{x\to+\infty}\frac{\frac{1}{x}}{1}=0$$

【例 3.12】 求极限 $\lim\limits_{x\to+\infty}\dfrac{e^x}{x^3}$.

解 上式为$\frac{\infty}{\infty}$型未定式，使用罗必塔法则得

$$\lim_{x\to+\infty}\frac{e^x}{x^3}=\lim_{x\to+\infty}\frac{e^x}{3x^2}=\lim_{x\to+\infty}\frac{e^x}{6x}=\lim_{x\to+\infty}\frac{e^x}{6}=+\infty$$

【例 3.13】 求极限 $\lim\limits_{x\to+\infty}\dfrac{\ln(1+e^x)}{\sqrt{1+x^2}}$.

解 这是$\frac{\infty}{\infty}$型未定式，故由罗必塔法则得

$$\lim_{x\to+\infty}\frac{\ln(1+e^x)}{\sqrt{1+x^2}}=\lim_{x\to+\infty}\frac{\dfrac{e^x}{1+e^x}}{\dfrac{x}{\sqrt{1+x^2}}}=\frac{\lim\limits_{x\to+\infty}\dfrac{e^x}{1+e^x}}{\lim\limits_{x\to+\infty}\dfrac{x}{\sqrt{1+x^2}}}=\frac{\lim\limits_{x\to+\infty}\dfrac{1}{1+e^{-x}}}{\lim\limits_{x\to+\infty}\dfrac{1}{\sqrt{1+\dfrac{1}{x^2}}}}=\frac{1}{1}=1$$

注意本例中的第二式不能用罗必塔法则，因它不是未定式.

三、其它类型未定式

$0\cdot\infty$、$\infty-\infty$、0^0、1^∞、∞^0型，总可通过适当变换将它们化为$\frac{0}{0}$型或$\frac{\infty}{\infty}$型，然后再应用罗必塔法则.

1. $0\cdot\infty$型可化为$\frac{0}{0}$型或$\frac{\infty}{\infty}$型

设在某一变化过程中，$f(x)\to 0$，$g(x)\to\infty$，则

$$f(x)g(x)=\frac{f(x)}{\dfrac{1}{g(x)}}\left(\frac{0}{0}\text{型}\right)=\frac{g(x)}{\dfrac{1}{f(x)}}\left(\frac{\infty}{\infty}\text{型}\right)$$

【例 3.14】 求极限 $\lim\limits_{x\to 0^+} x^k \ln x\ (k>0)$.

解 上式属 $0\cdot\infty$型，故可化为

$$\lim_{x\to 0^+} x^k\ln x=\lim_{x\to 0^+}\frac{\ln x}{\dfrac{1}{x^k}}=\lim_{x\to 0^+}\frac{\dfrac{1}{x}}{-\dfrac{k}{x^{k+1}}}=\lim_{x\to 0^+}\left(-\frac{x^k}{k}\right)=0$$

在本例中是将 $0\cdot\infty$型化为$\dfrac{\infty}{\infty}$型后再用罗必塔法则计算的，但注意，若化为$\dfrac{0}{0}$型，将得不出结果．所以究竟把 $0\cdot\infty$型化为$\dfrac{0}{0}$型还是$\dfrac{\infty}{\infty}$型，要视具体问题而定.

2. $\infty-\infty$型一般可化为$\dfrac{0}{0}$型

设在某一变化过程中，$f(x)\to\infty$，$g(x)\to\infty$，则

$$f(x)-g(x)=\frac{1}{\dfrac{1}{f(x)}}-\frac{1}{\dfrac{1}{g(x)}}=\frac{\dfrac{1}{g(x)}-\dfrac{1}{f(x)}}{\dfrac{1}{f(x)}\times\dfrac{1}{g(x)}}\ \left(\frac{0}{0}\text{型}\right)$$

在实际计算中，有时可不必采用上述步骤，而只需经过通分就可化为$\dfrac{0}{0}$型.

【例 3.15】 求极限$\lim\limits_{x\to 1}\left(\dfrac{2}{x^2-1}-\dfrac{1}{x-1}\right)$.

解 上式是$\infty-\infty$型，利用通分就可化为$\dfrac{0}{0}$型，则

$$\lim_{x\to 1}\left(\frac{2}{x^2-1}-\frac{1}{x-1}\right)=\lim_{x\to 1}\frac{2-(x+1)}{x^2-1}=\lim_{x\to 1}\frac{1-x}{x^2-1}=\lim_{x\to 1}\frac{-1}{2x}=-\frac{1}{2}$$

3. 0^0、1^∞、∞^0型未定式，由于它们都是来源于幂指函数 $[f(x)]^{g(x)}$ 的极限，因此通常利用

$$[f(x)]^{g(x)}=e^{\ln[f(x)]^{g(x)}}=e^{g(x)\ln f(x)}$$

即可化为 $0\cdot\infty$型未定式，再化为$\dfrac{0}{0}$型或$\dfrac{\infty}{\infty}$型讨论.

【例 3.16】 求极限 $\lim\limits_{x\to 0^+} x^x$.

解 上式为 0^0，所以有

$$\lim_{x\to 0^+} x^x=\lim_{x\to 0^+} e^{x\ln x}=e^{\lim\limits_{x\to 0^+} x\ln x}=e^{\lim\limits_{x\to 0^+}\frac{\ln x}{\frac{1}{x}}}=e^{\lim\limits_{x\to 0^+}\frac{\frac{1}{x}}{-\frac{1}{x^2}}}=e^0=1$$

【例 3.17】 求极限$\lim\limits_{x\to e}\ (\ln x)^{\frac{1}{1-\ln x}}$.

解 上式为 1^∞，则

$$\lim_{x\to e}(\ln x)^{\frac{1}{1-\ln x}}=\lim_{x\to e} e^{\ln(\ln x)^{\frac{1}{1-\ln x}}}=\lim_{x\to e} e^{\frac{\ln\ln x}{1-\ln x}}=e^{\lim\limits_{x\to e}\frac{\ln\ln x}{1-\ln x}}=e^{\lim\limits_{x\to e}\frac{\frac{1}{\ln x}\times\frac{1}{x}}{-\frac{1}{x}}}=e^{-1}$$

【例 3.18】 求极限 $\lim\limits_{x\to 0^+}(\cot x)^{\sin x}$.

解 上式为∞^0，则

$$\lim_{x\to 0^+}(\cot x)^{\sin x}=\lim_{x\to 0^+} e^{\ln(\cot x)^{\sin x}}=\lim_{x\to 0^+} e^{\sin x\ln\cot x}=e^{\lim\limits_{x\to 0^+}\frac{\ln\cot x}{\frac{1}{\sin x}}}=e^{\lim\limits_{x\to 0^+}\frac{\frac{1}{\cot x}\times\frac{-1}{\sin^2 x}}{-\frac{1}{\sin^2 x}\cos x}}=e^{\lim\limits_{x\to 0^+}\frac{\sin x}{\cos^2 x}}=e^0=1$$

思考题 3.2

1. 在第一章学习的两个重要极限是不是未定式？
2. 在使用罗必塔法则求极限时，有没有次数限制？
3. 有的未定式不能用罗必塔法则求解，你能否举出这样的例子？

练习题 3.2

用罗必塔法则求下列极限：

(1) $\lim\limits_{x\to 0}\frac{\ln(1+x)}{x}$　(2) $\lim\limits_{x\to 0}\frac{e^x-e^{-x}}{\sin x}$　(3) $\lim\limits_{x\to a}\frac{\sin x-\sin a}{x-a}$　(4) $\lim\limits_{x\to \pi}\frac{\sin 3x}{\tan 5x}$

(5) $\lim\limits_{x\to \frac{\pi}{2}}\frac{\ln\sin x}{(\pi-2x)^2}$　(6) $\lim\limits_{x\to a}\frac{x^m-a^m}{x^n-a^n}$ $(a\neq 0)$　(7) $\lim\limits_{x\to 0^+}\frac{\ln\tan 7x}{\ln\tan 2x}$　(8) $\lim\limits_{x\to \frac{\pi}{2}}\frac{\tan x}{\tan 3x}$

(9) $\lim\limits_{x\to +\infty}\frac{\ln\left(1+\frac{1}{x}\right)}{\text{arccot}2x}$　(10) $\lim\limits_{x\to 0}\frac{\ln(1+x^2)}{\sec x-\cos x}$　(11) $\lim\limits_{x\to 0}x\cot 2x$　(12) $\lim\limits_{x\to 0}x^2 e^{\frac{1}{x^2}}$

(13) $\lim\limits_{x\to 0}\left(\frac{1}{\sin x}-\frac{1}{x}\right)$　(14) $\lim\limits_{x\to \infty}\left(1+\frac{a}{x}\right)^x$　(15) $\lim\limits_{x\to 0^+}x^{\sin x}$　(16) $\lim\limits_{x\to 0^+}\left(\frac{1}{x}\right)^{\tan x}$

第三节　函数的单调性与极值

通过中值定理的学习，建立了函数的增量与其导数之间的关系．本节利用导数的计算研究函数的单调性、极值和最大（小）值问题．

一、函数的单调性

在初等数学中学过函数单调性的概念，现在利用导数来研究函数的单调性．

由图 3-3 可以看出，如果函数 $y=f(x)$ 在区间 $[a,b]$ 上单调增加，那么它的图形是一条沿 x 轴正向上升的曲线，这时曲线上各点切线的倾斜角都是锐角，因此，它们的斜率 $f'(x)$ 都是正的，即 $f'(x)>0$. 同样，由图 3-4 可以看出，如果函数 $y=f(x)$ 在区间 $[a,b]$ 上单调减少，那么它的图形是一条沿 x 轴正向下降的曲线，这时曲线上各点切线的倾斜角都是钝角，因此，它们的斜率 $f'(x)$ 都是负的，即 $f'(x)<0$.

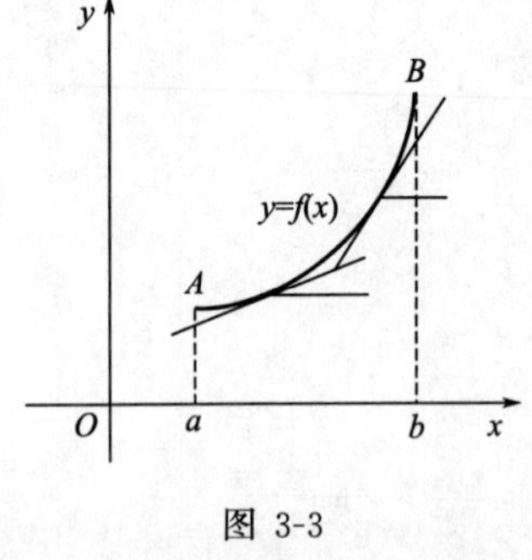

图 3-3

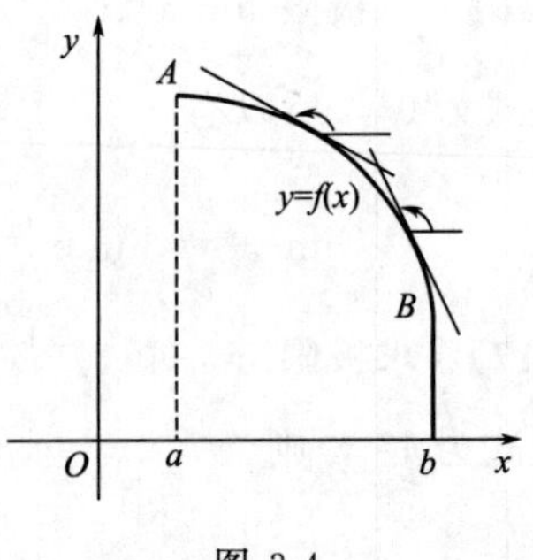

图 3-4

由此可见，函数的单调性与函数的导数符号有关．下面给出函数单调性的判定定理．

定理 3.5　设函数 $y=f(x)$ 在闭区间 $[a,b]$ 上连续，在开区间 (a,b) 内可导．那么

(1) 如果在 (a,b) 内 $f'(x)>0$，那么函数 $y=f(x)$ 在 $[a,b]$ 上单调增加；

(2) 如果在 (a,b) 内 $f'(x)<0$，那么函数 $y=f(x)$ 在 $[a,b]$ 上单调减少．

证明　在 (a,b) 上任取两点 x_1、x_2，不妨设 $x_1<x_2$，由拉格朗日中值定理有

$$f(x_2)-f(x_1)=f'(\xi)(x_2-x_1)\ (x_1<\xi<x_2)$$

若 $f'(x)>0$，则必有 $f'(\xi)>0$. 又 $x_1<x_2$，则 $x_2-x_1>0$.

于是

$$f(x_2)-f(x_1)=f'(\xi)(x_2-x_1)>0$$

即

$$f(x_2)>f(x_1)$$

这就说明函数 $y=f(x)$ 在 $[a,b]$ 内单调增加.

同理可证 $f(x)$ 在 $[a,b]$ 内单调减少的情形.

【例 3.19】 判定函数 $y=2x-\cos x$ 的单调性.

解 函数 $y=2x-\cos x$ 的定义域是 $(-\infty,+\infty)$，因

$$y'=2+\sin x>0$$

所以由定理 3.5 可知，函数 $y=2x-\cos x$ 在 $(-\infty,+\infty)$ 上是单调增加的.

【例 3.20】 判定函数 $f(x)=e^{x^2}$ 的单调性.

解 函数 $f(x)=e^{x^2}$ 的定义域为$(-\infty,+\infty)$.

$f'(x)=2xe^{x^2}$，令 $f'(x)=0$，得 $x=0$.

当 $x>0$ 时，$f'(x)>0$，当 $x<0$ 时，$f'(x)<0$.

所以函数 $f(x)$ 在 $(-\infty,0]$ 上单调减少，在 $[0,+\infty)$ 上单调增加．上述情况见表 3-1.

表 3-1

x	$(-\infty,0)$	0	$(0,+\infty)$
$f'(x)$	$-$	0	$+$
$f(x)$	↘		↗

【例 3.21】 讨论函数 $y=\sqrt[3]{x^2}$的单调性.

解 函数的定义域为 $(-\infty,+\infty)$.

当 $x\neq0$ 时，函数的导数为 $y'=\dfrac{2}{3\sqrt[3]{x}}$.

当 $x=0$ 时，函数的导数不存在．在 $(-\infty,0)$ 内，$y'<0$，因此函数 $y=\sqrt[3]{x^2}$在 $(-\infty,0]$ 上单调减少；在 $(0,+\infty)$ 内，$y'>0$，因此函数 $y=\sqrt[3]{x^2}$在 $[0,+\infty)$ 上单调增加. 上述情况见表 3-2.

表 3-2

x	$(-\infty,0)$	0	$(0,+\infty)$
y'	$-$	不存在	$+$
y	↘		↗

在例 3.20 中，$x=0$ 是函数 $f(x)=e^{x^2}$ 的单调减少区间 $(-\infty,0]$ 与单调增加区间 $[0,+\infty)$的分界点，而在该点处 $f'(x)=0$. 在例 3.21 中，$x=0$ 是函数 $y=\sqrt[3]{x^2}$的单调减少区间 $(-\infty,0]$ 与单调增加区间 $[0,+\infty)$ 的分界点，而在该点处导数不存在.

从例 3.20 中看出，有些函数在它的定义区间上不是单调的，但是当用导数等于零的点来划分函数的定义区间以后，就可以使函数在各个部分区间上单调. 这个结论对于在定义区间上具有连续导数的函数都是成立的. 从例 3.21 可以看出，如果函数在某些点处不可导，则划分

函数的定义区间的分点，还应包括这些导数不存在的点. 综合上述两种情形，有如下结论.

如果函数在定义区间上连续，除去有限个导数不存在的点外导数存在且连续，那么只要用方程 $f'(x)=0$ 的根及 $f'(x)$ 不存在的点来划分函数 $f(x)$ 的定义区间，就能保证 $f'(x)$ 在各个部分区间内保持固定符号，因而函数 $f(x)$ 在每个部分区间上单调.

根据以上结论及例 3.20 和例 3.21 中的列表给出判定函数单调性的具体步骤如下：

(1) 确定函数的定义区间；

(2) 在定义区间内求出所有使 $f'(x)=0$ 和使 $f'(x)$ 不存在的点，这些点把定义区间划分成若干个；

(3) 列表判定函数在每个区间上的情形；

(4) 根据列表写出函数的单调区间.

【例 3.22】 判定函数 $f(x)=x^3-3x+2$ 的单调性.

解 函数 $f(x)$ 的定义域为 $(-\infty,+\infty)$.

$$f'(x)=3x^2-3=3(x-1)(x+1)$$

令 $f'(x)=0$ 得，$x_1=-1$，$x_2=1$，从而把定义域分成三个开区间：$(-\infty,-1)$，$(-1,1)$，$(1,+\infty)$，见表 3-3.

表 3-3

x	$(-\infty,-1)$	-1	$(-1,1)$	1	$(1,+\infty)$
$f'(x)$	$+$	0	$-$	0	$+$
$f(x)$	↗		↘		↗

由表 3-3 可知，函数 $f(x)$ 在 $(-\infty,-1]$ 及 $[1,+\infty)$ 内是单调增加的，在 $[-1,1]$ 内是单调减少的.

下面举一个利用函数的单调性证明不等式的例子.

【例 3.23】 证明：当 $x>1$ 时，$2\sqrt{x}>3-\dfrac{1}{x}$.

证明 令 $f(x)=2\sqrt{x}-\left(3-\dfrac{1}{x}\right)$，则

$$f'(x)=\frac{1}{\sqrt{x}}-\frac{1}{x^2}=\frac{1}{x^2}(x\sqrt{x}-1)$$

$f(x)$ 在 $[1,+\infty)$ 上连续，在 $(1,+\infty)$ 内 $f'(x)>0$，因此在 $[1,+\infty)$ 上 $f(x)$ 单调增加，从而当 $x>1$ 时，$f(x)>f(1)$.

由于 $f(1)=0$，故 $f(x)>0$，即

$$2\sqrt{x}-\left(3-\frac{1}{x}\right)>0$$

于是

$$2\sqrt{x}>3-\frac{1}{x}\ (x>1)$$

二、函数极值的定义

在讨论函数的增减性时，曾遇到这样的情形：函数先是递增的，到达某一点后它又变为递减的；也有先递减，后又变为递增的. 于是，在函数的增减性发生转变的地方，就出现了这样的函数值，它与附近的函数值比较起来，是最大的或者是最小的，通常把前者称为函数的极大值，把后者称为函数的极小值.

设函数 $y=f(x)$ 的图形如图 3-5 所示，可以看出，$y=f(x)$ 在点 c_1、c_4 的函数值 $f(c_1)$、

$f(c_4)$ 比它们近旁各点的函数值都大，而在点 c_2 和 c_5 的函数值 $f(c_2)$ 和 $f(c_5)$ 比它们近旁各点的函数值都小. 对于这样的点对应的函数值，给出如下定义：

定义 3.1 如果函数 $f(x)$ 在点 x_0 及其左右近旁有定义，且对于 x_0 近旁的任何一点 $x(x\neq x_0)$，均有 $f(x)<f(x_0)$，那么就说 $f(x_0)$ 是函数 $f(x)$ 的一个极大值，点 x_0 叫做函数 $f(x)$ 的极大值点；如果对于 x_0 近旁的任何一点 $x(x\neq x_0)$，均有 $f(x)>f(x_0)$，那么就说 $f(x_0)$ 是函数 $f(x)$ 的一个极小值，点 x_0 叫做函数 $f(x)$ 的极小值点.

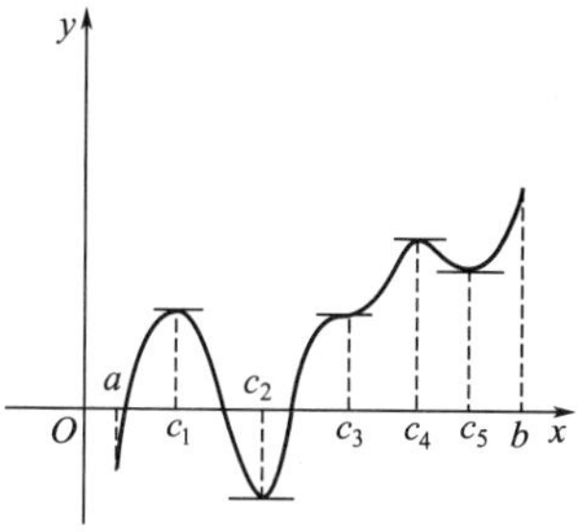

函数的极大值与极小值统称为极值. 函数的极大值点与极小值点统称为极值点.

图 3-5

在图 3-5 中，$f(c_1)$ 和 $f(c_4)$ 是 $f(x)$ 的极大值，c_1 和 c_4 是 $f(x)$的极大值点；$f(c_2)$ 和 $f(c_5)$ 是 $f(x)$ 的极小值，c_2 和 c_5 是 $f(x)$ 的极小值点.

关于函数的极值，作以下几点说明：

(1) 函数极值的概念是局部性的，它只是与极值点近旁的所有点的函数值相比较为较大或较小，这并不意味着它在函数的整个定义区间上是最大或最小；

(2) 函数的极大值不一定比极小值大；

(3) 极值只能在区间内取得，在区间端点处不能取得极值.

三、函数极值的判定

由图 3-5 可以看出，所有使函数取得极值处，曲线的切线是水平的，在极值点处的切线斜率为零，即在极值点处的函数导数为零. 于是得出函数取得极值的如下定理.

定理 3.6 (必要条件) 设函数 $f(x)$ 在 x_0 点处可导，且在 x_0 点取得极值，则必有 $f'(x_0)=0$.

使导数为零的点叫做函数的驻点.

注意：定理只说明可导函数的极值点必定是驻点，但驻点却不一定是极值点. 此外，函数在它的导数不存在的点处也可能取得极值. 例如，函数 $f(x)=|x|$ 在点 $x=0$ 处不可导，但函数在该点取得极小值.

既然函数的驻点不一定是它的极值点，那么，当求出函数的驻点后，怎样判定它们是否为极值点呢？如果是极值点，又怎样进一步判定它是极大值点或极小值点呢？为此，先借助图形来分析一下函数 $f(x)$ 在点 x_0 处取得极值时，点 x_0 两侧 $f'(x)$ 的符号的变化情况.

由图 3-6 不难看出，函数 $f(x)$ 在 x_0 点取得极大值，它除了在点 x_0 处 $f'(x_0)=0$ 外，在点 x_0 左近旁图像上升，有 $f'(x)>0$. 在点 x_0 右近旁图像下降，有 $f'(x)<0$.

对于 $f(x)$ 取得极小值的情形根据图 3-7 可以作类似的讨论.

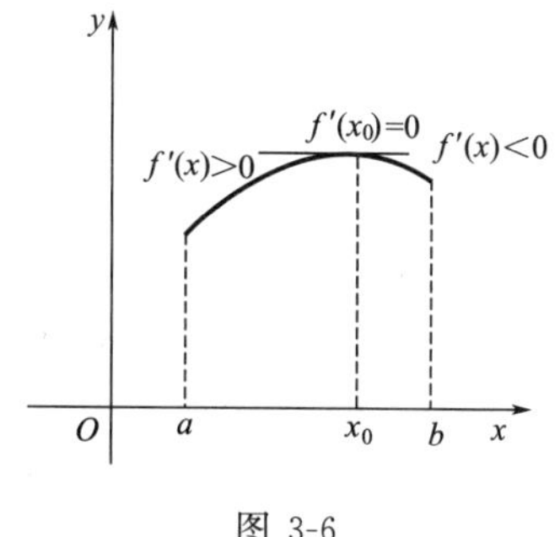

图 3-6

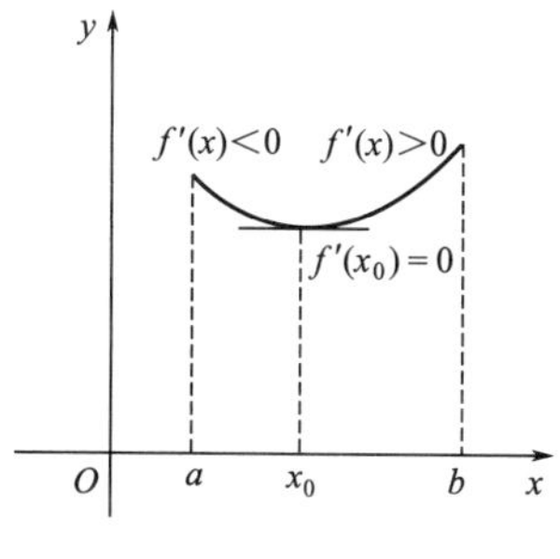

图 3-7

于是得出函数取得极值的充分条件定理.

定理 3.7（充分条件）设函数 $f(x)$ 在点 x_0 及其左右近旁可导，且 $f'(x_0)=0$，那么：

(1) 如果当 x 取 x_0 点左近旁的值时，有 $f'(x)>0$，当 x 取 x_0 点右近旁的值时，有 $f'(x)<0$，则函数 $f(x)$ 在点 x_0 处取得极大值 $f(x_0)$；

(2) 如果当 x 取 x_0 点左近旁的值时，有 $f'(x)<0$，当 x 取 x_0 点右近旁的值时，有 $f'(x)>0$，则函数 $f(x)$ 在点 x_0 处取得极小值 $f(x_0)$.

注意：如果函数 $f(x)$ 在 x_0 点左右近旁的导数同号时，函数在 x_0 点不能取得极值.

根据上面的定理，如果函数 $f(x)$ 在所讨论的区间内连续，除个别点外处处可导，那么就可以按下列步骤来求 $f(x)$ 在该区间内的极值点和相应的极值：

(1) 确定函数 $f(x)$ 的定义域；

(2) 求函数的导数 $f'(x)$，令 $f'(x)=0$，求出 $f(x)$ 的所有驻点，指出 $f(x)$ 不可导点；

(3) 对求出的每一个驻点和不可导点，列表进行判定；

(4) 求出极值点和相应的极值.

【例 3.24】 求函数 $f(x)=\frac{1}{3}x^3-4x+4$ 的极值.

解 (1) 函数的定义域为 $(-\infty,+\infty)$；

(2) $f'(x)=x^2-4=(x+2)(x-2)$

令 $f'(x)=0$ 得驻点 $x_1=-2$，$x_2=2$；

(3) 讨论见表 3-4；

表 3-4

x	$(-\infty,-2)$	-2	$(-2,2)$	2	$(2,+\infty)$
$f'(x)$	+	0	−	0	+
$f(x)$	↗	极大值 $9\frac{1}{3}$	↘	极小值 $-1\frac{1}{3}$	↗

(4) 由表 3-4 可知，函数 $f(x)$ 在 $x=-2$ 处取得极大值 $f(-2)=9\frac{1}{3}$，在 $x=2$ 处取得极小值 $f(2)=-1\frac{1}{3}$.

【例 3.25】 求函数 $f(x)=(x^2-1)^3+1$ 的极值.

解 (1) 函数的定义域为 $(-\infty,+\infty)$；

(2) $f'(x)=6x(x^2-1)^2=6x(x+1)^2(x-1)^2$

令 $f'(x)=0$ 得驻点 $x_1=-1$，$x_2=0$，$x_3=1$；

(3) 讨论见表 3-5；

表 3-5

x	$(-\infty,-1)$	-1	$(-1,0)$	0	$(0,1)$	1	$(1,+\infty)$
$f'(x)$	−	0	−	0	+	0	+
$f(x)$	↘		↘	极小值 0	↗		↗

(4) 由表 3-5 可知，函数 $f(x)$ 在 $x=0$ 处取得极小值 $f(0)=0$. 如图 3-8 所示.

【例 3.26】 求函数 $f(x)=x\sqrt[3]{(6x+7)^2}$ 的极值.

解 (1) 函数的定义域为 $(-\infty,+\infty)$；

(2) $f'(x)=\sqrt[3]{(6x+7)^2}+\dfrac{4x}{\sqrt[3]{6x+7}}=\dfrac{10x+7}{\sqrt[3]{6x+7}}$

令 $f'(x)=0$ 得驻点 $x_1=-\dfrac{7}{10}$，又 $x_2=-\dfrac{7}{6}$是 $f(x)$的不可导点；

(3) 讨论见表 3-6；

(4) 由表 3-6 可知，函数 $f(x)$ 在 $x=-\dfrac{7}{6}$ 处取得极大值 $f\left(-\dfrac{7}{6}\right)=0$，在 $x=-\dfrac{7}{10}$处取得极小值 $f\left(-\dfrac{7}{10}\right)=-\dfrac{7}{50}\sqrt[3]{980}$.

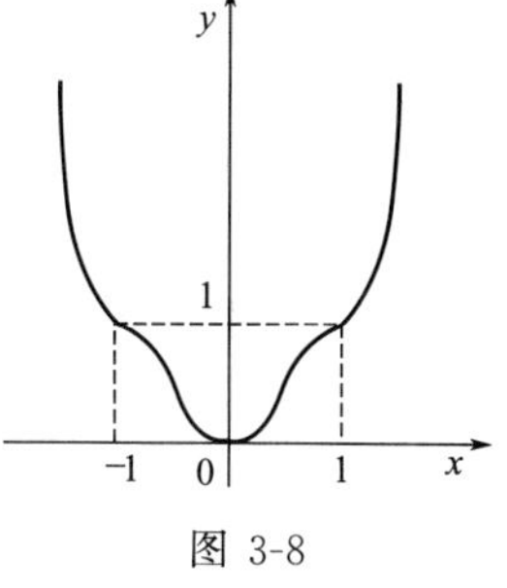

图 3-8

表 3-6

x	$\left(-\infty,-\frac{7}{6}\right)$	$-\frac{7}{6}$	$\left(-\frac{7}{6},-\frac{7}{10}\right)$	$-\frac{7}{10}$	$\left(-\frac{7}{10},+\infty\right)$
$f'(x)$	+	不存在	−	0	+
$f(x)$	↗	极大值 0	↘	极小值$-\frac{7}{50}\sqrt[3]{980}$	↗

四、函数的最大值、最小值的求法

在科学技术、日常生活以及各种经济活动中，往往遇到怎样在一定条件下使“产品最多”、“用料最省”、“成本最低”、“利润最大”等问题，表现在数学上就是求函数的最值问题.

1. 闭区间上连续函数的最大值和最小值

设函数 $y=f(x)$ 在闭区间 $[a,b]$ 上连续，根据闭区间上连续函数的极值性质可知 $f(x)$ 在 $[a,b]$ 上一定有最大值和最小值．显然，函数 $f(x)$ 在闭区间 $[a,b]$ 上的最大值和最小值只能在区间内的极值点、导数不存在的点或端点处取得. 因此可用如下方法求出连续函数 $f(x)$在 $[a,b]$ 上的最大值和最小值：

(1) 求出函数 $f(x)$ 在 (a,b) 内的驻点和不可导点；

(2) 求出函数 $f(x)$ 在各驻点、导数不存在的点和区间端点处的函数值. 比较这些函数值，其中最大的就是最大值，最小的就是最小值.

【例 3.27】 求函数 $f(x)=2x^3-6x^2-18x-7$ 在 $[-2,4]$ 上的最大值与最小值.

解 (1) $f'(x)=6x^2-12x-18=6(x-3)(x+1)$

令 $f'(x)=0$ 得 $f(x)$在 $[-2,4]$ 上的驻点 $x_1=-1$，$x_2=3$.

(2) 计算 $f(-1)=3$，$f(3)=-61$，$f(-2)=-11$，$f(4)=-47$.

比较可得，函数 $f(x)$ 在 $x=-1$ 处取得最大值 3，在 $x=3$ 处取得最小值 -61.

【例 3.28】 求函数 $f(x)=|x^2-3x+2|$在$[-3,4]$上的最大值与最小值.

解 (1) $f(x)=\begin{cases}x^2-3x+2 & x\in[-3,1]\cup[2,4]\\ -x^2+3x-2 & x\in(1,2)\end{cases}$

$$f'(x)=\begin{cases}2x-3 & x\in(-3,1)\cup(2,4)\\ -2x+3 & x\in(1,2)\end{cases}$$

在 $(-3,4)$ 内，$f(x)$ 的驻点为 $x_1=\dfrac{3}{2}$，不可导点为 $x_2=1$ 和 $x_3=2$.

(2) 计算 $f(-3)=20$，$f(1)=0$，$f\left(\dfrac{3}{2}\right)=\dfrac{1}{4}$，$f(2)=0$，$f(4)=6$.

比较可得 $f(x)$ 在 $x=-3$ 处取得它在 $[-3,4]$ 上的最大值 20，在 $x=1$ 和 $x=2$ 处取得它在 $[-3,4]$ 上的最小值 0.

2. 实际问题的最大值和最小值

如果函数 $f(x)$ 在一个区间（有限或无限，开或闭）内可导且只有一个驻点 x_0，并且这个驻点 x_0 是函数 $f(x)$ 的极值点，那么，当 $f(x_0)$ 是极大值时，$f(x_0)$ 就是 $f(x)$ 在该区间上的最大值；当 $f(x_0)$ 是极小值时，$f(x_0)$ 就是 $f(x)$ 在该区间上的最小值. 在应用问题中往往遇到这种情形.

在应用问题中遇到最大值和最小值问题时，一般先根据具体问题的条件，确定函数关系，然后根据上面方法求最大值和最小值.

【例 3.29】 有一宽为 2m 的长方形铁片，将它的两边向上折起来，做成一个开口水槽，其横截面为矩形，问高为多少米时，水槽的流量最大？

解 设水槽的高为 xm，则水槽截面面积为

$$y=2x(1-x)\ (0<x<1)$$

显然，流量最大就是截面面积最大.

因为 $y'=2-4x$，令 $y'=0$ 得函数在 $(0,1)$ 内唯一的驻点 $x=\frac{1}{2}$.

由实际情况可知，水槽的截面一定有最大面积，因此，当水槽高为$\frac{1}{2}$m 时，水槽的流量最大.

思考题 3.3

1. 驻点是否一定是函数单调增加和单调减少的分界点？若是，说明理由，若不是，举例说明.
2. 函数不可导的点能否是函数单调增加和单调减少的分界点？
3. 极大值一定比极小值大吗？
4. 极值能否在区间端点处取得？为什么？
5. 极点处的导数是否一定为零？
6. 函数的不可导点能否成为极值点？举例说明.
7. 函数在某个区间上的最大值一定比最小值大吗？

练习题 3.3

1. 判定函数在指定区间上的单调性：

(1) $f(x)=\arctan x-x$ 在$(-\infty,+\infty)$内；

(2) $f(x)=x+\cos x$ 在 $[0,2\pi]$ 内；

(3) $f(x)=\tan x$ 在$\left(-\frac{\pi}{2}, \frac{\pi}{2}\right)$内.

2. 确定下列函数的单调区间：

(1) $f(x)=2x^3-6x^2-18x-7$　　(2) $f(x)=2x^3-\ln x$

(3) $f(x)=(x-1)(x+1)^3$　　(4) $f(x)=\mathrm{e}^{-x^2}$

3. 求下列函数的极值点和极值：

(1) $f(x)=x+\sqrt{1-x}$　　(2) $f(x)=4x^3-3x^2-6x+1$

(3) $f(x)=x-\ln(1+x)$　　(4) $f(x)=x+\tan x$

4. 求函数 $f(x)=\sin x-\cos x$ 在区间 $[0,\pi]$上的极值.

5. 求下列函数在指定区间上的最大值与最小值：

(1) $y=x^3-2x^2+5\ [-2, 2]$

(2) $y=x+\cos x\ [0,2\pi]$

(3) $y=x+2\sqrt{x}$ $[0,4]$

(4) $y=\sqrt{100-x^2}$ $[-6,8]$

6. 用一块半径为 R 的圆扇形铁皮，做一个锥形漏斗，问圆心角多大时，做成的漏斗容积最大？

7. 轮船甲位于轮船乙以东 75 海里处，以每小时 12 海里的速度向西行驶，而轮船乙以每小时 6 海里的速度向北行驶，问经过多少时间两船相距最近？

第四节 函数图形的描绘

一、曲线的凹凸与拐点

在某段曲线弧上有的曲线总是位于每一点切线的下方，有的曲线总是位于每一点切线的上方. 如图 3-9 所示，曲线的这种特性就是曲线的凹凸性.

关于曲线凹凸性有如下定义.

定义 3.2 在区间 (a,b) 内，如果曲线弧位于其每一点切线的上方，那么就称曲线在区间 (a,b) 内是凹的；如果曲线弧位于其每一点切线的下方，那么就称曲线在区间 (a,b) 内是凸的.

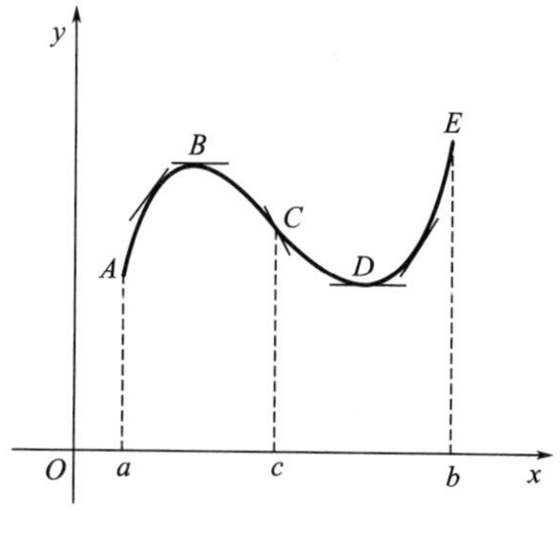

图 3-9

例如，图 3-9 中曲线弧 $\overset{\frown}{ABC}$ 在区间 (a,c) 内是凸的，曲线弧 $\overset{\frown}{CDE}$ 在区间 (c,b) 内是凹的.

如何来判定曲线在区间内的凹凸性呢？

由图 3-10 可以看出，如果曲线是凹的，那么切线的倾斜角随着自变量 x 的增大而增大，即切线的斜率也是递增的. 由于切线的斜率就是函数 $y=f(x)$ 的导数 $f'(x)$，因此，如果曲线是凹的，那么导数 $f'(x)$ 必定是单调增加的，也即 $f''(x)>0$.

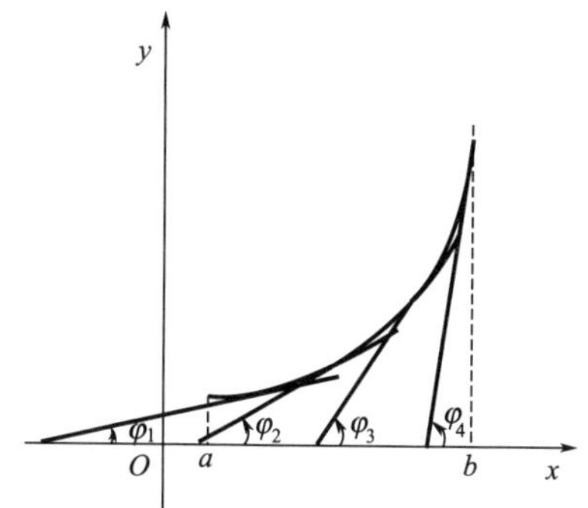

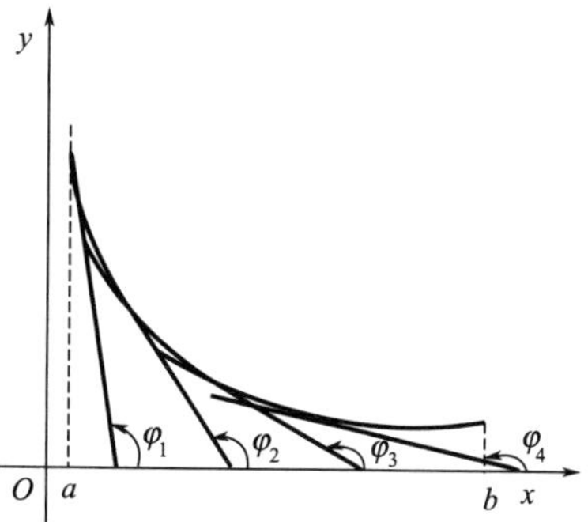

图 3-10

由图 3-11 可以看出，如果曲线是凸的，那么切线的倾斜角随着自变量 x 的增大而减小，即切线的斜率也是递减的. 由于切线的斜率就是函数 $y=f(x)$ 的导数 $f'(x)$，因此，如果曲线是凸的，那么导数 $f'(x)$ 必定是单调减少的，也即 $f''(x)<0$.

下面给出曲线凹凸性的判定定理.

定理 3.8 设函数 $f(x)$ 在 (a,b) 内具有二阶导数 $f''(x)$：

(1) 如果在 (a,b) 内 $f''(x)>0$，那么曲线在 (a,b) 内是凹的；

(2) 如果在 (a,b) 内 $f''(x)<0$，那么曲线在 (a,b) 内是凸的.

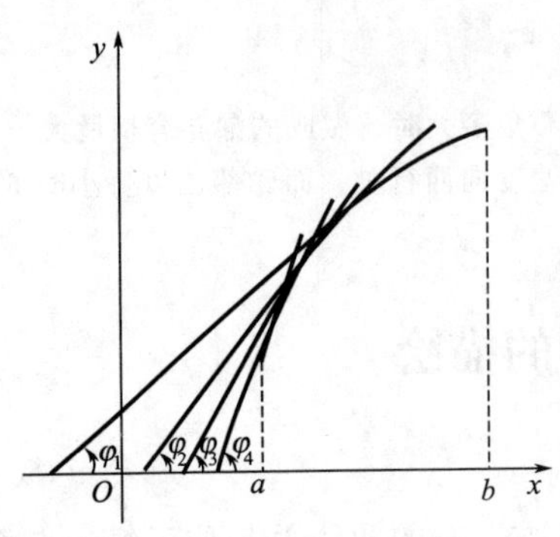

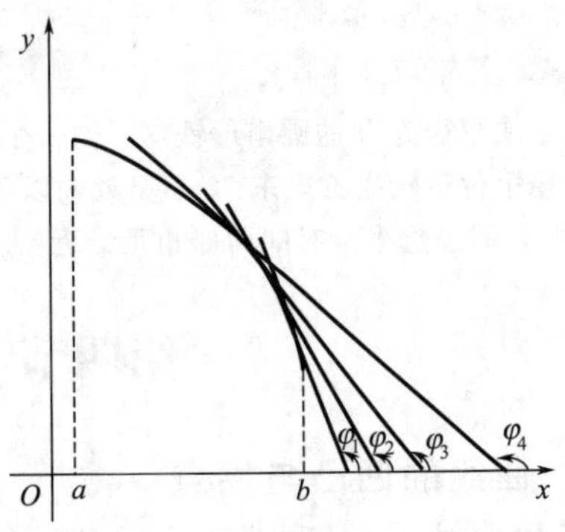

图 3-11

【例 3.30】 判定曲线 $y=x^3$ 的凹凸性.

解 函数的定义域为 $(-\infty,+\infty)$

$$y'=3x^2,\ y''=6x$$

令 $y''=0$，得 $x=0$，它把定义域分成两个区间 $(-\infty,0)$ 和 $(0,+\infty)$.

当 $x\in(0,+\infty)$ 时，$y''>0$，曲线是凹的；当 $x\in(-\infty,0)$ 时，$y''<0$，曲线是凸的. 这里点 $(0,0)$ 是凹与凸的分界点.

定义 3.3 连续曲线上凹的曲线弧与凸的曲线弧的分界点叫做曲线的拐点.

下面来讨论曲线 $y=f(x)$ 的拐点的求法.

已经知道，由 $f''(x)$ 的符号可以判定曲线的凹凸. 如果 $f'(x)$ 连续且可导，那么，当 $f''(x)$ 的符号由负变正或由正变负时，必定有一点 x_0 使 $f''(x_0)=0$. 这样，点 $(x_0,f(x_0))$ 就是曲线的一个拐点. 除此以外，函数 $f(x)$ 的二阶导数不存在的点，也有可能是 $f''(x)$ 的符号发生变化的分界点. 因此，就可以按下面的步骤来判定曲线的拐点：

(1) 确定函数 $y=f(x)$ 的定义域；

(2) 求 $y=f(x)$ 的二阶导数 $f''(x)$，令 $f''(x)=0$，求出定义域内的所有实根，找出 $f''(x)$ 不存在的所有点；

(3) 讨论在各区间 $f''(x)$ 的符号和 $f(x)$ 的凹凸性；

(4) 确定 $y=f(x)$ 的拐点.

【例 3.31】 求曲线 $y=\sqrt[3]{x}$ 的凹凸区间和拐点.

解 函数 $y=\sqrt[3]{x}$ 的定义域为 $(-\infty,+\infty)$，当 $x\neq0$ 时

$$y'=\frac{1}{3\sqrt[3]{x^2}},\ y''=-\frac{2}{9x\sqrt[3]{x^2}}$$

$x=0$ 是 y'' 不存在的点，但 $x=0$ 把定义域 $(-\infty,+\infty)$ 分成两个部分区间：$(-\infty,0)$ 和 $(0,+\infty)$.

讨论见表 3-7.

表 3-7

x	$(-\infty,0)$	0	$(0,+\infty)$
y''	+	不存在	−
y	∪	拐点(0,0)	∩

由表 3-7 可知，曲线在 $(-\infty,0)$ 内是凹的，在 $(0,+\infty)$ 内是凸的．点 $(0,0)$ 是曲线的拐点．

【例 3.32】 求曲线 $y=x^3-6x^2+9x+1$ 的凹凸区间和拐点．

解 函数 $y=x^3-6x^2+9x+1$ 的定义域为 $(-\infty,+\infty)$，则

$$y'=3x^2-12x+9,\ y''=6x-12=6(x-2)$$

令 $y''=0$，得 $x=2$．

讨论见表 3-8．

表 3-8

x	$(-\infty,2)$	2	$(2,+\infty)$
y''	$-$	0	$+$
y	⌒	拐点(2,3)	◡

由表 3-8 知，函数在 $(-\infty,2)$ 上是凸的，在 $(2,+\infty)$ 上是凹的，点 $(2,3)$ 是曲线的拐点．

【例 3.33】 问曲线 $y=x^4$ 是否有拐点？

解 函数 $y=x^4$ 的定义域为 $(-\infty,+\infty)$，则

$$y'=4x^3,\ y''=12x^2$$

显然，只有 $x=0$ 是方程 $y''=0$ 的根．但当 $x\neq0$ 时，无论 $x<0$ 或 $x>0$ 都有 $y''>0$，因此点 $(0,0)$ 不是这曲线的拐点．曲线 $y=x^4$ 没有拐点，它在定义域 $(-\infty,+\infty)$ 内是凹的．

二、函数图形的描绘

描点法是函数作图的基本方法，但是这种方法需要对许多 x 值计算相应的函数值，这种做法不仅计算量大，而且即使描的点很多，对函数的了解也是表面的和粗糙的．为了解决这个问题，利用本章用导数研究函数的性态来进行描点绘图．

1．曲线的渐近线

定义 3.4 如果 $\lim\limits_{x\to\infty}f(x)=a$ [或 $\lim\limits_{x\to-\infty}f(x)=a$ 或 $\lim\limits_{x\to+\infty}f(x)=a$]，那么称直线 $y=a$ 为曲线 $y=f(x)$ 的一条水平渐近线；如果 $\lim\limits_{x\to b}f(x)=\infty$ [或 $\lim\limits_{x\to b^+}f(x)=\infty$ 或 $\lim\limits_{x\to b^-}f(x)=\infty$]，那么称直线 $x=b$ 为曲线 $y=f(x)$ 的一条垂直渐近线．

【例 3.34】 讨论曲线 $y=\dfrac{1}{x-1}$ 的渐近线．

解 因为

$$\lim_{x\to\infty}\frac{1}{x-1}=0,\ \lim_{x\to1}\frac{1}{x-1}=\infty$$

所以直线 $y=0$ 为曲线 $y=\dfrac{1}{x-1}$ 的水平渐近线，直线 $x=1$ 为曲线 $y=\dfrac{1}{x-1}$ 的垂直渐近线．如图 3-12 所示．

2．函数图形的描绘

利用导数描绘函数图形的一般步骤如下：

(1) 确定函数的定义域；

(2) 研究函数的奇偶性、周期性；

(3) 讨论函数的单调性、极值、曲线的凹凸性及拐点，并列表；

(4) 确定曲线的水平渐近线和垂直渐近线；

(5) 根据作图需要适当选取辅助点；

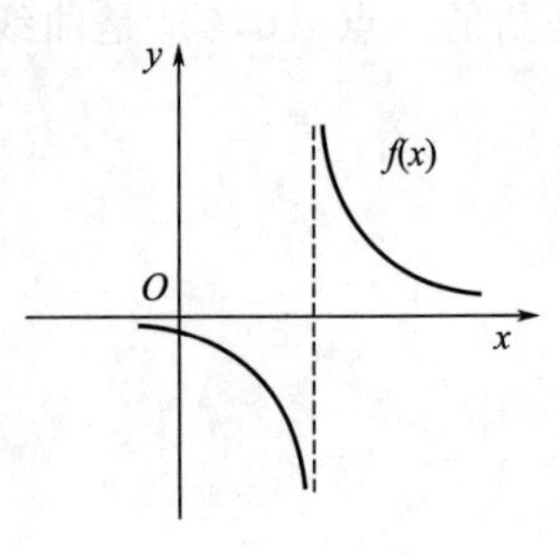

图 3-12

(6) 综合上述讨论，作出函数图像.

【例 3.35】 作出函数 $y=\frac{1}{3}x^3-x$ 的图像.

解 (1) 函数的定义域为 $(-\infty,+\infty)$.

(2) 该函数是奇函数，图像关于原点对称.

(3) $y'=x^2-1$，令 $y'=0$，得 $x=\pm1$；$y''=2x$，令 $y''=0$，得 $x=0$.

列表讨论见表 3-9.

表 3-9

x	$(-\infty,-1)$	-1	$(-1,0)$	0	$(0,1)$	1	$(1,+\infty)$
y'	+	0	−	−	−	0	+
y''	−	−	−	0	+	+	+
y	↗	极大值$\frac{2}{3}$	↘	拐点$(0,0)$	↘	极小值$-\frac{2}{3}$	↗

(4) 无渐近线.

(5) 取辅助点$\left(-2,-\frac{2}{3}\right)$，$(-\sqrt{3},0)$，$(\sqrt{3},0)$，$\left(2,\frac{2}{3}\right)$.

(6) 描点作图如图 3-13 所示.

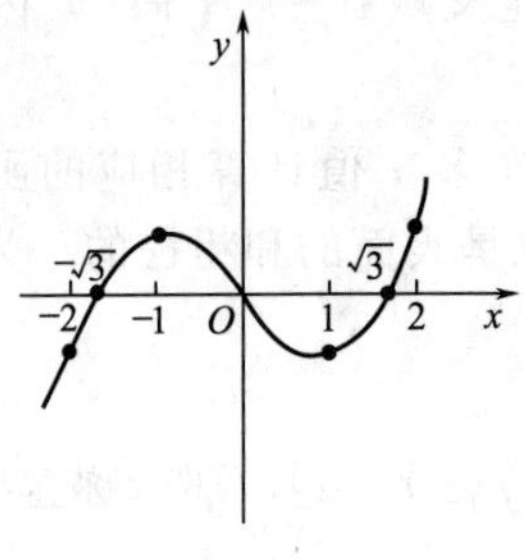

图 3-13

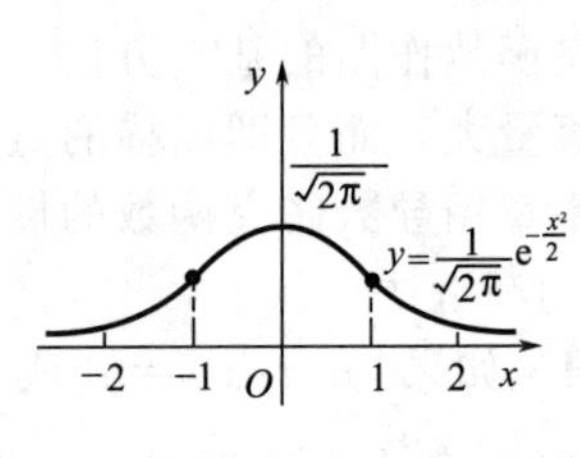

图 3-14

【例 3.36】 作出函数 $y=\frac{1}{\sqrt{2\pi}}e^{-\frac{x^2}{2}}$ 的图像.

解 (1) 函数的定义域为 $(-\infty,+\infty)$.

(2) 该函数是偶函数，图像关于 y 轴对称.

(3) $y'=-\frac{1}{\sqrt{2\pi}}xe^{-\frac{x^2}{2}}$，令 $y'=0$，得 $x=0$.

$y''=-\frac{1}{\sqrt{2\pi}}(1-x^2)e^{-\frac{x^2}{2}}$，令 $y''=0$，得 $x=\pm1$.

列表讨论见表 3-10.

表 3-10

x	$(-\infty,-1)$	-1	$(-1,0)$	0	$(0,1)$	1	$(1,+\infty)$
y'	+	+	+	0	−	−	−
y''	+	0	−	−	−	0	+
y	↗	拐点$\left(-1,\frac{1}{\sqrt{2\pi}}e^{-\frac{1}{2}}\right)$	↗	极大值$\frac{1}{\sqrt{2\pi}}$	↘	拐点$\left(1,\frac{1}{\sqrt{2\pi}}e^{-\frac{1}{2}}\right)$	↘

（4）因为 $\lim\limits_{x\to\infty}\frac{1}{\sqrt{2\pi}}e^{-\frac{x^2}{2}}=0$，所以 $y=0$ 是该曲线的水平渐近线.

（5）取辅助点 $(-1,0.24)$，$(0,0.40)$，$(1,0.24)$.

（6）描点作图如图 3-14 所示.

思考题 3.4

1. 凹与凸的曲线弧与曲线上任一点的切线分别是什么位置关系？
2. 如果一个函数在某区间上是凹的，那么它的一阶导数是单调的吗？
3. 拐点处的二阶导数是否一定为零？
4. 在描绘函数图像时，选取辅助点是否越多越好？

练习题 3.4

1. 求下列函数图形的拐点及凹或凸的区间：

（1）$y=x^3-5x^2+3x+5$　　（2）$y=xe^{-x}$　　（3）$y=(x+1)^4+e^x$

（4）$y=\ln(x^2+1)$　　（5）$y=e^{\arctan x}$　　（6）$y=x^4(12\ln x-7)$

2. 已知曲线 $y=x^3-ax^2-9x+4$ 在 $x=1$ 处有拐点，试确定系数 a，并求曲线的凹凸区间和拐点.

3. 当 a、b 为何值时，点 $(1,3)$ 为曲线 $y=ax^3-bx^2$ 的拐点？

4. 求下列曲线的渐近线：

（1）$y=\frac{1}{x^2-4x+5}$　　（2）$y=\frac{1}{(x+2)^3}$

（3）$y=e^{\frac{1}{x}}$　　（4）$y=xe^{x^{-2}}$

5. 作下列函数的图形：

（1）$y=\frac{1}{1+x^2}$　　（2）$y=xe^{-x}$　　（3）$y=x\sqrt{3-x}$

（4）$y=\sqrt[3]{x^2}+2$　　（5）$y=x-\ln(x+1)$

*第五节　曲　　率

在现实生活和工程技术中，许多问题需要考虑曲线的弯曲程度. 在数学上用曲率这一概念来描述曲线的弯曲程度.

一、曲率的概念

曲率是表示曲线弯曲程度的，从直观上容易感到有的曲线比另外的曲线弯曲得大些，如半径小的圆比半径大的圆弯曲得要大些. 同一条曲线，在不同点的附近弯曲程度一般也不同，如抛物线 $y=x^2$，在顶点 $(0,0)$ 附近就比其它点附近弯曲得大些.

下面研究用什么量来表示曲线的弯曲程度？

如图 3-15 所示，$\overset{\frown}{MN}=\overset{\frown}{MN_1}$，当动点沿曲线弧从 M 移到 N 时，切线的转角为 α，当动点沿曲线弧从 M 移到 N_1 时，切线的转角为 α_1，可以看出，转角 α_1 较 α 小，曲线弧 $\overset{\frown}{MN_1}$ 的弯曲程度较 $\overset{\frown}{MN}$ 也小. 一般地，若两弧的长度相等，则转角越小，曲线弧的弯曲程度也越小. 显然，若曲线弧的弯曲程度越小，则转角也越小.

如图 3-16 所示，两段曲线弧 $\overset{\frown}{MN}$ 与 $\overset{\frown}{M_1N_1}$ 尽管它们的转角 α 相同，但弧长不等，弯曲程度也不相同，曲线弧短的比曲线弧长的弯曲程度大. 由此可见，曲线弧的弯曲程度与弧两端切线的转角大小及该弧的长度有关.

综合上面的分析可知，弧的弯曲程度可用弧两端切线的转角与弧长之比$\frac{\alpha}{\overset{\frown}{MN}}$来描述，这个比值愈大，弧的弯曲程度就愈大，这个比值愈小，弧的弯曲程度就愈小.

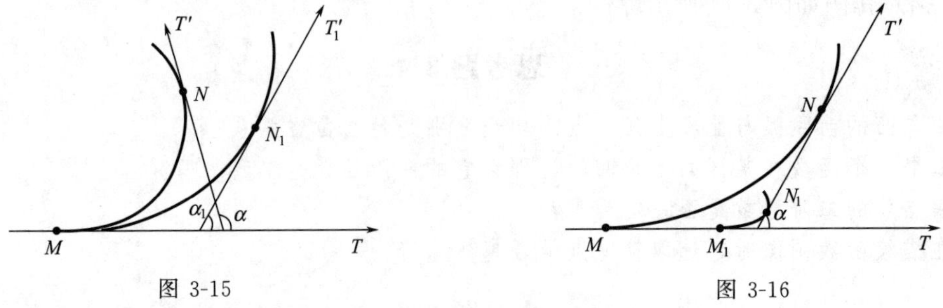

图 3-15　　　　图 3-16

把弧两端切线的转角与弧长之比，叫做这段弧上的平均曲率，记为$\bar{k}$，即

$$\bar{k}=\frac{\alpha}{\overset{\frown}{MN}}$$

另外，曲线上各点附近的弯曲程度未必相同，平均曲率$\bar{k}$只能表示整段弧的平均弯曲程度.显然，弧愈短，平均曲率就愈能表示弧上某一点附近的弯曲程度. 下面给出曲线在某一点处的曲率定义.

定义 3.5　当 N 点沿曲线趋近于 M 点时，弧$\overset{\frown}{MN}$的平均曲率的极限，叫做曲线在 M 点处的曲率. 记为 k，即

$$k=\lim_{\overset{\frown}{MN}\to 0}\frac{\alpha}{\overset{\frown}{MN}}$$

注意：这里的角 α 用弧度制表示，平均曲率和曲率的单位是弧度/单位长.

【例 3.37】　已知圆的半径为 R，求圆上：

(1) 任意一段的平均曲率；

(2) 任意一点的曲率.

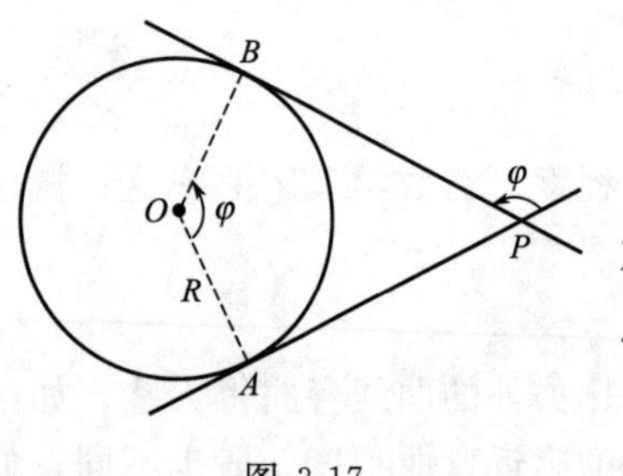

图 3-17

解　如图 3-17 所示，在圆上任取一段弧$\overset{\frown}{AB}$，由平面几何定理知，弧两端切线 AP 与 BP 的转角 φ 等于弧$\overset{\frown}{AB}$对应的圆心角，即$\angle AOB=\varphi$，则$\overset{\frown}{AB}=R\varphi$，因此，$\overset{\frown}{AB}$的平均曲率为

$$\bar{k}=\frac{\varphi}{\overset{\frown}{AB}}=\frac{\varphi}{R\varphi}=\frac{1}{R}$$

圆上任意一点的曲率为

$$k=\lim_{\overset{\frown}{AB}\to 0}\frac{\varphi}{\overset{\frown}{AB}}=\frac{1}{R}$$

这说明，圆上任意一点的曲率都相等，而且等于半径 R 的倒数.

二、曲率的计算

1. 弧微分

如图 3-18 所示，在曲线 $y=f(x)$ 上取固定点 A，$M(x,y)$ 为曲线上任意一点，s 表示曲线弧$\overset{\frown}{AM}$的长度. 即 $s=\overset{\frown}{AM}$. 显然，弧长 s 是随点 $M(x,y)$ 的确定而确定的，也就是说 s 是 x 的函数，记为 $s=s(x)$. 为方便起见，假定 s 是 x 的单调增加函数.

给 x 以增量 $\Delta x(\Delta x>0)$，于是 y 相应地有增量 $\Delta y=RN$，s 有增量 $\Delta s=\overset{\frown}{MN}$，由导数的定义可知

$$s'=\frac{\mathrm{d}s}{\mathrm{d}x}=\lim_{\Delta x\to 0}\frac{\Delta s}{\Delta x}$$

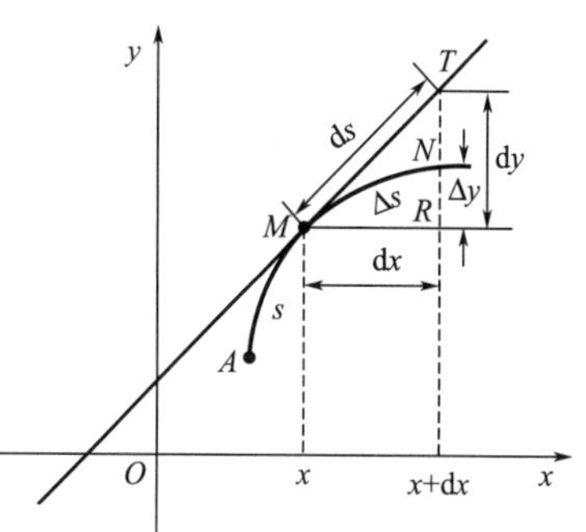

图 3-18

由图 3-18 看出，当 Δx 足够小时，弧的增量 $\Delta s=\overset{\frown}{MN}$和弦$|MN|$越来越接近，即当 $\Delta x\to 0$ 时，点 N 沿曲线无限接近于点 M，这时弧长与弦长之比的极限等于 1，也即

$$\lim_{\Delta x\to 0}\frac{\overset{\frown}{MN}}{|MN|}=1$$

另外，在直角三角形 MRN 中，有

$$|MN|^2=(\Delta x)^2+(\Delta y)^2$$

$$\frac{\Delta s}{\Delta x}=\frac{\overset{\frown}{MN}}{\Delta x}=\frac{\overset{\frown}{MN}|MN|}{\Delta x|MN|}=\frac{\overset{\frown}{MN}}{|MN|}\sqrt{\frac{(\Delta x)^2+(\Delta y)^2}{(\Delta x)^2}}=\frac{\overset{\frown}{MN}}{|MN|}\sqrt{1+\left(\frac{\Delta y}{\Delta x}\right)^2}$$

当 $\Delta x\to 0$ 时

$$\lim_{\Delta x\to 0}\frac{\Delta s}{\Delta x}=\lim_{\Delta x\to 0}\frac{\overset{\frown}{MN}}{|MN|}\lim_{\Delta x\to 0}\sqrt{1+\left(\frac{\Delta y}{\Delta x}\right)^2}$$

即

$$\frac{\mathrm{d}s}{\mathrm{d}x}=\sqrt{1+\left(\frac{\mathrm{d}y}{\mathrm{d}x}\right)^2}$$

于是

$$\mathrm{d}s=\sqrt{1+(y')^2}\,\mathrm{d}x=\sqrt{(\mathrm{d}x)^2+(\mathrm{d}y)^2}$$

这就是弧微分公式.

由图 3-18 可以看出，弧微分 $\mathrm{d}s$ 就是曲线上点 $M(x,y)$ 处的切线段$|MT|$.

2. 曲率的计算公式

首先推导一般曲线在任意一点处的曲率计算公式.

设图 3-19 是函数 $y=f(x)$ 的图形，现在要求曲线上任意一点 $M(x,y)$ 处的曲率.

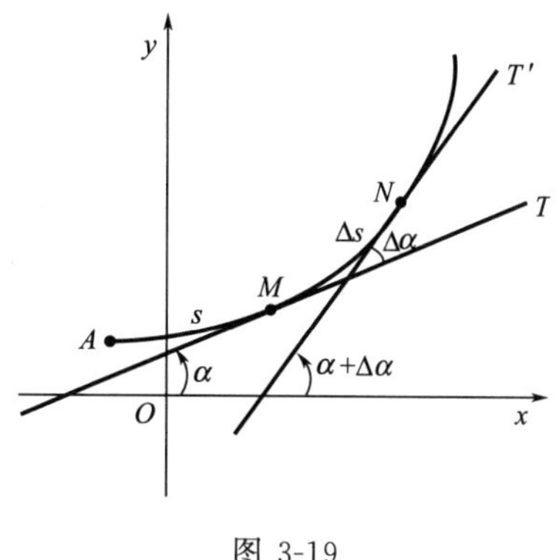

图 3-19

给 x 以增量 Δx，曲线上得到对应点 $N(x+\Delta x,y+\Delta y)$，切线 MT 的倾斜角为 α，切线 NT'的倾斜角为 $\alpha+\Delta\alpha$. 显然，由 M 到 N 切线的转角为 $\Delta\alpha$.

在曲线上任选一点 A，作为计算弧长的起点，并设$\overset{\frown}{AM}=s$，$\overset{\frown}{MN}=\Delta s$. 根据曲率的定义，在点 $M(x,y)$ 处的曲率为

$$k=\lim_{\Delta s\to 0}\frac{\Delta\alpha}{\Delta s}=\frac{\mathrm{d}\alpha}{\mathrm{d}s}$$

由导数的几何意义，有 $\tan\alpha=y'$. 因此，$\alpha=\arctan y'$，其中，$y'=f'(x)$. 由此可知，α 是 x 的复合函数 . 求 α 对 x 的微分，得

$$\mathrm{d}\alpha=\frac{\mathrm{d}y'}{1+y'^2}=\frac{y''}{1+y'^2}\mathrm{d}x$$

而

$$\mathrm{d}s=\sqrt{1+y'^2}\,\mathrm{d}x$$

所以

$$k=\frac{\mathrm{d}\alpha}{\mathrm{d}s}=\frac{y''}{(1+y'^2)^{\frac{3}{2}}}$$

约定：曲率 k 只取正值，因此

$$k=\left|\frac{y''}{(1+y'^2)^{\frac{3}{2}}}\right|$$

这就是曲率的计算公式.

由公式知，在 $y''=0$ 的点处曲率为零.

【例 3.38】 铁路的过渡曲线，常见的有三次抛物线 $y=\frac{1}{3}x^3$，长度单位是 km，求该曲线在点 (0,0) 及点 $\left(1,\frac{1}{3}\right)$ 处的曲率.

解 $y'=x^2$，$y''=2x$. 故

$$k=\left|\frac{2x}{[1+(x^2)^2]^{\frac{3}{2}}}\right|=\left|\frac{2x}{(1+x^4)^{\frac{3}{2}}}\right|$$

因此，在点 (0,0) 处的曲率为

$$k|_{x=0}=0\text{rad/km}$$

在点 $\left(1,\frac{1}{3}\right)$ 处的曲率为

$$k|_{x=1}=\left|\frac{2\times 1}{(1+1^4)^{\frac{3}{2}}}\right|=\frac{\sqrt{2}}{2}\text{rad/km}$$

【例 3.39】 抛物线 $y=ax^2+bx+c$ 上哪一点处的曲率最大？

解 由 $y=ax^2+bx+c$，得 $y'=2ax+b$，$y''=2a$. 故

$$k=\frac{|2a|}{[1+(2ax+b)^2]^{\frac{3}{2}}}$$

因为 k 的分子是常数 $|2a|$，所以只要分母最小，k 就最大. 显然，当 $2ax+b=0$，即 $x=-\frac{b}{2a}$时，分母最小，此时 k 值最大，且当 $x=-\frac{b}{2a}$时，$y=\frac{4ac-b^2}{4a}$. 所以抛物线 $y=ax^2+bx+c$ 在顶点$\left(-\frac{b}{2a},\frac{4ac-b^2}{4a}\right)$处曲率最大.

三、曲率圆与曲率半径

圆周上每一点处的曲率都相等，而且等于它的半径的倒数. 同时，圆的弯曲程度能直观看出，至于一般的曲线，它在各点处的弯曲程度既不相同，也不太直观，因此，可借助圆来显示曲线在一点处的弯曲程度，对于这样的圆，给出下面的定义.

定义 3.6 如果一个圆满足下列三个条件：

(1) 在 M 点处与曲线有公切线；

(2) 与曲线在 M 点附近有相同的凹向；

(3) 与曲线在 M 点处有相同的曲率.

那么，这个圆就叫做曲线在 M 点处的曲率圆.

曲率圆的中心 C，叫做曲线在 M 点处的曲率中心. 曲率圆的半径 R，叫做曲线在 M 点处的曲率半径. 如图 3-20 所示.

由定义可知，曲率中心位于曲线在 M 点的法线上，并且在曲线凹向的一侧.

如果曲线在 M 点处的曲率用 k 表示，那么在该点处的曲率圆的曲率也是 k. 由例 3.37 可知，$R=\frac{1}{k}$，所以，曲率半径 R 就是

$$R=\frac{1}{k}$$

即

$$R=\frac{(1+y'^2)^{\frac{3}{2}}}{|y''|}$$

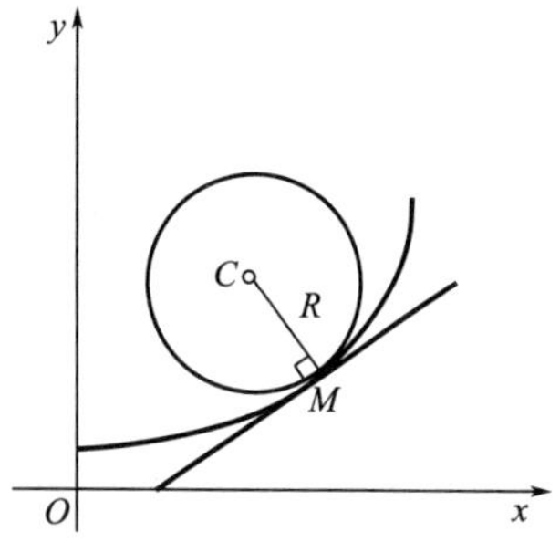

这就是曲线在给定点处的曲率半径的计算公式.

图 3-20

【例 3.40】 求等边双曲线 $xy=1$ 在点（1，1）的曲率半径.

解 因为 $y'=-\frac{1}{x^2}$，$y''=\frac{2}{x^3}$. 所以，$y'|_{x=1}=-1$，$y''|_{x=1}=2$. 于是

$$R=\frac{[1+(-1)^2]^{\frac{3}{2}}}{2}=\sqrt{2}$$

思考题 3.5

1. 曲率的大小与曲线的弯曲程度是成正比例关系吗？
2. 曲率的大小只能判定曲线的弯曲程度，而不能判断曲线的弯曲方向，对吗？
3. 满足什么条件的圆是曲率圆？

练习题 3.5

1. 求下列各曲线在给定点处的曲率和曲率半径：

（1）$y=\frac{1}{3}x^3$ 在点 $\left(-1,-\frac{1}{3}\right)$　（2）$y=\ln(x+1)$ 在点（0,0）　（3）$y=e^x$ 在点（0,1）

（4）$y=x\cos x$ 在点（0,0）　（5）$y=\tan x$ 在点 $\left(\frac{\pi}{4},1\right)$

2. 求曲线 $y=a\ln\left(1-\frac{x^2}{a^2}\right)$（$a>0$）上曲率半径最小的点.

习　题　三

1. 下列函数在给定区间上是否满足拉格朗日中值定理的条件？如果满足，求出定理中的数值 ξ：

（1）$f(x)=\lg x$ 在 [1,10]；

（2）$f(x)=\arctan x$ 在 [0,1]；

（3）$f(x)=3x^3-5x^2+x-2$ 在 [−1,0].

2. 求下列函数的极限：

（1）$\lim\limits_{x\to 2}\frac{x^2+x-6}{x^2-4}$　（2）$\lim\limits_{x\to 0}\frac{x-\sin x}{x^2+x}$　（3）$\lim\limits_{x\to 0}\frac{e^x+e^{-x}-2}{x^2}$　（4）$\lim\limits_{x\to 0}\frac{\sin x-x}{x\sin x}$

（5）$\lim\limits_{x\to+\infty}x\left(\frac{\pi}{2}-\arctan x\right)$　（6）$\lim\limits_{x\to 2^+}\frac{\cos x\ln(x-2)}{\ln(e^x-e^2)}$　（7）$\lim\limits_{x\to 0}(x+e^x)^{\frac{1}{x}}$　（8）$\lim\limits_{x\to 1^+}(\ln x)^{x-1}$

3. 求下列函数的单调区间：

（1）$y=1+\frac{\ln x}{x}$　（2）$y=x^4-3x^2+2$　（3）$y=\frac{x^2}{1+x}$

4. 求下列函数的极值：

（1）$y=\frac{x}{1+x^2}$　（2）$y=2x^3-3x^2$　（3）$y=x^2+\frac{1}{x^2}$

5. 求 $f(x)=\frac{1}{3}x^3-\frac{5}{2}x^2+4x$ 在 [−1,2] 上的最大值与最小值.

6. 设 $y=ax^3-6ax^2+b$ 在 [−1,2] 上的最大值为 3，最小值为 −29，又 $a>0$，求 a、b.

7. 欲围一个面积为 150m² 的矩形场地，所用材料的造价其正面是 6 元/m，其余三面是 3 元/m，问场地

的长与宽各为多少米时，才能使所用材料费最少？

8. 已知曲线 $y=ax^3+bx^2+cx$ 上点（1,2）处有水平切线，且原点为该曲线的拐点，求 a、b、c 的值，并写出此曲线的方程.

9. 求函数 $y=e^{2x-x^2}$ 的凹凸区间与拐点.

10. 作出下列函数的图形：

(1) $y=\dfrac{x^2}{x+1}$　　(2) $y=\dfrac{1}{x}+4x^2$　　(3) $y=1+3x-x^3$

11. 求下列曲线在给定点处的曲率和曲率半径：

(1) $y=x^2$ 在点（1,1）；

(2) $y=\sin^4 x-\cos^4 x$ 在点（0,−1）.

12. 求曲线 $y=-x^2$ 的最小曲率半径.

第四章　不定积分

在微分学中，讨论了求已知函数的导数（或微分）的问题，接下来将讨论与微分学相反的问题，即已知一个函数的导数（或微分），求出此函数. 由此给出不定积分的概念，然后介绍几种基本计算方法.

第一节　不定积分的概念及性质

一、原函数

微分学中讨论的基本问题是：已知函数 $f(x)$，如何求它的导数或微分. 例如，质点作变速直线运动，已知运动方程 $s=s(t)$，则该质点在时刻 t 的瞬时速度 $v=s'(t)$. 在运动学中还经常会遇到相反的问题：已知作变速直线运动的质点在时刻 t 的瞬时速度 $v=v(t)$，求该质点的运动方程 $s=s(t)$. 很显然，就是要求一个函数 $s(t)$，满足 $s'(t)=v(t)$. 这类问题相当于已知一函数的导数 $F'(x)$，求该函数 $F(x)$，即去寻求原来的函数 $F(x)$，实质上是求导的逆运算问题.

上述问题在自然科学及工程技术中普遍存在，对这类问题需加以研究，为此，首先引入原函数的定义.

定义 4.1　设 $f(x)$ 是定义在某区间上的一个函数，如果存在一个可导函数 $F(x)$，使得在该区间上任一点都有

$$F'(x)=f(x) \text{或} \mathrm{d}F(x)=f(x)\mathrm{d}x$$

则称 $F(x)$ 为 $f(x)$ 在该区间上的一个原函数.

例如，因为 $(\cos x)'=-\sin x$，所以 $\cos x$ 是 $-\sin x$ 的一个原函数；又如，$(x^3)'=3x^2$，$(x^3+1)'=3x^2$，$(x^3+C)'=3x^2$（C 为任意常数），所以 x^3，x^3+1，x^3+C 都是 $3x^2$ 的原函数.

关于原函数，自然要问：一个函数应具备什么条件，才能保证它的原函数一定存在？如果函数的原函数存在，是否唯一？如果不唯一，究竟有多少个？如何表示它们的一般形式？

定理 4.1（原函数存在定理）如果函数 $f(x)$ 在某区间上连续，则 $f(x)$ 在该区间上一定存在原函数.

由于初等函数在其定义区间上都是连续的，所以初等函数在其定义区间上都有原函数.

一般地，如果 $F(x)$ 是 $f(x)$ 在某区间上的一个原函数，则对于任意常数 C，都有 $[F(x)+C]'=f(x)$，由于常数 C 的任意性，表明 $f(x)$ 的原函数有无穷多个.

函数 $f(x)$ 在某区间上的任意两个原函数之间的内在联系是什么呢？下面给出一个定理.

定理 4.2　若函数 $F(x)$ 是 $f(x)$ 的一个原函数，则 $f(x)$ 的原函数的全体由形如 $F(x)+C$（C 为任意常数）的函数组成.

证明　设 $F(x)$，$G(x)$ 是 $f(x)$ 的任意两个原函数，则有

$$F'(x)=G'(x)=f(x)$$

于是

$$[G(x)-F(x)]'=G'(x)-F'(x)=f(x)-f(x)=0$$

因而有

$$G(x)-F(x)=C(C \text{为任意常数})$$

所以

$$G(x)=F(x)+C$$

这表明了 $f(x)$ 的所有原函数均能表示成 $F(x)+C$（其中 C 为任意常数）的形式.

二、不定积分的概念

1. 不定积分的定义

定义 4.2 函数 $f(x)$ 的全体原函数称为 $f(x)$ 的不定积分，记作

$$\int f(x)\mathrm{d}x$$

其中，符号"$\int$"称为积分号，$f(x)$ 称为被积函数，$f(x)\mathrm{d}x$ 称为被积表达式，x 称为积分变量.

如果函数 $F(x)$ 是 $f(x)$ 的一个原函数，根据定义有

$$\int f(x)\mathrm{d}x=F(x)+C$$

C 称为积分常数. 求 $f(x)$ 的不定积分也叫做对 $f(x)$ 的积分，由上述可知，求给定函数的不定积分时，只要求出它的一个原函数，然后加上一个任意常数即可.

【例 4.1】 求 $\int x^2\mathrm{d}x$.

解 由于 $\left(\frac{1}{3}x^3\right)'=x^2$，所以 $\frac{1}{3}x^3$ 是 x^2 的一个原函数，于是

$$\int x^2\mathrm{d}x=\frac{1}{3}x^3+C$$

2. 不定积分的几何意义

由不定积分 $\int f(x)\mathrm{d}x=F(x)+C$ 的定义可以看出，不定积分表示的不是一个原函数，而是无限多个原函数，通常说成一族函数. 反映在几何图形上就是一族曲线. 它是由函数 $y=F(x)$ 的曲线沿 y 轴上下平移得到的，这族曲线称为 $f(x)$ 的积分曲线族，其中每一条称为 $f(x)$ 的积分曲线. 由于在相同的横坐标 x 处，所有的积分曲线的斜率均为 $f(x)$，因此，在每一条积分曲线上，以 x 为横坐标处的曲线的切线都相互平行，这就是不定积分的几何意义，如图 4-1 所示.

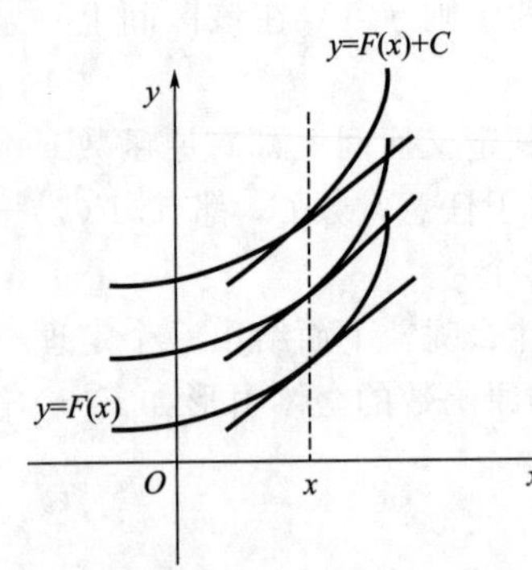

图 4-1

【例 4.2】 设曲线通过点 (0,1)，且曲线上任一点处的切线斜率等于该点的横坐标，求此曲线的方程.

解 由 $\int x\mathrm{d}x=\frac{1}{2}x^2+C$ 得积分曲线族 $y=\frac{x^2}{2}+C$，将 $x=0$，$y=1$ 代入 $y=\frac{x^2}{2}+C$ 得 $C=1$.

于是所求的曲线方程为

$$y=\frac{x^2}{2}+1$$

三、不定积分的性质和基本积分公式

1. 不定积分的性质

根据不定积分的定义知微分运算与积分运算互为逆运算. 于是有

(1) $\frac{\mathrm{d}}{\mathrm{d}x}\left[\int f(x)\mathrm{d}x\right]=f(x)$ 或 $\mathrm{d}\left[\int f(x)\mathrm{d}x\right]=f(x)\mathrm{d}x$

(2) $\int F'(x)\mathrm{d}x=F(x)+C$ 或 $\int \mathrm{d}F(x)=F(x)+C$

以上性质表明，一个函数若先积分后求导（或求微分），作用互相抵消；若先求导（或求微分）后求积分，则作用抵消后，加上一个任意常数 C.

例如：$\left(\int \sin x \mathrm{d}x\right)' = (-\cos x + C)' = \sin x$

$$\int \mathrm{d}(\sin x) = \int \cos x \mathrm{d}x = \sin x + C$$

2. 不定积分的运算法则

法则 4.1 被积函数中不为零的常数因子可提到积分号外，即

$$\int k f(x) \mathrm{d}x = k \int f(x) \mathrm{d}x (k \text{ 为常数})$$

法则 4.2 两个函数代数和的不定积分等于各函数的不定积分的代数和，即

$$\int [f(x) \pm g(x)] \mathrm{d}x = \int f(x) \mathrm{d}x \pm \int g(x) \mathrm{d}x$$

法则 4.2 可以推广到有限个函数代数和的情形.

3. 基本积分公式

由于求不定积分是求导数的逆运算，所以由导数的基本公式对应地可以得到不定积分的基本公式：

导数的基本公式	不定积分的基本公式
(1) $(C)'=0$	(1) $\int 0 \mathrm{d}x = C$
(2) $\left(\frac{1}{\alpha+1}x^{\alpha+1}\right)'=x^{\alpha}$	(2) $\int x^{\alpha} \mathrm{d}x = \frac{1}{\alpha+1}x^{\alpha+1} + C \quad (\alpha \neq -1)$
(3) $(\ln\|x\|)'=\frac{1}{x}$	(3) $\int \frac{1}{x} \mathrm{d}x = \ln\|x\| + C$
(4) $\left(\frac{a^x}{\ln a}\right)'=a^x$	(4) $\int a^x \mathrm{d}x = \frac{a^x}{\ln a} + C \quad (a > 0, a \neq 1)$
(5) $(\mathrm{e}^x)'=\mathrm{e}^x$	(5) $\int \mathrm{e}^x \mathrm{d}x = \mathrm{e}^x + C$
(6) $(-\cos x)'=\sin x$	(6) $\int \sin x \mathrm{d}x = -\cos x + C$
(7) $(\sin x)'=\cos x$	(7) $\int \cos x \mathrm{d}x = \sin x + C$
(8) $(\tan x)'=\sec^2 x$	(8) $\int \sec^2 x \mathrm{d}x = \tan x + C$
(9) $(-\cot x)'=\csc^2 x$	(9) $\int \csc^2 x \mathrm{d}x = -\cot x + C$
(10) $(\sec x)'=\sec x \tan x$	(10) $\int \sec x \tan x \mathrm{d}x = \sec x + C$
(11) $(-\csc x)'=\csc x \cot x$	(11) $\int \csc x \cot x \mathrm{d}x = -\csc x + C$
(12) $(\arcsin x)'=\frac{1}{\sqrt{1-x^2}}$	(12) $\int \frac{\mathrm{d}x}{\sqrt{1-x^2}} = \arcsin x + C$
(13) $(\arctan x)'=\frac{1}{1+x^2}$	(13) $\int \frac{\mathrm{d}x}{1+x^2} = \arctan x + C$

以上为了弄清基本积分公式的来龙去脉，同时列出了相应的求导公式，以便读者对比着记

忆、区分. 这些基本积分公式是计算不定积分的基础，不定积分运算技能和技巧的掌握，取决于对这些公式的熟记程度与灵活运用水平.

四、直接积分法

利用不定积分的性质和基本积分公式，可以求出一些简单函数的不定积分，通常把这种求不定积分的方法叫做直接积分法.

【例 4.3】 求 $\int \sqrt{x}\mathrm{d}x$.

解 $$\int \sqrt{x}\mathrm{d}x = \frac{1}{\frac{1}{2}+1}x^{\frac{1}{2}+1} + C = \frac{2}{3}x^{\frac{3}{2}} + C = \frac{2}{3}x\sqrt{x} + C$$

从上面例子看到：被积函数是分式或根式，应先把它化为 x^{α} 的形式，然后再应用幂函数的积分公式来计算.

【例 4.4】 求 $\int(3x^2-4x+5)\mathrm{d}x$.

解 $$\int(3x^2-4x+5)\mathrm{d}x = 3\int x^2\mathrm{d}x - 4\int x\mathrm{d}x + 5\int \mathrm{d}x$$

$$= 3\times\frac{1}{2+1}x^{2+1} - 4\times\frac{1}{1+1}x^{1+1} + 5x + C = x^3 - 2x^2 + 5x + C$$

【例 4.5】 求 $\int\left(\cos x + \frac{3}{\sqrt{1-x^2}}\right)\mathrm{d}x$.

解 $$\int\left(\cos x + \frac{3}{\sqrt{1-x^2}}\right)\mathrm{d}x = \int\cos x\mathrm{d}x + 3\int\frac{1}{\sqrt{1-x^2}}\mathrm{d}x = \sin x + 3\arcsin x + C$$

有时需先将被积函数进行适当的恒等变形（包括代数和三角的恒等变形），再利用不定积分的基本性质及公式进行计算.

【例 4.6】 求 $\int\frac{3x^2-2x+1}{x^2}\mathrm{d}x$.

解 $$\int\frac{3x^2-2x+1}{x^2}\mathrm{d}x = \int(3-\frac{2}{x}+\frac{1}{x^2})\mathrm{d}x = 3\int\mathrm{d}x - 2\int\frac{1}{x}\mathrm{d}x + \int\frac{1}{x^2}\mathrm{d}x$$

$$= 3x - 2\ln|x| - \frac{1}{x} + C$$

【例 4.7】 求 $\int\frac{x^2}{1+x^2}\mathrm{d}x$.

解 $$\int\frac{x^2}{1+x^2}\mathrm{d}x = \int\frac{x^2+1-1}{1+x^2}\mathrm{d}x = \int(1-\frac{1}{1+x^2})\mathrm{d}x$$

$$= \int\mathrm{d}x - \int\frac{1}{1+x^2}\mathrm{d}x = x - \arctan x + C$$

【例 4.8】 求 $\int\frac{2x^2+1}{x^2(x^2+1)}\mathrm{d}x$.

解 $$\int\frac{2x^2+1}{x^2(x^2+1)}\mathrm{d}x = \int\frac{x^2+1+x^2}{x^2(x^2+1)}\mathrm{d}x = \int\frac{1}{x^2}\mathrm{d}x + \int\frac{1}{x^2+1}\mathrm{d}x = -\frac{1}{x} + \arctan x + C$$

【例 4.9】 求 $\int\tan^2 x\mathrm{d}x$.

解 $$\int\tan^2 x\mathrm{d}x = \int(\sec^2 x - 1)\mathrm{d}x = \int\sec^2 x\mathrm{d}x - \int\mathrm{d}x = \tan x - x + C$$

【例 4.10】 求 $\int\sin^2\frac{x}{2}\mathrm{d}x$.

解 先利用三角函数的降幂公式将被积函数变形

$$\int \sin^2 \frac{x}{2}\mathrm{d}x = \int \frac{1-\cos x}{2}\mathrm{d}x = \frac{1}{2}x - \frac{1}{2}\sin x + C$$

【例 4.11】 求 $\int \frac{\cos 2x}{\cos x + \sin x}\mathrm{d}x$.

解 $\int \frac{\cos 2x}{\cos x + \sin x}\mathrm{d}x = \int \frac{\cos^2 x - \sin^2 x}{\cos x + \sin x}\mathrm{d}x = \int \frac{(\cos x + \sin x)(\cos x - \sin x)}{\cos x + \sin x}\mathrm{d}x$

$$= \int (\cos x - \sin x)\mathrm{d}x = \sin x + \cos x + C$$

思考题 4.1

1. 一个函数应具备什么条件，才能保证它的原函数一定存在？
2. 如果函数的原函数存在，是否唯一？
3. 因为微分和积分互为逆运算，所以有 $\int F'(x)\mathrm{d}x = F(x)$，这个结论是否正确？

练习题 4.1

1. 验证下列等式：

(1) $\int \frac{\mathrm{d}x}{\sqrt{x}} = 2\sqrt{x} + C$　　(2) $\int \cos^2 \frac{x}{2}\mathrm{d}x = \frac{1}{2}(x + \sin x) + C$

(3) $\int x\mathrm{e}^x \mathrm{d}x = x\mathrm{e}^x - \mathrm{e}^x + C$　　(4) $\int \mathrm{e}^{f(x)} f'(x)\mathrm{d}x = \mathrm{e}^{f(x)} + C$

2. 证明：若 $\int f(x)\mathrm{d}x = F(x) + C$，则 $\int f(ax+b)\mathrm{d}x = \frac{1}{a}F(ax+b) + C\ (a \neq 0)$.

3. 求下列不定积分：

(1) $\int \left(\frac{2}{\sqrt{x}} + \frac{1}{x^3} - 3\right)\mathrm{d}x$　　(2) $\int 2^{3x}\mathrm{e}^{x}\mathrm{d}x$　　(3) $\int \frac{(\sqrt{x}+1)(\sqrt{x}-1)}{\sqrt[3]{x}}\mathrm{d}x$　　(4) $\int \frac{x^4}{x^2+1}\mathrm{d}x$

(5) $\int \frac{1}{x^2(1+x^2)}\mathrm{d}x$　　(6) $\int \frac{\mathrm{e}^{2x}-1}{\mathrm{e}^x+1}\mathrm{d}x$　　(7) $\int \cot^2 x\mathrm{d}x$　　(8) $\int (\sin\frac{x}{2} + \cos\frac{x}{2})^2\mathrm{d}x$

(9) $\int \frac{\cos 2x}{\cos^2 x \sin^2 x}\mathrm{d}x$　　(10) $\int \frac{1+\cos^2 x}{1+\cos 2x}\mathrm{d}x$

4. 设函数 $f(x)$ 满足 $f'(\ln x) = 1 - x$，且 $f(0) = 0$，求 $f(x)$.

第二节 不定积分的换元积分法

在上一节学习了直接积分法，但利用直接积分法所计算的积分是十分有限的. 因此，有必要进一步研究求不定积分的方法. 本节将介绍换元积分法.

一、第一类换元积分法（凑微分法）

引例 求 $\int \cos 3x\mathrm{d}x$.

分析：若直接应用基本积分公式 $\int \cos x\mathrm{d}x = \sin x + C$，得 $\int \cos 3x\mathrm{d}x = \sin 3x + C$，易验证是错误的. 因为 $(\sin 3x)' = 3\cos 3x \neq \cos 3x$，所以 $\int \cos 3x\mathrm{d}x \neq \sin 3x + C$. 计算该积分为什么会出现这种情况呢？仔细分析不难看出，要计算的不定积分，积分变量为 x，但被积函数 $\cos 3x$ 是 x 的复合函数. 本题可求解如下：

$$\int\cos 3x\mathrm{d}x=\frac{1}{3}\int 3\cos 3x\mathrm{d}x\xlongequal{\text{令 }3x=u}\frac{1}{3}\int\cos u\mathrm{d}u=\frac{1}{3}\sin u+C\xlongequal{\text{回代 }u=3x}\frac{1}{3}\sin 3x+C$$

验证：
$$\left(\frac{1}{3}\sin 3x+C\right)'=\cos 3x$$

上面的解题思路是引入新的积分变量 $u=3x$，从而把原积分化为积分变量为 u 的积分，把被积表达式化为 $\cos u\mathrm{d}u$，再用公式求解．这样求不定积分的方法，就是第一类换元积分法，一般地，它可用以下定理来叙述.

定理 4.3（第一换元积分法）设 $\int f(u)\mathrm{d}u=F(u)+C$，且 $u=\varphi(x)$ 可导，则

$$\int f[\varphi(x)]\varphi'(x)\mathrm{d}x=F[\varphi(x)]+C$$

即

$$\int f[\varphi(x)]\varphi'(x)\mathrm{d}x\xlongequal{\text{令 }\varphi(x)=u}\int f(u)\mathrm{d}u=F(u)+C\xlongequal{\text{回代 }u=\varphi(x)}F[\varphi(x)]+C$$

这个定理表明：在基本积分公式中，自变量 u 换成任一可导函数 $u=\varphi(x)$ 时，公式仍成立，这就大大扩展了基本积分公式的使用范围.

【例 4.12】 求 $\int(2x-1)^5\mathrm{d}x$.

解
$$\int(2x-1)^5\mathrm{d}x=\frac{1}{2}\int(2x-1)^5\mathrm{d}(2x-1)\xlongequal{\text{令 }2x-1=u}\frac{1}{2}\int u^5\mathrm{d}u=\frac{1}{2}\times\frac{1}{6}u^6+C$$
$$\xlongequal{\text{回代 }u=2x-1}\frac{1}{12}(2x-1)^6+C$$

【例 4.13】 求 $\int\frac{1}{a+bx}\mathrm{d}x\ (b\neq 0)$.

解 基本积分公式中有

$$\int\frac{1}{x}\mathrm{d}x=\ln|x|+C$$

因为 $\mathrm{d}(a+bx)=b\mathrm{d}x$，所以有

$$\int\frac{1}{a+bx}\mathrm{d}x=\frac{1}{b}\int\frac{1}{a+bx}\mathrm{d}(a+bx)\xlongequal{\text{令 }a+bx=u}\frac{1}{b}\int\frac{1}{u}\mathrm{d}u=\frac{1}{b}\ln|u|+C$$
$$\xlongequal{\text{回代 }u=a+bx}\frac{1}{b}\ln|a+bx|+C$$

从以上例子可以看出，求积分时经常需要用到下面两个微分性质.

(1) $\mathrm{d}[a\varphi(x)]=a\mathrm{d}[\varphi(x)]$．如 $2\mathrm{d}x=\mathrm{d}(2x)$；$3\mathrm{d}x^2=\mathrm{d}(3x^2)$.

(2) $\mathrm{d}\varphi(x)=\mathrm{d}[\varphi(x)\pm b]$．如 $\mathrm{d}x=\mathrm{d}(x-1)$；$\mathrm{d}x^2=\mathrm{d}(x^2+1)$.

【例 4.14】 求 $\int x\mathrm{e}^{x^2}\mathrm{d}x$.

解 因为 $\mathrm{d}x^2=2x\mathrm{d}x$，所以有

$$\int x\mathrm{e}^{x^2}\mathrm{d}x=\frac{1}{2}\int\mathrm{e}^{x^2}\mathrm{d}x^2\xlongequal{\text{令 }x^2=u}\frac{1}{2}\int\mathrm{e}^u\mathrm{d}u=\frac{1}{2}\mathrm{e}^u+C\xlongequal{\text{回代 }u=x^2}\frac{1}{2}\mathrm{e}^{x^2}+C$$

【例 4.15】 求 $\int\frac{1}{x^2}\cos\frac{1}{x}\mathrm{d}x$.

解 因为 $\mathrm{d}\frac{1}{x}=-\frac{1}{x^2}\mathrm{d}x$，所以有

$$\int \frac{1}{x^2}\cos\frac{1}{x}\mathrm{d}x = -\int\cos\frac{1}{x}\mathrm{d}\frac{1}{x} \xlongequal{\text{令}\frac{1}{x}=u} -\int\cos u\mathrm{d}u = -\sin u + C \xlongequal{\text{回代}u=\frac{1}{x}} -\sin\frac{1}{x}+C$$

由上面例题可以看出：用第一类换元积分法计算积分时，关键是把被积表达式凑成两部分，使其中一部分为 $\mathrm{d}\varphi(x)$，另一部分为 $\varphi(x)$ 的函数 $f[\varphi(x)]$，从而寻找出所需作的变量替换，$u=\varphi(x)$，所求积分化为 $\int f[\varphi(x)]\mathrm{d}\varphi(x)=\int f(u)\mathrm{d}u$，而 $\int f(u)\mathrm{d}u$ 容易积出（一般可直接套用基本积分公式）. 因此，第一类换元积分法也称为凑微分法.

当运算比较熟练后，设变量代换和回代这两个步骤可省略不写，只需将新变量 $u=\varphi(x)$ 默记在心，凑好微分后直接积分即可，使解题过程简化.

【例 4.16】 求 $\int\frac{\ln x}{x}\mathrm{d}x$.

解
$$\int\frac{\ln x}{x}\mathrm{d}x=\int\ln x\mathrm{d}\ln x=\frac{1}{2}\ln^2 x+C$$

【例 4.17】 求 $\int\frac{2x+2}{x^2+2x-1}\mathrm{d}x$.

解 $\int\frac{2x+2}{x^2+2x-1}\mathrm{d}x=\int\frac{1}{x^2+2x-1}\mathrm{d}(x^2+2x-1)=\ln|x^2+2x-1|+C$

【例 4.18】 求 $\int x^2\sqrt{2+3x^3}\mathrm{d}x$.

解 $\int x^2\sqrt{2+3x^3}\mathrm{d}x=\frac{1}{9}\int(2+3x^3)^{\frac{1}{2}}\mathrm{d}(2+3x^3)=\frac{2}{27}(2+3x^3)^{\frac{3}{2}}+C$

在凑微分时，常要用到类似下列的微分式子，熟记它们有助于计算不定积分.

$\mathrm{d}x=\frac{1}{a}\mathrm{d}(ax+b)\ (a\neq 0)$　　　$x\mathrm{d}x=\frac{1}{2}\mathrm{d}x^2$

$\frac{1}{x}\mathrm{d}x=\mathrm{d}\ln|x|$　　　$\frac{1}{x^2}\mathrm{d}x=-\mathrm{d}\left(\frac{1}{x}\right)$

$\frac{1}{\sqrt{x}}\mathrm{d}x=2\mathrm{d}\sqrt{x}$　　　$\cos x\mathrm{d}x=\mathrm{d}(\sin x)$

$\sin x\mathrm{d}x=-\mathrm{d}(\cos x)$　　　$\frac{1}{1+x^2}\mathrm{d}x=\mathrm{d}(\arctan x)$

$\frac{1}{\sqrt{1-x^2}}\mathrm{d}x=\mathrm{d}(\arcsin x)$　　　$\sec^2 x\mathrm{d}x=\mathrm{d}(\tan x)$

有时需要通过代数式或三角函数式的恒等变形，把被积函数适当变形再用凑微分求积分.

【例 4.19】 求 $\int\frac{\mathrm{d}x}{a^2+x^2}$.

解 $\int\frac{\mathrm{d}x}{a^2+x^2}=\frac{1}{a^2}\int\frac{\mathrm{d}x}{1+\left(\frac{x}{a}\right)^2}=\frac{1}{a}\int\frac{1}{1+\left(\frac{x}{a}\right)^2}\mathrm{d}\left(\frac{x}{a}\right)=\frac{1}{a}\arctan\frac{x}{a}+C$

类似地，可得

$$\int\frac{\mathrm{d}x}{\sqrt{a^2-x^2}}=\arcsin\frac{x}{a}+C\quad(a>0)$$

【例 4.20】 求 $\int\tan x\mathrm{d}x$.

解
$$\int\tan x\mathrm{d}x=\int\frac{\sin x}{\cos x}\mathrm{d}x=-\int\frac{\mathrm{d}(\cos x)}{\cos x}=-\ln|\cos x|+C$$

类似地，可得

$$\int \cot x \mathrm{d}x = \ln|\sin x| + C$$

【例 4.21】 求$\int \csc x \mathrm{d}x$.

解 $$\int \csc x \mathrm{d}x = \int \frac{\mathrm{d}x}{\sin x} = \int \frac{\sin^2 \frac{x}{2} + \cos^2 \frac{x}{2}}{2\sin \frac{x}{2} \cos \frac{x}{2}} \mathrm{d}x = \int \left(\tan \frac{x}{2} + \cot \frac{x}{2}\right) \mathrm{d}\left(\frac{x}{2}\right)$$

$$= -\ln\left|\cos \frac{x}{2}\right| + \ln\left|\sin \frac{x}{2}\right| + C = \ln\left|\tan \frac{x}{2}\right| + C$$

由三角恒等式 $\tan \frac{x}{2} = \frac{1-\cos x}{\sin x} = \csc x - \cot x$ 得

$$\int \csc x \mathrm{d}x = \ln|\csc x - \cot x| + C$$

由 $\sec x = \csc\left(x + \frac{\pi}{2}\right)$利用上例的结果可得

$$\int \sec x \mathrm{d}x = \ln|\sec x + \tan x| + C$$

【例 4.22】 求$\int \frac{\mathrm{d}x}{x^2 - a^2}$.

解 $$\int \frac{\mathrm{d}x}{x^2 - a^2} = \frac{1}{2a} \int \frac{(x+a)-(x-a)}{(x+a)(x-a)} \mathrm{d}x = \frac{1}{2a} \int \left(\frac{1}{x-a} - \frac{1}{x+a}\right) \mathrm{d}x$$

$$= \frac{1}{2a}\left[\int \frac{\mathrm{d}(x-a)}{(x-a)} - \int \frac{\mathrm{d}(x+a)}{x+a}\right] = \frac{1}{2a}(\ln|x-a| - \ln|x+a|) + C = \frac{1}{2a}\ln\left|\frac{x-a}{x+a}\right| + C$$

以上 4 个例题的结果可作为积分公式记忆，以便应用.

例如：$$\int \frac{\mathrm{d}x}{4+x^2} = \frac{1}{2}\arctan \frac{x}{2} + C$$

$$\int \frac{\mathrm{d}x}{4+9x^2} = \frac{1}{3} \int \frac{\mathrm{d}(3x)}{4+(3x)^2} = \frac{1}{6}\arctan \frac{3x}{2} + C$$

$$\int \frac{\mathrm{d}x}{x^2 - 2x + 3} = \int \frac{\mathrm{d}(x-1)}{(x-1)^2 + 2} = \frac{1}{\sqrt{2}}\arctan \frac{x-1}{\sqrt{2}} + C$$

$$\int \frac{\mathrm{d}x}{1-x^2} = \frac{1}{2}\ln\left|\frac{1+x}{1-x}\right| + C$$

利用凑微分法，还可求一些简单的三角函数有理式的积分.

【例 4.23】 求$\int \sin^3 x \cos x \mathrm{d}x$.

解 $$\int \sin^3 x \cos x \mathrm{d}x = \int \sin^3 x \mathrm{d}\sin x = \frac{1}{4}\sin^4 x + C$$

【例 4.24】 求$\int \sin^3 x \mathrm{d}x$.

解 $$\int \sin^3 x \mathrm{d}x = \int \sin^2 x \sin x \mathrm{d}x = -\int (1-\cos^2 x) \mathrm{d}(\cos x)$$

$$= \int \cos^2 x \mathrm{d}(\cos x) - \int \mathrm{d}(\cos x) = \frac{1}{3}\cos^3 x - \cos x + C$$

【例 4.25】 求$\int \sin^2 x \mathrm{d}x$.

解
$$\int \sin^2 x\mathrm{d}x = \int \frac{1-\cos 2x}{2}\mathrm{d}x = \frac{1}{2}\int \mathrm{d}x - \frac{1}{2}\int \cos 2x\mathrm{d}x$$
$$= \frac{1}{2}x - \frac{1}{4}\int \cos 2x\mathrm{d}(2x) = \frac{1}{2}x - \frac{1}{4}\sin 2x + C$$

【例 4.26】 求 $\int \sec^4 x\mathrm{d}x$.

解 $\int \sec^4 x\mathrm{d}x = \int \sec^2 x\mathrm{d}(\tan x) = \int (\tan^2 x+1)\mathrm{d}(\tan x) = \frac{\tan^3 x}{3} + \tan x + C$

【例 4.27】 求 $\int \tan x\sec^4 x\mathrm{d}x$.

解
$$\int \tan x\sec^4 x\mathrm{d}x = \int \sec^3 x\mathrm{d}(\sec x) = \frac{\sec^4 x}{4} + C$$

二、第二类换元积分法（去根号法）

第一类换元积分法使用的范围虽然很广泛，但对于某些无理函数的积分，用它不一定能奏效. 下面介绍第二类换元积分法，它是用与第一类换元积分法相反的方式进行换元，该方法主要解决一些无理式的积分.

引例 求 $\int \frac{\mathrm{d}x}{1+\sqrt[3]{x}}$.

分析：求这个积分困难在于被积函数中含有根式，为了去掉根式，令 $\sqrt[3]{x}=t$，即 $x=t^3$，于是 $\mathrm{d}x=3t^2\mathrm{d}t$，将它们代入积分式得
$$\int \frac{\mathrm{d}x}{1+\sqrt[3]{x}} = \int \frac{3t^2}{1+t}\mathrm{d}t = 3\int \frac{(t^2-1)+1}{1+t}\mathrm{d}t = 3\int (t-1)\mathrm{d}t + 3\int \frac{\mathrm{d}t}{1+t}$$
$$= \frac{3}{2}t^2 - 3t + 3\ln|1+t| + C = \frac{3}{2}\sqrt[3]{x^2} - 3\sqrt[3]{x} + 3\ln\left|1+\sqrt[3]{x}\right| + C$$

上例的解题基本思想是：作变量代换 $x=\psi(t)$，把原积分化为 $\int f[\psi(t)]\psi'(t)\mathrm{d}t$，而变形后的积分容易积出，在求出结果后，将 $t=\psi^{-1}(x)$ 回代，还原成 x 的函数. 这种求积分的方法就是第二类换元积分法. 一般地，它可用以下定理来叙述.

定理 4.4（第二类换元积分法）设函数 $x=\varphi(t)$ 单调可微，且 $\varphi'(t)\neq 0$，若 $\int f[\varphi(t)]\varphi'(t)\mathrm{d}t = F(t)+C$，则
$$\int f(x)\mathrm{d}x = F[\varphi^{-1}(x)] + C$$
即
$$\int f(x)\mathrm{d}x \xlongequal{\text{令 } x=\varphi(t)} \int f[\varphi(t)]\varphi'(t)\mathrm{d}t = F(t) + C \xlongequal{\text{回代 } t=\varphi'(x)} F[\varphi^{-1}(x)] + C$$

【例 4.28】 求 $\int \frac{\sqrt{x-1}}{x}\mathrm{d}x$.

解 令 $\sqrt{x-1}=t$，即 $x=1+t^2$，$\mathrm{d}x=2t\mathrm{d}t$，于是
$$\int \frac{\sqrt{x-1}}{x}\mathrm{d}x = \int \frac{t}{1+t^2}2t\mathrm{d}t = 2\int \frac{1+t^2-1}{1+t^2}\mathrm{d}t = 2\int (1-\frac{1}{1+t^2})\mathrm{d}t$$
$$= 2(t-\arctan t) + C = 2(\sqrt{x-1} - \arctan\sqrt{x-1}) + C$$

比较两类换元积分法，不难发现它们的异同点.

(1) 第一类与第二类换元积分法，都是通过变量代换进行积分的，这是它们的相同点，所

以将二者统称为换元积分法.

(2) 它们的不同点在于：第一类换元积分法是把原积分变量 x 的某一函数 $\varphi(x)$ 换成新的积分变量；而第二类换元积分法则是把原积分变量 x 换成新变量的某一函数.

(3) 在第一类换元积分法中，新的积分变量不必明显引入，因而没有回代步骤；而第二类换元积分法，新的积分变量必须明显引入，因而必有回代步骤.

【例 4.29】 求 $\int \sqrt{1-x^2}\,\mathrm{d}x$.

解 为去掉根式，利用三角恒等式 $\sin^2 t+\cos^2 t=1$，设 $x=\sin t\left(-\frac{\pi}{2}\leqslant t\leqslant\frac{\pi}{2}\right)$，于是

$$\int \sqrt{1-x^2}\,\mathrm{d}x=\int \sqrt{1-\sin^2 t}\cos t\,\mathrm{d}t=\int\cos^2 t\,\mathrm{d}t=\frac{1}{2}\int(1+\cos 2t)\,\mathrm{d}t$$

$$=\frac{1}{2}\left(t+\frac{1}{2}\sin 2t\right)+C=\frac{1}{2}(t+\sin t\cos t)+C$$

$$=\frac{1}{2}\left(\arcsin x+x\sqrt{1-x^2}\right)+C$$

在变量还原时，由所设 $x=\sin t$，得 $t=\arcsin x$，$\cos t=\sqrt{1-\sin^2 t}=\sqrt{1-x^2}$.

【例 4.30】 求 $\int \frac{\mathrm{d}x}{\sqrt{x^2+a^2}}\ (a>0)$.

解 为去掉根式，利用三角恒等式 $1+\tan^2 t=\sec^2 t$，设 $x=a\tan t\left(-\frac{\pi}{2}<t<\frac{\pi}{2}\right)$，则 $\mathrm{d}x=a\sec^2 t\,\mathrm{d}t$，于是

$$\int\frac{\mathrm{d}x}{\sqrt{x^2+a^2}}=\int\frac{a\sec^2 t}{\sqrt{a^2\tan^2 t+a^2}}\mathrm{d}t=\int\sec t\,\mathrm{d}t=\ln|\sec t+\tan t|+C_1$$

$$=\ln\left|\frac{\sqrt{x^2+a^2}}{a}+\frac{x}{a}\right|+C_1=\ln\left|\sqrt{x^2+a^2}+x\right|+C\quad(C=C_1-\ln a)$$

在变量还原时，可利用直角三角形边角之间的关系，由所设 $x=a\tan t$，即 $\tan t=\frac{x}{a}$ 作出直角三角形（图 4-2），由此可知 $\sec t=\frac{\sqrt{x^2+a^2}}{a}$.

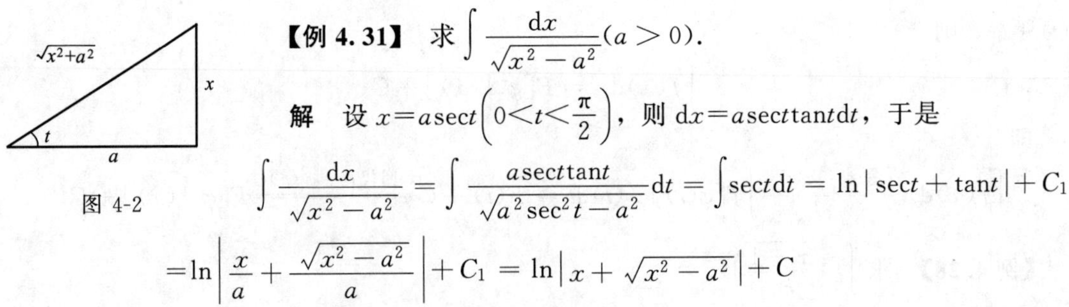

图 4-2

【例 4.31】 求 $\int\frac{\mathrm{d}x}{\sqrt{x^2-a^2}}(a>0)$.

解 设 $x=a\sec t\left(0<t<\frac{\pi}{2}\right)$，则 $\mathrm{d}x=a\sec t\tan t\,\mathrm{d}t$，于是

$$\int\frac{\mathrm{d}x}{\sqrt{x^2-a^2}}=\int\frac{a\sec t\tan t}{\sqrt{a^2\sec^2 t-a^2}}\mathrm{d}t=\int\sec t\,\mathrm{d}t=\ln|\sec t+\tan t|+C_1$$

$$=\ln\left|\frac{x}{a}+\frac{\sqrt{x^2-a^2}}{a}\right|+C_1=\ln\left|x+\sqrt{x^2-a^2}\right|+C$$

在变量还原时，由所设 $\sec t=\frac{x}{a}$ 作出直角三角形（图 4-3）.

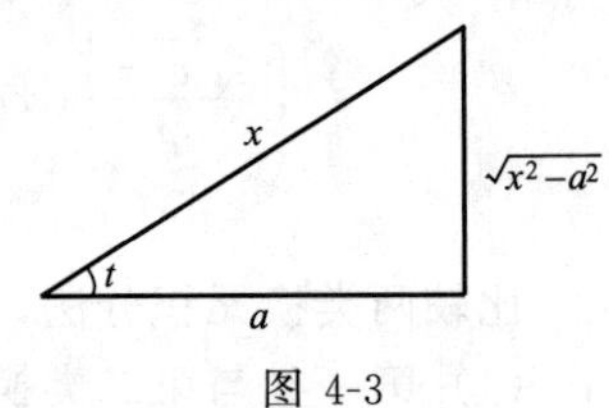

图 4-3

一般地，当被积函数含有根式 $\sqrt{a^2-x^2}$ 和 $\sqrt{x^2\pm a^2}$ 时，可将被积表达式作如下变换：

(1) 被积函数含有 $\sqrt{a^2-x^2}$ $(a>0)$，设 $x=a\sin t$；

(2) 被积函数含有 $\sqrt{x^2+a^2}$ $(a>0)$，设 $x=a\tan t$；

(3) 被积函数含有 $\sqrt{x^2-a^2}$ $(a>0)$，设 $x=a\sec t$.

有一些不定积分的结果，以后经常会遇到，可作为基本积分公式的补充.

(14) $\int \tan x \mathrm{d}x = -\ln|\cos x| + C$

(15) $\int \cot x \mathrm{d}x = \ln|\sin x| + C$

(16) $\int \sec x \mathrm{d}x = \ln|\sec x + \tan x| + C$

(17) $\int \csc x \mathrm{d}x = \ln|\csc x - \cot x| + C$

(18) $\int \frac{\mathrm{d}x}{a^2+x^2} = \frac{1}{a}\arctan\frac{x}{a} + C$

(19) $\int \frac{\mathrm{d}x}{x^2-a^2} = \frac{1}{2a}\ln\left|\frac{x-a}{x+a}\right| + C$

(20) $\int \frac{\mathrm{d}x}{\sqrt{a^2-x^2}} = \arcsin\frac{x}{a} + C$

(21) $\int \frac{\mathrm{d}x}{\sqrt{x^2\pm a^2}} - \ln\left|x+\sqrt{x^2\pm a^2}\right| + C$

思考题 4.2

1. 第一类换元积分法与第二类换元积分法的区别是什么？
2. 对于无理式的积分一般用第几类换元积分法？

练习题 4.2

1. 在下列各式的横线上填入适当系数，使等式成立：

(1) $\mathrm{d}x=$ ________ $\mathrm{d}(5x-6)$　　(2) $x\mathrm{d}x=$ ________ $\mathrm{d}(1-2x^2)$

(3) $\frac{1}{\sqrt{x}}\mathrm{d}x=$ ________ $\mathrm{d}(\sqrt{x}+1)$　　(4) $\frac{1}{x}\mathrm{d}x=$ ________ $\mathrm{d}(3-2\ln x)$

(5) $\sin 3x\mathrm{d}x=$ ________ $\mathrm{d}(\cos 3x)$　　(6) $x\cos x^2\mathrm{d}x=$ ________ $\mathrm{d}(\sin x^2)$

(7) $\frac{\mathrm{d}x}{1+4x^2}=$ ________ $\mathrm{d}(\arctan 2x)$　　(8) $\frac{x\mathrm{d}x}{\sqrt{1-x^2}}=$ ________ $\mathrm{d}(\sqrt{1-x^2})$

2. 填空(假设下列积分均存在)：

(1) $\int f'(ax+b)\mathrm{d}x=$ ________　　(2) $\int xf'(ax^2-b)\mathrm{d}x=$ ________

(3) $\int \mathrm{e}^{2f(x)}f'(x)\mathrm{d}x=$ ________　　(4) $\int \frac{f'(x)}{1+f^2(x)}\mathrm{d}x=$ ________

(5) $\int \frac{f'(x)}{f(x)\ln f(x)}\mathrm{d}x=$ ________　　(6) $\int \frac{f'(x)}{\sqrt{a^2-f^2(x)}}\mathrm{d}x=$ ________ $(a>0)$

3. 求下列不定积分：

(1) $\int \mathrm{e}^{3x}\mathrm{d}x$　　(2) $\int (2x+1)^5\mathrm{d}x$　　(3) $\int \mathrm{e}^{\sin x}\cos x\mathrm{d}x$　　(4) $\int xa^{x^2}\mathrm{d}x$

(5) $\int \frac{x\mathrm{d}x}{x^2+2}$　　(6) $\int \frac{x}{\sqrt{x^2+2}}\mathrm{d}x$　　(7) $\int \frac{x-2}{x^2-4x+1}\mathrm{d}x$　　(8) $\int \frac{\mathrm{e}^x}{1+\mathrm{e}^x}\mathrm{d}x$

(9) $\int \frac{x}{(1-x^2)^2}\mathrm{d}x$　　(10) $\int \frac{(\arctan x)^3}{1+x^2}\mathrm{d}x$　　(11) $\int x\sqrt{1-x^2}\mathrm{d}x$　　(12) $\int \frac{2x-1}{\sqrt{1-x^2}}\mathrm{d}x$

(13) $\int \frac{dx}{9+4x^2}$　(14) $\int \frac{dx}{\sqrt{9-4x^2}}$　(15) $\int \frac{dx}{x^2-4x+8}$　(16) $\int \frac{dx}{\sqrt{3-2x-x^2}}$

(17) $\int \frac{\cos x}{\sin^2 x}dx$　(18) $\int \frac{\tan x}{\cos^2 x}dx$　(19) $\int \cos^2 x dx$　(20) $\int \cos^3 x dx$

(21) $\int \sin^6 x\cos^3 x dx$　(22) $\int \frac{x dx}{\sin^2(x^2+1)}$

4. 设 $\int \frac{\sin x}{f(x)}dx = \arctan(\cos x)+C$，求 $\int f(x)dx$.

5. 求下列不定积分：

(1) $\int \frac{dx}{1+\sqrt{x}}$　(2) $\int \frac{x}{\sqrt{1-x}}dx$　(3) $\int \frac{dx}{1-\sqrt{2x}}$　(4) $\int x\sqrt{x+1}dx$

(5) $\int \frac{1}{\sqrt{x}+\sqrt[3]{x}}dx$　(6) $\int x\sqrt[3]{1-3x}dx$　(7) $\int \frac{1}{\sqrt{e^x-1}}dx$　(8) $\int \frac{dx}{(1-x^2)\sqrt{1-x^2}}$

(9) $\int \frac{x^2}{\sqrt{a^2-x^2}}dx(a>0)$　(10) $\int \frac{dx}{x^2\sqrt{x^2+1}}$　(11) $\int \frac{dx}{x\sqrt{x^2-1}}$　(12) $\int \frac{\sqrt{x^2-9}}{x}dx$

第三节　不定积分的分部积分法

一、分部积分法

上一节的换元积分法是求不定积分一种常用的重要方法，但有时对某些类型的积分，换元积分法不一定有效，如 $\int x\cos x dx$，$\int e^x\cos x dx$，$\int \ln x dx$ 等. 下面从两个函数乘积的微分法则出发，引入另一种重要的基本积分方法——分部积分法.

设函数 $u=u(x)$，$v=v(x)$ 具有连续导数，根据乘积的微分法则 $d(uv)=udv+vdu$，两边积分得

$$uv = \int udv + \int vdu$$

移项得

$$\int udv = uv - \int vdu$$

上式称为分部积分公式.

这个公式的作用在于把求左端的积分 $\int udv$ $\left(\text{或}\int uv'dx\right)$ 转化为求右边的积分 $\int vdu$ $\left(\text{或}\int vu'dx\right)$. 如果 $\int udv$ 不易求得，而 $\int vdu$ 比较容易求，那么这个公式就可以起到化难为易的转化作用.

【例 4.32】 求 $\int x\cos x dx$.

解　取 $u=x$, $dv=\cos x dx=d(\sin x)$，则 $du=dx$，$v=\sin x$，所以

$$\int x\cos x dx = x\sin x - \int \sin x dx = x\sin x + \cos x + C$$

在例 4.32 中，如果取 $u=\cos x$，$dv=xdx=d\left(\frac{x^2}{2}\right)$，则 $du=-\sin x$，$v=\frac{x^2}{2}$. 根据分部积分公式有

$$\int x\cos x dx = \frac{x^2}{2}\cos x + \int \frac{x^2}{2}\sin x dx$$

显然，右端的积分比原来的积分更难以计算.

由此可见，使用分部积分法时，恰当地选取 u 和 $\mathrm{d}v$ 是关键，如果选得不当，可能使积分变得更加复杂.

一般地，选取 u 和 $\mathrm{d}v$ 的原则如下：

（1）v 要容易求得；

（2）$\int v\mathrm{d}u$ 要比 $\int u\mathrm{d}v$ 容易积出.

【例 4.33】 求 $\int x\mathrm{e}^x\mathrm{d}x$.

解　取 $u=x$，$\mathrm{d}v=\mathrm{e}^x\mathrm{d}x=\mathrm{d}\mathrm{e}^x$，则 $\mathrm{d}u=\mathrm{d}x$，$v=\mathrm{e}^x$，所以

$$\int x\mathrm{e}^x\mathrm{d}x = x\mathrm{e}^x-\int\mathrm{e}^x\mathrm{d}x = x\mathrm{e}^x-\mathrm{e}^x+C$$

【例 4.34】 求 $\int x^2\sin x\mathrm{d}x$.

解　取 $u=x^2$，$\mathrm{d}v=\sin x\mathrm{d}x=\mathrm{d}(-\cos x)$，则 $\mathrm{d}u=2x\mathrm{d}x$，$v=-\cos x$，所以

$$\int x^2\sin x\mathrm{d}x =- x^2\cos x+2\int x\cos x\mathrm{d}x$$

右端的积分虽不能直接计算出结果，但若再用一次分部积分公式，见例 4.32，便有

$$\int x^2\sin x\mathrm{d}x = 2(x\sin x+\cos x)-x^2\cos x+C$$

一般地，积分 $\int x^n\sin kx\mathrm{d}x$，$\int x^n\cos kx\mathrm{d}x$ 和 $\int x^n\mathrm{e}^{kx}\mathrm{d}x$（$n\in N$，$k\neq 0$）可用分部积分法计算. 取 $u=x^n$，余下的部分为 $\mathrm{d}v$，从而通过求导降低幂函数的次数.

对分部积分法熟练后，u 和 $\mathrm{d}v$ 可默记在心，不必写出，首先将被积表达式分成两部分，再利用公式计算（这即是“分部”的含义）.

【例 4.35】 求 $\int x\ln x\mathrm{d}x$.

解

$$\begin{aligned}\int x\ln x\mathrm{d}x &= \int\ln x\mathrm{d}(\frac{x^2}{2}) = \frac{x^2}{2}\ln x-\int\frac{x^2}{2}\mathrm{d}(\ln x)\\ &= \frac{x^2}{2}\ln x-\frac{1}{2}\int x\mathrm{d}x = \frac{x^2}{2}\ln x-\frac{1}{4}x^2+C\end{aligned}$$

在本例中，如果取 $u=x$，$\mathrm{d}v=\ln x\mathrm{d}x$，由于不易求出 v，所以这样的选取是不合适的.

【例 4.36】 求 $\int x^3\ln x\mathrm{d}x$.

解　$$\int x^3\ln x\mathrm{d}x = \int\ln x\mathrm{d}(\frac{x^4}{4}) = \frac{x^4}{4}\ln x-\frac{1}{4}\int x^4\mathrm{d}(\ln x) = \frac{x^4}{4}\ln x-\frac{1}{16}x^4+C$$

【例 4.37】 求 $\int\arcsin x\mathrm{d}x$.

解　$$\begin{aligned}\int\arcsin x\mathrm{d}x &= x\arcsin x-\int x\mathrm{d}(\arcsin x) = x\arcsin x-\int\frac{x}{\sqrt{1-x^2}}\mathrm{d}x\\ &=x\arcsin x+\sqrt{1-x^2}+C\end{aligned}$$

本例的被积函数是单一函数，可以看成被积表达式已经“自然”分成 $u\mathrm{d}v$ 的形式了.

【例 4.38】 求 $\int x\arctan x\mathrm{d}x$.

解　$$\int x\arctan x\mathrm{d}x = \int\arctan x\mathrm{d}\left(\frac{x^2}{2}\right)= \frac{x^2}{2}\arctan x-\int\frac{x^2}{2}\mathrm{d}(\arctan x)$$

$$=\frac{x^2}{2}\arctan x-\frac{1}{2}\int\frac{x^2}{1+x^2}\mathrm{d}x=\frac{x^2}{2}\arctan x-\frac{x}{2}+\frac{1}{2}\arctan x+C$$

一般地，积分$\int x^n\ln x\mathrm{d}x$，$\int x^n\arcsin x\mathrm{d}x$，$\int x^n\arctan x\mathrm{d}x(n\in N)$可用分部积分法求解．取$\mathrm{d}v=x^n\mathrm{d}x$，余下的部分为$u$，从而通过求导将对数函数或反三角函数去掉，转化为代数式．

【例 4.39】 求$\int \mathrm{e}^x\sin x\mathrm{d}x$.

解 $\int\mathrm{e}^x\sin x\mathrm{d}x=\int\sin x\mathrm{d}\mathrm{e}^x=\mathrm{e}^x\sin x-\int\mathrm{e}^x\mathrm{d}\sin x$

$$=\mathrm{e}^x\sin x-\int\mathrm{e}^x\cos x\mathrm{d}x=\mathrm{e}^x\sin x-\int\cos x\mathrm{d}\mathrm{e}^x=\mathrm{e}^x\sin x-\mathrm{e}^x\cos x-\int\mathrm{e}^x\sin x\mathrm{d}x$$

经两次分部积分后，上式右端又出现了所求的积分$\int\mathrm{e}^x\sin x\mathrm{d}x$，即出现了循环现象．上式可视为关于$\int\mathrm{e}^x\sin x\mathrm{d}x$的方程，所以

$$\int\mathrm{e}^x\sin x\mathrm{d}x=\frac{1}{2}\mathrm{e}^x(\sin x-\cos x)+C$$

一般地，对形如$\int\mathrm{e}^{ax}\sin bx\,\mathrm{d}x$，$\int\mathrm{e}^{ax}\cos bx\,\mathrm{d}x$的积分，可用分部积分法，且可任意选取$u$和$\mathrm{d}v$．但应注意，两次使用分部积分公式时，$u$和$\mathrm{d}v$的选取应保持一致，只有这样才能跟例4.39一样通过解方程的方法求出结果．否则，将会产生循环，没有结果．

在计算不定积分时，有时同时使用换元积分法与分部积分法．

【例 4.40】 求$\int\mathrm{e}^{\sqrt{x+1}}\mathrm{d}x$.

解 设$\sqrt{x+1}=t$，则$x=t^2-1$ $\mathrm{d}x=2t\mathrm{d}t$，于是

$$\int\mathrm{e}^{\sqrt{x+1}}\mathrm{d}x=2\int t\mathrm{e}^t\mathrm{d}t=2\int t\mathrm{d}\mathrm{e}^t=2(t\mathrm{e}^t-\int\mathrm{e}^t\mathrm{d}t)=2(t-1)\mathrm{e}^t+C=2(\sqrt{x+1}-1)\mathrm{e}^{\sqrt{x+1}}+C$$

二、积分表的使用

计算不定积分有时很复杂，为了便于应用，人们已将常用函数的不定积分汇编成表，这种表叫做积分表．本书附录中所列的积分表是按被积函数的类型加以编排的，以方便查阅．其中包括了最常用的一些积分公式．查积分表时，应在了解表的分类的基础上，首先确定被积函数属于哪种类型，然后在相应类型的积分表中，选用适当的公式．下面举例说明表的使用方法．

【例 4.41】 求$\int\frac{\mathrm{d}x}{5+3\sin x}$.

解 被积函数含有三角函数，在含有三角函数积分表中查得关于$\int\frac{\mathrm{d}x}{a+b\sin x}$的公式，但公式有两个，要根据$a^2>b^2$或$a^2<b^2$来决定采用哪一个．

$$\int\frac{\mathrm{d}x}{5+3\sin x}=\frac{2}{\sqrt{5^2-3^2}}\arctan\frac{5\tan\frac{x}{2}+3}{\sqrt{5^2-3^2}}+C=\frac{1}{2}\arctan\frac{5\tan\frac{x}{2}+3}{4}+C$$

【例 4.42】 求$\int\sqrt{9x^2+4}\mathrm{d}x$.

解 这个积分不能从表中直接查到，需先进行变量代换．

令$3x=u$，则$\mathrm{d}x=\frac{1}{3}\mathrm{d}u$，$\sqrt{9x^2+4}=\sqrt{u^2+2^2}$，于是

$$\int \sqrt{9x^2+4}\,dx = \frac{1}{3}\int \sqrt{u^2+2^2}\,du$$

被积函数中含有 $\sqrt{u^2+2^2}$，由积分表查得

$$\int \sqrt{9x^2+4}\,dx = \frac{1}{3}\int \sqrt{u^2+2^2}\,du = \frac{1}{3}\times\frac{1}{2}\left[u\sqrt{u^2+4}+4\ln(u+\sqrt{u^2+4})\right]+C$$

$$= \frac{1}{2}x\sqrt{9x^2+4}+\frac{2}{3}\ln(3x+\sqrt{9x^2+4})+C$$

通过以上例题可以看到，查积分表计算积分简便易行，同时也看到，只有掌握了前面学过的基本积分方法才能灵活地使用积分表，以节省计算时间，达到事半功倍的效果.

最后需要指出的是，对初等函数来说，在其定义区间内，它的原函数一定存在，但有些看起来非常简单的初等函数，它的原函数不一定是初等函数. 如$\frac{\sin x}{x}$，e^{x^2}，$\frac{1}{\ln x}$等，它们的原函数都不能用初等函数来表示. 因此常说这些积分是“积不出来”的.

思考题 4.3

1. 使用分部积分法的原则是什么？
2. 有理函数的分解过程中，求待定系数的方法有几种？
3. 三角函数有理式的积分，是否一定要用“万能代换”？
4. 一般的不定积分计算，都可以从积分表中查到，是否就不需要掌握积分计算方法了？

练习题 4.3

1. 求下列不定积分：

(1) $\int xe^{-x}dx$　(2) $\int x\sin x dx$　(3) $\int x^2\ln x dx$　(4) $\int \ln x dx$

(5) $\int \ln(1+x^2)dx$　(6) $\int \arctan x dx$　(7) $\int x\tan^2 x dx$　(8) $\int x\sin x\cos x dx$

(9) $\int x^5\sin x^2 dx$　(10) $\int e^x\sin 2x dx$　(11) $\int \sin\sqrt{x}dx$　(12) $\int \frac{\ln x-1}{x^2}dx$

(13) $\int (\arcsin x)^2 dx$　(14) $\int e^{-x}\arctan e^x dx$

2. 已知 $f(x)$ 的一个原函数为 $(1+\sin x)\ln x$，求 $\int xf'(x)dx$.

3. 利用积分表求下列不定积分：

(1) $\int \frac{dx}{x^2(x-3)}$　(2) $\int \frac{dx}{4-3\sin 2x}$　(3) $\int \sin^4 x dx$　(4) $\int \ln^3 x dx$

(5) $\int \sqrt{x^2-4x+8}\,dx$　(6) $\int \frac{\sqrt{2x-1}}{x}dx$

习　题　四

1. 填空题：

(1) 过点 (2,4)，且其切线斜率为 $3x^2$ 的曲线方程为____________；

(2) 设 $f'(x)=1$，且 $f(0)=0$，则 $\int f(x)dx =$ ____________；

(3) 设 $\int f(x)dx = F(x)+C$，则 $\int e^{-x}f(e^{-x})dx =$ ____________；

(4) 设 $f(x)=e^{-x}$，则 $\int \frac{f'(\ln x)}{x}dx =$ ____________；

(5) 设 $f(x)$ 是函数 $\cos x$ 的原函数，且 $f(0)=0$，则 $\int f(x)\mathrm{d}x=$ ________.

2. 计算下列不定积分：

(1) $\int \frac{4}{\sqrt{9-9x^2}}\mathrm{d}x$ (2) $\int \frac{1+x^4}{1+x^2}\mathrm{d}x$ (3) $\int \cos^2 x\sin x\mathrm{d}x$ (4) $\int \frac{\mathrm{e}^x}{\mathrm{e}^x+b}\mathrm{d}x$

(5) $\int \frac{\mathrm{d}x}{x\sqrt{1-\ln^2 x}}$ (6) $\int \frac{\cos x}{1+\sin^2 x}\mathrm{d}x$ (7) $\int \frac{\mathrm{d}x}{4x^2+4x+5}$ (8) $\int \frac{\mathrm{e}^x}{\mathrm{e}^x+\mathrm{e}^{-x}}\mathrm{d}x$

(9) $\int \frac{\mathrm{d}x}{\cos^4 x}$ (10) $\int \frac{\mathrm{d}x}{x\ln^2 x}$ (11) $\int \frac{\mathrm{d}x}{1+\sqrt{x+1}}$ (12) $\int \frac{x}{1+\sqrt{x+1}}\mathrm{d}x$

(13) $\int \frac{x^2}{\sqrt{9-x^2}}\mathrm{d}x$ (14) $\int \frac{\mathrm{d}x}{\sqrt{(x^2+1)^3}}$ (15) $\int \frac{x^2}{(x^2+1)^2}\mathrm{d}x$ (16) $\int \arcsin 2x\mathrm{d}x$

(17) $\int \mathrm{e}^{\sin x}\sin 2x\mathrm{d}x$ (18) $\int \frac{x}{\cos^2 x}\mathrm{d}x$

3. 设 $f(x)+\sin x=\int f'(x)\sin x\mathrm{d}x$，求 $f(x)$.

第五章　定积分及其应用

定积分和不定积分是积分学中密切相关的两个基本概念，定积分在自然科学和实际问题中有着广泛的应用．本章从几何问题与力学问题出发引进定积分的定义，然后讨论它的性质与计算方法．最后讨论定积分在几何、物理和经济上的简单应用．

第一节　定积分的概念和性质

一、两个实例

1．曲边梯形的面积

曲边梯形是指由三条直线段，其中有两条垂直于第三条底边，和一条曲线围成的平面图形．图 5-1 就是一个曲边梯形，它是由 $y=f(x)$ （$f(x)\geqslant 0$），x 轴以及直线 $x=a$，$x=b$ 所围成的平面图形．

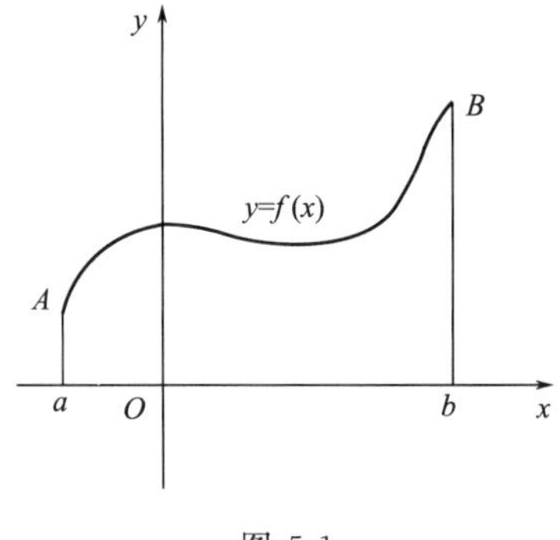

图 5-1

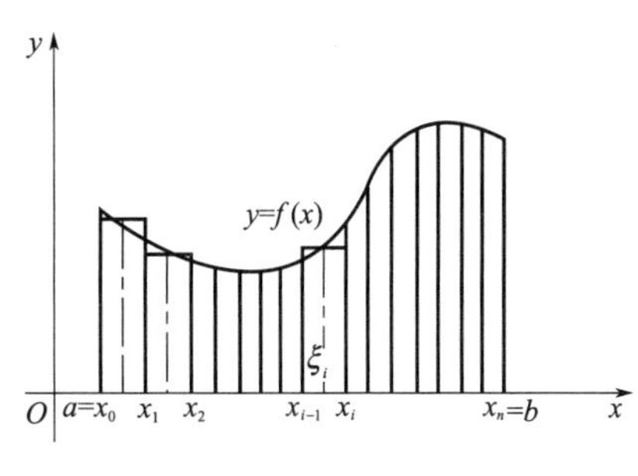

图 5-2

曲边梯形的面积如何求呢？如图 5-2 所示．设想一下，把该曲边梯形沿着 y 轴方向切割成许多小曲边梯形，每个小曲边梯形用相应的小矩形近似代替，用长乘宽求得小矩形面积，加起来就是曲边梯形面积的近似值．分割越细，误差越小．于是当所有的小曲边梯形的宽度趋于零时，这个阶梯形面积的极限就成为曲边梯形面积的精确值了．

根据以上分析，曲边梯形面积可按如下四个步骤求得．

（1）分割：在区间 $[a,b]$ 中任意插入若干个分点

$$a=x_0<x_1<x_2<\cdots<x_{n-1}<x_n=b$$

把 $[a,b]$ 分成 n 个小区间

$$[x_0,\ x_1],\ [x_1,\ x_2],\ \cdots,\ [x_{n-1},\ x_n]$$

它们的长度依次为

$$\Delta x_1=x_1-x_0,\ \Delta x_2=x_2-x_1,\ \cdots,\ \Delta x_n=x_n-x_{n-1}$$

过每一个分点作平行于 y 轴的直线段把曲边梯形分成 n 个窄曲边梯形，它们的面积分别记作

$$\Delta A_i\ (i=1,\ 2,\ \cdots,\ n)$$

（2）近似替代：在每个小区间 $[x_{i-1},\ x_i]$，上任取一点 ξ_i，以 $[x_{i-1},\ x_i]$ 为底，$f(\xi_i)$ 为高的窄矩形的面积近似代替第 i 个窄曲边梯形（$i=1,\ 2,\ \cdots,\ n$）的面积 ΔA_i，即

$$\Delta A_i\approx f(\xi_i)\Delta x_i(i=1,2,\cdots,n)$$

(3) 求和：用 n 个窄矩形面积之和作为所求曲边梯形面积 A 的近似值，即

$$A=\sum_{i=1}^{n}\Delta A_i\approx\sum_{i=1}^{n}f(\xi_i)\Delta x_i\ (i=1,\ 2,\ \cdots,\ n)$$

(4) 取极限：分割越细，$\sum\limits_{i=1}^{n}f(\xi_i)\Delta x_i$ 就越接近于曲边梯形的面积 A，记 $\lambda=\max\{\Delta x_1,\Delta x_2,\cdots,\Delta x_n\}$，便得曲边梯形的面积

$$A=\lim_{\lambda\to 0}\sum_{i=1}^{n}f(\xi_i)\Delta x_i$$

可见，曲边梯形的面积是一个和式的极限.

2. 变速直线运动的位移

设某物体作直线运动，已知速度 $v=v(t)$ 是时间间隔 $[a,b]$ 上 t 的连续函数，且 $v(t)\geqslant 0$，计算在这段时间内物体所经过的位移 s.

如果是匀速运动，则位移 $s=v(b-a)$；若是变速，位移就不能用这种方法计算了.

解决这个问题的思路和步骤与求曲边梯形的面积类似.

(1) 分割：在时间间隔 $[a,b]$ 上任意插入若干个分点

$$a=t_0<t_1<t_2<\cdots<t_{n-1}<t_n=b$$

把 $[a,b]$ 分成 n 个小时间段

$$[t_0,t_1],[t_1,t_2],\cdots,[t_{n-1},t_n]$$

各个小时间段的长记为

$$\Delta t_i=t_i-t_{i-1}(i=1,2,\cdots,n)$$

相应地，在各段时间内物体经过的位移为

$$\Delta s_i(i=1,2,\cdots,n)$$

(2) 近似替代：在时间间隔 $[t_{i-1},\ t_i]$ 上任取一个时刻 ξ_i $(t_{i-1}\leqslant\xi_i\leqslant t_i)$，以 ξ_i 时的速度 $v(\xi_i)$ 来近似代替 $[t_{i-1},\ t_i]$ 上各个时刻的速度，得到部分位移 Δs_i 的近似值，即

$$\Delta s_i\approx v(\xi_i)\Delta t_i(i=1,2,\cdots,n)$$

(3) 求和：这 n 段部分位移的近似值之和就是所求变速直线运动位移 s 的近似值，即

$$s\approx\sum_{i=1}^{n}v(\xi_i)\Delta t_i$$

(4) 取极限：记 $\lambda=\max\{\Delta t_1,\Delta t_2,\cdots,\Delta t_n\}$，当 $\lambda\to 0$ 时，取上述和式的极限，即得变速直线运动的位移

$$s=\lim_{\lambda\to 0}\sum_{i=1}^{n}v(\xi_i)\Delta t_i$$

可见，变速直线运动的位移也是一个和式的极限.

二、定积分的概念

在上述两个例子中，虽然所计算的量具有不同的实际意义（前者是几何量，后者是物理量），但如果抽去它们的实际意义，可以看出计算这些量的思想方法和步骤都是相同的，并最终归结为求一个和式的极限，对于这种和式的极限给出下面的定义.

定义 5.1 设函数 $y=f(x)$在区间 $[a,b]$ 上连续，任意用分点

$$a=x_0<x_1<x_2<\cdots x_{i-1}<x_i<\cdots x_{n-1}<x_n=b$$

将区间 $[a,b]$ 分成 n 个小区间 $[x_{i-1}, x_i]$ $(i=1, 2, \cdots, n)$，其长度为 $\Delta x_i=x_i-x_{i-1}$ $(i=1, 2, \cdots, n)$，在每个小区间 $[x_{i-1}, x_i]$ 上，任取一点 ξ_i $(x_{i-1}\leqslant\xi_i\leqslant x_i)$，有相应的函数值 $f(\xi_i)$，作乘积 $f(\xi_i)\Delta x_i$ $(i=1, 2, \cdots, n)$ 的和式

$$\sum_{i=1}^{n} f(\xi_i)\Delta x_i$$

如果不论对区间 $[a, b]$ 采取如何分法及 ξ_i 如何选择，当最大的小区间的长度趋于零，即 $\lambda\to 0$ 时，和式 $\sum\limits_{i=1}^{n} f(\xi_i)\Delta x_i$ 的极限存在，则称此极限值为函数 $f(x)$ 在区间 $[a, b]$ 上的定积分，记作 $\int_a^b f(x)\mathrm{d}x$，即

$$\int_a^b f(x)\mathrm{d}x=\lim_{\lambda\to 0}\sum_{i=1}^{n} f(\xi_i)\Delta x_i$$

其中，$f(x)$ 叫做被积函数，$f(x)\mathrm{d}x$ 叫做被积表达式，x 叫做积分变量，a 与 b 分别叫做积分下限与上限，$[a,b]$ 叫做积分区间.

根据定积分的定义，前面两个例子可以分别写成定积分的形式如下.

曲边梯形的面积 A 等于其曲边 $y=f(x)$在其底所在的区间$[a,b]$上的定积分：

$$A=\int_a^b f(x)\mathrm{d}x$$

变速直线运动的物体所经过的位移 s 等于其速度 $v=v(t)$在时间区间$[a, b]$上的定积分：

$$s=\int_a^b v(t)\mathrm{d}t$$

关于定积分定义的说明如下.

(1) 定积分是一个数值，它仅与被积函数及积分区间有关，而与区间$[a, b]$的分法及点 ξ 的取法无关. 例如 $\int_a^b f(x)\mathrm{d}x=\int_a^b f(t)\mathrm{d}t=\int_a^b f(u)\mathrm{d}u$.

(2) 关于定积分的存在性：如果函数 $f(x)$在区间$[a, b]$上连续或只有有限个第一类间断点时，$f(x)$在$[a, b]$上的定积分存在（也称可积）.

(3) 定积分 $\int_a^b f(x)\mathrm{d}x$ 的定义中是假定 $a<b$ 的，为了今后应用方便，有以下的补充规定：

当 $a>b$ 时，规定 $\int_a^b f(x)\mathrm{d}x=-\int_b^a f(x)\mathrm{d}x$.

当 $a=b$ 时，规定 $\int_a^b f(x)\mathrm{d}x=0$.

三、定积分的几何意义

已经知道，如果函数 $f(x)$ 在$[a, b]$上连续且 $f(x)\geqslant 0$ 时，定积分 $\int_a^b f(x)\mathrm{d}x$ 表示曲线 $y=f(x)$，直线 $x=a$，$x=b$，x 轴所围成的曲边梯形的面积.

如果函数 $f(x)$ 在$[a, b]$上连续且当 $f(x)\leqslant 0$ 时，由曲线 $y=f(x)$，直线 $x=a$，$x=b$，x 轴所围成的曲边梯形在 x 轴下方，由于定积分 $\int_a^b f(x)\mathrm{d}x=\lim\limits_{\lambda\to 0}\sum\limits_{i=1}^{n} f(\xi_i)\Delta x_i$ 的右边和式中的每一项 $f(\xi_i)\Delta x_i$都是负值（$f(\xi_i)\leqslant 0$，$\Delta x_i\geqslant 0$），用绝对值 $|f(\xi_i)\Delta x_i|$ 表示小矩形的面

积，因此定积分 $\int_a^b f(x)\mathrm{d}x$ 也是一个负数，从而

$$\int_a^b f(x)\mathrm{d}x = -A \text{ 或 } A = -\int_a^b f(x)\mathrm{d}x$$

其中，A 是由连续曲线 $y=f(x)$，直线 $x=a$，$x=b$，x 轴所围成的曲边梯形的面积（图 5-3）.

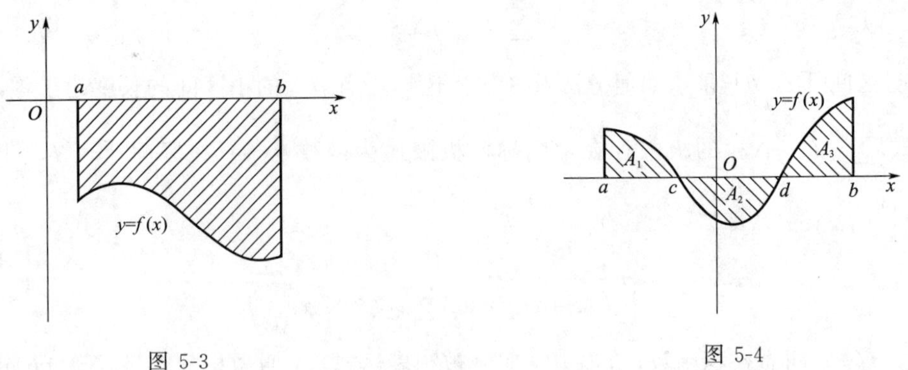

图 5-3

图 5-4

如果函数 $f(x)$ 在 $[a, b]$ 上连续，且有时为正，有时为负（图 5-4），连续曲线 $y=f(x)$，直线 $x=a$，$x=b$，x 轴所围成的图形是由三个曲边梯形组成，那么由定积分定义可得

$$\int_a^b f(x)\mathrm{d}x = A_1 - A_2 + A_3$$

总之，定积分的几何意义是其值是曲边梯形面积的代数和.

四、定积分的性质

下列各性质中积分上限、下限的大小，如不特别指明，均不加限制. 其中所涉及的函数在讨论的区间上都是可积的.

性质 1 两个函数的和（差）的定积分等于它们的定积分的和（差），即

$$\int_a^b [f(x) \pm g(x)]\mathrm{d}x = \int_a^b f(x)\mathrm{d}x \pm \int_a^b g(x)\mathrm{d}x$$

这个性质可以推广到有限个函数的情形.

性质 2 被积表达式中的常数因子可以提到积分号前面，即

$$\int_a^b kf(x)\mathrm{d}x = k\int_a^b f(x)\mathrm{d}x \ (k \text{ 为常数})$$

性质 3 对任意的数 c，有

$$\int_a^b f(x)\mathrm{d}x = \int_a^c f(x)\mathrm{d}x + \int_c^b f(x)\mathrm{d}x$$

性质 4 如果在区间 $[a, b]$ 上 $f(x)\equiv 1$，那么

$$\int_a^b f(x)\mathrm{d}x = b - a$$

性质 5 如果在区间 $[a, b]$ 上，$f(x)\geqslant 0$，那么

$$\int_a^b f(x)\mathrm{d}x \geqslant 0 \ (a<b)$$

推论 1 如果在区间 $[a, b]$ 上，$f(x)\leqslant g(x)$，那么

$$\int_a^b f(x)\mathrm{d}x \leqslant \int_a^b g(x)\mathrm{d}x \ (a<b)$$

推论 2　$\left|\int_a^b f(x)\mathrm{d}x\right| \leqslant \int_a^b |f(x)|\mathrm{d}x \ (a<b)$

性质 6　（估值定理）如果 $f(x)$在$[a, b]$上的最大值为M，最小值为m，那么

$$m(b-a) \leqslant \int_a^b f(x)\mathrm{d}x \leqslant M(b-a) \ (a<b)$$

性质 7　（定积分中值定理）如果 $f(x)$在$[a, b]$上连续，那么在积分区间$[a, b]$上至少存在一点ξ，使

$$\int_a^b f(x)\mathrm{d}x = f(\xi)(b-a) \ (a \leqslant \xi \leqslant b)$$

这个公式叫做积分中值公式.

积分中值公式有如下的几何解释：在区间$[a, b]$上至少存在一点ξ，使得以区间$[a, b]$为底边、以曲线 $y=f(x)$ 为曲边的曲边梯形的面积等于同一底边而高为 $f(\xi)$ 的一个矩形的面积（图 5-5）.

【例 5.1】　比较定积分$\int_0^1 \mathrm{e}^x \mathrm{d}x$与$\int_0^1 (1+x)\mathrm{d}x$的大小.

解　设 $f(x)=\mathrm{e}^x-(1+x)$，$f'(x)=\mathrm{e}^x-1$.

当 $x\in(0, 1)$ 时，$f'(x)>0$，$f(x)$在$[0, 1]$上单调增加，即 $f(x) \geqslant f(0)=0$.

从而 $\mathrm{e}^x \geqslant 1+x$. 由性质 5 的推论 1，有

$$\int_0^1 \mathrm{e}^x \mathrm{d}x \geqslant \int_0^1 (1+x)\ \mathrm{d}x$$

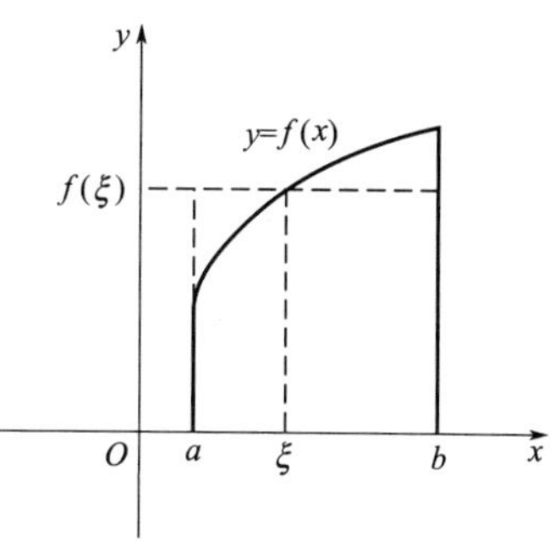

图 5-5

【例 5.2】　估计定积分$\int_{-1}^1 \mathrm{e}^{-x^2} \mathrm{d}x$的值.

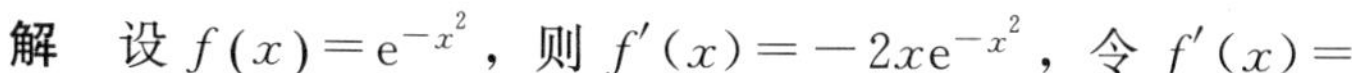

解　设 $f(x)=\mathrm{e}^{-x^2}$，则 $f'(x)=-2x\mathrm{e}^{-x^2}$，令 $f'(x)=0$. 得在区间 $[-1, 1]$ 上的驻点 $x=0$. 又由 $f(0)=1$，$f(-1)=f(1)=\frac{1}{\mathrm{e}}$，故 $f(x)$在$[-1, 1]$上的最大值和最小值分别是 1 和$\frac{1}{\mathrm{e}}$，由性质 6 有

$$\frac{2}{\mathrm{e}} \leqslant \int_{-1}^1 \mathrm{e}^{-x^2}\ \mathrm{d}x \leqslant 2$$

思考题 5.1

1. 由曲线 $y=f(x)$，直线 $x=a$，$x=b$，与 $y=0$ 所围成的图形的面积，就是定积分$\int_a^b f(x)\mathrm{d}x$ 的值，这种说法是否正确？

2. 定积分的几何意义是什么？

3. 说明当 $a=b$ 时，定积分 $\int_a^b f(x)\mathrm{d}x=0$ 的几何意义.

4. 设函数 $f(x)$在区间$[1, 3]$上可积，$\int_1^2 f(x)\mathrm{d}x=\int_1^3 f(x)\mathrm{d}x-\int_2^3 f(x)\mathrm{d}x$ 是否正确？

练习题 5.1

1. 用定积分分别表示下列图中阴影部分的面积：

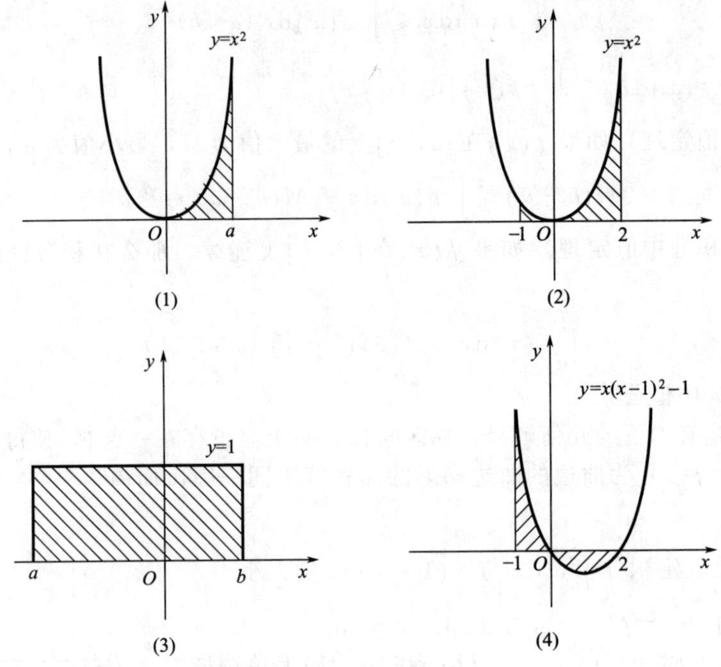

2. 利用定积分的几何意义，判断下列定积分的值是正还是负？

(1) $\int_0^{\frac{\pi}{2}}\sin x\mathrm{d}x$ (2) $\int_{-\frac{\pi}{2}}^{0}\sin x\cos x\mathrm{d}x$ (3) $\int_{-1}^{2}x\mathrm{d}x$ (4) $\int_{-2}^{1}x\mathrm{d}x$

3. 利用定积分性质，确定下列积分的符号：

(1) $\int_0^{\pi}\sin x\mathrm{d}x$ (2) $\int_{\frac{1}{2}}^{1}\ln x\mathrm{d}x$

4. 比较定积分 $\int_0^1 x\mathrm{d}x$，$\int_0^1 x^2\mathrm{d}x$ 和 $\int_0^1 x^3\mathrm{d}x$ 的值的大小.

5. 估计下列各积分的值：

(1) $\int_{\frac{\pi}{4}}^{\frac{5\pi}{4}}(1+\sin^2 x)\mathrm{d}x$ (2) $\int_0^2 \mathrm{e}^{x^2-x}\mathrm{d}x$

第二节　定积分的基本公式

定积分作为一种特定和式的极限，如果按定义去计算定积分，尽管被积函数很简单，也是一件比较困难的事. 所以，需要寻找简便而有效的方法. 这就是牛顿-莱布尼兹公式.

一、变上限定积分

设函数 $f(x)$在区间$[a,b]$上连续，对任意的 $x\in[a,b]$，$f(x)$在区间$[a,x]$上也连续. 所以函数 $f(x)$在区间$[a,x]$上也可积，定积分 $\int_a^x f(t)\mathrm{d}t$ 的值依赖上限 x，因此它是定义在$[a,b]$上的 x 的函数，记作

$$\Phi(x)=\int_a^x f(t)\mathrm{d}t\ (a\leqslant x\leqslant b)$$

则 $\Phi(x)$叫做变上限定积分或变上限积分函数.

$\Phi(x)$具有下面定理 5.1 所指出的重要性质.

定理 5.1 若函数 $f(x)$在区间$[a,b]$上连续，则变上限定积分

$$\Phi(x)=\int_a^x f(t)\mathrm{d}t$$

在$[a, b]$上可导，并且它的导数是

$$\Phi'(x)=\frac{\mathrm{d}}{\mathrm{d}x}\int_a^x f(t)\mathrm{d}t=f(x)\ (a\leqslant x\leqslant b)$$

这个定理指出了一个重要结论：连续函数$f(x)$取变上限x的定积分然后求导，其结果还原为$f(x)$本身. 联想到原函数的定义，就可以从定理 5.1 推知$\Phi(x)$是连续函数$f(x)$的一个原函数. 因此有如下推论.

推论 连续函数的原函数一定存在.

【例 5.3】 计算$\Phi(x)=\int_0^x \mathrm{e}^{-t}\sin t\mathrm{d}t$在$x=\frac{\pi}{2}$处的导数.

解 因为$\Phi'(x)=\left[\int_0^x \mathrm{e}^{-t}\sin t\mathrm{d}t\right]'=\mathrm{e}^{-x}\sin x$，所以

$$\Phi'\left(\frac{\pi}{2}\right)=\mathrm{e}^{-\frac{\pi}{2}}\sin\frac{\pi}{2}=\mathrm{e}^{-\frac{\pi}{2}}$$

【例 5.4】 已知$F(x)=\int_x^1(3t^2+2t-5)\mathrm{d}t$，求$F'(x)$.

解 $F'(x)=\left[\int_x^1(3t^2+2t-5)\mathrm{d}t\right]'=\left[-\int_1^x(3t^2+2t-5)\mathrm{d}t\right]'=-3x^2-2x+5$

【例 5.5】 设$F(x)=\int_0^{x^2} t\sin t\mathrm{d}t$，求$F'(x)$.

解 积分上限是x的函数，所以变上限定积分是复合函数，中间变量$u=x^2$，于是

$$F'(x)=\frac{\mathrm{d}}{\mathrm{d}u}\left(\int_0^u t\sin t\mathrm{d}t\right)\frac{\mathrm{d}u}{\mathrm{d}x}=x^2\sin(x^2)(2x)=2x^3\sin(x^2)$$

二、牛顿-莱布尼兹公式

定理 5.2 若函数$F(x)$是连续函数$f(x)$在$[a, b]$上的一个原函数，则

$$\int_a^b f(x)\mathrm{d}x=F(b)-F(a)$$

证明 因为函数$F(x)$是连续函数$f(x)$在$[a, b]$上的一个原函数，由定理 5.1 知，$\Phi(x)=\int_a^x f(t)\mathrm{d}t$也是$f(x)$在$[a, b]$上的原函数. 于是有

$$F(x)-\Phi(x)=C\quad(a\leqslant x\leqslant b)$$

在上式中，令$x=a$，则$F(a)-\Phi(a)=C$，而$\Phi(a)=\int_a^a f(t)\mathrm{d}t=0$，所以，$C=F(a)$，于是$\Phi(x)=F(x)-F(a)$，即

$$\int_a^x f(t)\mathrm{d}t=F(x)-F(a)$$

在上式中，令$x=b$得

$$\int_a^b f(t)\mathrm{d}t=F(b)-F(a)$$

即

$$\int_a^b f(x)\mathrm{d}x=F(b)-F(a)$$

上式叫做牛顿-莱布尼兹公式，也叫做微积分基本公式.

为了表达方便，上述公式也常用下面的格式

$$\int_a^b f(x)\mathrm{d}x=[F(x)]_a^b=F(x)\big|_a^b$$

【例 5.6】 计算$\int_1^2 x^3\mathrm{d}x$.

解 因为$\frac{1}{4}x^4$是x^3的一个原函数，所以根据牛顿-莱布尼兹公式，有

$$\int_1^2 x^3\mathrm{d}x=\left[\frac{1}{4}x^4\right]_1^2=\frac{1}{4}(2^4-1)=\frac{15}{4}$$

【例 5.7】 计算$\int_{-1}^{\sqrt{3}}\frac{1}{1+x^2}\mathrm{d}x$.

解 因为 $\arctan x$ 是$\frac{1}{1+x^2}$的一个原函数，所以根据牛顿-莱布尼兹公式，有

$$\int_{-1}^{\sqrt{3}}\frac{1}{1+x^2}\mathrm{d}x=[\arctan x]_{-1}^{\sqrt{3}}=\arctan\sqrt{3}-\arctan(-1)=\frac{\pi}{3}-\left(-\frac{\pi}{4}\right)=\frac{7}{12}\pi$$

【例 5.8】 计算$\int_0^{\frac{\sqrt{2}}{2}}\frac{x+1}{\sqrt{1-x^2}}\mathrm{d}x$.

解
$$\begin{aligned}\int_0^{\frac{\sqrt{2}}{2}}\frac{x+1}{\sqrt{1-x^2}}\mathrm{d}x&=\int_0^{\frac{\sqrt{2}}{2}}\frac{x}{\sqrt{1-x^2}}\mathrm{d}x+\int_0^{\frac{\sqrt{2}}{2}}\frac{1}{\sqrt{1-x^2}}\mathrm{d}x\\&=-\frac{1}{2}\int_0^{\frac{\sqrt{2}}{2}}\frac{1}{\sqrt{1-x^2}}\mathrm{d}(1-x^2)+\int_0^{\frac{\sqrt{2}}{2}}\frac{1}{\sqrt{1-x^2}}\mathrm{d}x\\&=-\frac{1}{2}\times 2(1-x^2)^{\frac{1}{2}}\Big|_0^{\frac{\sqrt{2}}{2}}+\arcsin x\Big|_0^{\frac{\sqrt{2}}{2}}=1-\frac{\sqrt{2}}{2}+\frac{\pi}{4}\end{aligned}$$

【例 5.9】 计算$\int_{-\frac{\pi}{4}}^{\frac{\pi}{2}}|\sin x|\mathrm{d}x$.

解 因为$f(x)=|\sin x|=\begin{cases}\sin x & 0\leqslant x\leqslant\frac{\pi}{2}\\-\sin x & -\frac{\pi}{4}\leqslant x<0\end{cases}$,所以

$$\begin{aligned}\int_{-\frac{\pi}{4}}^{\frac{\pi}{2}}|\sin x|\mathrm{d}x&=\int_{-\frac{\pi}{4}}^{0}|\sin x|\mathrm{d}x+\int_0^{\frac{\pi}{2}}|\sin x|\mathrm{d}x=\int_{-\frac{\pi}{4}}^{0}(-\sin x)\mathrm{d}x+\int_0^{\frac{\pi}{2}}\sin x\mathrm{d}x\\&=[\cos x]_{-\frac{\pi}{4}}^{0}+[-\cos x]_0^{\frac{\pi}{2}}=2-\frac{\sqrt{2}}{2}\end{aligned}$$

由本例可知，求解分段函数的定积分，关键是根据被积函数在积分区间上的不同表达式和定积分的叠加性质把定积分分成两个或更多个积分和的形式，然后进行计算.

思考题 5.2

1. $\int_x^{x^2}f(t)\mathrm{d}t$ 是变量 x 的函数吗?
2. 对于被积函数为积分区间上的分段函数时，应如何计算？举例说明.
3. 对于定积分，凑微分法还能用吗?

练习题 5.2

1. 求函数 $\Phi(x)=\int_0^x\sqrt{2+3t^2}\mathrm{d}t$ 在 $x=0$ 的导数.
2. 求函数 $y=\int_x^1\sqrt{1+t^2}\mathrm{d}t$ 的导数$\frac{\mathrm{d}y}{\mathrm{d}x}$.

3. 当 x 为何值时，函数 $\Phi(x)=\int_0^x te^t\,\mathrm{d}t$ 有极值？

4. 求极限 $\lim\limits_{x\to 0}\dfrac{\int_0^x \frac{\sin t^2}{t}\mathrm{d}t}{x^2}$.

5. 计算下列定积分：

(1) $\int_0^a (3x^2-x+1)\mathrm{d}x$　(2) $\int_4^9 \sqrt{x}(1+\sqrt{x})\mathrm{d}x$　(3) $\int_0^a \cos^2 x\sin x\mathrm{d}x$

(4) $\int_1^2 \dfrac{\mathrm{d}x}{2x-1}$　(5) $\int_0^1 te^{\frac{t^2}{2}}\mathrm{d}t$　(6) $\int_1^e \dfrac{\ln x}{2x}\mathrm{d}x$

6. 计算下列定积分：

(1) $\int_0^2 |x-1|\mathrm{d}x$　(2) $\int_{-2}^1 x^2|x|\mathrm{d}x$

第三节　定积分的积分方法

一、定积分的换元积分法

【例 5.10】 求 $\int_0^4 \dfrac{1}{1+\sqrt{x}}\mathrm{d}x$.

解　首先用不定积分的换元方法求 $\int\dfrac{1}{1+\sqrt{x}}\mathrm{d}x$.

令 $\sqrt{x}=t$，则 $\mathrm{d}x=2t\mathrm{d}t$，于是

$$\int\frac{1}{1+\sqrt{x}}\mathrm{d}x=\int\frac{2t}{1+t}\mathrm{d}t=2\int\left(1-\frac{1}{1+t}\right)\mathrm{d}t=2(t-\ln|1+t|)+C$$

$$=2[\sqrt{x}-\ln(1+\sqrt{x})]+C$$

其次用牛顿-莱布尼兹公式得

$$\int_0^4\frac{1}{1+\sqrt{x}}\mathrm{d}x=2[\sqrt{x}-\ln(1+\sqrt{x})]_0^4=4-2\ln3$$

显然，这样的计算过程太麻烦．为此，给出下面的定理．

定理 5.3　若函数 $f(x)$ 在区间 $[a,b]$ 上连续，函数 $x=\varphi(t)$ 在区间 $[\alpha,\beta]$ 上是单值的，且有连续导数 $\varphi'(t)$，当 t 在 $[\alpha,\beta]$ 上变化时，$x=\varphi(t)$ 的值在 $[a,b]$ 上变化，且 $\varphi(\alpha)=a$，$\varphi(\beta)=b$，则

$$\int_a^b f(x)\mathrm{d}x=\int_\alpha^\beta f[\varphi(t)]\varphi'(t)\mathrm{d}t$$

应用定理时要注意“换元必换限”，这样就可以把 $f(x)$ 在 $[a,b]$ 上的定积分转化为 $f[\varphi(t)]\varphi'(t)$ 在 $[\alpha,\beta]$ 上的定积分（这里的 α 不一定小于 β）.

应用换元积分法，例 5.10 就可以简单地计算如下.

令 $\sqrt{x}=t$，则 $\mathrm{d}x=2t\mathrm{d}t$，当 $x=0$ 时，$t=0$；当 $x=4$ 时，$t=2$．于是

$$\int_0^4\frac{1}{1+\sqrt{x}}\mathrm{d}x=\int_0^2\frac{2t}{1+t}\mathrm{d}t=2\int_0^2\left(1-\frac{1}{1+t}\right)\mathrm{d}t=2[t-\ln|1+t|]_0^2=4-2\ln3$$

【例 5.11】 求 $\int_0^{\ln2}\sqrt{e^x-1}\mathrm{d}x$.

解　令 $\sqrt{e^x-1}=t$，则 $x=\ln(t^2+1)$，当 $x=0$ 时，$t=0$；当 $x=\ln2$ 时，$t=1$．于是

$$\int_0^{\ln2}\sqrt{e^x-1}\mathrm{d}x=\int_0^1 t\frac{2t}{1+t^2}\mathrm{d}t=2\int_0^1\frac{t^2+1-1}{t^2+1}\mathrm{d}t=2\int_0^1\left(1-\frac{1}{1+t^2}\right)\mathrm{d}t$$

$$=[2t-2\arctan t]_0^1=2-\frac{\pi}{2}$$

【例 5.12】 求$\int_0^1 \sqrt{1-x^2}\mathrm{d}x$.

解 令$x=\sin t$，则$\mathrm{d}x=\cos t\mathrm{d}t$，当$x=0$时，$t=0$，当$x=1$时，$t=\frac{\pi}{2}$，于是

$$\int_0^1 \sqrt{1-x^2}\mathrm{d}x=\int_0^{\frac{\pi}{2}}\cos^2 t\mathrm{d}t=\left[\frac{1}{2}t+\frac{1}{4}\sin 2t\right]_0^{\frac{\pi}{2}}=\frac{\pi}{4}$$

【例 5.13】 若函数$f(x)$在$[-a, a]$上连续（$a>0$），求证：

（1）当$f(x)$为偶函数时，$\int_{-a}^a f(x)\mathrm{d}x=2\int_0^a f(x)\mathrm{d}x$；

（2）当$f(x)$为奇函数时，$\int_{-a}^a f(x)\mathrm{d}x=0$.

证明 $\int_{-a}^a f(x)\mathrm{d}x=\int_{-a}^0 f(x)\mathrm{d}x+\int_0^a f(x)\mathrm{d}x$

对积分$\int_{-a}^0 f(x)\mathrm{d}x$，设$x=-t$，则$\mathrm{d}x=-\mathrm{d}t$，当$x=0$时，$t=0$；当$x=-a$时，$t=a$. 于是

$$\int_{-a}^0 f(x)\mathrm{d}x=-\int_a^0 f(-t)\mathrm{d}t=\int_0^a f(-t)\mathrm{d}t=\int_0^a f(-x)\mathrm{d}x$$

（1）由于函数$f(x)$为偶函数时，$f(-x)=f(x)$

$$\int_{-a}^a f(x)\mathrm{d}x=\int_0^a f(-x)\mathrm{d}x+\int_0^a f(x)\mathrm{d}x=2\int_0^a f(x)\mathrm{d}x$$

（2）由于函数$f(x)$为奇函数，$f(-x)=-f(x)$

$$\int_{-a}^a f(x)\mathrm{d}x=\int_0^a f(-x)\mathrm{d}x+\int_0^a f(x)\mathrm{d}x=0$$

注意：本例结果可以当作公式使用. 在计算对称区间上的积分时，如果能判断被积函数的奇偶性，可使计算简化.

【例 5.14】 求$\int_{-\frac{\pi}{4}}^{\frac{\pi}{4}}\frac{\sin x}{1+\cos x}\mathrm{d}x$.

解 因为$f(x)=\frac{\sin x}{1+\cos x}$为奇函数，所以有$\int_{-\frac{\pi}{4}}^{\frac{\pi}{4}}\frac{\sin x}{1+\cos x}\mathrm{d}x=0$.

二、定积分的分部积分法

设$u=u(x)$，$v=v(x)$在区间$[a, b]$上有连续的导数，则有

$$\int_a^b u(x)v'(x)\mathrm{d}x=[u(x)v(x)]_a^b-\int_a^b v(x)u'(x)\mathrm{d}x$$

这就是定积分的分部积分公式，也可简记为

$$\int_a^b u\mathrm{d}v=[uv]_a^b-\int_a^b v\mathrm{d}u$$

【例 5.15】 求$\int_0^{\pi} x\sin x\mathrm{d}x$.

解 $\int_0^{\pi} x\sin x\mathrm{d}x=\int_0^{\pi} x\mathrm{d}(-\cos x)=[-x\cos x]_0^{\pi}+\int_0^{\pi}\cos x\mathrm{d}x=\pi+[\sin x]_0^{\pi}=\pi$

【例 5.16】 求$\int_1^4\frac{\ln x}{\sqrt{x}}\mathrm{d}x$.

解 $\int_1^4 \frac{\ln x}{\sqrt{x}}dx = \int_1^4 2\ln x d\sqrt{x} = [2\ln x\sqrt{x}]_1^4 - \int_1^4 2\sqrt{x}\frac{1}{x}dx = 8\ln 2 - 4\sqrt{x}|_1^4 = 4(2\ln 2 - 1)$

【例 5.17】 求 $\int_0^{\sqrt{3}} \arctan x dx$.

解 $\int_0^{\sqrt{3}} \arctan x dx = x\arctan x|_0^{\sqrt{3}} - \int_0^{\sqrt{3}} \frac{x}{1+x^2}dx = \frac{\sqrt{3}\pi}{3} - \frac{1}{2}\ln(1+x^2)|_0^{\sqrt{3}} = \frac{\sqrt{3}\pi}{3} - \ln 2$

【例 5.18】 求 $\int_1^2 x\ln x dx$.

解 $\int_1^2 x\ln x dx = \frac{1}{2}\int_1^2 \ln x d(x^2) = \frac{1}{2}[x^2\ln x]_1^2 - \frac{1}{2}\int_1^2 x dx = 2\ln 2 - \frac{1}{4}[x^2]_1^2 = 2\ln 2 - \frac{3}{4}$

思考题 5.3

1. 用换元积分法求定积分时，“换元必换限”的含义是什么？

2. 当 $f(x)$ 为偶函数时，$\int_{-a}^{a} f(x)dx = 2\int_0^a f(x)dx$，说明其几何意义.

3. 在使用换元积分法求不定积分时，需要变量的回代. 求定积分时，需要回代吗？

练习题 5.3

1. 求下列定积分：

(1) $\int_0^1 (1+x^2)^{-\frac{3}{2}}dx$ (2) $\int_{\ln 3}^{\ln 8} \sqrt{1+e^x}dx$ (3) $\int_4^9 \frac{\sqrt{x}}{\sqrt{x}-1}dx$

(4) $\int_0^{\frac{\sqrt{2}}{2}} \frac{x^2}{\sqrt{1-x^2}}dx$ (5) $\int_0^1 e^{\sqrt{x}}dx$ (6) $\int_e^{e^2} \frac{dx}{x\sqrt{1+\ln x}}$

(7) $\int_{-\pi}^{\pi} x^4\sin x dx$ (8) $\int_{-\frac{\pi}{2}}^{\frac{\pi}{2}} 4\cos^4 x dx$ (9) $\int_{-\frac{1}{2}}^{\frac{1}{2}} \frac{(\arcsin x)^2}{\sqrt{1-x^2}}dx$

(10) $\int_{-5}^{5} \frac{x^2\sin x}{x^4+x^2+1}dx$

2. 求下列定积分：

(1) $\int_0^1 xe^{-x}dx$ (2) $\int_0^{\frac{\pi}{2}} x\sin x dx$ (3) $\int_1^e x^2\ln x dx$

(4) $\int_0^{\frac{\pi}{2}} e^x\cos x dx$ (5) $\int_0^{\frac{\pi}{2}} (x - x\sin x)dx$ (6) $\int_0^1 x\arctan x dx$

第四节 广义积分

在前面所讨论的定积分 $\int_a^b f(x)dx$，都假定被积函数 $f(x)$ 在 $[a, b]$ 上连续或有有限个第一类间断点，积分区间 $[a, b]$ 是有限的，这些积分都属于常义积分的范围. 在许多实际问题中，有时会遇到积分区间是无限的或者被积函数在 $[a, b]$ 上有无穷间断点. 前者叫做无穷区间的积分，后者叫做无界函数的积分，两者都叫做广义积分.

一、无穷区间上的广义积分

【例 5.19】 求由曲线 $y=e^{-x}$，x 轴和 y 轴所围成的开口曲边梯形的面积（图 5-6）.

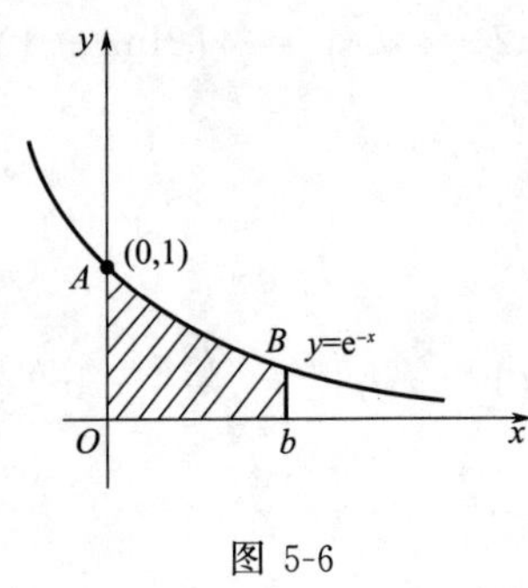

图 5-6

解 如果按定积分的几何意义，所求的开口曲边梯形的面积 S 应是一个无穷区间的积分 $\int_0^{+\infty} e^{-x}dx$.

解决这个问题的思路是：任取 $b>0$，先求曲边梯形 $ObBA$ 的面积，这个面积为

$$\int_0^b e^{-x}dx = -\int_0^b e^{-x}d(-x) = -e^{-x}\Big|_0^b = 1-\frac{1}{e^b}$$

再让 $b\to+\infty$，曲边梯形 $ObBA$ 的面积的极限值就是开口曲边梯形的面积 S，即

$$S=\lim_{b\to+\infty}\int_0^b e^{-x}dx=\lim_{b\to+\infty}\left(1-\frac{1}{e^b}\right)=1$$

定义 5.2 设函数 $f(x)$ 在无穷区间 $[a,+\infty)$ 上连续，b 是 $[a,+\infty)$ 内任意一点，如果极限 $\lim\limits_{b\to+\infty}\int_a^b f(x)dx$ 存在，则称这个极限为函数 $f(x)$ 在无穷区间 $[a,+\infty)$ 上的广义积分，记作 $\int_a^{+\infty} f(x)dx$，即

$$\int_a^{+\infty} f(x)dx=\lim_{b\to+\infty}\int_a^b f(x)dx$$

这时也说广义积分 $\int_a^{+\infty} f(x)dx$ 收敛；如果极限不存在，就说广义积分 $\int_a^{+\infty} f(x)dx$ 发散.

类似地，可定义广义积分 $\int_{-\infty}^b f(x)dx=\lim\limits_{a\to-\infty}\int_a^b f(x)dx$.

如果 $\int_{-\infty}^c f(x)dx$ 和 $\int_c^{+\infty} f(x)dx$ 都收敛（c 为任意常数），那么定义

$$\int_{-\infty}^{+\infty} f(x)dx=\int_{-\infty}^c f(x)dx+\int_c^{+\infty} f(x)dx$$

可见，求广义积分的基本思路是：先求定积分，再取极限.

【例 5.20】 求 $\int_0^{+\infty}\frac{dx}{1+x^2}$.

解 $$\int_0^{+\infty}\frac{dx}{1+x^2}=\lim_{b\to+\infty}\int_0^b\frac{dx}{1+x^2}=\lim_{b\to+\infty}[\arctan x]_0^b=\lim_{b\to+\infty}\arctan b=\frac{\pi}{2}$$

为了书写简便，实际运算过程中常常省去极限记号，而形式地把∞当成一个“数”，直接利用牛顿-莱布尼兹公式的计算格式.

【例 5.21】 求 $\int_0^{+\infty} xe^{-x}dx$.

解 $$\int_0^{+\infty} xe^{-x}dx=-\int_0^{+\infty} xd(e^{-x})=-xe^{-x}\Big|_0^{+\infty}+\int_0^{+\infty} e^{-x}dx=\int_0^{+\infty} e^{-x}dx=-e^{-x}\Big|_0^{+\infty}=1$$

【例 5.22】 讨论 $\int_a^{+\infty}\frac{dx}{x^p}$ 的敛散性（$a>0$）.

解 当 $p=1$ 时

$$\int_a^{+\infty}\frac{dx}{x^p}=\int_a^{+\infty}\frac{dx}{x}=\ln x\Big|_a^{+\infty}=+\infty$$

当 $p\neq1$ 时

$$\int_a^{+\infty}\frac{dx}{x^p}=\frac{1}{1-p}(x^{1-p})\Big|_a^{+\infty}=\begin{cases}+\infty & p<1\\ -\dfrac{1}{(1-p)a^{p-1}} & p>1\end{cases}$$

故 $p\leqslant 1$ 时发散，$p>1$ 时收敛.

二、无界函数的广义积分

定义 5.3 设函数 $f(x)$ 在 $(a,b]$ 上连续，而 $\lim\limits_{x\to a^+}f(x)=\infty$，取 $\varepsilon>0$，如果极限 $\lim\limits_{\varepsilon\to 0^+}\int_{a+\varepsilon}^{b}f(x)\mathrm{d}x$ 存在，则称这个极限为函数 $f(x)$ 在区间 $(a,b]$ 上的广义积分，记作 $\int_a^b f(x)\mathrm{d}x$，即

$$\int_a^b f(x)\mathrm{d}x=\lim_{\varepsilon\to 0^+}\int_{a+\varepsilon}^{b}f(x)\mathrm{d}x$$

这时也说广义积分 $\int_a^b f(x)\mathrm{d}x$ 收敛；如果极限不存在，就说广义积分 $\int_a^b f(x)\mathrm{d}x$ 发散.

类似地，设函数 $f(x)$ 在 $[a,b)$ 上连续，而 $\lim\limits_{x\to b^-}f(x)=\infty$，取 $\varepsilon>0$，如果极限 $\lim\limits_{\varepsilon\to 0}\int_a^{b-\varepsilon}f(x)\mathrm{d}x$ 存在，则定义

$$\int_a^b f(x)\mathrm{d}x=\lim_{\varepsilon\to 0}\int_a^{b-\varepsilon}f(x)\mathrm{d}x$$

设函数 $f(x)$ 在 $[a,b]$ 上除点 c $(a<c<b)$ 外连续，而 $\lim\limits_{x\to c}f(x)=\infty$，如果广义积分 $\int_a^c f(x)\mathrm{d}x$ 与 $\int_c^b f(x)\mathrm{d}x$ 都收敛，那么这两个广义积分之和为 $f(x)$ 在 $[a,b]$ 上的广义积分. 记作 $\int_a^b f(x)\mathrm{d}x$，即

$$\int_a^b f(x)\mathrm{d}x=\int_a^c f(x)\mathrm{d}x+\int_c^b f(x)\mathrm{d}x$$

此时称广义积分收敛，否则，称广义积分发散.

【例 5.23】 求 $\int_0^1\frac{1}{\sqrt{1-x^2}}\mathrm{d}x$.

解 因为 $\lim\limits_{x\to 1^-}\frac{1}{\sqrt{1-x^2}}=\infty$，所以该积分为广义积分. 故

$$\int_0^1\frac{1}{\sqrt{1-x^2}}\mathrm{d}x=\lim_{\varepsilon\to 0^+}\int_0^{1-\varepsilon}\frac{1}{\sqrt{1-x^2}}\mathrm{d}x=\lim_{\varepsilon\to 0^+}\arcsin x\Big|_0^{1-\varepsilon}=\lim_{\varepsilon\to 0^+}\arcsin(1-\varepsilon)=\frac{\pi}{2}$$

【例 5.24】 讨论 $\int_{-1}^1\frac{\mathrm{d}x}{x^2}$ 的敛散性.

解 因为 $f(x)=\frac{1}{x^2}$ 在 $x=0$ 处为无穷间断点，所以积分为无穷积分. 又

$$\int_{-1}^1\frac{\mathrm{d}x}{x^2}=\int_{-1}^0\frac{\mathrm{d}x}{x^2}+\int_0^1\frac{\mathrm{d}x}{x^2}$$

则

$$\begin{aligned}\int_{-1}^0\frac{\mathrm{d}x}{x^2}+\int_0^1\frac{\mathrm{d}x}{x^2}&=\lim_{\varepsilon_1\to 0^+}\int_{-1}^{0-\varepsilon_1}\frac{1}{x^2}\mathrm{d}x+\lim_{\varepsilon_2\to 0^+}\int_{0+\varepsilon_2}^1\frac{1}{x^2}\mathrm{d}x=\lim_{\varepsilon_1\to 0^+}\left[-\frac{1}{x}\right]_{-1}^{0-\varepsilon_1}+\lim_{\varepsilon_2\to 0^+}\left[-\frac{1}{x}\right]_{0+\varepsilon_2}^{1}\\&=\lim_{\varepsilon_1\to 0^+}\left(\frac{1}{\varepsilon_1}-1\right)+\lim_{\varepsilon_2\to 0^+}\left(\frac{1}{\varepsilon_2}-1\right)=+\infty\end{aligned}$$

所以积分发散.

注意：若本题按常义积分去做就会得到错误的结果.

思考题 5.4

1. 广义积分有几种情况？
2. 广义积分是否都可以按常义积分的书写格式？
3. 无界函数的广义积分是否可以按常义积分去求解？

练习题 5.4

1. 讨论下列广义积分的敛散性：

(1) $\int_1^{+\infty}\frac{\mathrm{d}x}{x^4}$ (2) $\int_2^{+\infty}\frac{\mathrm{d}x}{\sqrt{x}}$ (3) $\int_{-\infty}^{+\infty}\frac{\mathrm{d}x}{x^2+2x+1}$

(4) $\int_0^1\frac{x\mathrm{d}x}{\sqrt{1-x^2}}$ (5) $\int_0^2\frac{\mathrm{d}x}{(1-x)^2}$ (6) $\int_1^{\mathrm{e}}\frac{\mathrm{d}x}{x\sqrt{1-(\ln x)^2}}$

2. 证明：广义积分 $\int_0^1 x^{-p}\mathrm{d}x$ 当 $p<1$ 时收敛，当 $p\geqslant 1$ 时发散.

第五节 定积分在几何上的应用

定积分在实际问题中有着广泛的应用，通过本节的学习，不仅要掌握一些具体的积分公式，更主要的是学会用定积分解决实际问题的思想和方法，即掌握用微元法将实际问题转化成定积分的分析方法.

一、定积分的微元法

在本章第一节求曲边梯形的面积和变速直线运动的位移时，用的都是“分割、近似替代、求和、取极限”的方法. 为了应用的方便，把求解过程分为以下两步：

(1) 在区间 $[a,b]$ 上任取一个小区间 $[x,x+\mathrm{d}x]$，然后写出在这个小区间上的部分量 ΔA 的近似值，记为 $\mathrm{d}A=f(x)\mathrm{d}x$（称为 A 的微元）；

(2) 将微元 $\mathrm{d}A$ 在 $[a,b]$ 上积分（无限累加），即得 $A=\int_a^b f(x)\mathrm{d}x$.

上述两步解决问题的方法称为微元法.

微元法主要是先找出微元，然后通过积分求出整体量. 具体怎样求微元呢？这是问题的关键，这要分析问题的实际意义及数量关系，一般按照在局部 $[x,x+\mathrm{d}x]$ 上，以“常代变”、“均代不均”、“直代曲”的思路，写出局部上所求量的近似值，即为微元 $\mathrm{d}A=f(x)\mathrm{d}x$.

下面就用微元法来讨论定积分在几何方面的应用.

二、平面图形的面积

由曲线 $y=f(x)$ 及直线 $x=a$，$x=b$（$a<b$）与 x 轴所围成的曲边梯形的面积 $A=\int_a^b f(x)\mathrm{d}x$，其中被积表达式 $f(x)\mathrm{d}x$ 就是直角坐标下的面积微元，它表示高为 $f(x)$、底为 $\mathrm{d}x$ 的一个矩形面积.

应用定积分的微元法，不但可以计算曲边梯形的面积，还可以计算一些比较复杂的平面图形的面积.

用微元法不难将下列图形面积表示为定积分.

(1) 曲线 $y=f(x)[f(x)\geqslant 0]$，直线 $x=a$，$x=b$（$a<b$）与 x 轴所围成的图形（图 5-7）. 面积微元 $\mathrm{d}A=f(x)\mathrm{d}x$，面积 $A=\int_a^b f(x)\mathrm{d}x$.

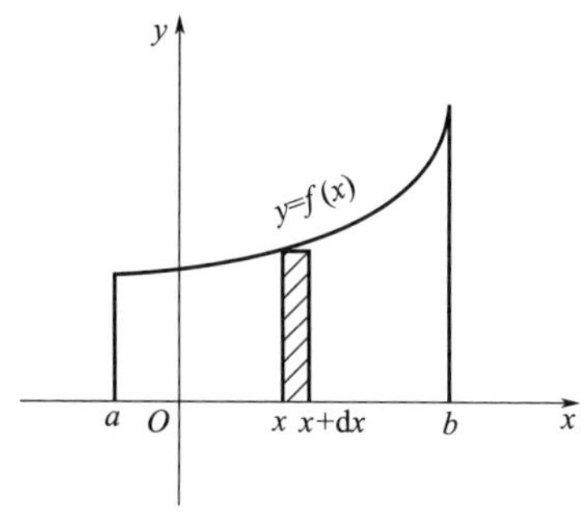

图 5-7

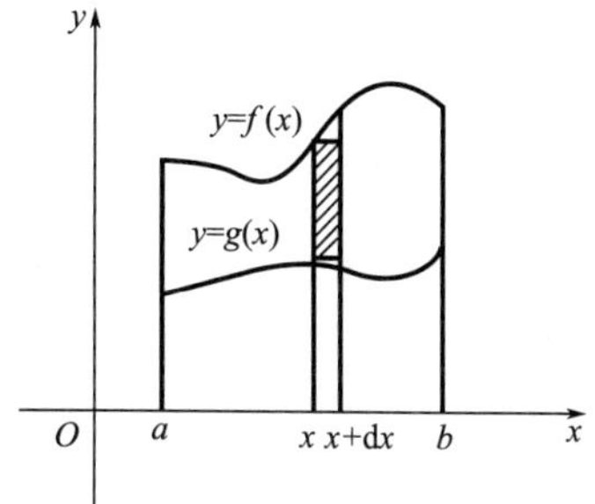

图 5-8

(2) 由上下两条曲线 $y=f(x)$，$y=g(x)[f(x)\geqslant g(x)]$ 及直线 $x=a$，$x=b$ $(a<b)$ 所围成的图形（图 5-8）. 面积微元 $\mathrm{d}A=[f(x)-g(x)]\mathrm{d}x$，面积 $A=\int_a^b[f(x)-g(x)]\mathrm{d}x$.

(3) 由左右两条曲线 $x=\psi(y)$，$x=\varphi(y)[\psi(y)\leqslant\varphi(y)]$ 及直线 $y=c$，$y=d$ $(c<d)$ 所围成的图形（图 5-9）. 面积微元 $\mathrm{d}A=[\varphi(y)-\psi(y)]\mathrm{d}y$，面积 $A=\int_c^d[\varphi(y)-\psi(y)]\mathrm{d}y$.

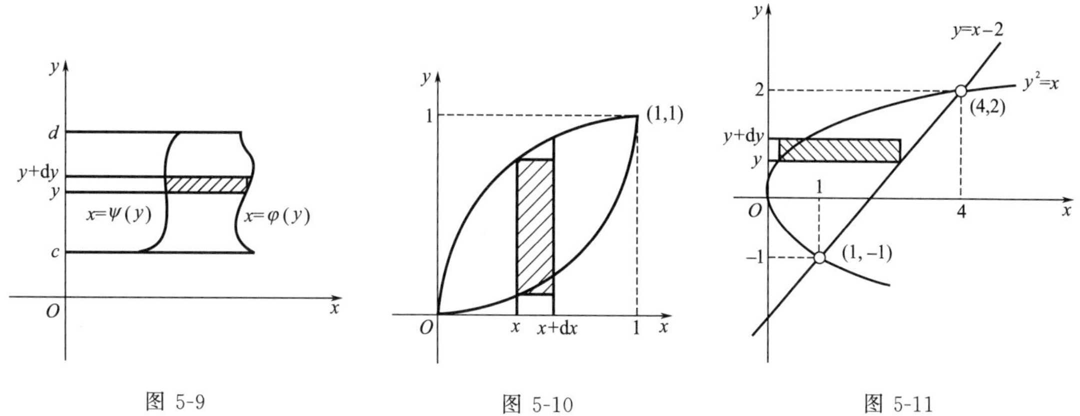

图 5-9　　图 5-10　　图 5-11

【例 5.25】 求两条抛物线 $y=x^2$，$y^2=x$ 所围成图形的面积.

解 作图（图 5-10）.

解方程组 $\begin{cases}y=x^2\\y^2=x\end{cases}$，得交点 (0，0) 和 (1，1). 由图可知，x 和 y 作为积分变量是一样的，这种情况习惯上选 x 为积分变量，则积分区间为 $[0，1]$，面积微元

$$\mathrm{d}A=(\sqrt{x}-x^2)\mathrm{d}x$$

于是所求面积为

$$A=\int_0^1(\sqrt{x}-x^2)\mathrm{d}x=\left(\frac{2}{3}x^{\frac{3}{2}}-\frac{1}{3}x^3\right)\Big|_0^1=\frac{1}{3}$$

【例 5.26】 求抛物线 $y^2=x$ 与直线 $y=x-2$ 围成的平面图形的面积.

解 如图 5-11 所示. 解方程组 $\begin{cases}y^2=x\\y=x-2\end{cases}$，得交点 (1，−1) 和 (4，2). 由图可知，选 y 为积分变量，则积分区间为 $[-1，2]$，面积微元

$$\mathrm{d}A=(y+2-y^2)\mathrm{d}y$$

于是所求面积为

$$A=\int_{-1}^{2}(y+2-y^2)\mathrm{d}y=\left(\frac{1}{2}y^2+2y-\frac{1}{3}y^3\right)\Big|_{-1}^{2}=\frac{9}{2}$$

三、体积

1. 平行截面面积为已知的立体的体积

设某空间立体垂直于一定轴的各个截面面积已知，则这个立体的体积可用微元法求解.

不妨设定轴为 x 轴，垂直于 x 轴的各个截面面积 $A(x)$ 是关于 x 的连续函数，x 的变化区间为 $[a,b]$，如图 5-12 所示.

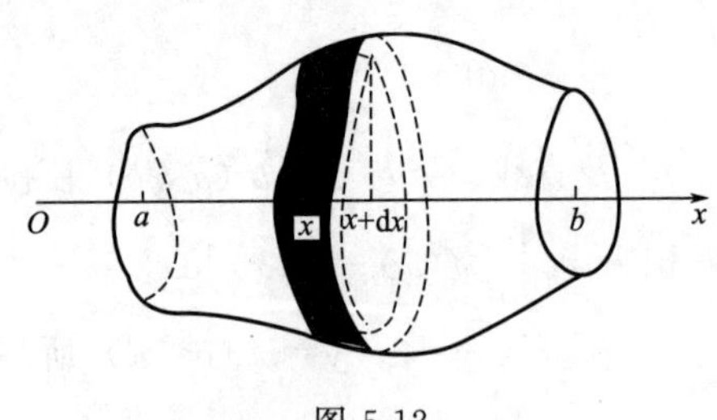

图 5-12

设立体体积 V 对区间 $[a, b]$ 具有可加性，取 x 为积分变量，在 $[a, b]$ 内任一小区间 $[x, x+\mathrm{d}x]$ 上，其对应的一薄片的体积，近似于底面积为 $A(x)$、高为 $\mathrm{d}x$ 的柱体的体积，即体积微元为

$$\mathrm{d}V=A(x)\mathrm{d}x$$

于是得所求立体的体积

$$V=\int_a^b A(x)\mathrm{d}x$$

注意：在实际应用时，$A(x)$ 通常情况下需通过求解得到.

【例 5.27】 一平面经过半径为 R 的圆柱体的底圆中心，并与底面交成角 α，计算这个平面截圆柱体所得楔形体的体积.

解 取该平面与底圆的交线为 x 轴，底圆中心为坐标原点建立平面直角坐标系. 如图 5-13 所示. 则底圆方程为 $x^2+y^2=R^2$，上半圆方程为 $y=\sqrt{R^2-x^2}$.

在 x 的变化区间 $[-R, R]$ 内任取一点 x，过 x 作垂直于 x 轴的截面，截得一直角三角形，其底长为 y，高为 $y\tan\alpha$，所以截面面积函数为

$$A(x)=\frac{1}{2}yy\tan\alpha=\frac{1}{2}(R^2-x^2)\tan\alpha$$

于是所求楔形体的体积为

$$V=\int_{-R}^{R}A(x)\mathrm{d}x=\int_{-R}^{R}\frac{1}{2}(R^2-x^2)\tan\alpha\mathrm{d}x=\tan\alpha\int_0^R(R^2-x^2)\mathrm{d}x$$

$$=\tan\alpha\left(R^2x-\frac{1}{3}x^3\right)\Big|_0^R=\frac{2}{3}R^3\tan\alpha$$

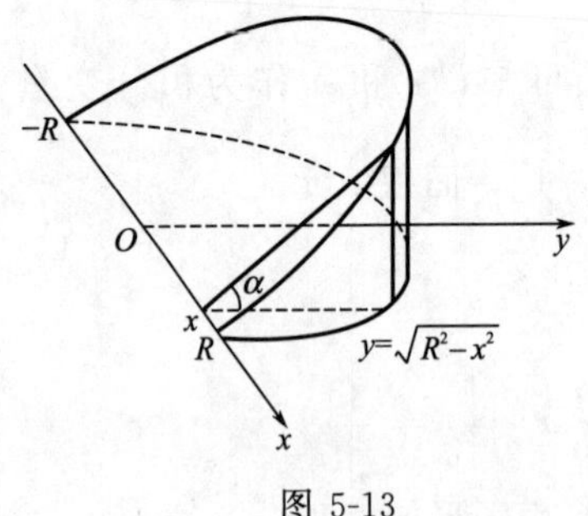

图 5-13

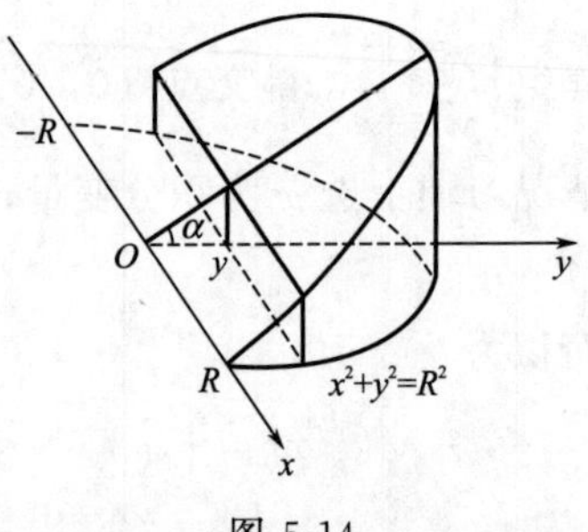

图 5-14

对于这个例题，若选固定轴为 y 轴，如图 5-14 所示. 在 y 的变化区间 $[0, R]$ 内任取一点 y 作垂直于 y 轴的平面去截楔形体，截面为一矩形，底为 $2x$，高为 $y\tan\alpha$，截面面积函数为

$$A(y)=2xy\tan\alpha=2y\tan\alpha\sqrt{R^2-y^2}$$

于是所求楔形体的体积为

$$V=\int_0^R A(y)\mathrm{d}y=\int_0^R 2y\tan\alpha\sqrt{R^2-y^2}\,\mathrm{d}y=-\tan\alpha\int_0^R\sqrt{R^2-y^2}\,\mathrm{d}(R^2-y^2)$$

$$=-\tan\alpha\times\frac{2}{3}(R^2-y^2)^{\frac{3}{2}}\Big|_0^R=\frac{2}{3}R^3\tan\alpha$$

2. 旋转体的体积

旋转体就是一个平面图形绕该平面上一条直线旋转一周而成的立体. 这条直线叫做旋转轴. 如圆柱、圆锥、球、椭球等都是旋转体. 现在来求它的体积.

这是已知平行截面面积求立体体积的特殊情况，这时截面是一个圆.

(1) 如果旋转体是由连续曲线 $y=f(x)$ 和直线 $x=a$，$x=b$ $(a<b)$ 及 x 轴所围成的曲边梯形绕 x 轴旋转而成，如图 5-15 所示.

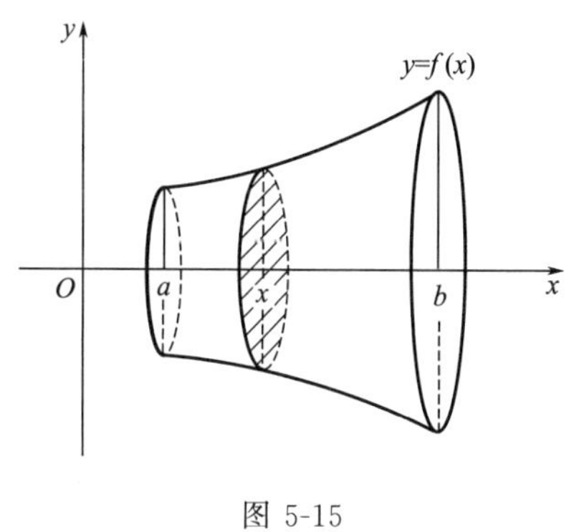

图 5-15

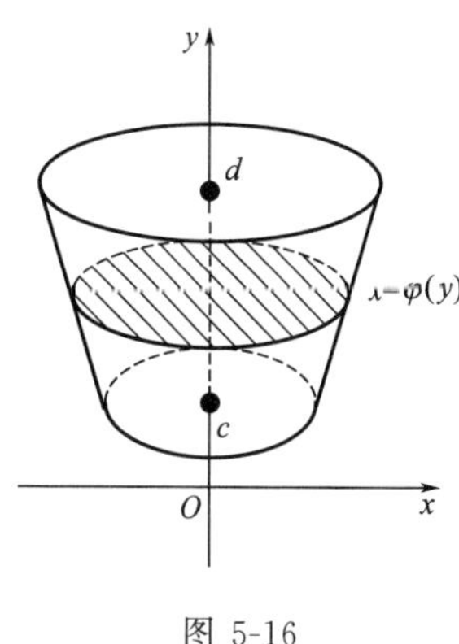

图 5-16

在区间 $[a, b]$ 上任意点 x 处，作垂直于 x 轴的平面，截面是半径为 $f(x)$ 的圆，其面积为

$$A(x)=\pi f^2(x)$$

于是所求旋转体的体积为

$$V=\pi\int_a^b f^2(x)\mathrm{d}x$$

(2) 如果旋转体是由连续曲线 $x=\varphi(y)$ 和直线 $y=c$，$y=d$ $(c<d)$ 及 y 轴所围成的曲边梯形绕 y 轴旋转而成，如图 5-16 所示.

在区间 $[c, d]$ 上任意点 y 处，作垂直于 y 轴的平面，截面是半径为 $\varphi(y)$ 的圆，其面积为

$$A(y)=\pi\varphi^2(y)$$

于是所求旋转体的体积为

$$V=\pi\int_c^d\varphi^2(y)\mathrm{d}y$$

【例 5.28】 过坐标原点 O 及点 $P(h,r)$ 的直线与直线 $x=h$ 及 x 轴围成一个直角三角形，求将它绕 x 轴旋转一周而成的圆锥体的体积.

解 如图 5-17 所示，积分变量 x 的变化区间为 $[0, h]$，直线 OP 的方程为 $y=\frac{r}{h}x$，于是所求圆锥体的体积为

$$V=\pi\int_0^h\left(\frac{r}{h}x\right)^2\mathrm{d}x=\frac{\pi r^2}{h^2}\int_0^h x^2\mathrm{d}x=\frac{\pi r^2}{h^2}\times\frac{x^3}{3}\Big|_0^h=\frac{1}{3}\pi r^2 h$$

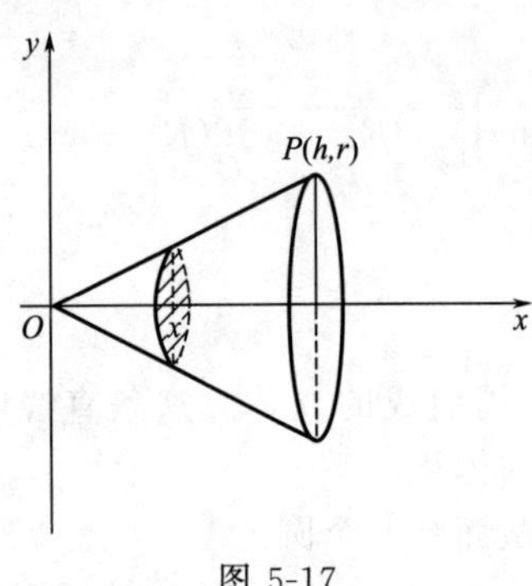

图 5-17

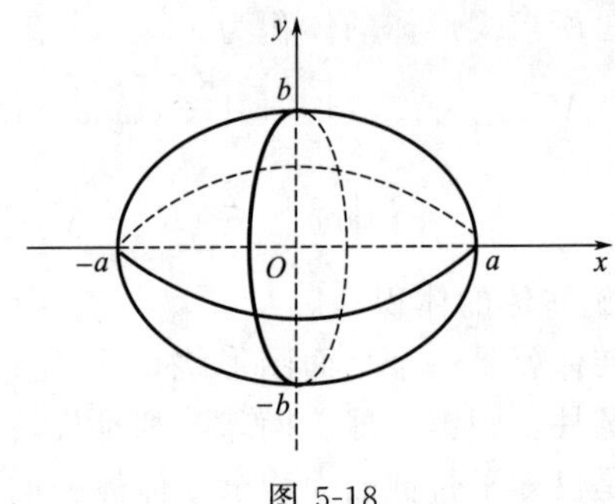

图 5-18

【例 5.29】 求椭圆$\frac{x^2}{a^2}+\frac{y^2}{b^2}=1$所围成的平面图形分别绕 x 轴和 y 轴旋转一周所成旋转体的体积.

解 所求立体被称为旋转椭球体．以 x 轴为旋转轴的椭球体可看成曲线 $y=\frac{b}{a}\sqrt{a^2-x^2}$绕 x 轴旋转而成，如图 5-18 所示．由公式可得所求旋转体体积

$$V=\pi\int_{-a}^{a}\frac{b^2}{a^2}(a^2-x^2)\mathrm{d}x=\frac{4}{3}\pi ab^2$$

以 y 轴为旋转轴的椭球体可看成曲线 $x=\frac{a}{b}\sqrt{b^2-y^2}$绕 y 轴旋转而成，由公式可得所求旋转体体积

$$V=\pi\int_{-b}^{b}\frac{a^2}{b^2}(b^2-y^2)\mathrm{d}y=\frac{4}{3}\pi a^2b$$

当 $a=b$ 时，旋转椭球体就成为半径为 a 的球体，它的体积为$\frac{4}{3}\pi a^3$.

四、平面曲线的弧长

设函数 $f(x)$ 在区间$[a, b]$上有连续导数，现在计算曲线 $y=f(x)$ 上相应于 x 从 a 到 b 的一段弧的长度（图 5-19）.

仍用微元法，取 x 为积分变量，它的变化区间为$[a, b]$．在区间$[a, b]$上任取一小区间$[x, x+\mathrm{d}x]$，用切线段 MT 来近似代替小弧段$\overset{\frown}{MN}$，得弧长微元为

$$\mathrm{d}s=MT=\sqrt{MQ^2+QT^2}=\sqrt{(\mathrm{d}x)^2+(\mathrm{d}y)^2}=\sqrt{1+y'^2}\mathrm{d}x$$

于是从 a 到 b 的一段弧的长度为

$$s=\int_a^b\sqrt{1+y'^2}\mathrm{d}x$$

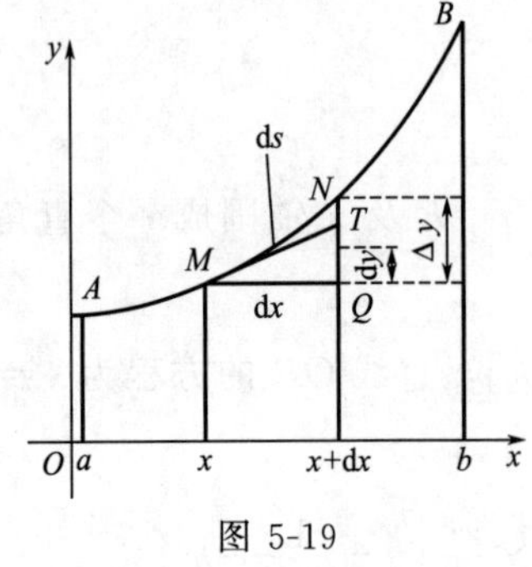

图 5-19

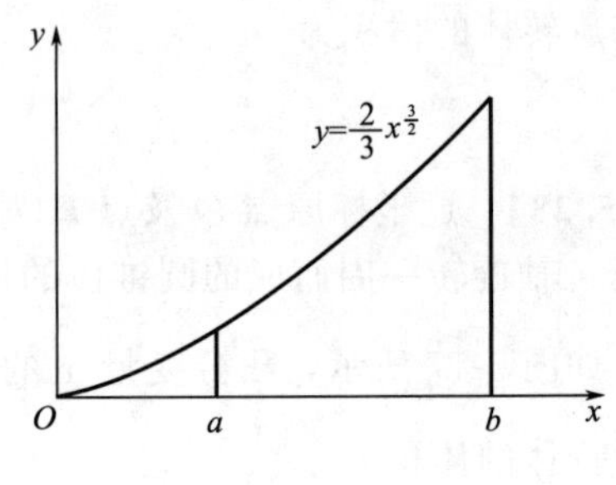

图 5-20

【例 5.30】 计算曲线 $y=\frac{2}{3}x^{\frac{3}{2}}$ 上相应于 x 从 a 到 b 的一段弧的长度（图 5-20）.

解　因为 $y'=x^{\frac{1}{2}}$，从而弧长微元为

$$ds=\sqrt{1+(x^{\frac{1}{2}})^2}dx=\sqrt{1+x}dx$$

所求弧长为

$$s=\int_a^b\sqrt{1+x}dx=\left[\frac{2}{3}(1+x)^{\frac{3}{2}}\right]_a^b=\frac{2}{3}[(1+b)^{\frac{3}{2}}-(1+a)^{\frac{3}{2}}]$$

思考题 5.5

1. 什么叫微元法？
2. 用微元法求平面图形面积的步骤有哪些？
3. 旋转体的体积微元如何求出？
4. 试比较弧长微元与第三章第五节中的弧微分公式.

练习题 5.5

1. 求下列各曲线所围成的平面图形的面积：

(1) $y=x$ 与 $y=\sqrt{x}$；

(2) $y=\frac{1}{x}$ 与直线 $y=x$ 及 $x=2$；

(3) $y=\ln x$，y 轴与直线 $y=\ln a$，$y=\ln b$ $(b>a>0)$；

(4) $y^2=x$ 与 $x=1$；

(5) $y=x^2$ 与 $y=2x+3$；

(6) $y=x^2$ 与 $y=x$ 及 $y=2x$.

2. 求下列曲线所围成的图形，按指定的轴旋转产生的旋转体的体积：

(1) $y=x$，$x=1$，$y=0$　　绕 x 轴

(2) $y=e^x$，$x=0$，$x=1$ 及 $y=0$　　绕 x 轴

(3) $y=\sqrt{x}$，$x=4$，$y=0$　　绕 x 轴

(4) $y=x^3$，$y=1$，$x=0$　　绕 y 轴

(5) $y=x^2$，$y=4$，$x=0$　　绕 y 轴

3. 用定积分的微元法证明球的体积公式.

4. 求曲线 $y=\ln x$ 上相应于 $\sqrt{3}\leqslant x\leqslant\sqrt{8}$ 的一段弧的长度.

*第六节　定积分在物理学上的应用

一、变力做功

如果一个物体在恒力 F 的作用下，沿力 F 的方向移动距离 s，则力 F 对物体所做的功为

$$W=Fs$$

如果一个物体在变力 $f(x)$ 的作用下作直线运动，不妨设其沿 Ox 轴运动，那么当物体由 Ox 轴上的点 a 移动到点 b 时，变力 $f(x)$ 对物体所做的功是多少呢？

仍采用微元法，所求功 W 对区间 $[a, b]$ 具有可加性. 设变力 $f(x)$ 是连续变化的，在区间 $[a, b]$ 上任取一小区间 $[x, x+dx]$，由 $f(x)$ 的连续性，物体在 dx 这一小段路径上移动

时，$F(x)$ 的变化很小，可近似看成是不变的，则变力 $f(x)$ 在这一小段路径 $\mathrm{d}x$ 上所做的功可近似看成恒力做功问题，于是得到功的微元为

$$\mathrm{d}W=f(x)\mathrm{d}x$$

于是得到在区间$[a,b]$上变力 $F(x)$ 所做的功为

$$W=\int_a^b f(x)\mathrm{d}x$$

【例 5.31】 一水平放置的弹簧，劲度系数为 k，一端固定于墙上，另一端系一物体，如图 5-21 所示，求物体从 x_1 移动到 x_2 过程中，外力所做的功.

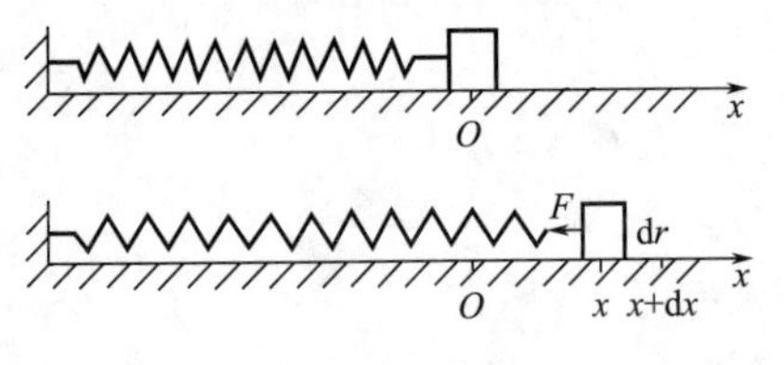

图 5-21

解 如图 5-21 所示，取弹簧没有形变时物体所在位置为原点 O，弹簧伸长方向为 Ox 轴的正方向，物体在任意位置 x 时，弹性力可以表示为

$$F=-kx$$

负号表示弹性力的方向指向平衡位置（原点）.

若把物体从 x_1 移动到 x_2，克服弹性力 F 所用的外力 f 的大小与 F 相等，但方向相反，即 $f=kx$，它随 x 的变化而变化.

在 $[x_1, x_2]$ 上任取一小区间 $[x, x+\mathrm{d}x]$，则力 f 所做功的微元为

$$\mathrm{d}W=kx\mathrm{d}x$$

于是物体从 x_1 移动到 x_2，克服弹性力做的功为

$$W=\int_{x_1}^{x_2}kx\mathrm{d}x=\left[\frac{1}{2}kx^2\right]_{x_1}^{x_2}=\frac{1}{2}kx_2^2-\frac{1}{2}kx_1^2$$

【例 5.32】 修建一座大桥的桥墩时先要下围囹，并且抽尽其中的水以便施工. 已知围囹的直径为 20m，水深 27m，围囹高出水面 3m，求抽尽水所做的功.

解 建立如图 5-22 所示的直角坐标系. 取 x 为积分变量，积分区间为$[3, 30]$，在区间$[3, 30]$上任取一小区间$[x, x+\mathrm{d}x]$，与它相对应的一薄层（圆柱）水的重量（力）为 $\Delta G=9.8(10^2\pi\mathrm{d}x)\rho\mathrm{N}$，其中水的密度 $\rho=10^3\mathrm{kg/m^3}$. 从而得到功的微元为

$$\mathrm{d}W=9.8\times10^5\pi x\mathrm{d}x$$

于是所求做功

$$W=\int_3^{30}9.8\times10^5\pi x\mathrm{d}x=9.8\times10^5\pi\left[\frac{x^2}{2}\right]_3^{30}\approx1.37\times10^9(\mathrm{J})$$

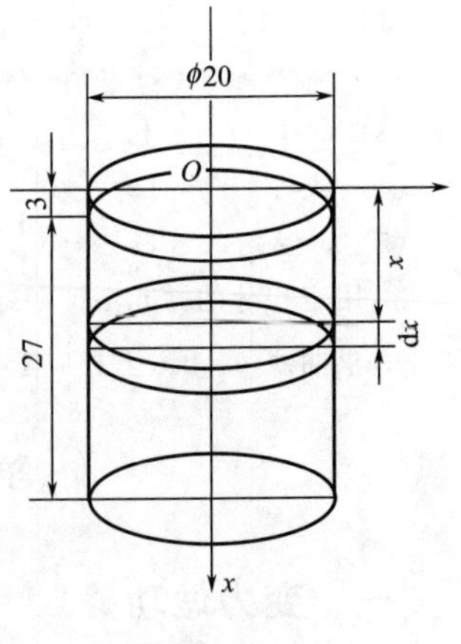

图 5-22

二、液体压力

从物理学知道，在水深为 h 处的压强为 $p=\gamma h$，这里 γ 是水的密度. 如果有一面积为 A 的平板水平地放置在水深为 h 处，那么，平板一侧所受的水压力为 $F=pA$.

如果平板沿铅直放置在水中，那么，由于水深不同的点处压强 p 不相等，平板一侧所受的水压力应如何求解呢？

如图 5-23 所示建立直角坐标系，设平板边缘曲线方程为 $y=f(x)$ $(a\leqslant x\leqslant b)$，则所求压力 F 对区间 $[a,b]$ 具有可加性，用微元法求解.

在区间$[a,b]$上任取一小区间 $[x, x+\mathrm{d}x]$，其对应的小横条上各点液面深度均近似看成

x，且液体对它的压力近似看成长为 $f(x)$、宽为 $\mathrm{d}x$ 的小矩形所受的压力，即压力的微元为

$$\mathrm{d}F=\gamma x f(x)\mathrm{d}x$$

于是所求压力为

$$F=\int_a^b \gamma x f(x)\mathrm{d}x$$

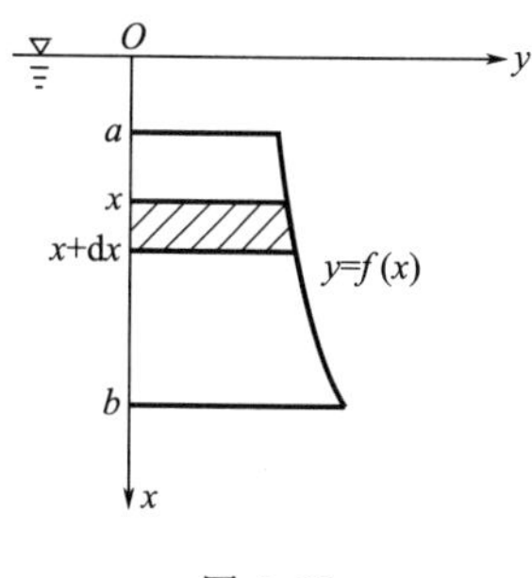

图 5-23

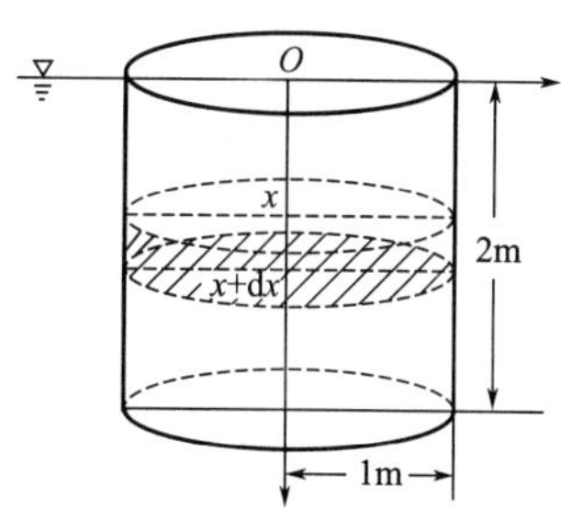

图 5-24

【例 5.33】 有一底面半径为 1m、高为 2m 的圆柱形储水桶，里面盛满水．求水对桶壁的压力．

解　建立如图 5-24 所示的直角坐标系，则积分变量 x 的变化区间为 $[0,\ 2]$，在其上任取一小区间 $[x,\ x+\mathrm{d}x]$，高为 $\mathrm{d}x$ 的小圆柱面所受压力的近似值，即压力的微元为

$$\mathrm{d}F=\gamma x\times 2\pi\times 1\mathrm{d}x=2\pi\gamma x\mathrm{d}x$$

于是所求压力为

$$F=\int_0^2 2\pi\gamma x\,\mathrm{d}x=2\pi\gamma\left(\frac{x^2}{2}\right)\Bigg|_0^2=4\pi\gamma$$

$$=4\pi\times 9.8\times 10^3=3.92\pi\times 10^4\ (\mathrm{N})$$

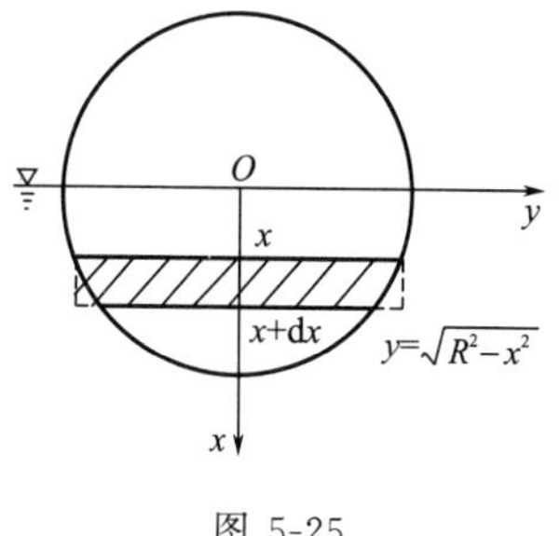

图 5-25

【例 5.34】 设一水平放置的水管，其断面是直径为 6m 的圆，求当水半满时，水管一端的竖立闸门上所受的压力．

解　建立如图 5-25 所示的坐标系，则圆的方程为 $x^2+y^2=9$．取 x 为积分变量，积分区间为$[0,\ 3]$，在区间$[0,\ 3]$上任取一小区间$[x,\ x+\mathrm{d}x]$．在该区间上，由于 $\gamma=9.8\times 10^3$，$\mathrm{d}A=2\sqrt{9-x^2}\mathrm{d}x$，$h=x$，所以压力微元为

$$\mathrm{d}F=2\times 9.8\times 10^3 x\sqrt{9-x^2}\mathrm{d}x$$

从而所求水压力为

$$F=\int_0^3 19.6\times 10^3 x\sqrt{9-x^2}\mathrm{d}x=19.6\times 10^3\int_0^3\left(-\frac{1}{2}\right)\sqrt{9-x^2}\mathrm{d}(9-x^2)$$

$$=-9.8\times 10^3\times\frac{2}{3}\left[(9-x^2)^{\frac{3}{2}}\right]_0^3=-9.8\times 10^3\times\frac{2}{3}\times(-27)$$

$$\approx 1.76\times 10^5\,(\mathrm{N})$$

练习题 5.6

1. 弹簧原长 0.03m，每压缩 0.01m 需力 2N，求把弹簧从 0.025m 压缩到 0.020m 所做的功．
2. 半径等于 rm 的半球形水池中充满水，把水池里的水吸净，需做多少功？
3. 一块高为 a、底为 b 的等腰三角形薄片，直立地沉没在水中，它的顶在下，底与水面齐，试计算它所受的压力．

习 题 五

1. 填空题：

(1) 函数 $f(x)$ 在区间 $[a,b]$ 上的定积分是和式的极限，即 $\int_a^b f(x)\mathrm{d}x=$ ________；

(2) 若 $a<b<c$，则 $\int_a^b f(x)\mathrm{d}x=\int_a^c f(x)\mathrm{d}x+$ ________；

(3) $\frac{\mathrm{d}}{\mathrm{d}x}\int_0^{\frac{\pi}{2}} 4\sin^4 x\mathrm{d}x=$ ________；

(4) 若 $a=$ ________，$b=$ ________，则有 $\int_0^1 \mathrm{e}^x f(\mathrm{e}^x)\mathrm{d}x=\int_a^b f(t)\mathrm{d}t$；

(5) $\int_{-\pi}^{\pi} x^4\sin 3x\mathrm{d}x=$ ________；

(6) 设 $f(0)=1$，$f(2)=3$，$f'(2)=5$，则 $\int_0^1 xf''(2x)\mathrm{d}x=$ ________；

(7) 已知广义积分 $\int_0^{+\infty}\frac{\mathrm{d}x}{1+kx^2}$ $(k>0)$ 收敛于1，则 $k=$ ________.

2. 计算下列定积分：

(1) $\int_1^3 |x-2|\mathrm{d}x$　　(2) $\int_{-1}^3 x|x|\mathrm{d}x$　　(3) $\int_1^3 \frac{f'(x)}{1+f^2(x)}\mathrm{d}x$

(4) $\int_1^4 \frac{\sqrt{x}}{1+x\sqrt{x}}\mathrm{d}x$　　(5) $\int_1^{\mathrm{e}} \cos(\ln x)\mathrm{d}x$　　(6) $\int_{-\frac{\pi}{2}}^{\frac{\pi}{2}} \sqrt{\sin^2 x}\mathrm{d}x$

3. 设 $f(3x+1)=x\mathrm{e}^{\frac{x}{2}}$，求 $\int_0^1 f(t)\mathrm{d}t$.

4. 当 k 为何值时，广义积分 $\int_2^{+\infty}\frac{\mathrm{d}x}{x(\ln x)^k}$ 收敛？当 k 为何值时，广义积分发散？

5. 求下列平面图形所围面积：

(1) 求抛物线 $y=-x^2+4x-3$ 及其在点 $(0,-3)$ 和 $(3,0)$ 处的切线所围成的图形的面积；

(2) 求由曲线 $y=\sin x$，$y=\cos x$ 与直线 $x=0$，$x=\frac{\pi}{2}$ 所围成的平面图形的面积.

6. 求由曲线 $y=\sqrt{x}$ 与直线 $x=1$，$x=4$，$y=0$ 所围成的平面图形，分别绕 x 轴、y 轴旋转所得旋转体的体积.

7. 求抛物线 $y=x^2$ 从原点到 $\left(\frac{1}{2},\frac{1}{4}\right)$ 的弧长.

8. 证明：由平面图形 $0\leqslant a\leqslant x\leqslant b$，$0\leqslant y\leqslant f(x)$ 绕 y 轴旋转所成的旋转体的体积为 $V=2\pi\int_a^b xf(x)\mathrm{d}x$.

9. 有一椭圆形薄板，长半轴为 a，短半轴为 b，薄板垂直立于水中，其短半轴与水面相齐，设水的密度为 ρ，如何求水对薄板的压力？

第六章　常微分方程

在科学技术和经济管理中，有许多实际问题往往需要通过未知函数的导数（或微分）所满足的等式来求该未知函数，这样的等式就是微分方程．本章主要介绍微分方程的基本概念和几种常用的求解微分方程解法．

第一节　常微分方程的基本概念与分离变量法

一、微分方程的基本概念

先讨论下面的例子．

【例 6.1】 一曲线通过点（1,1），且在该曲线上任一点 $P(x,y)$ 处的切线的斜率为 $3x^2$，求这条曲线的方程．

解　设所求曲线的方程为 $y=f(x)$．根据导数的几何意义，可知未知函数 $y=f(x)$ 应满足关系式

$$\frac{dy}{dx}=3x^2$$

上式两边积分得

$$y=x^3+C \text{（}C\text{ 为任意常数）}$$

由于曲线过点（1,1），因此所求函数应满足条件：当 $x=1$ 时，$y=1$．代入上式得 $C=0$．故所求曲线为

$$y=x^3$$

从几何图形上看（图 6-1），$y=x^3+C$ 表示一族立方抛物线，而所求曲线 $y=x^3$ 是这族立方抛物线中通过点（1,1）的一条．

从上面例子可以看出，以上问题的解决，化归为含有未知函数的导数方程来求解，这就是微分方程．

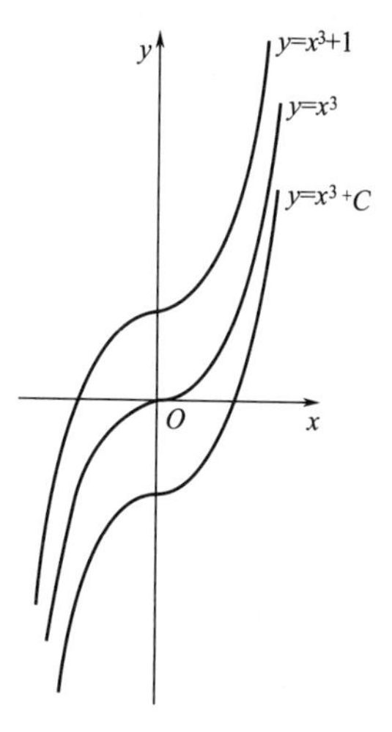

图 6-1

定义 6.1　含有未知函数的导数（或微分）的方程称为微分方程．

未知函数为一元函数的微分方程称为常微分方程．未知函数为多元函数的微分方程称为偏微分方程．本章只讨论常微分方程，也简称微分方程．

微分方程中出现的未知函数的导数或微分的最高阶数，称为该微分方程的阶．例如方程（1）$y'+xy=e^x$；（2）$\frac{dy}{dx}=2x$；（3）$\frac{d^2y}{dx^2}+2\frac{dy}{dx}+y=f(x)$；（4）$\frac{d^2s}{dt^2}=-4$；（5）$\frac{d^ny}{dx^n}+1=0$ 都是常微分方程．其中（1）和（2）为一阶微分方程，（3）和（4）为二阶微分方程，（5）为 n 阶微分方程．

能使微分方程变成恒等式的函数称为微分方程的解．求微分方程解的过程叫做解微分方程．

如果微分方程的解中含有任意常数，且相互独立的任意常数的个数与微分方程的阶数相

同，这样的解叫做微分方程的通解．例如 $y=x^3+C$ 就是例 6.1 微分方程的通解．

在通解中若使任意常数取某定值，或利用附加条件求出任意常数应取的值，所得的解叫做微分方程的特解．例如 $y=x^3$ 就是例 6.1 微分方程的特解．

为了得到满足要求的特解，必须根据要求对微分方程附加一定条件，这些条件叫做初始条件．例如 $y|_{x=1}=1$ 就是例 6.1 微分方程的初始条件．一般地，如果微分方程是一阶的，其初始条件是 $y|_{x=x_0}=y_0$；如果微分方程是二阶的，其初始条件是 $\begin{cases} y|_{x=x_0}=y_0 \\ y'|_{x=x_0}=y'_0 \end{cases}$，其中，$x_0$、$y_0$、$y'_0$ 都是给定的值．

【例 6.2】 验证：函数 $x=C_1\cos at+C_2\sin at$ 是微分方程

$$\frac{\mathrm{d}^2x}{\mathrm{d}t^2}+a^2x=0$$

的通解．

解 求出函数 $x=C_1\cos at+C_2\sin at$ 的导数

$$\frac{\mathrm{d}x}{\mathrm{d}t}=-C_1a\sin at+C_2a\cos at$$

$$\frac{\mathrm{d}^2x}{\mathrm{d}t^2}=-C_1a^2\cos at-C_2a^2\sin at$$

将以上两式代入方程 $\frac{\mathrm{d}^2x}{\mathrm{d}t^2}+a^2x=0$ 的左端，等于右边 0．因此，函数 $x=C_1\cos at+C_2\sin at$ 是该方程的解，又因为此函数中含有两个独立的任意常数，而方程为二阶微分方程，因此，函数 $x=C_1\cos at+C_2\sin at$ 是该方程的通解．

二、可分离变量的常微分方程

定义 6.2 形如

$$\frac{\mathrm{d}y}{\mathrm{d}x}=f(x)g(y) \tag{6-1}$$

或

$$f_1(x)g_1(y)\mathrm{d}x+f_2(x)g_2(y)\mathrm{d}y=0 \tag{6-2}$$

的方程称为可分离变量的一阶微分方程，简称可分离变量的方程．

对可分离变量的微分方程可采用"分离变量"、"两边积分"的解法求得它的解．如对方程 (6-1) 可按下列步骤求解：

（1）分离变量

$$\frac{\mathrm{d}y}{g(y)}=f(x)\mathrm{d}x$$

（2）两端积分

$$\int\frac{\mathrm{d}y}{g(y)}=\int f(x)\mathrm{d}x$$

若 $G'(y)=\frac{1}{g(y)}$，$F'(x)=f(x)$，则可得方程的通解为 $G(y)=F(x)+C$，或化为显函数形式 $y=\varphi(x)$ 或 $x=\psi(y)$．

【例 6.3】 求微分方程 $\frac{\mathrm{d}y}{\mathrm{d}x}=2xy$ 的通解．

解 此方程为可分离变量方程，分离变量后得

$$\frac{1}{y}\mathrm{d}y=2x\mathrm{d}x$$

两边积分得

$$\int \frac{1}{y}\mathrm{d}y = \int 2x\mathrm{d}x$$

计算积分可得方程的通解为

$$\ln|y| = x^2 + C_1$$

即

$$y = Ce^{x^2}\ (y = \pm e^{C_1}e^{x^2}\text{，因为}\pm e^{C_1}\text{仍是任意常数，把它记作 }C)$$

【例 6.4】 求微分方程 $x\mathrm{d}y + 2y\mathrm{d}x = 0$ 满足初始条件 $y|_{x=2} = 1$ 的特解.

解 此方程为可分离变量方程，分离变量后得

$$\frac{\mathrm{d}y}{y} = -2\frac{\mathrm{d}x}{x}$$

两边积分得

$$\ln y = -2\ln x + \ln C$$

即

$$\ln y = \ln Cx^{-2}$$

所求微分方程的通解为

$$y = Cx^{-2}$$

由 $y|_{x=2} = 1$，代入上式，得 $C = 4$. 从而所求微分方程的特解为 $y = 4x^{-2}$.

【例 6.5】 求微分方程$\frac{\mathrm{d}y}{\mathrm{d}x} = 1 + x + y^2 + xy^2$的通解.

解 方程可化为

$$\frac{\mathrm{d}y}{\mathrm{d}x} = (1+x)(1+y^2)$$

分离变量得

$$\frac{1}{1+y^2}\mathrm{d}y = (1+x)\mathrm{d}x$$

两边积分

$$\int \frac{1}{1+y^2}\mathrm{d}y = \int (1+x)\mathrm{d}x$$

即

$$\arctan y = \frac{1}{2}x^2 + x + C$$

于是原方程的通解为

$$y = \tan\left(\frac{1}{2}x^2 + x + C\right)$$

思考题 6.1

1. 常微分方程与偏微分方程的区别是什么？
2. 如果微分方程的解中含有一个任意常数，那么这个解一定是通解. 对吗？
3. 可分离变量的微分方程都是一阶微分方程吗？

练习题 6.1

1. 指出下列方程中的微分方程，并说明它的阶数：

(1) $s'' + 3s' - 2t = 0$　　(2) $(y')^2 + 3y = 0$　　(3) $(\sin x)'' + 2(\sin x)' + 1 = 0$

(4) $xdy-ydx=0$　　(5) $\frac{d^2x}{dt^2}=\cos t$　　(6) $\frac{d^3y}{dx^3}-2x\left(\frac{d^2y}{dx^2}\right)^3+x^2=0$

2. 指出下列各题中的函数是否是所给微分方程的解（其中，C_1、C_2为任意常数）：

(1) $y''+4y=0$，$y=C_1\sin(2x+C_2)$；

(2) $y''-2y'+y=0$，$y=x^2e^x$.

3. 求下列微分方程的通解：

(1) $\frac{dy}{dx}=e^{x-y}$　　(2) $y'=\frac{3+y}{3-x}$　　(3) $xydx+(x^2+1)dy=0$

(4) $\frac{dy}{dx}=\frac{y}{\sqrt{1-x^2}}$　　(5) $xy'-y\ln y=0$

4. 求下列微分方程满足所给初始条件的特解：

(1) $dy=x(2ydx-xdy)$，$y|_{x=1}=4$

(2) $\sin xdy-y\ln ydx=0$，$y|_{x=\frac{\pi}{2}}=e$

(3) $2x\sin ydx+(x^2+1)\cos ydy=0$，$y|_{x=1}=\frac{\pi}{6}$

第二节　一阶线性微分方程与可降阶的微分方程

一、一阶线性微分方程

定义 6.3　形如

$$y'+P(x)y=Q(x) \tag{6-3}$$

的方程称为一阶线性微分方程，其中 $P(x)$，$Q(x)$ 都是已知函数.

如果 $Q(x)\equiv0$，方程 (6-3) 变为

$$y'+P(x)y=0 \tag{6-4}$$

称为一阶线性齐次微分方程.

如果 $Q(x)\neq0$，则方程 (6-3) 称为一阶线性非齐次微分方程.

显然一阶线性齐次微分方程是可分离变量的微分方程，分离变量得

$$\frac{dy}{y}=-P(x)dx$$

两边积分得其通解为

$$y=Ce^{-\int P(x)dx} \tag{6-5}$$

其中，C 为任意常数.

注意：在 $y=Ce^{-\int P(x)dx}$ 中，$\int P(x)dx$ 仅表示 $P(x)$ 的一个原函数. 在以后所给出的微分方程的通解公式中积分表达式均如此，不再说明.

把一阶线性非齐次微分方程 (6-3) 改写为 $\frac{dy}{y}=\frac{Q(x)}{y}dx-P(x)dx$，由于 y 是 x 的函数，可令 $\frac{Q(x)}{y}=g(x)$，且 $\Phi(x)$ 是 $g(x)$ 的一个原函数，对上式两边积分，得 $\ln y=\Phi(x)+C_1-\int P(x)dx$，即

$$y=e^{\Phi(x)+C_1}e^{-\int P(x)dx}$$

若设 $e^{\Phi(x)+C_1}=C(x)$，则

$$y=C(x)e^{-\int P(x)dx} \tag{6-6}$$

即非齐次方程（6-3）的通解是将相应的齐次方程的通解中任意常数 C 用待定函数 $C(x)$ 来代替，因此，只要求出函数 $C(x)$，就可得到非齐次方程（6-3）的通解.

为了确定 $C(x)$，把式（6-6）及其导数 $y'=[C'(x)-P(x)C(x)]e^{-\int P(x)dx}$ 代入方程（6-3）并化简，得

$$C'(x)=Q(x)e^{\int P(x)dx}$$

将上式两边积分，得

$$C(x)=\int Q(x)e^{\int P(x)dx}dx+C$$

代回式(6-6)，便得式(6-3) 的通解

$$y=e^{-\int P(x)dx}\left[\int Q(x)e^{\int P(x)dx}dx+C\right] \tag{6-7}$$

像上述这种把齐次线性方程通解中的任意常数 C 换成待定函数 $C(x)$，然后求出非齐次线性方程通解的方法叫做常数变易法.

将式(6-7) 改写成两项之和的形式

$$y=Ce^{-\int P(x)dx}+e^{-\int P(x)dx}\int Q(x)e^{\int P(x)dx}dx$$

上式右端第一项是方程（6-3）对应的齐次方程（6-4）的通解，令 $C=0$，则得到第二项，它是非齐次方程（6-3）的一个特解．由此可知，一阶线性非齐次微分方程的通解等于它对应的齐次方程的通解与非齐次方程的一个特解之和.

求解一阶线性非齐次微分方程的通解步骤：

（1）将方程化为一阶线性非齐次微分方程的标准形式，求出方程中的 $P(x)$ 与 $Q(x)$；

（2）把 $P(x)$ 与 $Q(x)$ 代入式(6-7) 求出通解.

【例 6.6】 求微分方程 $\frac{dy}{dx}+\frac{y}{x}=\frac{\sin x}{x}$ 的通解.

解 因为 $P(x)=\frac{1}{x}$，$Q(x)=\frac{\sin x}{x}$．代入式(6-7) 得方程的通解为

$$\begin{aligned}y&=e^{-\int\frac{1}{x}dx}\left(\int\frac{\sin x}{x}e^{\int\frac{1}{x}dx}dx+C\right)=\left(\int\frac{\sin x}{x}e^{\ln x}dx+C\right)e^{-\ln x}\\&=\left(\int\frac{\sin x}{x}x\,dx+C\right)\frac{1}{x}=\frac{1}{x}(-\cos x+C)\end{aligned}$$

【例 6.7】 求微分方程 $xy'+y=\frac{\ln x}{x}$ 满足初始条件 $y|_{x=1}=\frac{1}{2}$ 的特解.

解 原方程可化为

$$y'+\frac{1}{x}y=\frac{\ln x}{x^2}$$

此方程是一阶线性非齐次微分方程，其中，$P(x)=\frac{1}{x}$，$Q(x)=\frac{\ln x}{x^2}$

代入式(6-7) 得方程的通解为

$$y=e^{-\int\frac{1}{x}dx}\left(\int\frac{\ln x}{x^2}e^{\int\frac{1}{x}dx}dx+C\right)=\frac{1}{x}\left(\int\frac{\ln x}{x^2}x\,dx+C\right)=\frac{1}{x}\left[\frac{1}{2}(\ln x)^2+C\right]$$

把初始条件 $y|_{x=1}=\frac{1}{2}$ 代入上式可得 $C=\frac{1}{2}$．故所求特解为

$$y=\frac{1}{2x}[(\ln x)^2+1]$$

二、几类特殊的高阶方程

把二阶及二阶以上的微分方程叫做高阶微分方程.

1. $y^{(n)}=f(x)$型

方程 $y^{(n)}=f(x)$的解可通过逐次积分求得.

【例 6.8】 求微分方程 $y'''=\sin x+e^{2x}$的通解.

解 对方程两边逐次积分得

$$y''=-\cos x+\frac{1}{2}e^{2x}+C_1$$

$$y'=-\sin x+\frac{1}{4}e^{2x}+C_1x+C_2$$

$$y=\cos x+\frac{1}{8}e^{2x}+\frac{1}{2}C_1x^2+C_2x+C_3$$

2. $y''=f(x,y')$型

方程中不显含未知函数 y，令 $y'=p(x)$，则 $y''=p'(x)$，代入方程得

$$p'(x)=f[x,p(x)]$$

这是一个以 $p(x)$ 为未知函数的一阶微分方程，若可求得其通解为 $p=\varphi(x,C_1)$，即 $y'=\varphi(x,C_1)$，则原方程的通解为

$$y=\int\varphi(x,C_1)\mathrm{d}x+C_2$$

【例 6.9】 求微分方程 $y''=\dfrac{2xy'}{1+x^2}$的通解.

解 令 $y'=p(x)$，则 $y''=p'(x)$，代入方程可得

$$p'=\frac{2xp}{1+x^2}$$

此方程为可分离变量方程，分离变量得

$$\frac{\mathrm{d}p}{p}=\frac{2x}{1+x^2}\mathrm{d}x$$

解得其通解为

$$p=C_1(1+x^2)$$

从而有 $y'=C_1(1+x^2)$，积分可得原方程的通解为

$$y=C_1\left(x+\frac{1}{3}x^3\right)+C_2$$

3. $y''=f(y,y')$型

方程不显含 x，求解这类方程可令 $y'=p(y)$，则 $y''=\dfrac{\mathrm{d}y'}{\mathrm{d}x}=\dfrac{\mathrm{d}p}{\mathrm{d}y}\times\dfrac{\mathrm{d}y}{\mathrm{d}x}=\dfrac{\mathrm{d}p}{\mathrm{d}y}p$，于是方程化为

$$p\frac{\mathrm{d}p}{\mathrm{d}y}=f(y,p)$$

若可求得其通解为 $p=\varphi(y,C_1)$，则由 $p=\dfrac{\mathrm{d}y}{\mathrm{d}x}$可得$\dfrac{\mathrm{d}y}{\mathrm{d}x}=\varphi(y,C_1)$，即$\dfrac{\mathrm{d}y}{\varphi(y,C_1)}=\mathrm{d}x$，因此原方程的通解为

$$\int\frac{\mathrm{d}y}{\varphi(y,C_1)}=x+C_2$$

【例 6.10】 求微分方程 $yy''-y'^2=0$ 的通解.

解 所给方程不显含自变量 x，设 $y'=p$，则 $y''=p\dfrac{\mathrm{d}p}{\mathrm{d}y}$，代入原方程，得

$$yp\frac{dp}{dy}-p^2=0$$

若 $p\neq0$，那么消去 p 并分离变量得

$$\frac{dp}{p}=\frac{dy}{y}$$

两边积分得 $\ln p=\ln y+\ln C_1$，即 $p=C_1y$. 于是有

$$\frac{dy}{dx}=C_1y$$

再分离变量并积分得 $\ln y=C_1x+\ln C_2$，即

$$y=C_2e^{C_1x}$$

若 $p=0$，则得 $y=C$（任意常数），显然，它已包含在解 $y=C_2e^{C_1x}$ 中了（只需取 $C_1=0$），所以原方程的通解为

$$y=C_2e^{C_1x}$$

思考题 6.2

1. 一阶线性齐次微分方程是可分离变量的微分方程吗？
2. 一阶线性非齐次微分方程有几种求解方法？
3. 说出微分方程 $y''=f(y,y')$ 的求解思路.

练习题 6.2

1. 求下列微分方程的通解：

（1）$y'+y=xe^x$ （2）$xdy+(2x^2y-e^{-x^2})dx=0$

（3）$y'=\dfrac{y+x\ln x}{x}$ （4）$\dfrac{dy}{dx}=\dfrac{1}{x+y}$

2. 求下列微分方程满足所给初始条件的特解：

（1）$y'-y\tan x=\sec x$，$y|_{x=0}=0$

（2）$\dfrac{dy}{dx}=\dfrac{y}{y^2+x}$，$y|_{x=0}=1$

3. 求下列微分方程的通解：

（1）$y'''=e^x-\sin x$ （2）$xy''-y'=0$

（3）$y''-xe^x=0$ （4）$(1+x^2)y''=2xy'$

第三节 二阶常系数线性微分方程

在工程及物理问题中，遇到的高阶方程很多都是线性方程，或者可简化为线性方程. 本节学习二阶常系数线性微分方程及其求解方法.

定义 6.4 形如

$$y''+p(x)y'+q(x)y=f(x) \tag{6-8}$$

的方程称为二阶线性微分方程. 其中，$p(x)$，$q(x)$ 及 $f(x)$ 是已知函数.

当函数 $p(x)$，$q(x)$ 为常数时，方程

$$y''+py'+qy=f(x) \tag{6-9}$$

称为二阶常系数线性微分方程.

在方程（6-9）中，若 $f(x)\equiv0$，则方程

$$y''+py'+qy=0 \tag{6-10}$$

称为二阶常系数线性齐次微分方程. 相应的 $f(x)\neq 0$ 时，方程（6-9）称为二阶常系数线性非齐次微分方程. 以上两方程简称为线性齐次方程和线性非齐次方程.

一、二阶线性微分方程解的结构

以下所述二阶线性微分方程的解的结构定理，是以常系数线性微分方程（6-9）为例，其所有结论对方程（6-8）都成立.

定理 6.1 如果 y_1 与 y_2 是线性齐次方程（6-10）的两个解，那么 $y=C_1y_1+C_2y_2$ 也是该方程的解. 其中，C_1、C_2 是任意常数.

证明 因为 y_1 与 y_2 是方程（6-10）的解，所以有

$$y''_1+py'_1+qy_1=0,\ y''_2+py'_2+qy_2=0$$

把 $y=C_1y_1+C_2y_2$ 代入方程（6-10）的左端可得

$$(C_1y_1+C_2y_2)''+p(C_1y_1+C_2y_2)'+q(C_1y_1+C_2y_2)$$
$$=C_1(y''_1+py'_1+qy_1)+C_2(y''_2+py'_2+qy_2)=C_1\times 0+C_2\times 0=0$$

所以 $y=C_1y_1+C_2y_2$ 是方程（6-10）的解.

定义 6.5 如果两个函数 $y_1(x)$ 与 $y_2(x)$ 之比 $\frac{y_1}{y_2}=k$（常数），则称 y_1 与 y_2 线性相关，否则称为线性无关.

例如，x 与 e^x 是线性无关的，而 e^x 与 $2e^x$ 是线性相关的.

定理 6.2 如果 y_1 与 y_2 是线性齐次方程（6-10）的两个线性无关的解，那么 $y=C_1y_1+C_2y_2$，就是该方程的通解.

注意：定理 6.2 中 y_1 与 y_2 是线性无关的假设是必要的，它可保证 $y=C_1y_1+C_2y_2$ 中两个任意常数 C_1、C_2 是相互独立的.

定理 6.2 表明：求线性齐次方程的通解，只要求得它的两个线性无关的特解即可.

定理 6.3 设 y^* 是线性非齐次方程（6-9）的一个特解，$\overline{y}$ 是与之对应的线性齐次方程（6-10）的通解，那么 $y=\overline{y}+y^*$ 是线性非齐次方程（6-9）的通解.

定理 6.3 表明：求线性非齐次方程的通解，只要求得相应的线性齐次方程的通解，再求出线性非齐次方程的一个特解即可.

定理 6.4 设 y_1^* 与 y_2^* 分别是方程 $y''+py'+qy=f_1(x)$ 与 $y''+py'+qy=f_2(x)$ 的解，那么 $y=y_1^*+y_2^*$ 就是方程 $y''+py'+qy=f_1(x)+f_2(x)$ 的解.

定理 6.4 表明：求线性非齐次方程 $y''+py'+qy=f_1(x)+f_2(x)$ 的解，实际上就是求解两个线性非齐次方程.

【例 6.11】 验证 $y_1=\sin x$，$y_2=\cos x$ 是方程 $y''+y=0$ 的两个解，并写出方程的通解.

解 因为 $y'_1=\cos x$，$y''_1=-\sin x$，所以 $y''_1+y_1=0$，即 $y_1=\sin x$ 是方程 $y''+y=0$ 的解. 同理可知 $y_2=\cos x$ 也是该方程的一个解.

又因为 $\frac{y_1}{y_2}=\frac{\sin x}{\cos x}\neq$ 常数，所以 y_1 与 y_2 线性无关，由定理 6.2 知

$$y=C_1\sin x+C_2\cos x$$

是所求方程的通解.

【例 6.12】 验证 $y^*=e^{-2x}$ 是方程 $y''+y=5e^{-2x}$ 的一个特解，并求该方程的通解.

解 因为 $(y^*)'=-2e^{-2x}$，$(y^*)''=4e^{-2x}$，代入方程的左端

$$(y^*)''+y^*=4e^{-2x}+e^{-2x}=5e^{-2x}$$

即 $y^*=e^{-2x}$ 是方程 $y''+y=5e^{-2x}$ 的一个特解.

方程 $y''+y=5e^{-2x}$ 相应的齐次方程为 $y''+y=0$，由上例可知其通解 $\overline{y}=C_1\sin x+C_2\cos x$，

根据定理 6.3 可得所求方程的通解为

$$y=C_1\sin x+C_2\cos x+e^{-2x}$$

二、二阶常系数线性齐次微分方程

由定理 6.2 可知，求二阶线性齐次微分方程的通解，可归结为求方程的两个线性无关的特解. 二阶线性齐次方程的特点是 y、y'、y''各乘以常数因子后相加等于零，如果能找到一个函数 y，使它和它的导数 y'、y''间只差一个常数因子，那么它就有可能是方程的特解，而指数函数 $y=e^{rx}$（r 为常数）就具有上述特点. 为此，将 $y=e^{rx}$，$y'=re^{rx}$，$y''=r^2e^{rx}$ 代入方程（6-10）并整理可得

$$(r^2+pr+q)e^{rx}=0$$

而 $e^{rx}\neq 0$，所以

$$r^2+pr+q=0 \tag{6-11}$$

由此可知，当 r 是一元二次方程（6-11）的根时，$y=e^{rx}$ 就是方程（6-10）的解.

把方程（6-11）叫做微分方程（6-10）的特征方程，特征方程的根叫做微分方程（6-10）的特征根.

下面通过特征方程的根的不同情形，给出二阶常系数线性齐次微分方程的通解表达式.

（1）设 r_1、r_2是特征方程（6-11）的两个相异实根，即 $r_1\neq r_2$. 此时 $y_1=e^{r_1x}$，$y_2=e^{r_2x}$ 都是方程（6-10）的解，且这两个解线性无关，所以方程（6-10）的通解表达式是

$$y=C_1e^{r_1x}+C_2e^{r_2x}$$

【例 6.13】 求微分方程 $y''-2y'-3y=0$ 的通解.

解 所给微分方程的特征方程为

$$r^2-2r-3=0$$

特征根为

$$r_1=-1,\ r_2=3$$

因此原方程的通解为

$$y=C_1e^{-x}+C_2e^{3x}$$

（2）设 r_1、r_2是特征方程（6-11）的两个相等实根，即 $r_1=r_2=r$，也就是 r 是方程的特征重根. 此时 $y_1=e^{rx}$ 是方程（6-10）的解，为求其通解，可设 y_2 与 y_1 线性无关，即设 $y_2=C(x)y_1$ 是方程（6-10）的解，把它代入方程（6-10）并整理可得

$$e^{rx}[C''(x)+(2r+p)C'(x)+(r^2+pr+q)C(x)]=0$$

因为 $e^{rx}\neq 0$，又 r 是方程的特征重根，故有 $r^2+pr+q=0$，$2r+p=0$. 因此可得 $C''(x)=0$.

取 $C(x)=x$，可知 $y_2=xe^{rx}$ 也是方程（6-10）的解，且与 $y_1=e^{rx}$ 线性无关，所以方程（6-10）的通解表达式是

$$y=(C_1+C_2x)e^{rx}$$

【例 6.14】 求方程 $y''+2y'+y=0$ 满足初始条件 $y|_{x=0}=4$，$y'|_{x=0}=-2$的特解.

解 所给方程的特征方程为

$$r^2+2r+1=0$$

其根 $r_1=r_2=-1$ 是两个相等的实根，因此所给微分方程的通解为

$$y=(C_1+C_2x)e^{-x}$$

将条件 $y|_{x=0}=4$ 代入通解，得 $C_1=4$，从而

$$y=(4+C_2x)e^{-x}$$

将上式对 x 求导，得 $y'=(C_2-4-C_2x)e^{-x}$

再把条件 $y'|_{x=0}=-2$代入上式，得 $C_2=2$. 于是所求特解为

$$y=(4+2x)\mathrm{e}^{-x}$$

(3) 设 $r_{1,2}=\alpha\pm i\beta$ 为特征方程（6-11）的共轭复根，此时 $y_1=\mathrm{e}^{(\alpha+\beta i)x}$，$y_2=\mathrm{e}^{(\alpha-\beta i)x}$ 是方程(6-10）的两个解，为了得到实数形式的特解，利用欧拉公式

$$\mathrm{e}^{\theta i}=\cos\theta+i\sin\theta$$

将复数解 y_1、y_2 改写成

$$y_1=\mathrm{e}^{\alpha x}(\cos\beta x+i\sin\beta x)$$

$$y_2=\mathrm{e}^{\alpha x}(\cos\beta x-i\sin\beta x)$$

由定理 6.1 知

$$\overline{y}_1=\frac{1}{2}y_1+\frac{1}{2}y_2=\mathrm{e}^{\alpha x}\cos\beta x$$

$$\overline{y}_2=\frac{1}{2i}y_1-\frac{1}{2i}y_2=\mathrm{e}^{\alpha x}\sin\beta x$$

是方程(6-10）的两个特解，且它们线性无关．所以方程（6-10）的通解表达式是

$$y=\mathrm{e}^{\alpha x}(C_1\cos\beta x+C_2\sin\beta x)$$

【例 6.15】 求微分方程 $y''-2y'+5y=0$ 的通解．

解 所给方程的特征方程为

$$r^2-2r+5=0$$

特征根为 $r_1=1+2i$，$r_2=1-2i$，是一对共轭复根．因此所求通解为

$$y=(C_1\cos 2x+C_2\sin 2x)\mathrm{e}^x$$

根据上述讨论，求二阶常系数齐次线性微分方程通解的步骤如下：

(1) 第一步　写出微分方程的特征方程；

(2) 第二步　求出特征根；

(3) 第三步　根据特征根的不同情况，写出微分方程的通解．

三、二阶常系数线性非齐次微分方程

由前面讨论可知，求二阶常系数线性非齐次微分方程的通解，可归结为求它对应的齐次方程的通解和它本身的一个特解，在解决了齐次方程的通解问题之后，这里只需讨论求非齐次方程的一个特解的方法．

1. $f(x)=P_n(x)\mathrm{e}^{\lambda x}$ 时特解的讨论

因为 $f(x)$ 是 n 次多项式 $P_n(x)$ 与指数函数 $\mathrm{e}^{\lambda x}$ 的乘积，而多项式与指数函数乘积的导数仍然是同一类型的函数，因此假设 $y^*=Q(x)\mathrm{e}^{\lambda x}$ 为方程

$$y''+py'+qy=P_n(x)\mathrm{e}^{\lambda x} \tag{6-12}$$

的解，将其代入方程(6-12）并化简整理可得

$$Q''(x)+(2\lambda+p)Q'(x)+(\lambda^2+p\lambda+q)Q(x)=P_n(x) \tag{6-13}$$

上式为恒等式，左端必为 n 次多项式，因此可分下列三种情况，来确定 $Q(x)$ 的次数及系数．

(1) 当 λ 不是特征方程的根，则 $\lambda^2+p\lambda+q\neq0$，$Q(x)$ 必是一个 n 次多项式，此时可设

$$y^*=Q_n(x)\mathrm{e}^{\lambda x}$$

为方程(6-12）的一个特解，$Q_n(x)$ 必须满足方程(6-13)，将其代入即可确定出系数．

(2) 当 λ 是特征方程的单根，则 $\lambda^2+p\lambda+q=0$，但 $2\lambda+p\neq0$，要使方程（6-12）式两端恒等，$Q'(x)$ 必须是一个 n 次多项式，即 $Q(x)$ 是 $n+1$ 次多项式，此时可设

$$y^*=xQ_n(x)\mathrm{e}^{\lambda x}$$

为方程（6-12）的一个特解，把 $Q(x)=xQ_n(x)$代入方程（6-13)，即可确定出系数．

(3) 当 λ 是特征方程的重根，则 $\lambda^2+p\lambda+q=0$，且 $2\lambda+p=0$，要使方程（6-12）式两端恒等，$Q''(x)$ 必须是一个 n 次多项式，从而 $Q(x)$ 是 $n+2$ 次多项式，此时可设

$$y^*=x^2Q_n(x)e^{\lambda x}$$

为方程（6-12）的一个特解，把 $Q(x)=x^2Q_n(x)$代入方程（6-13），即可确定出系数.

综上所述，如果 $f(x)=P_n(x)e^{\lambda x}$，则方程（6-12）具有形如

$$y^*=x^kQ_n(x)e^{\lambda x}$$

的特解，其中，$Q_n(x)$ 是与 $P_n(x)$ 同次的多项式，而 k 按 λ 不是特征根、是特征单根或重根依次取 0、1、2.

【例 6.16】 求微分方程 $y''-2y'-3y=3x+1$ 的一个特解.

解　方程对应的齐次方程的特征方程为

$$r^2-2r-3=0$$

其特征方程的根是

$$r_1=-1\ ,\ r_2=3$$

由于 $\lambda=0$ 不是特征根，所以应设特解为

$$y^*=Ax+B$$

把 y^* 代入所给方程并整理得

$$-3Ax-2A-3B=3x+1$$

由此求得 $A=-1$，$B=\frac{1}{3}$. 于是求得所给方程的一个特解为

$$y^*=-x+\frac{1}{3}$$

【例 6.17】 求微分方程 $y''-5y'+6y=xe^{2x}$ 的通解.

解　方程对应的齐次方程的特征方程为

$$r^2-5r+6=0$$

其特征方程的根是

$$r_1=2,\ r_2=3$$

于是所给方程对应的齐次方程的通解为

$$\overline{y}=C_1e^{2x}+C_2e^{3x}$$

由于 $\lambda=2$ 是特征方程的单根，所以应设方程的特解为

$$y^*=x(Ax+B)e^{2x}$$

把它代入所给方程化简得

$$-2Ax+2A-B=x$$

由此求得 $A=-\frac{1}{2}$，$B=-1$. 于是求得所给方程的一个特解为

$$y^*=x\left(-\frac{1}{2}x-1\right)e^{2x}$$

所求方程的通解为

$$y=C_1e^{2x}+C_2e^{3x}-\frac{1}{2}(x^2+2x)e^{2x}$$

【例 6.18】 求方程 $y''-2y'+y=4xe^x$ 满足初始条件 $y|_{x=0}=2$，$y'|_{x=0}=1$ 的特解.

解　方程对应的齐次方程的特征方程为

$$r^2-2r+1=0$$

其特征方程的根是

$$r_1=r_2=1$$

于是对应的齐次方程的通解为

$$\overline{y}=(C_1+C_2x)e^x$$

由于 $\lambda=1$ 是特征方程的重根，所以应设方程的特解为

$$y^*=x^2(Ax+B)e^x$$

把它代入所给方程化简得

$$6Ax+2B=4x$$

由此求得 $A=\frac{2}{3}$，$B=0$．于是求得所给方程的一个特解为

$$y^*=\frac{2}{3}x^3e^x$$

故所求方程的通解为

$$y=(C_1+C_2x)e^x+\frac{2}{3}x^3e^{2x}$$

根据初始条件 $y|_{x=0}=2$，可求得 $C_1=2$．又因为

$$y'=(2+C_2+C_2x)e^x+\left(2x_2+\frac{2}{3}x^3\right)e^x$$

由初始条件 $y'|_{x=0}=1$ 可得到 $C_2=-1$．因此所求特解为

$$y=e^x(2-x)+\frac{2}{3}x^3e^x$$

通过以上例题可得出二阶常系数线性非齐次微分中，$f(x)=P_n(x)e^{\lambda x}$ 中当 λ 为实数时，其特解的求解步骤如下：

(1) 第一步　写出特征方程，并求出特征根；

(2) 第二步　判明 λ 是否为特征根，据此设出特解；

(3) 第三步　把所设特解代入原方程求出其系数；

(4) 第四步　写出原方程的特解．

2．$f(x)=A\cos\beta x$ 或 $f(x)=A\sin\beta x$ 时的求解举例

当 $f(x)=A\cos\beta x$ 或 $f(x)=A\sin\beta x$ 时，方程为

$$y''+py'+qy=A\cos\beta x \text{ 或 } y''+py'+qy=A\sin\beta x$$

不难想象，方程解的形式应为 $\cos\beta x$ 与 $\sin\beta x$ 的线性组合．可以证明方程特解的形式为

$$y^*=x^k(a\cos\beta x+b\sin\beta x)$$

其中，a、b 是待定系数，k 按 $\pm\beta i$ 不是特征方程的根或是特征方程的根分别取 0 或 1．

【例 6.19】 求微分方程 $y''+y=\cos 2x$ 的一个特解．

解　特征方程为 $r^2+1=0$，其特征根 $r_{1,2}=\pm i$．由于 $\pm 2i$ 不是特征方程的根，所以应设特解为

$$y^*=a\cos 2x+b\sin 2x$$

把它代入所给方程，整理得

$$-3a\cos 2x-3b\sin 2x=\cos 2x$$

比较两端同类项的系数得

$$a=-\frac{1}{3},\ b=0$$

于是原方程的一个特解为

$$y^*=-\frac{1}{3}\cos 2x$$

【例 6.20】 求方程 $y''+y=4\sin x$ 的通解.

解 特征方程为 $r^2+1=0$，其特征根 $r_{1,2}=\pm i$. 由于 $\pm i$ 是特征方程的根，所以应设特解为

$$y^*=x(a\cos x+b\sin x)$$

将 y^* 代入原方程中化简得

$$-a\sin x+b\cos x=2\sin x$$

比较两端同类项的系数得

$$a=-2,\ b=0$$

所以原方程的一个特解为

$$y^*=-2x\cos x$$

于是原方程的通解为

$$y=C_1\cos x+C_2\sin x-2x\cos x$$

思考题 6.3

1. 二阶常系数线性微分方程是二阶线性微分方程的特殊形式吗？
2. 什么叫两个函数线性相关与线性无关？
3. 根据定理 6.2、定理 6.3、定理 6.4 分别说出相应微分方程的求解方法.
4. 二阶常系数非齐次线性微分方程，学习了几种形式？如何求解？

练习题 6.3

1. 求下列微分方程的通解：

(1) $y''-2y'-3y=0$　　(2) $y''+6y'+9y=0$

(3) $4y''-4y'+y=0$　　(4) $y''+5y=0$

2. 求下列微分方程满足所给初始条件的特解：

(1) $y''-3y'-4y=0$，$y|_{x=0}=0$，$y'|_{x=0}=-5$

(2) $y''+25y=0$，$y|_{x=0}=2$，$y'|_{x=0}=5$

3. 求下列微分方程的通解：

(1) $y''+9y=e^x$　　(2) $y''-3y'+2y=xe^{2x}$

(3) $y''+3y'+2y=20\cos 2x$　　(4) $y''-2y'+5y=\sin 2x$

4. 求下列微分方程满足所给初始条件的特解：

(1) $y''+4y=\frac{1}{2}x$，$y|_{x=0}=0$，$y'|_{x=0}=0$

(2) $y''-y=4xe^x$，$y|_{x=0}=0$，$y'|_{x=0}=1$

(3) $y''+4y=\cos 2x$，$y|_{x=0}=0$，$y'|_{x=0}=2$

习　题　六

1. 求下列微分方程的通解：

(1) $\sqrt{1-y^2}=3x^2yy'$

(2) $\sec^2 x\tan y\,dx+\sec^2 y\tan x\,dy=0$

(3) $\frac{dy}{dx}=\frac{y}{x+y^3}$

(4) $y''-6y'+10y=0$

(5) $y''+3y'+2y=0$

(6) $y''+2y'+y=5e^{-x}$

(7) $y''+y=e^x+\cos x$

2. 求下列微分方程的特解：

(1) $\frac{dy}{dx}=(1+x+x^2)y$，$y|_{x=0}=e$

(2) $y'+y\cos x=\sin x\cos x$，$y|_{x=0}=1$

(3) $\frac{d^2s}{dt^2}+2\frac{ds}{dt}+s=0$，$s|_{t=0}=4$，$s'|_{t=0}=-2$

(4) $y''+3y'+2y=3\sin x$，$y|_{x=0}=0$，$y'|_{x=0}=-\frac{1}{2}$

3. 设 $\int_0^x f(t)dt=e^x-1-f(x)$，求 $f(x)$.

4. 求方程 $y''-y=0$ 的积分曲线，使其在点 (0,0) 处与直线 $y=x$ 相切.

5. 求以 $y=C_1e^x+C_2e^{2x}$ 为通解的微分方程（C_1、C_2 为任意常数）.

第七章　向量代数与空间解析几何

在平面解析几何中，通过坐标法把平面上的点与一对有次序的数对应起来，把平面上的图形和方程对应起来，从而可以用代数方法来解决几何问题．空间解析几何也是按照类似的方法建立起来的．本章首先建立空间直角坐标系，然后学习向量的概念、向量的运算和空间解析几何的有关内容．

第一节　空间直角坐标系与向量的概念

一、空间直角坐标系

为了沟通平面图形与数之间的联系，通过平面直角坐标系，建立了平面上的点和实数对之间的一一对应关系，从而能运用代数方法来讨论几何图形问题．通过建立三维空间的直角坐标系，来沟通空间图形和数之间的联系．在空间选定一点 O 作为原点，过点 O 作三条两两垂直的数轴，分别标为 x 轴、y 轴和 z 轴．统称为坐标轴．习惯上把 x 轴、y 轴置于水平面上，而 z 轴取铅直向上方向（图 7-1）．

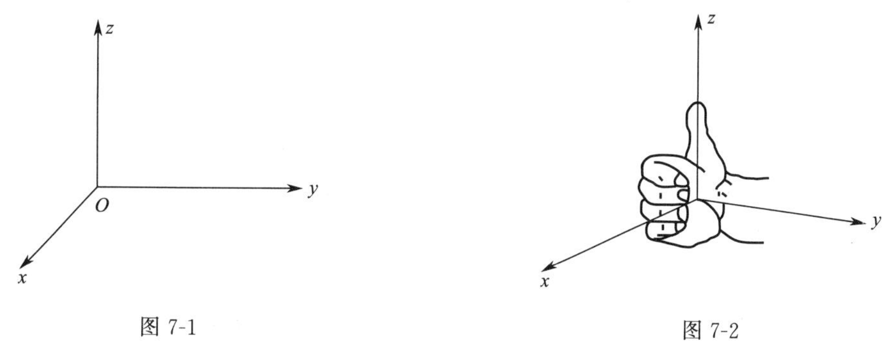

图 7-1　　　　图 7-2

由图 7-2 可以看出：从面对正 z 轴看，如果 x 轴的正方向以逆时针方向转 90°时，正好是 y 轴的正方向，那么这种放置法确定的坐标系称为右手直角坐标系．这种确定右手直角坐标系的方法通常形象地称为右手螺旋法则，即伸出右手，使拇指与其他四指垂直，并使四指先指向 x 轴，然后让四指沿握拳方向旋转 90°指向 y 轴，此时大拇指的方向即为 z 轴方向．在由此三条坐标轴组成的空间直角坐标系中，x 轴称为横轴，y 轴称为纵轴，z 轴称为竖轴．由任意两条坐标轴所确定的平面称为坐标面．三个坐标轴确定了三个坐标面．包含 x 轴和 y 轴的坐标面称为 xOy 坐标面，另外两个是 yOz 坐标面和 zOx 坐标面．

三个坐标面把整个空间分隔成八个部分，每个部分称为一个卦限．xOy 坐标面的上方和下方各有四个卦限．把 xOy 平面上第Ⅰ、Ⅱ、Ⅲ、Ⅳ象限上方的四个卦限依次称为第Ⅰ、Ⅱ、Ⅲ、Ⅳ卦限，下方的四个卦限则依次称为第Ⅴ、Ⅵ、Ⅶ、Ⅷ卦限（图 7-3）．

有了坐标系之后，来建立空间的点和有序数组之间的对应关系，设 M 为空间的一个定点，过 M 点作三个平面分别垂直于 x 轴、y 轴和 z 轴，并依次交这三条坐标轴于 P、Q、R 三点．设 P、Q、R 三点在三条坐标轴上的坐标依次为 x、y 和 z，那么空间一点 M 就唯一地确定了一个有序数组 (x,y,z)．反过来，给定一个有序数组 (x,y,z)，可依次在 x 轴、y 轴、z 轴上

依次找到 P、Q、R，过 P、Q、R 三点，各作一个平面，使分别垂直于 x 轴、y 轴、z 轴，这三个平面的交点就是有序数组 (x,y,z) 所确定的唯一的一点（图 7-4）.

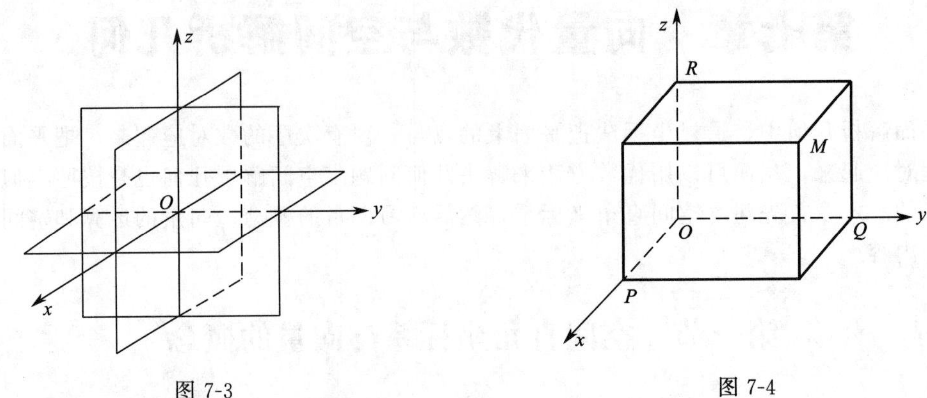

图 7-3　　图 7-4

这样，通过空间直角坐标系，在空间的点和有序数组 (x,y,z) 之间建立了一一对应的关系. 有序数组中的 x、y、z 称为点 M 的坐标. 其中，x、y、z 依次称为点 M 的横坐标、纵坐标和竖坐标. 坐标为 x、y、z 的点 M 通常记作 $M(x,y,z)$.

根据点的坐标规定，可知点 $(0,0,c)$ 在 z 轴上，点 $(a,b,0)$ 在 xOy 坐标面上，而点 $(a,0,c)$ 在 zOx 坐标面上.

二、向量的概念

在现实生活中，遇到的量通常有两种类型. 一类是数量（也称标量）；另一类是向量（也称矢量）. 有的量在取定测量单位之后，用一个实数就可以表示出来，例如温度、体积、长度、质量等，这种量都是数量. 另外，有的量不但有大小，还带有方向，要描述一个质点的位移，只指出质点经过的距离是不明确的，还要同时指出它移动的方向才算完整. 类似的量还有速度、加速度、力、力矩、电场强度等，它们虽然各有不同的物理意义，但都是既有大小又有方向的量. 把这类量称为向量. 为区别于数量，通常用一个粗体的字母或一个上面加箭头的字母来表示向量，如 $\boldsymbol{a}$、$\boldsymbol{b}$、$\boldsymbol{f}$ 或 $\vec{a}$、$\vec{b}$、$\vec{f}$ 等.

在实际问题中，有些向量与其起点有关（例如质点运动的速度与该质点的位量有关，一个力与该力的作用点的位置有关），有些向量与其起点无关. 由于一切向量的共性是它们都有大小和方向，因此在数学上只研究与起点无关的向量，并称这种向量为自由向量（以后简称向量），即只考虑向量的大小和方向，而不论它的起点在什么地方. 当遇到与起点有关的向量时，可在一般原则下作特别处理.

如果向量 $\boldsymbol{a}$ 和 $\boldsymbol{b}$ 的大小相等且方向相同，则称向量 $\boldsymbol{a}$ 与 $\boldsymbol{b}$ 相等，记为 $\boldsymbol{a}=\boldsymbol{b}$.

向量的大小称为向量的模. 用 $|\boldsymbol{a}|$、$|\boldsymbol{b}|$、$|\overrightarrow{AB}|$ 表示向量的模.

特别地，模为 1 的向量称为单位向量. 模为 0 的向量称为零向量，记为 $\mathbf{0}$. 规定零向量的方向为任意方向.

三、向量的线性运算

1. 向量的加减法

向量的加法运算规定如下.

设有两个向量 $\boldsymbol{a}$ 与 $\boldsymbol{b}$，任取一点 A，作 $\overrightarrow{AB}=\boldsymbol{a}$，再以 B 为起点，作 $\overrightarrow{BC}=\boldsymbol{b}$，连接 AC（图 7-5），那么向量 $\overrightarrow{AC}=\boldsymbol{c}$ 称为向量 $\boldsymbol{a}$ 与 $\boldsymbol{b}$ 的和，记作 $\boldsymbol{a}+\boldsymbol{b}$，即

$$\boldsymbol{c}=\boldsymbol{a}+\boldsymbol{b}$$

这种作出两向量之和的方法叫做向量加法的三角形法则.

仿照力学上求合力的平行四边形法则，也有向量加法的平行四边形法则. 就是：作$\overrightarrow{AB}=\boldsymbol{a}$，$\overrightarrow{AD}=\boldsymbol{b}$，以 AB、AD 为边作一平行四边形 $ABCD$，对角线 AC 表示的向量$\overrightarrow{AC}$就是向量 $\boldsymbol{a}$ 与 $\boldsymbol{b}$ 的和 $\boldsymbol{a}+\boldsymbol{b}$（图 7-6）.

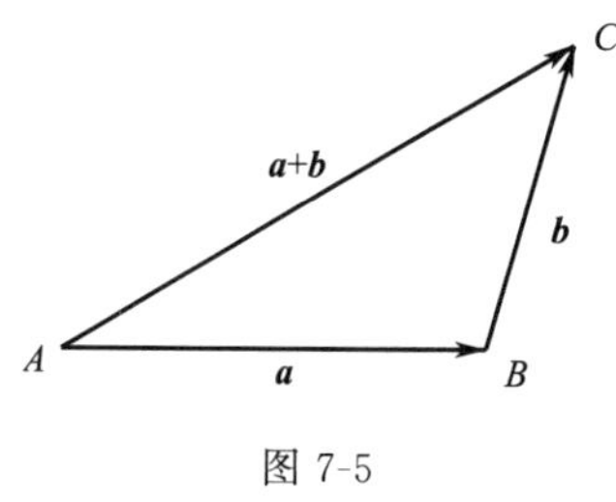

图 7-5

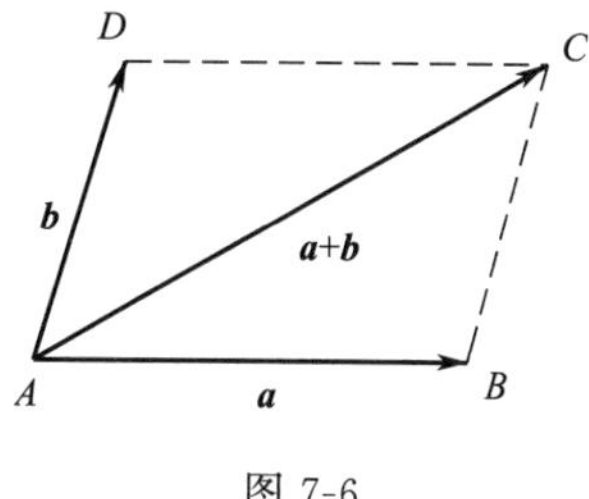

图 7-6

由向量加法的定义可知，向量的加法满足：

(1) 交换律　$\boldsymbol{a}+\boldsymbol{b}=\boldsymbol{b}+\boldsymbol{a}$；

(2) 结合律　$(\boldsymbol{a}+\boldsymbol{b})+\boldsymbol{c}=\boldsymbol{a}+(\boldsymbol{b}+\boldsymbol{c})$.

设 $\boldsymbol{a}$ 为一向量，与 $\boldsymbol{a}$ 的模相同而方向相反的向量叫做 $\boldsymbol{a}$ 的负向量，记作 $-\boldsymbol{a}$. 由此规定：

$$\boldsymbol{a}-\boldsymbol{b}=\boldsymbol{a}+(-\boldsymbol{b})$$

向量的减法也可按三角形法则进行，只要把 $\boldsymbol{a}$ 与 $\boldsymbol{b}$ 的起点放在一起，$\boldsymbol{a}-\boldsymbol{b}$ 就是以 $\boldsymbol{b}$ 的终点为起点，以 $\boldsymbol{a}$ 的终点为终点的向量（图 7-7）.

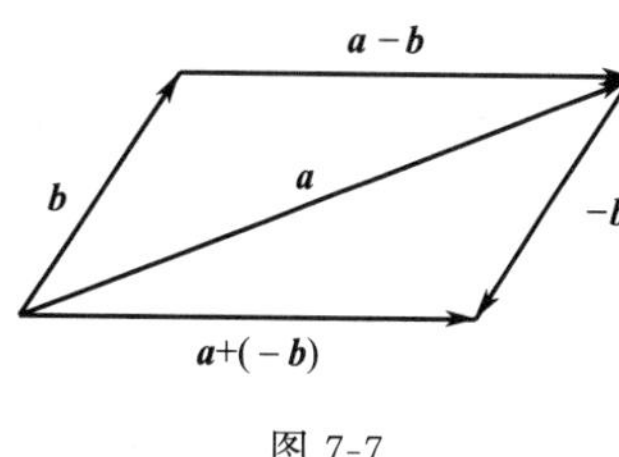

图 7-7

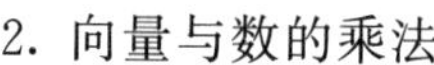

2. 向量与数的乘法

设 λ 为一实数，向量 $\boldsymbol{a}$ 与数 λ 的乘积是一个向量，记为 $\lambda\boldsymbol{a}$，并且规定：它的模

$$|\lambda\boldsymbol{a}|=|\lambda|\,|\boldsymbol{a}|$$

它的方向当 $\lambda>0$ 时与 $\boldsymbol{a}$ 同向；当 $\lambda<0$ 时与 $\boldsymbol{a}$ 反向；当 $\lambda=0$ 时，$\lambda\boldsymbol{a}=\boldsymbol{0}$（零向量）.

向量与数的乘法满足：

(1) 结合律　$\lambda(\mu\boldsymbol{a})=\mu(\lambda\boldsymbol{a})=(\lambda\mu)\boldsymbol{a}$；

(2) 分配律：$(\lambda+\mu)\boldsymbol{a}=\lambda\boldsymbol{a}+\mu\boldsymbol{a}$，$\lambda(\boldsymbol{a}+\boldsymbol{b})=\lambda\boldsymbol{a}+\lambda\boldsymbol{b}$.

向量的加法运算及数与向量的乘法统称为向量的线性运算.

设 $\boldsymbol{a}$ 是一个非零向量，常把与 $\boldsymbol{a}$ 同向的单位向量记为 $\boldsymbol{e}_a$，则

$$\boldsymbol{e}_a=\frac{\boldsymbol{a}}{|\boldsymbol{a}|}$$

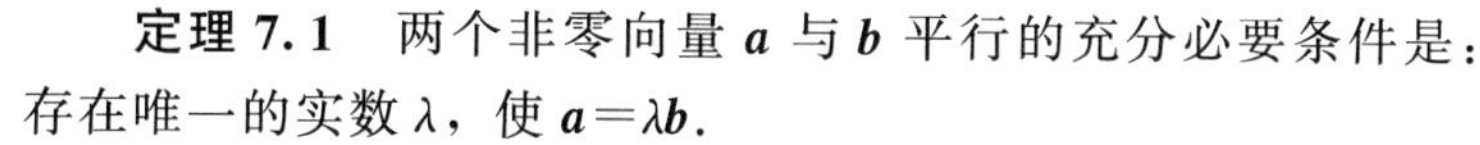

定理 7.1　两个非零向量 $\boldsymbol{a}$ 与 $\boldsymbol{b}$ 平行的充分必要条件是：存在唯一的实数 λ，使 $\boldsymbol{a}=\lambda\boldsymbol{b}$.

四、向量的坐标表示

1. 向量的坐标表示

任给向量 $\boldsymbol{a}$，对应有点 M，使$\overrightarrow{OM}=\boldsymbol{a}$. 以 OM 为对角线、三条坐标轴为棱作长方体，如图 7-8 所示.

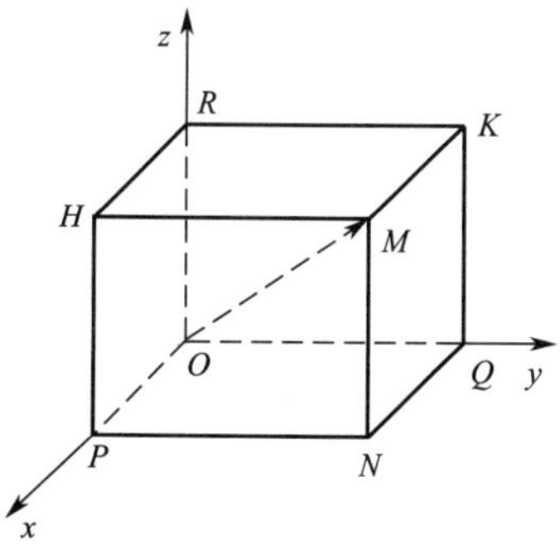

图 7-8

由图可以看出

$$\boldsymbol{a}=\overrightarrow{OM}=\overrightarrow{OP}+\overrightarrow{PN}+\overrightarrow{NM}=\overrightarrow{OP}+\overrightarrow{OQ}+\overrightarrow{OR}$$

设　$\overrightarrow{OP}=x\boldsymbol{i}$，$\overrightarrow{OQ}=y\boldsymbol{j}$，$\overrightarrow{OR}=z\boldsymbol{k}$

则 $$\boldsymbol{a}=\overrightarrow{OM}=x\boldsymbol{i}+y\boldsymbol{j}+z\boldsymbol{k}$$

其中，$\boldsymbol{i}$、$\boldsymbol{j}$、$\boldsymbol{k}$ 分别是 x 轴、y 轴、z 轴同方向的单位向量，也称为基本单位向量.

于是点 M、向量 $\boldsymbol{a}$ 与三个有序数 x、y、z 之间有一一对应关系

$$M\leftrightarrow\boldsymbol{a}=\overrightarrow{OM}=x\boldsymbol{i}+y\boldsymbol{j}+z\boldsymbol{k}\leftrightarrow(x,y,z)$$

因此，有序数 x、y、z 称为向量 $\boldsymbol{a}$ 的坐标，记为 $\boldsymbol{a}=(x,y,z)$.

由图 7-8 可知

$$|\boldsymbol{a}|=\sqrt{x^2+y^2+z^2}$$

设 $M_1(x_1,y_1,z_1)$、$M_2(x_2,y_2,z_2)$，则

$$\begin{aligned}\overrightarrow{M_1M_2}&=\overrightarrow{OM_2}-\overrightarrow{OM_1}=(x_2\boldsymbol{i}+y_2\boldsymbol{j}+z_2\boldsymbol{k})-(x_1\boldsymbol{i}+y_1\boldsymbol{j}+z_1\boldsymbol{k})\\&=(x_2-x_1)\boldsymbol{i}+(y_2-y_1)\boldsymbol{j}+(z_2-z_1)\boldsymbol{k}\end{aligned}$$

就是说，向量的坐标等于终点坐标减去起点坐标．其模为

$$|\overrightarrow{M_1M_2}|=\sqrt{(x_2-x_1)^2+(y_2-y_1)^2+(z_2-z_1)^2}$$

这也是空间中两点间的距离公式．

【例 7.1】 已知 $A(1,0,3)$、$B(2,-3,5)$是空间两点，求向量$\overrightarrow{AB}$的坐标和两点间的距离.

解 $$\overrightarrow{AB}=(2-1,-3-0,5-3)=(1,-3,2)$$

$$|\overrightarrow{AB}|=\sqrt{1^2+(-3)^2+2^2}=\sqrt{14}$$

2. 利用坐标作向量的线性运算

设 $\boldsymbol{a}=x_1\boldsymbol{i}+y_1\boldsymbol{j}+z_1\boldsymbol{k}$，$\boldsymbol{b}=x_2\boldsymbol{i}+y_2\boldsymbol{j}+z_2\boldsymbol{k}$，则有

(1) $\boldsymbol{a}+\boldsymbol{b}=(x_1+x_2)\boldsymbol{i}+(y_1+y_2)\boldsymbol{j}+(z_1+z_2)\boldsymbol{k}$；

(2) $\boldsymbol{a}-\boldsymbol{b}=(x_1-x_2)\boldsymbol{i}+(y_1-y_2)\boldsymbol{j}+(z_1-z_2)\boldsymbol{k}$；

(3) $\lambda\boldsymbol{a}=\lambda x_1\boldsymbol{i}+\lambda y_1\boldsymbol{j}+\lambda z_1\boldsymbol{k}$；

(4) $\boldsymbol{a}/\!/\boldsymbol{b}\Leftrightarrow\dfrac{x_1}{x_2}=\dfrac{y_1}{y_2}=\dfrac{z_1}{z_2}$.

思考题 7.1

1. 指出有向线段和向量的区别和联系？

2. 落在三个坐标面和三个坐标轴上的点各有什么特征？指出下列各点位置的特殊性：$A(5,0,0)$； $B(0,-3,0)$； $C(0,0,4)$； $D(1,2,0)$； $E(1,0,2)$.

3. 写出点 $M(1,1,1)$关于 x 轴、xOy 平面、坐标原点的对称点坐标.

练习题 7.1

1. 设 $\boldsymbol{u}=\boldsymbol{a}-\boldsymbol{b}+2\boldsymbol{c}$，$\boldsymbol{v}=-\boldsymbol{a}+3\boldsymbol{b}-\boldsymbol{c}$. 试用 $\boldsymbol{a}$、$\boldsymbol{b}$、$\boldsymbol{c}$ 表示 $4\boldsymbol{u}-3\boldsymbol{v}$.

2. 如果一个平面上一个四边形的对角线互相平分，试用向量证明它是平行四边形.

3. 求平行于向量 $\boldsymbol{a}=(1,2,3)$的单位向量.

4. 求点 $M(1,-2,-3)$到各坐标轴的距离.

5. 已知$\triangle ABC$ 的三个顶点坐标分别是 $A(2,1,0)$、$B(3,3,4)$、$C(5,4,3)$. 求$\triangle ABC$ 的边长，确定它是否为等腰三角形、直角三角形.

6. 确定 m、n 的值，使向量 $\boldsymbol{a}=(1,m,3)$与向量 $\boldsymbol{b}=(2,-1,n)$平行.

7. 求与 z 轴反向，模为 3 的向量 $\boldsymbol{a}$ 的坐标.

第二节 向量的数量积与向量积

一、两向量的数量积

1. 引例

设一物体在常力 $\boldsymbol{F}$ 作用下沿直线从点 M_1 移动到点 M_2，以 $\boldsymbol{s}$ 表示位移$\overrightarrow{M_1M_2}$，由物理学知道，力 $\boldsymbol{F}$ 所做的功

$$W=|\boldsymbol{F}|\,|\boldsymbol{s}|\cos\theta$$

其中，θ 为 $\boldsymbol{F}$ 与 $\boldsymbol{s}$ 的夹角（图 7-9）.

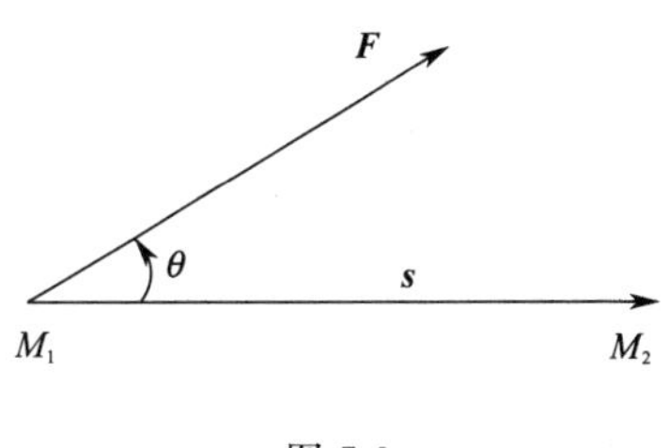

图 7-9

从这个问题可以看出，有时要对两个向量 $\boldsymbol{a}$ 和 $\boldsymbol{b}$ 做这样的运算，运算结果是一个数，它等于 $|\boldsymbol{a}|$、$|\boldsymbol{b}|$ 及它们的夹角的余弦的乘积. 由此给出向量的数量积概念.

2. 数量积的概念

定义 7.1 设有两个向量 $\boldsymbol{a}$ 和 $\boldsymbol{b}$，其夹角为 $\theta(0\leqslant\theta\leqslant\pi)$，则称

$$|\boldsymbol{a}|\,|\boldsymbol{b}|\cos\theta$$

为向量 $\boldsymbol{a}$ 和 $\boldsymbol{b}$ 的数量积（或点积）. 记作 $\boldsymbol{a}\cdot\boldsymbol{b}$，即

$$\boldsymbol{a}\cdot\boldsymbol{b}=|\boldsymbol{a}|\,|\boldsymbol{b}|\cos\theta$$

由数量积的定义可以推出：

(1) $\boldsymbol{a}\cdot\boldsymbol{a}=|\boldsymbol{a}|^2$；

(2) 对于两个非零向量 $\boldsymbol{a}$ 和 $\boldsymbol{b}$，$\boldsymbol{a}\perp\boldsymbol{b}\Leftrightarrow\boldsymbol{a}\cdot\boldsymbol{b}=0$.

由数量积的定义不难看出，数量积的运算满足下列规律：

(1) 交换律 $\boldsymbol{a}\cdot\boldsymbol{b}=\boldsymbol{b}\cdot\boldsymbol{a}$；

(2) 分配律 $\boldsymbol{a}\cdot(\boldsymbol{b}+\boldsymbol{c})=\boldsymbol{a}\cdot\boldsymbol{b}+\boldsymbol{a}\cdot\boldsymbol{c}$；

(3) 结合律 $(\lambda\boldsymbol{a})\cdot\boldsymbol{b}=\lambda(\boldsymbol{a}\cdot\boldsymbol{b})=\boldsymbol{a}\cdot(\lambda\boldsymbol{b})$.

【例 7.2】 已知 x 轴、y 轴、z 轴的单位向量分别是 $\boldsymbol{i}$、$\boldsymbol{j}$、$\boldsymbol{k}$. 求证

$$\boldsymbol{i}\cdot\boldsymbol{i}=\boldsymbol{j}\cdot\boldsymbol{j}=\boldsymbol{k}\cdot\boldsymbol{k}=1$$

$$\boldsymbol{i}\cdot\boldsymbol{j}=\boldsymbol{j}\cdot\boldsymbol{k}=\boldsymbol{k}\cdot\boldsymbol{i}=0$$

证明 因为 $|\boldsymbol{i}|=|\boldsymbol{j}|=|\boldsymbol{k}|=1$，所以

$$\boldsymbol{i}\cdot\boldsymbol{i}=|\boldsymbol{i}|\,|\boldsymbol{i}|\cos\theta=1(\theta=0)$$

同理可求得

$$\boldsymbol{j}\cdot\boldsymbol{j}=\boldsymbol{k}\cdot\boldsymbol{k}=1$$

又因为 $\boldsymbol{i}$、$\boldsymbol{j}$、$\boldsymbol{k}$ 之间的夹角都是$\frac{\pi}{2}$，故有

$$\boldsymbol{i}\cdot\boldsymbol{j}=|\boldsymbol{i}|\,|\boldsymbol{j}|\cos\frac{\pi}{2}=0$$

同理可求得

$$\boldsymbol{j}\cdot\boldsymbol{k}=\boldsymbol{k}\cdot\boldsymbol{i}=0$$

3. 数量积的坐标表示

设 $\boldsymbol{a}=x_1\boldsymbol{i}+y_1\boldsymbol{j}+z_1\boldsymbol{k}$，$\boldsymbol{b}=x_2\boldsymbol{i}+y_2\boldsymbol{j}+z_2\boldsymbol{k}$，则

$$\begin{aligned}\boldsymbol{a}\cdot\boldsymbol{b}&=(x_1\boldsymbol{i}+y_1\boldsymbol{j}+z_1\boldsymbol{k})\cdot(x_2\boldsymbol{i}+y_2\boldsymbol{j}+z_2\boldsymbol{k})\\&=x_1\boldsymbol{i}\cdot(x_2\boldsymbol{i}+y_2\boldsymbol{j}+z_2\boldsymbol{k})+y_1\boldsymbol{j}\cdot(x_2\boldsymbol{i}+y_2\boldsymbol{j}+z_2\boldsymbol{k})+z_1\boldsymbol{k}\cdot(x_2\boldsymbol{i}+y_2\boldsymbol{j}+z_2\boldsymbol{k})\\&=x_1x_2\boldsymbol{i}\cdot\boldsymbol{i}+x_1y_2\boldsymbol{i}\cdot\boldsymbol{j}+x_1z_2\boldsymbol{i}\cdot\boldsymbol{k}+y_1x_2\boldsymbol{j}\cdot\boldsymbol{i}+y_1y_2\boldsymbol{j}\cdot\boldsymbol{j}+y_1z_2\boldsymbol{j}\cdot\boldsymbol{k}+\end{aligned}$$

$$z_1x_2\boldsymbol{k}\cdot\boldsymbol{i}+z_1y_2\boldsymbol{k}\cdot\boldsymbol{j}+z_1z_2\boldsymbol{k}\cdot\boldsymbol{k}$$
$$=x_1x_2+y_1y_2+z_1z_2$$

即

$$\boldsymbol{a}\cdot\boldsymbol{b}=x_1x_2+y_1y_2+z_1z_2$$

这就是两个向量的数量积的坐标表达式.

由于 $\boldsymbol{a}\cdot\boldsymbol{b}=|\boldsymbol{a}||\boldsymbol{b}|\cos\theta$，所以当 $\boldsymbol{a}$、$\boldsymbol{b}$ 为非零向量时，有

$$\cos\theta=\frac{\boldsymbol{a}\cdot\boldsymbol{b}}{|\boldsymbol{a}||\boldsymbol{b}|}$$

用坐标表示就是

$$\cos\theta=\frac{x_1x_2+y_1y_2+z_1z_2}{\sqrt{x_1^2+y_1^2+z_1^2}\sqrt{x_2^2+y_2^2+z_2^2}}$$

这就是两个向量夹角余弦的坐标公式.

【例 7.3】 求向量 $\boldsymbol{a}=(x,y,z)$与三个坐标轴的夹角余弦.

解 设向量 $\boldsymbol{a}$ 与 x 轴、y 轴、z 轴的夹角分别是 α、β、γ. 也就是向量 $\boldsymbol{a}$ 与单位向量 $\boldsymbol{i}$、$\boldsymbol{j}$、$\boldsymbol{k}$ 的夹角分别是 α、β、γ.

因为，$\boldsymbol{i}=(1,0,0)$，$\boldsymbol{j}=(0,1,0)$，$\boldsymbol{k}=(0,0,1)$. 所以

$$\cos\alpha=\frac{\boldsymbol{a}\cdot\boldsymbol{i}}{|\boldsymbol{a}||\boldsymbol{i}|}=\frac{x}{\sqrt{x^2+y^2+z^2}}$$

$$\cos\beta=\frac{\boldsymbol{a}\cdot\boldsymbol{j}}{|\boldsymbol{a}||\boldsymbol{j}|}=\frac{y}{\sqrt{x^2+y^2+z^2}}$$

$$\cos\gamma=\frac{\boldsymbol{a}\cdot\boldsymbol{k}}{|\boldsymbol{a}||\boldsymbol{k}|}=\frac{z}{\sqrt{x^2+y^2+z^2}}$$

把上例中的 α、β、γ 叫做向量 $\boldsymbol{a}$ 的方向角，$\cos\alpha$、$\cos\beta$、$\cos\gamma$ 叫做向量 $\boldsymbol{a}$ 的方向余弦. 并且有

$$\cos^2\alpha+\cos^2\beta+\cos^2\gamma=1$$

【例 7.4】 已知三点 $A(1,1,1)$、$B(2,2,1)$、$C(2,1,2)$. 求$\angle BAC$.

解 $\angle BAC$ 即为向量$\overrightarrow{AB}$和$\overrightarrow{AC}$的夹角. 而$\overrightarrow{AB}=(1,1,0)$，$\overrightarrow{AC}=(1,0,1)$. 于是

$$\cos\angle BAC=\frac{\overrightarrow{AB}\cdot\overrightarrow{AC}}{|\overrightarrow{AB}||\overrightarrow{AC}|}=\frac{1\times1+1\times0+0\times1}{\sqrt{1^2+1^2+0^2}\sqrt{1^2+0^2+1^2}}=\frac{1}{2}$$

所以 $\angle BAC=\frac{\pi}{3}$.

二、两向量的向量积

1. 引例

设 O 为一根杠杆的支点，力 $\boldsymbol{F}$ 作用于杠杆上 P 点处. $\boldsymbol{F}$ 与$\overrightarrow{OP}$的夹角为 θ（图 7-10）. 由物理学知识知道，力 $\boldsymbol{F}$ 对支点 O 的力矩是一向量 $\boldsymbol{M}$，其大小为

$$|\boldsymbol{M}|=|\boldsymbol{F}|d=|\boldsymbol{F}||\overrightarrow{OP}|\sin\theta$$

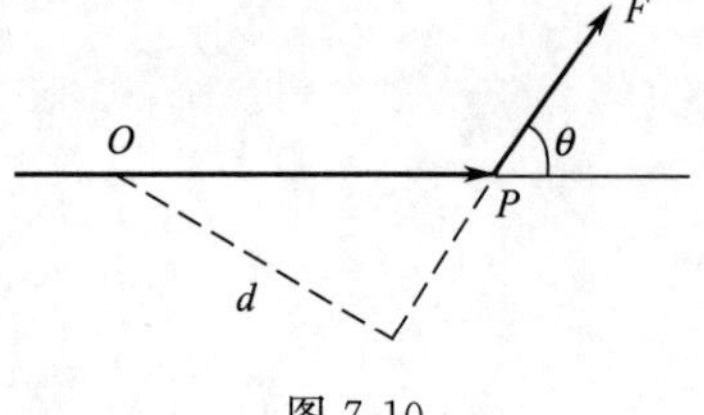

图 7-10

而 $\boldsymbol{M}$ 的方向垂直 $\boldsymbol{F}$ 与$\overrightarrow{OP}$所确定的平面，指向是按右手螺旋规则从$\overrightarrow{OP}$以不超过 π 的角转向 $\boldsymbol{F}$ 握拳时，大拇指的指向就是 $\boldsymbol{M}$ 的指向.

这种由两个已知向量按上面的规则来确定另一个向量的情况，在工程技术领域也会遇到. 由此给出向量的向量积概念.

2. 向量积的概念

定义 7.2 设向量 $\boldsymbol{c}$ 由两个向量 $\boldsymbol{a}$ 和 $\boldsymbol{b}$ 按下列方式确定：

(1) $\boldsymbol{c}$ 的模 $|\boldsymbol{c}|=|\boldsymbol{a}||\boldsymbol{b}|\sin\theta$，其中，$\theta$ 为 $\boldsymbol{a}$ 和 $\boldsymbol{b}$ 的夹角；

(2) $\boldsymbol{c}$ 的方向垂直于 $\boldsymbol{a}$ 和 $\boldsymbol{b}$ 所决定的平面，指向符合右手螺旋法则.

那么向量 $\boldsymbol{c}$ 叫做向量 $\boldsymbol{a}$ 和 $\boldsymbol{b}$ 的向量积，记作 $\boldsymbol{a}\times\boldsymbol{b}$，即

$$\boldsymbol{c}=\boldsymbol{a}\times\boldsymbol{b}$$

按上述定义，引例中的力矩就可表示为 $\boldsymbol{M}=\overrightarrow{OP}\times\boldsymbol{F}$.

由向量积的定义可以推出：

(1) $\boldsymbol{a}\times\boldsymbol{a}=\boldsymbol{0}$；

(2) 对于两个非零向量 $\boldsymbol{a}$ 和 $\boldsymbol{b}$，$\boldsymbol{a}/\!/\boldsymbol{b}\Leftrightarrow\boldsymbol{a}\times\boldsymbol{b}=\boldsymbol{0}$.

由向量积的定义不难看出，向量积的运算满足下列规律：

(1) 反交换律 $\boldsymbol{a}\times\boldsymbol{b}=-\boldsymbol{b}\times\boldsymbol{a}$；

(2) 分配律 $\boldsymbol{a}\times(\boldsymbol{b}+\boldsymbol{c})=\boldsymbol{a}\times\boldsymbol{b}+\boldsymbol{a}\times\boldsymbol{c}$

$(\boldsymbol{a}+\boldsymbol{b})\times\boldsymbol{c}=\boldsymbol{a}\times\boldsymbol{c}+\boldsymbol{b}\times\boldsymbol{c}$；

(3) 结合律 $(\lambda\boldsymbol{a})\times\boldsymbol{b}=\lambda(\boldsymbol{a}\times\boldsymbol{b})=\boldsymbol{a}\times(\lambda\boldsymbol{b})$.

3. 向量积的坐标表示

设 $\boldsymbol{a}=x_1\boldsymbol{i}+y_1\boldsymbol{j}+z_1\boldsymbol{k}$，$\boldsymbol{b}=x_2\boldsymbol{i}+y_2\boldsymbol{j}+z_2\boldsymbol{k}$，则

$$\begin{aligned}\boldsymbol{a}\times\boldsymbol{b}&=(x_1\boldsymbol{i}+y_1\boldsymbol{j}+z_1\boldsymbol{k})\times(x_2\boldsymbol{i}+y_2\boldsymbol{j}+z_2\boldsymbol{k})\\&=x_1\boldsymbol{i}\times(x_2\boldsymbol{i}+y_2\boldsymbol{j}+z_2\boldsymbol{k})+y_1\boldsymbol{j}\times(x_2\boldsymbol{i}+y_2\boldsymbol{j}+z_2\boldsymbol{k})+z_1\boldsymbol{k}\times(x_2\boldsymbol{i}+y_2\boldsymbol{j}+z_2\boldsymbol{k})\\&=x_1x_2\boldsymbol{i}\times\boldsymbol{i}+x_1y_2\boldsymbol{i}\times\boldsymbol{j}+x_1z_2\boldsymbol{i}\times\boldsymbol{k}+y_1x_2\boldsymbol{j}\times\boldsymbol{i}+y_1y_2\boldsymbol{j}\times\boldsymbol{j}+y_1z_2\boldsymbol{j}\times\boldsymbol{k}+\\&\quad z_1x_2\boldsymbol{k}\times\boldsymbol{i}+z_1y_2\boldsymbol{k}\times\boldsymbol{j}+z_1z_2\boldsymbol{k}\times\boldsymbol{k}\end{aligned}$$

根据定义有

$$\boldsymbol{i}\times\boldsymbol{i}=\boldsymbol{j}\times\boldsymbol{j}=\boldsymbol{k}\times\boldsymbol{k}=\boldsymbol{0}$$

$$\boldsymbol{i}\times\boldsymbol{j}=\boldsymbol{k},\ \boldsymbol{j}\times\boldsymbol{k}=\boldsymbol{i},\ \boldsymbol{k}\times\boldsymbol{i}=\boldsymbol{j}$$

$$\boldsymbol{j}\times\boldsymbol{i}=-\boldsymbol{k},\ \boldsymbol{k}\times\boldsymbol{j}=-\boldsymbol{i},\ \boldsymbol{i}\times\boldsymbol{k}=-\boldsymbol{j}$$

即

$$\boldsymbol{a}\times\boldsymbol{b}=(y_1z_2-z_1y_2)\boldsymbol{i}+(z_1x_2-x_1z_2)\boldsymbol{j}+(x_1y_2-y_1x_2)\boldsymbol{k}$$

为了记忆方便，把 $\boldsymbol{a}\times\boldsymbol{b}$ 表示成一个三阶行列式，计算时，只要按第一行展开即可. 即

$$\boldsymbol{a}\times\boldsymbol{b}=\begin{vmatrix}\boldsymbol{i}&\boldsymbol{j}&\boldsymbol{k}\\x_1&y_1&z_1\\x_2&y_2&z_2\end{vmatrix}$$

【例 7.5】 设 $\boldsymbol{a}=\boldsymbol{i}+2\boldsymbol{j}+3\boldsymbol{k}$，$\boldsymbol{b}=3\boldsymbol{i}-2\boldsymbol{j}+4\boldsymbol{k}$，求 $\boldsymbol{a}\times\boldsymbol{b}$.

解

$$\boldsymbol{a}\times\boldsymbol{b}=\begin{vmatrix}\boldsymbol{i}&\boldsymbol{j}&\boldsymbol{k}\\1&2&3\\3&-2&4\end{vmatrix}=14\boldsymbol{i}+5\boldsymbol{j}-8\boldsymbol{k}$$

【例 7.6】 已知力 $\boldsymbol{F}=2\boldsymbol{i}-\boldsymbol{j}+3\boldsymbol{k}$ 作用于点 $A(3,1,-1)$ 处，求此力关于杠杆上另一点 $B(1,-2,3)$的力矩.

解 因为力 $\boldsymbol{F}$ 从支点 B 到作用点 A 的向量$\overrightarrow{BA}=(2,3,-4)$，所以力 $\boldsymbol{F}$ 关于点 B 的力矩

$$\boldsymbol{M}=\overrightarrow{BA}\times\boldsymbol{F}=\begin{vmatrix}\boldsymbol{i}&\boldsymbol{j}&\boldsymbol{k}\\2&3&-4\\2&-1&3\end{vmatrix}=5\boldsymbol{i}-14\boldsymbol{j}-8\boldsymbol{k}$$

【例 7.7】 已知△ABC的顶点分别是$A(1,2,3)$、$B(3,4,5)$、$C(2,4,7)$，求△ABC的面积.

解 根据向量积的定义，三角形的面积

$$S_{\triangle ABC}=\frac{1}{2}|\overrightarrow{AB}||\overrightarrow{AC}|\sin\angle A=\frac{1}{2}|\overrightarrow{AB}\times\overrightarrow{AC}|$$

因为$\overrightarrow{AB}=(2,2,2)$，$\overrightarrow{AC}=(1,2,4)$，所以

$$\overrightarrow{AB}\times\overrightarrow{AC}=\begin{vmatrix}\boldsymbol{i} & \boldsymbol{j} & \boldsymbol{k}\\ 2 & 2 & 2\\ 1 & 2 & 4\end{vmatrix}=4\boldsymbol{i}-6\boldsymbol{j}+2\boldsymbol{k}$$

于是

$$S_{\triangle ABC}=\frac{1}{2}|4\boldsymbol{i}-6\boldsymbol{j}+2\boldsymbol{k}|=\frac{1}{2}\sqrt{4^2+(-6)^2+2^2}=\sqrt{14}$$

思考题 7.2

1. 若 $\boldsymbol{a}$ 与 $\boldsymbol{b}$ 为单位向量，则 $\boldsymbol{a}\times\boldsymbol{b}$ 是单位向量吗？
2. 向量 $\boldsymbol{a}^2=\boldsymbol{a}\cdot\boldsymbol{a}$，问 $\boldsymbol{a}^2$ 与 $|\boldsymbol{a}|$ 有关系吗？
3. 如何求同时垂直于向量 $\boldsymbol{a}$ 与 $\boldsymbol{b}$ 的向量？

练习题 7.2

1. 设向量 $\boldsymbol{a}=\boldsymbol{i}+3\boldsymbol{j}-2\boldsymbol{k}$，$\boldsymbol{b}=2\boldsymbol{i}+6\boldsymbol{j}+l\boldsymbol{k}$，且 $\boldsymbol{a}$ 与 $\boldsymbol{b}$ 垂直，求数 l.
2. 在 xOy 平面上求一单位向量与已知向量 $\boldsymbol{a}=(-4,3,7)$垂直.
3. 设向量 $\boldsymbol{a}=(-1,1,2)$，$\boldsymbol{b}=(2,0,1)$，求向量 $\boldsymbol{a}$ 与 $\boldsymbol{b}$ 的夹角.
4. 设向量 $\boldsymbol{a}=3\boldsymbol{i}-\boldsymbol{k}$，$\boldsymbol{b}=2\boldsymbol{i}-3\boldsymbol{j}+2\boldsymbol{k}$，求 $\boldsymbol{a}\times\boldsymbol{b}$.
5. 设向量 $\boldsymbol{a}=(2,1,m)$，$\boldsymbol{b}=(n,-2,3)$，且 $\boldsymbol{a}$ 与 $\boldsymbol{b}$ 平行，求 m 和 n.
6. 求垂直于向量 $\boldsymbol{a}=(2,2,1)$和 $\boldsymbol{b}=(4,5,3)$的单位向量.
7. 求以 $A(1,-1,2)$、$B(3,3,1)$和 $C(3,1,3)$为顶点的三角形面积.

第三节 平面与直线

在本节中，以向量为工具，在空间直角坐标系中讨论平面与直线.

一、平面

1. 平面的点法式方程

如果一非零向量 $\boldsymbol{n}$ 垂直于平面 π，那么称 $\boldsymbol{n}$ 为平面 π 的法向量. 很明显，平面上的任一向量都与该平面的法向量垂直.

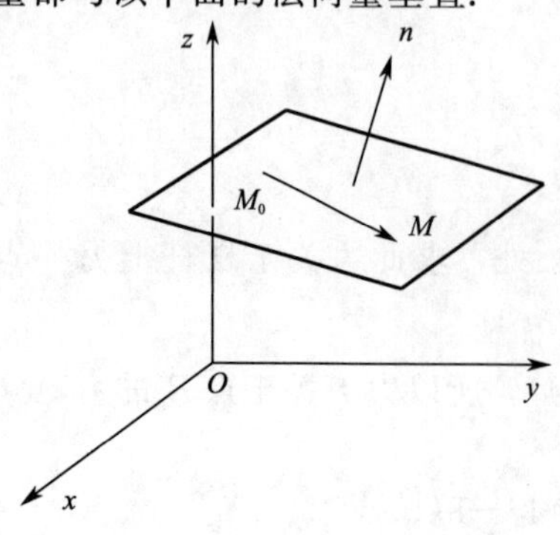

图 7-11

设平面 π 过点 $M_0(x_0,y_0,z_0)$，且法向量为 $\boldsymbol{n}=(A,B,C)$，下面建立平面 π 的方程.

设 $M(x,y,z)$是平面 π 上的任一点，则$\overrightarrow{M_0M}$在平面 π 上，即 $\boldsymbol{n}\perp\overrightarrow{M_0M}$（图 7-11）. 所以有

$$\boldsymbol{n}\cdot\overrightarrow{M_0M}=0$$

由于 $\boldsymbol{n}=(A,B,C)$，$\overrightarrow{M_0M}=(x-x_0,y-y_0,z-z_0)$，所以有

$$A(x-x_0)+B(y-y_0)+C(z-z_0)=0 \tag{7-1}$$

由于 M 是平面 π 上的任一点，因此方程(7-1) 就是所

求平面 π 的方程. 因为方程(7-1) 是根据平面 π 上的一点 $M_0(x_0,y_0,z_0)$和一个法向量 $\boldsymbol{n}=(A,B,C)$所确定的，所以方程(7-1) 叫做平面的点法式方程.

【例 7.8】 求过点 $M(1,2,3)$且以 $\boldsymbol{n}=(3,-2,5)$为法向量的平面方程.

解 根据平面的点法式方程(7-1)，得所求平面的方程为

$$3(x-1)-2(y-2)+5(z-3)=0$$

即

$$3x-2y+5z-14=0$$

【例 7.9】 试确定过 $M_1(2,3,0)$、$M_2(-2,-3,4)$及 $M_3(0,6,0)$三点的平面方程.

解 向量

$$\boldsymbol{n}=\overrightarrow{M_1M_2}\times\overrightarrow{M_1M_3}=\begin{vmatrix}\boldsymbol{i} & \boldsymbol{j} & \boldsymbol{k}\\ -4 & -6 & 4\\ -2 & 3 & 0\end{vmatrix}=-12\boldsymbol{i}-8\boldsymbol{j}-24\boldsymbol{k}$$

与平面垂直，是平面的一个法向量. 根据平面的点法式方程 (7-1)，得所求平面的方程为

$$-12(x-2)-8(y-3)-24(z-0)=0$$

即

$$3x+2y+6z-12=0$$

2. 平面的一般式方程

平面的点法式方程(7-1) 整理得

$$Ax+By+Cz+(-Ax_0-By_0-Cz_0)=0$$

令 $D=-Ax_0-By_0-Cz_0$，则有

$$Ax+By+Cz+D=0 \tag{7-2}$$

即平面方程都可以表示为三元一次方程的形式. 反过来，是否任何一个三元一次方程都表示一个平面呢？任取满足方程(7-2) 的一组数 x_0、y_0、z_0，即

$$Ax_0+By_0+Cz_0+D=0$$

把上述两等式相减得

$$A(x-x_0)+B(y-y_0)+C(z-z_0)=0$$

把它和平面的点法式方程(7-1) 作比较，可以知道该方程是通过点 $M_0(x_0,y_0,z_0)$且以 $\boldsymbol{n}=(A,B,C)$为法向量的平面方程. 所以方程(7-2) 总表示平面方程. 由此可知，任何一个三元一次方程的图形总是一个平面. 方程(7-2) 称为平面的一般式方程，其中 x、y、z 的系数就是该平面的一个法向量 $\boldsymbol{n}$ 的坐标，即 $\boldsymbol{n}=(A,B,C)$.

下面讨论某些特殊的三元一次方程和它们图形的特点：

(1) 当 $D=0$ 时，方程(7-2) 成为 $Ax+By+Cz=0$，它表示一个通过原点的平面.

(2) 当 $A=0$ 时，方程 (7-2) 成为 $By+Cz+D=0$，法线向量 $\boldsymbol{n}=(0,B,C)$垂直于 x 轴，方程表示一个平行于 x 轴的平面. 同理，方程 $Ax+Cz+D=0$ 和 $Ax+By+D=0$ 分别表示一个平行于 y 轴和 z 轴的平面.

(3) 当 $A=B=0$ 时，方程 (7-2) 成为 $Cz+D=0$ 或 $z=-\dfrac{D}{C}$，法线向量 $\boldsymbol{n}=(0,0,C)$同时垂直 x 轴和 y 轴，方程表示一个平行于 xOy 面的平面. 同理方程 $Ax+D=0$ 和 $By+D=0$ 分别表示一个平行于 yOz 面和 xOz 面的平面.

【例 7.10】 求过点 $M_1(a,0,0)$、$M_2(0,b,0)$、$M_3(0,0,c)$的平面方程，其中，a、b、c 不全为零.

解 设所求平面方程为

$$Ax+By+Cz+D=0$$

由于点 M_1、M_2、M_3在平面上，故它们的坐标应该满足平面方程，即

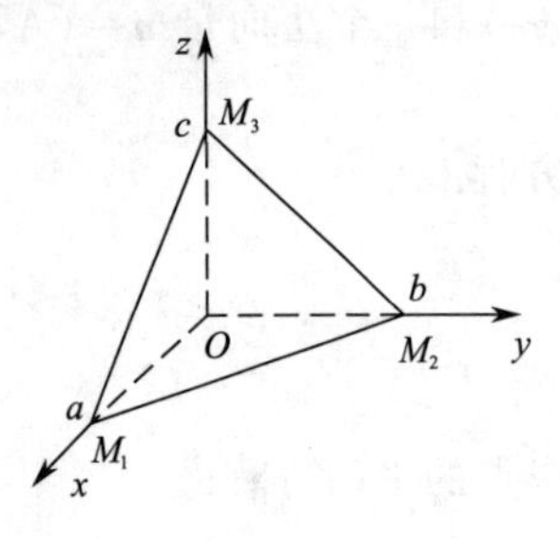

图 7-12

$$\begin{cases}Aa+D=0\\Bb+D=0\\Cc+D=0\end{cases}$$

解之得

$$A=-\frac{D}{a},\ B=-\frac{D}{b},\ C=-\frac{D}{c}$$

把它们代入所设方程得

$$-\frac{D}{a}x-\frac{D}{b}y-\frac{D}{c}z+D=0\ (D\neq 0)$$

即

$$\frac{x}{a}+\frac{y}{b}+\frac{z}{c}=1$$

其中，a、b、c 依次称为该平面在 x 轴、y 轴、z 轴上的截距，方程称为平面的截距式方程(图 7-12).

【例 7.11】 求通过 z 轴和点 $M(2,-1,2)$ 的平面方程.

解 由于平面通过 z 轴，设其方程为

$$Ax+By=0$$

又平面过点 $M(2,-1,2)$，则

$$2A+B(-1)=0$$

即 $B=2A$，代入所设方程化简得所求方程为：$x+2y=0$.

3. 两平面的夹角、平行与垂直的条件

两相交平面的夹角 θ 就是它们的法向量的夹角. 一般地，两平面的夹角有两个，它们互补，规定两平面的夹角是其中较小者.

设平面 π_1：$A_1x+B_1y+C_1z+D_1=0$，其法向量 $\boldsymbol{n}_1=(A_1,B_1,C_1)$；

π_2：$A_2x+B_2y+C_2z+D_2=0$，其法向量 $\boldsymbol{n}_2=(A_2,B_2,C_2)$.

那么平面 π_1 和 π_2 的夹角 θ（图 7-13）应是 $\langle\boldsymbol{n}_1,\boldsymbol{n}_2\rangle$ 或 $\pi-\langle\boldsymbol{n}_1,\boldsymbol{n}_2\rangle$ 两者中的较小者，因此 $\cos\theta=|\cos\langle\boldsymbol{n}_1,\boldsymbol{n}_2\rangle|$，即

$$\cos\theta=\frac{|A_1A_2+B_1B_2+C_1C_2|}{\sqrt{A_1^2+B_1^2+C_1^2}\sqrt{A_2^2+B_2^2+C_2^2}} \tag{7-3}$$

如果两平面平行，则它们的法向量平行，反之亦然. 由此可得两平面 π_1 和 π_2 平行的充要条件是：

$$\frac{A_1}{A_2}=\frac{B_1}{B_2}=\frac{C_1}{C_2} \tag{7-4}$$

同理，如果两平面垂直，则其法向量互相垂直，反之亦然. 由此可得两平面 π_1 和 π_2 垂直的充要条件是：

$$A_1A_2+B_1B_2+C_1C_2=0 \tag{7-5}$$

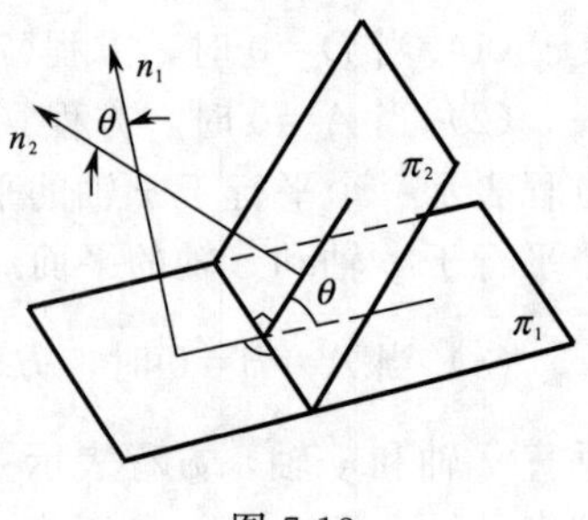

图 7-13

设平面 π：$Ax+By+Cz+D=0$，点 $M(x_0,y_0,z_0)$，点 M 到平面 π 的距离为

$$d=\frac{|Ax_0+By_0+Cz_0+D|}{\sqrt{A^2+B^2+C^2}} \tag{7-6}$$

【例 7.12】 求两平面 $x-y-11=0$ 和 $3x+8=0$ 间的夹角.

解 设两平面的夹角为 θ，根据式(7-3) 得

$$\cos\theta=\frac{|1\times3+(-1)\times0+0\times0|}{\sqrt{1^2+(-1)^2+0^2}\sqrt{3^2+0^2+0^2}}=\frac{1}{\sqrt{2}}$$

故

$$\theta=\frac{\pi}{4}$$

【例 7.13】 一平面通过点 $M_1(1,1,1)$ 和点 $M_2(0,1,-1)$，且垂直于平面 $x+y+z=0$，求其方程.

解　设所求的法向量为

$$\boldsymbol{n}=(A,B,C)$$

因为 M_1、M_2 在平面内，所以 $\overrightarrow{M_1M_2}=(-1,0,-2)$ 在平面上，因此 $\boldsymbol{n}\perp\overrightarrow{M_1M_2}$，故有

$$-A-2C=0 \tag{1}$$

又因为所求平面与已知平面垂直，因此其法向量互相垂直，故有

$$A+B+C=0 \tag{2}$$

由式(1) 得 $A=-2C$，代入式(2) 得 $B=C$，取 $C=-1$，得所求平面方程为

$$2(x-1)-(y-1)-(z-1)=0$$

即

$$2x-y-z=0$$

二、直线

1. 直线的点向式方程

如果一个非零向量与已知直线平行，这个向量就叫做已知直线的方向向量. 显然一条直线的方向向量不是唯一的. 直线上任一非零向量都是该直线的方向向量.

设直线 L 过点 $M_0(x_0,y_0,z_0)$，且 $\boldsymbol{s}=(m,n,p)$ 为其一方向向量，求此直线方程.

在直线 L 上任取一点 $M(x,y,z)$，则向量

$$\overrightarrow{M_0M}=(x-x_0,y-y_0,z-z_0)$$

且 $\overrightarrow{M_0M}\parallel\boldsymbol{s}$，如图 7-14 所示，则有

$$\frac{x-x_0}{m}=\frac{y-y_0}{n}=\frac{z-z_0}{p} \tag{7-7}$$

显然，直线 L 上任一点的坐标都满足方程(7-7)，直线 L 外的点的坐标都不满足方程(7-7)，故方程(7-7) 是直线 L 的方程. 把这个方程叫做直线的点向式方程.

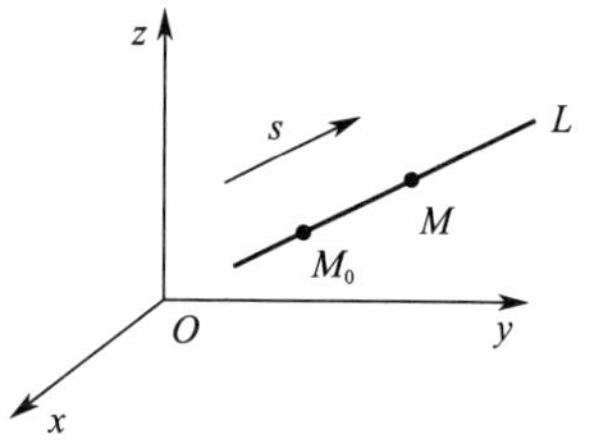

图 7-14

【例 7.14】 求过点 $M_0(1,2,-3)$，且垂直于平面 $2x+3y-5z+8=0$ 的直线方程.

解　已知平面的法向量可作为所求直线的方向向量，即

$$\boldsymbol{s}=(2,3,-5)$$

由式(7-7) 可得所求直线方程为

$$\frac{x-1}{2}=\frac{y-2}{3}=\frac{z+3}{-5}$$

【例 7.15】 设直线经过两点 $M_1(1,-2,-3)$ 和 $M_2(4,4,6)$，求其方程.

解　取 $\overrightarrow{M_1M_2}=(3,6,9)$ 为直线的方向向量，并选直线上一点 M_1，由式(7-7) 可得所求直线方程为

$$\frac{x-1}{3}=\frac{y+2}{6}=\frac{z+3}{9}$$

即

$$\frac{x-1}{1}=\frac{y+2}{2}=\frac{z+3}{3}$$

注意：(1) 直线的方向向量不是唯一的，但同一条直线的所有方向向量互相平行；

(2) 直线上点的坐标选取不是唯一的，因此直线方程也不是唯一的；

(3) 直线的点向式方程中，方向数 m、n、p 可以有一个或两个为零，这时方程(7-7) 应理解为当分母为零时，分子必为零.

2. 直线的一般式方程

空间直线可以看成是两平面的交线，所以可用这两个平面方程的联立方程组来表示直线方程，即

$$\begin{cases}A_1x+B_1y+C_1z+D_1=0\\A_2x+B_2y+C_2z+D_2=0\end{cases}\tag{7-8}$$

由于两平面相交，故式(7-8) 中的 A_1、B_1、C_1 与 A_2、B_2、C_2 不成比例．称式(7-8) 为直线的一般式方程.

由于过一条直线的平面有无穷多个，可以任取两个将其方程联立成直线的一般方程. 因此，直线的一般方程不是唯一的.

【例 7.16】 写出直线 L：$\begin{cases}x-2y+3z-3=0\\3x+y-2z+5=0\end{cases}$ 的点向式方程.

解 先在直线 L：$\begin{cases}x-2y+3z-3=0\\3x+y-2z+5=0\end{cases}$ 上选取一点，为此，令 $z=0$ 求得 $x=-1$，$y=-2$，即点 $M_0(-1,-2,0)$ 为直线 L 上的一个点.

直线 L 的方向向量

$$\boldsymbol{s}=\boldsymbol{n}_1\times\boldsymbol{n}_2=\begin{vmatrix}\boldsymbol{i}&\boldsymbol{j}&\boldsymbol{k}\\1&-2&3\\3&1&-2\end{vmatrix}=\boldsymbol{i}+11\boldsymbol{j}+7\boldsymbol{k}$$

所以直线 L 的点向式方程为

$$\frac{x+1}{1}=\frac{y+2}{11}=\frac{z-0}{7}$$

3. 两直线的夹角、平行与垂直的条件

两直线 L_1 和 L_2 的方向向量的夹角（通常指锐角）叫做两直线的夹角，通常记为 φ. 设直线 L_1 和 L_2 的方程分别为

$$\frac{x-x_1}{m_1}=\frac{y-y_1}{n_1}=\frac{z-z_1}{p_1}$$
$$\frac{x-x_2}{m_2}=\frac{y-y_2}{n_2}=\frac{z-z_2}{p_2}$$

它们的方向向量分别为

$$\boldsymbol{s}_1=(m_1,n_1,p_1),\ \boldsymbol{s}_2=(m_2,n_2,p_2)$$

若它们的夹角 θ 不大于 90°，则 $\varphi=\theta$；若 θ 大于 90°，则 $\varphi=\pi-\theta$. 故直线 L_1 和 L_2 的夹角余弦为

$$\cos\varphi=\frac{|m_1m_2+n_1n_2+p_1p_2|}{\sqrt{m_1^2+n_1^2+p_1^2}\sqrt{m_2^2+n_2^2+p_2^2}}\tag{7-9}$$

由此得两直线 L_1 和 L_2 平行的充要条件是

$$\frac{m_1}{m_2}=\frac{n_1}{n_2}=\frac{p_1}{p_2}\tag{7-10}$$

两直线 L_1 和 L_2 垂直的充要条件是

$$m_1m_2+n_1n_2+p_1p_2=0\tag{7-11}$$

【例 7.17】 一直线通过点 $M_0(-3,2,5)$，且与平面 $x-4z-3=0$，$2x-y-5z-1=0$ 的交

线平行，求该直线的方程.

解　由于所求直线与两平面的交线平行，故可取两平面的交线的方向向量为所求直线的方向向量. 即

$$\boldsymbol{s}=\boldsymbol{n}_1\times\boldsymbol{n}_2=\begin{vmatrix}\boldsymbol{i} & \boldsymbol{j} & \boldsymbol{k}\\ 1 & 0 & -4\\ 2 & -1 & -5\end{vmatrix}=-4\boldsymbol{i}-3\boldsymbol{j}-\boldsymbol{k}$$

故所求直线方程为

$$\frac{x+3}{-4}=\frac{y-2}{-3}=\frac{z-5}{-1}$$

即

$$\frac{x+3}{4}=\frac{y-2}{3}=\frac{z-5}{1}$$

【例 7.18】　试判定下列直线和平面的位置关系：

（1）$x=2y=4z$ 和 $4x+2y+z-1=0$；

（2）$\frac{x-1}{3}=\frac{y-2}{0}=\frac{z-3}{2}$和 $y-8=0$.

解　（1）直线的方向向量 $\boldsymbol{s}=\left(1,\frac{1}{2},\frac{1}{4}\right)$，平面的法向量 $\boldsymbol{n}=(4,2,1)$. 显然有

$$1:4=\frac{1}{2}:2=\frac{1}{4}:1$$

故 $\boldsymbol{s}/\!/\boldsymbol{n}$. 所以，直线与平面垂直.

（2）直线的方向向量 $\boldsymbol{s}=(3,0,2)$，平面的法向量 $\boldsymbol{n}=(0,1,0)$. 显然 $\boldsymbol{s}\cdot\boldsymbol{n}=0$，故 $\boldsymbol{s}\perp\boldsymbol{n}$. 所以，直线与平面平行.

思考题 7.3

1. 分别写出 xOy 平面和过 z 轴的平面方程.
2. 用一般式$\begin{cases}A_1x+B_1y+C_1z+D_1=0\\ A_2x+B_2y+C_2z+D_2=0\end{cases}$表示空间直线的表达式是否唯一？
3. 在什么条件下，可以确定一个平面方程？
4. 在什么条件下，可以确定一条直线方程？
5. 直线和平面平行的充要条件是什么？
6. 在直线方程$\frac{x-x_0}{m}=\frac{y-y_0}{n}=\frac{z-z_0}{p}$中，分母能为零吗？

练习题 7.3

1. 求过原点且法向量 $\boldsymbol{n}=(1,2,3)$的平面方程.
2. 求过 $A(1,1,1)$与 z 轴垂直的平面方程.
3. 求在 x 轴、y 轴、z 轴上的截距分别为 $a=2$，$b=-3$，$c=4$ 的平面方程.
4. 已知平面过点 $A(1,-1,1)$，且垂直于两平面 $x-y+z=0$ 和 $2x+y+z+1=0$，求它的方程.
5. 已知平面过两点 $A(1,1,1)$和 $B(2,2,2)$，且与平面 $x+y-z=0$ 垂直，求它的方程.
6. 求两平面 $2x-3y+6z-12=0$ 和 $x+2y+2z-7=0$ 的夹角.
7. 求点 $M(1,0,-3)$ 到平面 $x-2\sqrt{2}y+4z+1=0$ 的距离.
8. 写出过点 $A(1,1,1)$且以 $\boldsymbol{a}=(4,3,2)$ 为方向向量的直线方程.
9. 求过两点 $A(1,2,1)$、$B(2,1,2)$ 的直线方程.

10. 求过点 $A(1,1,1)$ 且与直线$\frac{x-1}{2}=\frac{y-2}{3}=\frac{z-3}{4}$平行的直线的方程.

11. 求直线$\begin{cases}x+y+z=1\\2x-y+3z=0\end{cases}$的点向式方程.

12. 求直线$\frac{x-1}{2}=\frac{y-1}{3}=\frac{z}{2}$与平面 $x-y+z=0$ 的夹角.

第四节　常见曲面的方程及图形

在实际问题中，常常会遇到各种曲面. 如各种照明用具的反光镜、建筑物的棚顶曲面等. 要想设计这些曲面，首先要了解这些曲面的性质和方程，根据实际问题的用途和需要来确定用哪种曲面.

一、曲面方程的概念

与平面直角坐标系类似，空间任一曲面都可以看成是具有某种几何性质的点的集合. 如果有一个曲面 S 和一个三元方程 $F(x,y,z)=0$，它们满足下面两个条件：

(1) 曲面上任一点的坐标都满足方程 $F(x,y,z)=0$；

(2) 不在曲面上的点的坐标都不满足方程 $F(x,y,z)=0$.

那么，曲面 S 就称为方程 $F(x,y,z)=0$ 的图形，而 $F(x,y,z)=0$ 称为曲面 S 的方程.

建立了空间曲面及其方程的联系之后，就可以通过方程的解析性质来研究曲面的几何性质了.

空间解析几何研究的基本问题是：

(1) 已知曲面 S 上的点所满足的几何条件，建立曲面的方程；

(2) 已知曲面的方程，研究曲面的几何形状.

【例 7.19】 求球心在 $M_0(x_0,y_0,z_0)$，半径为 R 的球面方程.

解 设点 $M(x,y,z)$为所求球面上的任一点，则

$$|\overrightarrow{M_0M}|=R$$

即

$$\sqrt{(x-x_0)^2+(y-y_0)^2+(z-z_0)^2}=R$$

化简得

$$(x-x_0)^2+(y-y_0)^2+(z-z_0)^2=R^2 \tag{1}$$

显然，球面上的点的坐标满足式(1)，不在球面上的点的坐标不满足式(1)，所以式(1) 就是以 $M_0(x_0,y_0,z_0)$ 为球心，以 R 为半径的球面方程.

当 $x_0=y_0=z_0=0$ 时，得到球心在坐标原点的球面方程为

$$x^2+y^2+z^2=R^2$$

二、常见的曲面方程及其图形

1. 球面

由例 7.19 可知球心在 $C(a,b,c)$，半径为 R 的球面方程为

$$(x-a)^2+(y-b)^2+(z-c)^2=R^2 \tag{7-12}$$

球心在坐标原点，半径为 R 的球面方程为

$$x^2+y^2+z^2=R^2 \tag{7-13}$$

把式(7-12) 展开，整理得

$$x^2+y^2+z^2-2ax-2by-2cz+(a^2+b^2+c^2-R^2)=0$$

令 $D=-2a$，$E=-2b$，$F=-2c$，$G=a^2+b^2+c^2-R^2$，代入上式，得

$$x^2+y^2+z^2+Dx+Ey+Fz+G=0 \tag{7-14}$$

此方程称为球面的一般方程．具有如下性质：

(1) x^2、y^2、z^2 各项系数相等；

(2) x、y、z 的交叉项系数为零．

【例 7.20】 下列方程表示什么曲面？

(1) $x^2+y^2+z^2-2x-4y-4=0$；　　(2) $x^2+y^2+z^2-2x-4y+5=0$；

(3) $x^2+y^2+z^2-2x-4y+6=0$．

解 将方程左端配方

(1) $(x-1)^2+(y-2)^2+z^2=9$，表示以点 $C(1,2,0)$ 为球心，半径 $R=3$ 的球面；

(2) $(x-1)^2+(y-2)^2+z^2=0$，表示点 $C(1,2,0)$；

(3) $(x-1)^2+(y-2)^2+z^2=-1$，这时，空间任一点坐标都不满足方程，即没有几何图像，称为虚球面．

2. 母线平行于坐标轴的柱面

设方程中不含某一坐标，如不含竖坐标 z，即

$$F(x,y)=0 \tag{7-15}$$

它在 xOy 坐标面上的图形是一条曲线 L．由于方程中不含 z，故在空间中一切与 L 上的点 $P(x,y,0)$有相同横、纵坐标的点 $M(x,y,z)$的坐标均满足方程，也就是说，经过 L 上的任一点 P 而平行于 z 轴的直线上的一切点的坐标均满足方程．反之，如果 $M'(x',y',z')$与曲线 L 上的任何点不具有相同的横、纵坐标，则点 $M'(x',y',z')$的坐标必不满足方程（7-15）．满足方程（7-15）的点的全体构成一曲面，它是由平行于 z 轴的直线沿 xOy 坐标面上的曲线 L 移动所形成的，这种曲面叫做柱面，如图 7-15 所示．曲线 L 叫做准线，形成柱面的直线叫做柱面的母线．因此方程（7-15）在空间的图像是母线平行于 z 轴的柱面．

同理，方程 $F(y,z)=0$ 的图像是母线平行于 x 轴的柱面；方程 $F(x,z)=0$ 的图像是母线平行于 y 轴的柱面．

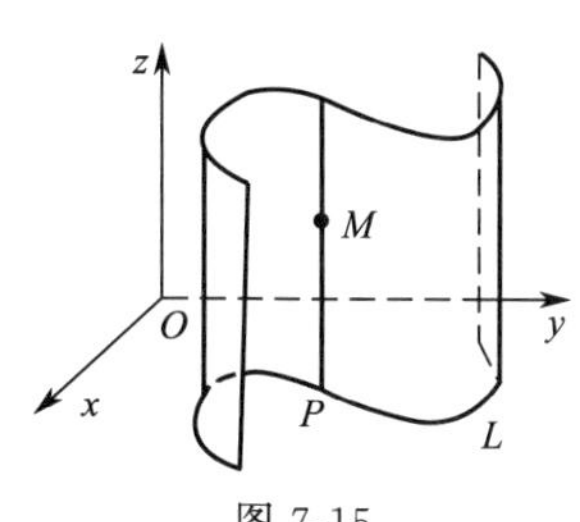

图 7-15

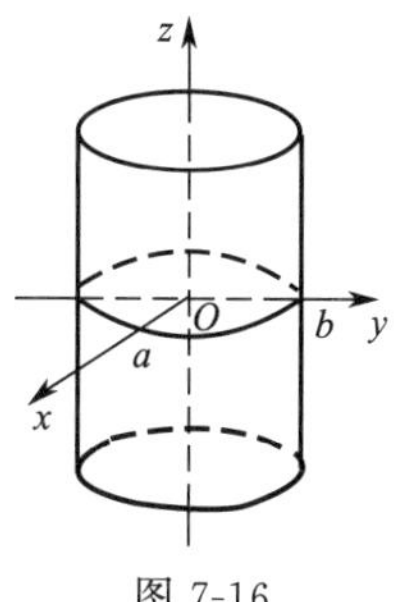

图 7-16

方程$\frac{x^2}{a^2}+\frac{y^2}{b^2}=1$，$\frac{x^2}{a^2}-\frac{y^2}{b^2}=1$，$y^2=2px$ 分别表示母线平行于 z 轴的椭圆柱面、双曲柱面和抛物柱面．如图 7-16～图 7-18 所示．由于这些方程都是二次的，因此称为二次柱面．

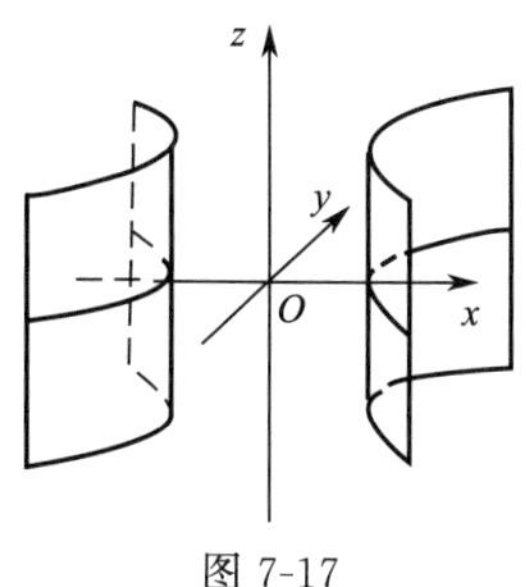

图 7-17

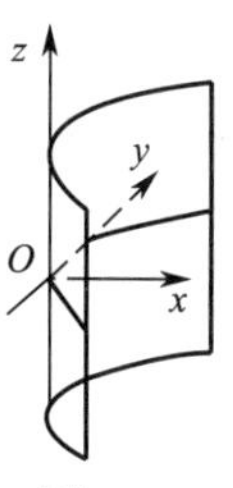

图 7-18

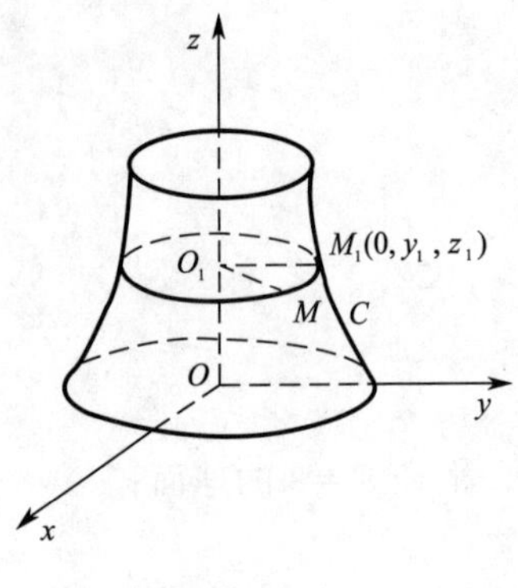

图 7-19

3. 旋转曲面

平面上的一条曲线绕着同一平面上的一条定直线旋转一周所生成的曲面称为旋转曲面. 这条定直线称为旋转曲面的轴. 这条曲线叫做旋转曲面的母线.

设在 yOz 平面上有一条已知曲线 C，它在平面直角坐标系中的方程是 $F(y,z)=0$，求此曲线 C 绕 z 轴旋转一周所形成的旋转曲面的方程（图 7-19).

在旋转曲面上任取一点 $M(x,y,z)$，设这点是由母线上点 $M_1(0,y_1,z_1)$ 绕 z 轴旋转一定角度而得到. 由图 7-19 可知，点 M 与 z 轴的距离等于点 M_1 与 z 轴的距离，且有同一竖坐标，即

$$\sqrt{x^2+y^2}=|y_1|, z=z_1$$

又因为点 M_1 在母线 C 上，所以有 $F(y_1,z_1)=0$. 即

$$F(\pm\sqrt{x^2+y^2},z)=0 \tag{7-16}$$

旋转曲面上的点都满足方程 $F(\pm\sqrt{x^2+y^2},z)=0$，而不在旋转曲面上的点都不满足该方程，故此方程是母线为 C，旋转轴为 z 轴的旋转曲面的方程. 可见，只要在 yOz 坐标面上曲线 C 的方程 $F(y,z)=0$ 中，将 y 换成 $\pm\sqrt{x^2+y^2}$，就得到曲线 C 绕 z 轴旋转的旋转曲面方程.

同理，xOy 平面上的曲线 $F(x,y)=0$ 绕 y 轴旋转的旋转曲面方程为

$$F(\pm\sqrt{x^2+z^2},y)=0 \tag{7-17}$$

xOz 平面上的曲线 $F(x,z)=0$ 绕 x 轴旋转的旋转曲面方程为

$$F(x,\pm\sqrt{y^2+z^2})=0 \tag{7-18}$$

【例 7.21】 将 xOz 坐标面上的椭圆 $\frac{x^2}{a^2}+\frac{z^2}{b^2}=1$ 分别绕 x 轴和 z 轴旋转一周，求所生成的旋转曲面的方程.

解 绕 x 轴旋转所成的旋转曲面的方程为

$$\frac{x^2}{a^2}+\frac{(\pm\sqrt{y^2+z^2})^2}{b^2}=1$$

即

$$\frac{x^2}{a^2}+\frac{y^2+z^2}{b^2}=1$$

绕 z 轴旋转所成的旋转曲面的方程为

$$\frac{\left(\pm\sqrt{x^2+y^2}\right)^2}{a^2}+\frac{z^2}{b^2}=1$$

即

$$\frac{x^2+y^2}{a^2}+\frac{z^2}{b^2}=1$$

这两种曲面都叫做旋转椭球面.

4. 二次曲面

（1）椭球面（图 7-20）

$$\frac{x^2}{a^2}+\frac{y^2}{b^2}+\frac{z^2}{c^2}=1 \ (a>0,\ b>0,\ c>0) \tag{7-19}$$

特别地，当 $a=b=c=R$ 时，方程为

$$x^2+y^2+z^2=R^2$$

它是球心在坐标原点的球面方程.

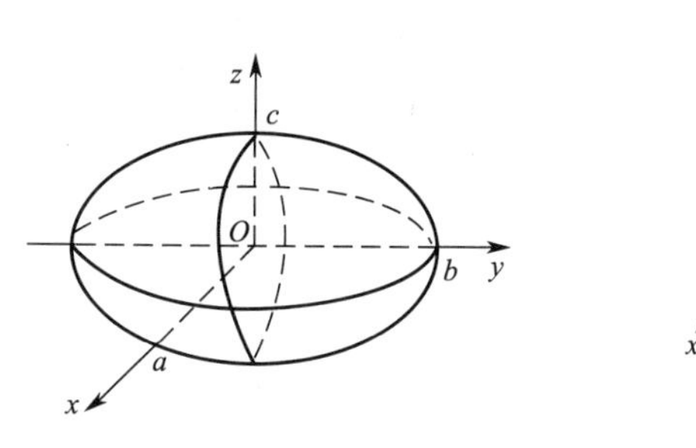

图 7-20

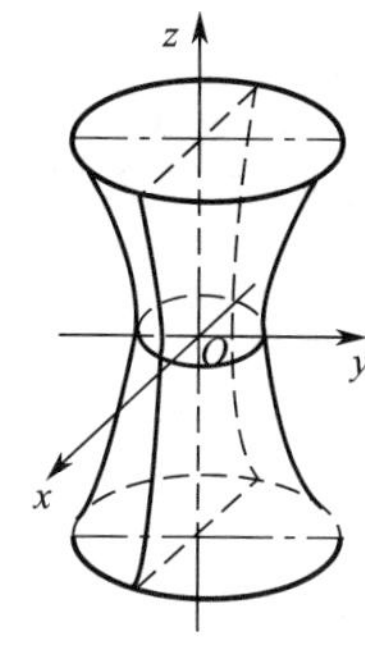

图 7-21

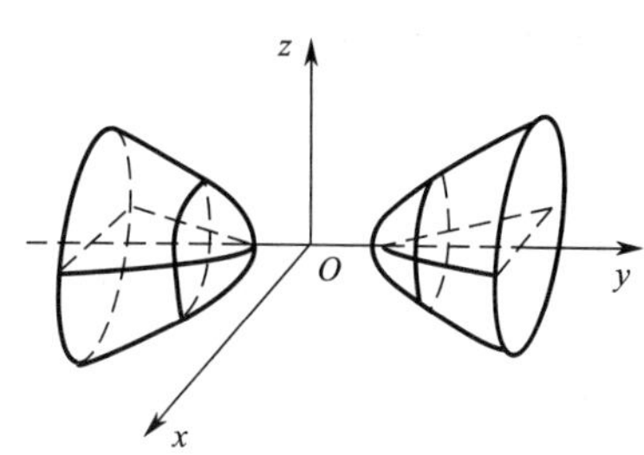

图 7-22

(2) 单叶双曲面（图 7-21）

$$\frac{x^2}{a^2}+\frac{y^2}{b^2}-\frac{z^2}{c^2}=1\ (a>0,\ b>0,\ c>0) \tag{7-20}$$

(3) 双叶双曲面（图 7-22）

$$\frac{x^2}{a^2}-\frac{y^2}{b^2}+\frac{z^2}{c^2}=-1\ (a>0,\ b>0,\ c>0) \tag{7-21}$$

(4) 椭圆抛物面（图 7-23）

$$z=\frac{x^2}{2p}+\frac{y^2}{2q}\ (p>0,\ q>0) \tag{7-22}$$

(5) 双曲抛物面（马鞍面）（图 7-24）

$$z=-\frac{x^2}{2p}+\frac{y^2}{2q}\ (p>0,\ q>0) \tag{7-23}$$

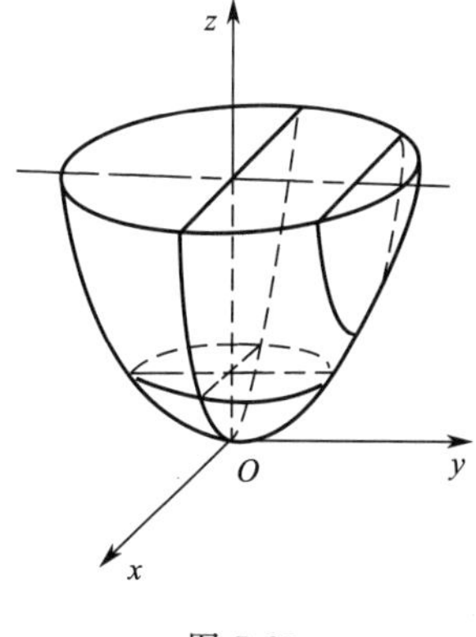

图 7-23

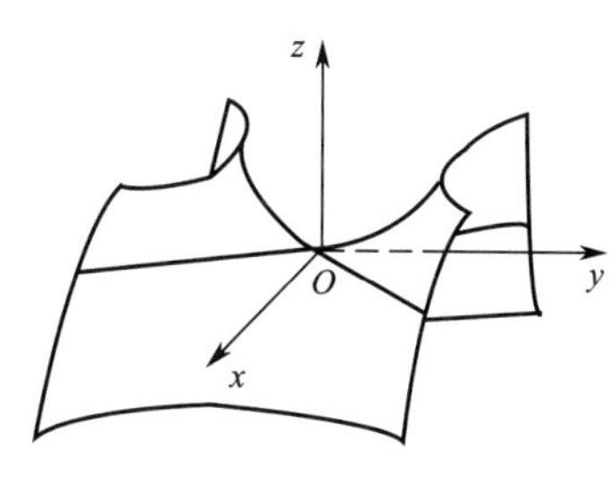

图 7-24

思考题 7.4

1. 球面方程的特点有哪些？
2. 写出常见的二次曲面的名称及在直角坐标系下的方程.

练习题 7.4

1. 指出下列各方程表示哪种曲面？并作出它们的图像：

(1) $x^2+y^2+z^2=1$　　(2) $x^2+y^2=1$

(3) $x^2=1$　　(4) $\frac{x^2}{4}+\frac{y^2}{9}=1$

(5) $z=x^2+y^2$　　(6) $x^2+2y^2+3z^2=9$

2. 建立以 $C(3,-2,5)$ 为球心，半径 $R=3$ 的球面方程.

3. 将 xOz 平面上的抛物线 $z^2=5x$ 绕 x 轴旋转一周，求所生成的旋转曲面方程.

习　题　七

1. 已知向量 $\boldsymbol{a}=2\boldsymbol{i}-\boldsymbol{k}$，$\boldsymbol{b}=3\boldsymbol{i}+\boldsymbol{j}+4\boldsymbol{k}$，求：

(1) $\boldsymbol{a}\cdot\boldsymbol{b}$　　(2) $(3\boldsymbol{a}-2\boldsymbol{b})\cdot(\boldsymbol{a}+5\boldsymbol{b})$　　(3) $\cos\langle\boldsymbol{a},\boldsymbol{b}\rangle$

2. 已知 $\boldsymbol{a}=(3,-1,-2)$，$\boldsymbol{b}=(1,2,-1)$，求：

(1) $\boldsymbol{a}\times\boldsymbol{b}$　　(2) $(2\boldsymbol{a}-\boldsymbol{b})\times(2\boldsymbol{a}+\boldsymbol{b})$　　(3) $(2\boldsymbol{a}+\boldsymbol{b})\times\boldsymbol{b}$

3. 设 $|\boldsymbol{a}|=3$，$|\boldsymbol{b}|=5$，$\langle\boldsymbol{a},\boldsymbol{b}\rangle=\frac{\pi}{4}$，求以 $\boldsymbol{a}+\boldsymbol{b}$ 和 $\boldsymbol{a}-\boldsymbol{b}$ 为邻边的平行四边形的面积.

4. 已知 $\boldsymbol{a}=(2,4,-1)$，$\boldsymbol{b}=(0,-2,2)$，求同时垂直于 $\boldsymbol{a}$、$\boldsymbol{b}$ 的单位向量.

5. 求过三点 $M_1(2,-1,4)$、$M_2(-1,3,-2)$和 $M_3(0,2,3)$ 的平面方程.

6. 求平行于 y 轴，且通过点 $A(1,-5,1)$和 $B(3,2,-1)$ 的平面方程.

7. 设平面 π 过点 $M(2,-1,4)$，且它在 z 轴上的截距是 x 轴及 y 轴上截距的两倍，求平面 π 的方程.

8. 求过点 $M(1,-2,1)$ 且与直线 $\begin{cases}3x-y+z=1\\x-2z=0\end{cases}$ 平行的直线方程.

9. 求两平行直线 $\frac{x+3}{3}=\frac{y+2}{-2}=\frac{z}{1}$ 和 $\frac{x+3}{3}=\frac{y+4}{-2}=\frac{z+1}{1}$ 所确定的平面方程.

10. 求过直线 $\frac{x-1}{2}=\frac{y-2}{1}=\frac{z-3}{-1}$ 且垂直于平面 $3x-y+2z+17=0$ 的平面方程.

11. 求直线 $\begin{cases}y=2x\\z=0\end{cases}$ 分别绕 x 轴和 y 轴旋转一周所形成的旋转曲面的方程，并说明是什么曲面.

第八章　多元函数微分学

在前面研究的函数都是只有一个自变量的函数，称为一元函数．但在自然科学和工程技术中所遇到的函数，变量之间的对应关系往往不只是依赖于一个变量，而是依赖于多个变量，与一元函数相对应，把自变量多于一个的函数称为多元函数．多元函数与一元函数在概念、理论及方法等方面都有许多类似之处，是一元函数微积分的推广和发展．本章重点讨论二元函数的有关概念及其微分法．

第一节　多元函数

一、多元函数的基本概念

1．二元函数的概念

定义 8.1　设有三个变量 x、y 和 z，如果当变量 x、y 在一平面区域范围 D 内任取一对值时，变量 z 按照一定的规律，总有唯一确定的数值和它们对应，则变量 z 叫做变量 x、y 的二元函数，记作

$$z=z(x,y) \text{或} z=f(x,y)$$

其中，x、y 称为自变量，z 称为因变量，x、y 的变化范围 D 称为函数的定义域．设点 $(x_0,y_0)\in D$，则对应的值 $f(x_0,y_0)$ 称为函数值，函数值的全体称为值域．

类似地，可以定义三元函数 $u=f(x,y,z)$ 以及三元以上的函数．二元及二元以上的函数统称为多元函数．

如同用 x 轴上的点来表示数值 x 一样，可用 xOy 平面上的点 $P(x,y)$ 来表示一对有序数组 (x,y)，于是函数

$$z=f(x,y)$$

也可简记为 $z=f(P)$，而称 z 为点 P 的函数．类似地，可用空间内的点 $P(x,y,z)$ 来表示有序数组 (x,y,z)，于是函数

$$u=f(x,y,z)$$

也可简记为 $u=f(P)$．

2．点集和区域

大家知道，一元函数的定义域是在数轴上进行讨论的，一般是一个区间（开区间、闭区间或半开半闭区间）．但对于二元函数，由于自变量多了一个，它的定义域很自然地要扩充到平面上进行讨论，因此首先介绍平面点集和区域的概念．

平面点集：是指平面上满足某个条件 P 的一切点构成的集合．

例如，平面上以原点为中心，以 1 为半径的圆面就是一个平面点集（图 8-1），它表示为

$$\{(x,y)\mid x^2+y^2\leqslant 1\}$$

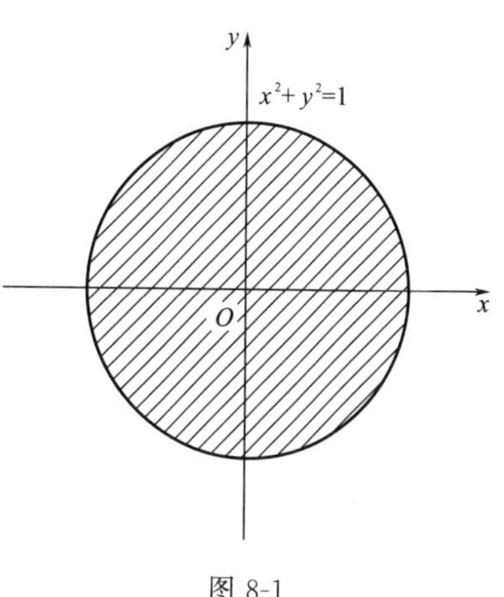

图 8-1

邻域：设 $p_0(x_0,y_0)$ 是平面上一点，δ 是一个正数，

平面点集$\{(x,y)|(x-x_0)^2+(y-y_0)^2<\delta^2\}$叫做点$p_0(x_0,y_0)$的$\delta$邻域. 并称$p_0$为邻域的中心，$\delta$为邻域的半径.

区域：由平面上的一条曲线或几条曲线所围成的平面上的一部分，叫做区域. 区域通常用D表示，围成区域的曲线叫做区域的边界. 把包含边界在内的区域称为闭区域，不含边界的区域称为开区域.

例如，平面点集$D_1=\{(x,y)|x^2+y^2\leqslant 4\}$是闭区域，平面点集$D_2=\{(x,y)|x^2+y^2<4\}$是开区域.

3. 求二元函数的函数值与定义域

求二元函数的函数值与定义域的方法与一元函数类似，但是二元函数的定义域是平面点集.

【例 8.1】 设$f(x,y)=\dfrac{x^2+y^2}{2x^2y}$，求$f(1,1)$，$f(a,b)$ 和 $f\left(\dfrac{1}{x},\dfrac{1}{y}\right)$.

解

$$f(1,1)=\frac{1^2+1^2}{2\times1^2\times1}=1$$

$$f(a,b)=\frac{a^2+b^2}{2a^2b}$$

$$f\left(\frac{1}{x},\frac{1}{y}\right)=\frac{\left(\frac{1}{x}\right)^2+\left(\frac{1}{y}\right)^2}{2\left(\frac{1}{x}\right)^2\left(\frac{1}{y}\right)}=\frac{y^2+x^2}{2y}$$

【例 8.2】 考察二元函数$z=\dfrac{1}{\sqrt{x+y}}$的定义域.

解 要使函数有意义，要求$x+y>0$. 因此得到函数的定义域为

$$\{(x,y)|x+y>0\}$$

用图像表示，则为直线$x+y=0$上方的半平面（图 8-2）.

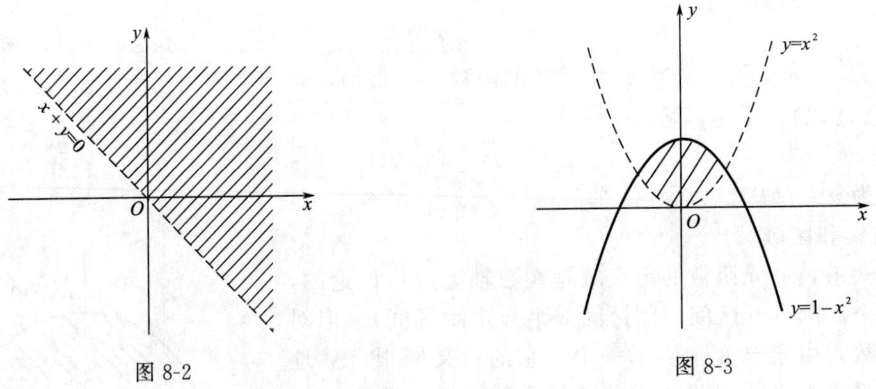

图 8-2　　图 8-3

【例 8.3】 求函数$z=\ln(y-x^2)+\sqrt{1-y-x^2}$的定义域.

解 要使函数有意义，需满足条件

$$\begin{cases}y-x^2>0\\1-y-x^2\geqslant 0\end{cases}$$

即函数的定义域为

$$\{(x,y)|x^2<y\leqslant 1-x^2\}$$

用图像表示则为，曲线$y=x^2$与$y=1-x^2$围成的部分，包括曲线$y=1-x^2$（图 8-3）.

【例 8.4】 求二元函数 $z=\frac{1}{\sqrt{1-x^2}}$的定义域.

解 作为二元函数时，其定义成为

$$\{(x,y)\mid |x|<1,y\in R\}$$

用图形表示，则为直线 $y=\pm 1$ 之间的带域（图 8-4).

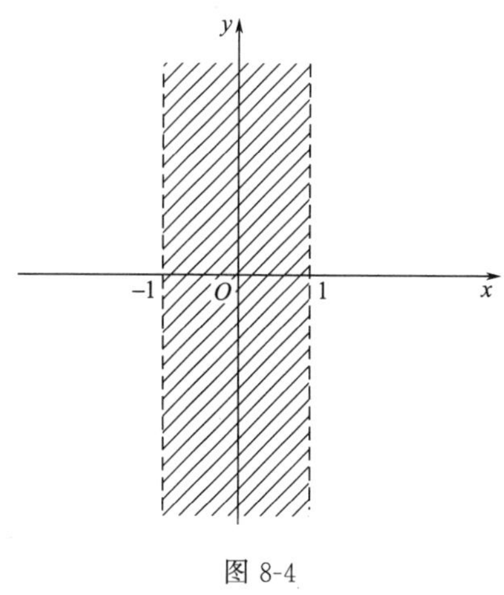

图 8-4

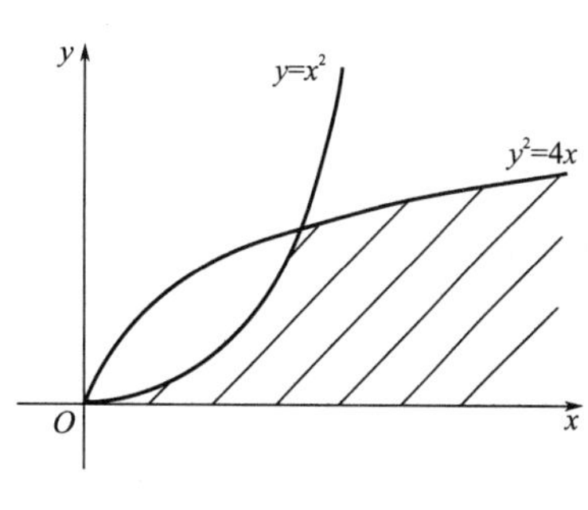

图 8-5

【例 8.5】 求函数 $z=\frac{\sqrt{4x-y^2}}{\sqrt{x-\sqrt{y}}}$的定义域.

解 要使函数有意义，需满足条件

$$\begin{cases}4x-y^2\geqslant 0\\ x-\sqrt{y}>0\\ y\geqslant 0\end{cases} \text{即} \begin{cases}y^2\leqslant 4x\\ 0\leqslant y<x^2\end{cases}$$

定义域如图 8-5 所示.

4. 二元函数的几何意义

设二元函数 $z=f(x,y)$ 的定义域是 xOy 平面上的区域 D，对于任意取定的点 $P(x,y)\in D$，对应的函数值为 $z=f(x,y)$，这样以 x 为横坐标，y 为纵坐标，$z=f(x,y)$ 为竖坐标在空间就确定一个点 $M(x,y,z)$，当 (x,y) 取遍 D 上的一切点时，得到一个空间点集

$$\{(x,y,z)\mid z=f(x,y)(x,y)\in D\}$$

这个点集的图形是一个空间曲面，它是二元函数 $z=f(x,y)$ 的图形. 显然定义域 D 是图形在 xOy 平面上的投影（图 8-6).

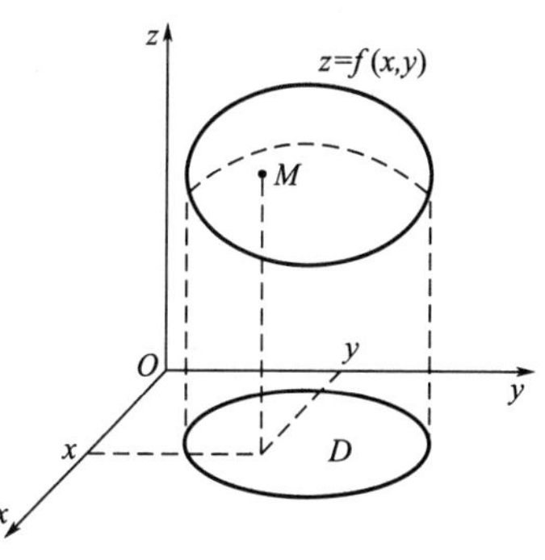

图 8-6

例如，$z=x^2+y^2$ 是一个旋转抛物面，$z=\sqrt{1-x^2-y^2}$表示上半单位球面.

二、二元函数的极限

对于一元函数 $y=f(x)$，当 $x\to x_0$ 时，假定 $f(x)$ 的极限为 A. 这里 $x\to x_0$，x 始终在实数轴上，或者在 x_0 的左侧或者在 x_0 的右侧，或者忽左忽右，从而一元函数有左极限、右极限和极限之分.

现在来粗略看一下二元函数的极限. 即对二元函数 $z=f(x,y)$，当 $(x,y)\to(x_0,y_0)$ 时，

$f(x,y)$ 的极限假定为 A. 这里 $(x,y)\to(x_0,y_0)$ 的情形极为复杂. 点 (x,y) 可以沿着任何路径以任何方式趋近于 (x_0,y_0). 由此给出二元函数的极限定义.

定义 8.2 设函数 $z=f(x,y)$ 在点 $P_0(x_0,y_0)$ 的某邻域内有定义（在点 P_0 处可以没有定义）. $P(x,y)$ 为该邻域内任意一点，若当点 P 沿任意路径趋向于 P_0 时，$f(x,y)$ 趋向于一个确定的常数 A，则常数 A 叫做函数 $f(x,y)$ 当 $x\to x_0$，$y\to y_0$ 时的极限，记为

$$\lim_{\substack{x\to x_0\\ y\to y_0}} f(x,y)=A \text{ 或 } \lim_{P\to P_0} f(P)=A$$

也可记作

$$\lim_{(x,y)\to(x_0,y_0)} f(x,y)=A \text{ 或 当} \begin{matrix} x\to x_0\\ y\to y_0\end{matrix} \text{时 } f(x,y)\to A$$

【例 8.6】 求极限 $\lim\limits_{\substack{x\to 1\\ y\to 2}}\dfrac{3x+2y}{2x^2+xy^2}$.

解

$$\lim_{\substack{x\to 1\\ y\to 2}}\frac{3x+2y}{2x^2+xy^2}=\frac{3\times 1+2\times 2}{2\times 1^2+1\times 2^2}=\frac{7}{6}$$

【例 8.7】 求极限 $\lim\limits_{\substack{x\to 0\\ y\to 0}}\dfrac{\sin\ (xy)}{y}$.

解

$$\lim_{\substack{x\to 0\\ y\to 0}}\frac{\sin(xy)}{y}=\lim_{\substack{x\to 0\\ y\to 0}}\frac{\sin(xy)}{xy}x=1\times 0=0$$

表面看来，二元函数极限的定义与一元函数情形是类似的，似乎没有什么值得注意的地方. 事实是否如此呢？看下面的例子.

【例 8.8】 考察二元函数

$$f(x,y)=\frac{xy^2}{x^2+y^4}$$

在原点的极限情况.

解 这个函数在原点以外的地方都有定义，所以可以考察它在原点的极限情况.

设 $ax+by=0$ 是过原点的任意一条直线.

当 $b\neq 0$ 时，直线方程可以写成 $y=-\dfrac{a}{b}x$. 此时，若点 (x,y) 沿着该直线趋于原点，即 $\left(x,-\dfrac{a}{b}x\right)\to(0,0)$，它等价于 $x\to 0$. 于是

$$\lim_{\substack{x\to 0\\ y\to 0}} f(x,y)=\lim_{x\to 0}\frac{x\left(-\dfrac{a}{b}x\right)^2}{x^2+\left(-\dfrac{a}{b}x\right)^4}=\lim_{x\to 0}\frac{\left(\dfrac{a}{b}\right)^2 x}{1+\left(\dfrac{a}{b}\right)^4 x^2}=0$$

当 $b=0$ 时，直线方程可以写成 $x=0$，此时，若点 (x,y) 沿着该直线趋于原点时，即为 $y\to 0$，于是

$$\lim_{\substack{x\to 0\\ y\to 0}} f(x,y)=\lim_{y\to 0}\frac{0\times y^2}{0^2+y^4}=0$$

总之，对于任意过原点直线，点 (x,y) 沿着它趋于原点时，均有 $f(x,y)\to 0$. 但令 (x,y) 沿着曲线 $y=\sqrt{x}$ 趋于原点时，就有

$$\lim_{\substack{x\to 0\\ y\to 0}} f(x,y)=\lim_{x\to 0}\frac{xx}{x^2+x^2}=\frac{1}{2}$$

根据二元函数极限的定义，该极限不存在.

三、二元函数的连续性

与一元函数一样，可利用二元函数的极限给出二元函数连续的定义.

定义 8.3　设函数 $z=f(x,y)$ 在点 $P_0(x_0,y_0)$ 的某邻域内有定义，若 $\lim\limits_{\substack{x\to x_0\\y\to y_0}} f(x,y)=f(x_0,y_0)$，则称函数 $f(x,y)$ 在点 $P_0(x_0,y_0)$ 处连续. 而点 P_0 叫做函数 $z=f(x,y)$ 的连续点. 如果函数 $z=f(x,y)$ 在平面区域 D 内每一点都连续，则称 $z=f(x,y)$ 在区域 D 内连续，而 D 叫做函数的连续域.

显然，二元连续函数的图形是一个无孔隙、无裂缝的曲面.

根据极限定义判断一个二元函数的连续性是相当麻烦的. 可以利用下面这些结果，对于分析通常遇到的函数，基本上可以很快断定一个函数在哪些地方是连续的.

(1) 基本初等函数在作为二元函数时，在其定义域上都是连续的. 例如，$z=\sin x$ 在整个 xOy 平面上连续.

(2) 二元连续函数的和、差、积、商（分母不为零）是连续函数.

(3) 二元连续函数的复合函数仍为连续函数.

由以上几条可知，由基本初等函数通过四则运算和复合得到的函数，它在定义域内是连续的. 而在分析中遇到的函数绝大部分是这种函数. 因此，判别函数的连续性问题变成了求函数的定义域问题，求出了定义域，便知在定义域上是连续的.

二元函数的间断处可以是点，也可以是一条线.

【例 8.9】　讨论函数 $f(x,y)=x^2+2xy+y^2$ 在点 (1,1) 处的连续性.

解　因为所讨论的函数是连续的，且点 (1,1) 是定义域内的点，所以函数在点 (1,1) 是连续的.

同一元函数一样，可以应用二元函数的连续性求极限.

思考题 8.1

1. 二元函数的定义域在几何上用什么表示？
2. 二元函数在几何上表示什么图形？
3. 仿照二元函数的定义，写出三元函数的定义.

练习题 8.1

1. 设 $f(u,v)=u^v$，求 $f(x,x^2)$，$f\left(\dfrac{1}{y},x-y\right)$.

2. 已知函数 $f(u,v)=u^v-uv\tan\dfrac{u}{v}$，求 $f(tx,ty)$.

3. 求下列函数的定义域：

(1) $z=\dfrac{1}{2x^2+y^2}$　　(2) $z=\sqrt{1-\dfrac{x^2}{a^2}-\dfrac{y^2}{b^2}}$

(3) $z=\ln(x-y)+\ln x$　　(4) $z=\sqrt{xy}$

(5) $z=\mathrm{e}^{-(x^2+y^2)}$　　(6) $z=\arccos\dfrac{y}{x}$

4. 求下列函数的极限：

(1) $\lim\limits_{\substack{x\to 0\\y\to 0}}(x+y)\sin\dfrac{1}{x^2+y^2}$　　(2) $\lim\limits_{\substack{x\to 0\\y\to 0}}\dfrac{2-\sqrt{xy+4}}{xy}$

(3) $\lim\limits_{\substack{x\to 0\\ y\to 2}}\left[\frac{\sin xy}{x}+(x+y)^2\right]$ (4) $\lim\limits_{\substack{x\to 1\\ y\to 0}}\frac{\ln(x+e^y)}{\sqrt{x^2+y^2}}$

5. 讨论函数

$$f(x,y)=\begin{cases}\frac{xy}{x^2+y^2} & x^2+y^2\neq 0\\ 0 & x=y=0\end{cases}$$

的连续性.

第二节 偏 导 数

一、偏导数的概念

在研究一元函数时，从讨论函数的变化率引入了导数的概念. 对于多元函数，也常常遇到研究它对某个自变量的变化率问题，这就产生了偏导数的概念.

1. 偏导数的定义

定义 8.4 设函数 $z=f(x,y)$ 在点 (x_0,y_0) 的某一邻域内有定义，当 y 固定在 y_0，而 x 在 x_0 处有增量 Δx 时，相应地，函数有增量（称为偏增量）

$$f(x_0+\Delta x,y_0)-f(x_0,y_0)$$

如果极限

$$\lim_{\Delta x\to 0}\frac{f(x_0+\Delta x,y_0)-f(x_0,y_0)}{\Delta x}$$

存在，则称此极限值为函数 $z=f(x,y)$ 在点 (x_0,y_0) 处关于 x 的偏导数，记作

$$\left.\frac{\partial z}{\partial x}\right|_{\substack{x=x_0\\ y=y_0}},\left.\frac{\partial f}{\partial x}\right|_{\substack{x=x_0\\ y=y_0}},z'_x\Big|_{\substack{x=x_0\\ y=y_0}}\text{或 } f'_x(x_0,y_0)$$

同理，如果极限

$$\lim_{\Delta y\to 0}\frac{f(x_0,y_0+\Delta y)-f(x_0,y_0)}{\Delta y}$$

存在，则称此极限值为函数 $z=f(x,y)$ 在点 (x_0,y_0) 处关于 y 的偏导数，记作

$$\left.\frac{\partial z}{\partial y}\right|_{\substack{x=x_0\\ y=y_0}},\left.\frac{\partial f}{\partial y}\right|_{\substack{x=x_0\\ y=y_0}},z'_y\Big|_{\substack{x=x_0\\ y=y_0}}\text{或 } f'_y(x_0,y_0)$$

如果对于区域 D 内任意一点 (x,y)，函数 $z=f(x,y)$ 都存在偏导数 $f'_x(x,y)$，$f'_y(x,y)$，则这两个偏导数本身也是 D 上的函数，故称它们为函数 $z=f(x,y)$ 的偏导函数，简称为偏导数，记为

$$\frac{\partial z}{\partial x},\ \frac{\partial f}{\partial x},\ z'_x\text{或 } f'_x(x,y)$$

$$\frac{\partial z}{\partial y},\ \frac{\partial f}{\partial y},\ z'_y\text{或 } f'_y(x,y)$$

偏导数的定义可以推广到二元以上的函数，此处不作一一叙述.

2. 偏导数的求法

由偏导数的定义可见，求多元函数对某一自变量的偏导数时，只需将其它自变量看成常数，用一元函数求导法则即可求得.

【例 8.10】 求函数 $z=x^2\sin 2y$ 在点 $\left(1,\ \frac{\pi}{8}\right)$ 处的两个偏导数.

解 把 y 看作常量，对 x 求导数得

$$\frac{\partial z}{\partial x}=2x\sin 2y,\frac{\partial z}{\partial x}\bigg|_{(1,\frac{\pi}{8})}=2\sin\frac{\pi}{4}=\sqrt{2}$$

把 x 看作常量，对 y 求导数得

$$\frac{\partial z}{\partial y}=2x^2\cos 2y,\frac{\partial z}{\partial y}\bigg|_{(1,\frac{\pi}{8})}=2\cos\frac{\pi}{4}=\sqrt{2}$$

【例 8.11】 求 $z=x^2+3xy^3+\mathrm{e}^{x+y}$ 的偏导数.

解

$$\frac{\partial z}{\partial x}=2x+3y^3+\mathrm{e}^{x+y}$$

$$\frac{\partial z}{\partial y}=9xy^2+\mathrm{e}^{x+y}$$

【例 8.12】 求函数 $z=\ln(1+x^2+y^2)$ 在点 $(1,2)$ 处的偏导数.

解 先求偏导数

$$\frac{\partial z}{\partial x}=\frac{2x}{1+x^2+y^2},\frac{\partial z}{\partial y}=\frac{2y}{1+x^2+y^2}$$

所以

$$\frac{\partial z}{\partial x}\bigg|_{(1,2)}=\frac{1}{3},\frac{\partial z}{\partial y}\bigg|_{(1,2)}-\frac{2}{3}$$

【例 8.13】 求 $z=\dfrac{x\mathrm{e}^y}{y^2}$ 的偏导数.

解

$$\frac{\partial z}{\partial x}=\frac{\mathrm{e}^y}{y^2}$$

$$\frac{\partial z}{\partial y}=\frac{y^2x\mathrm{e}^y-2yx\mathrm{e}^y}{y^4}=\frac{x\mathrm{e}^y(y-2)}{y^3}$$

在一元函数中，可导函数必定连续，对于多元函数，是否还有类似的结论呢？答案是否定的. 例如，习题 8.1 中的第 5 题，经过研究知道，这个二元函数在 $(0,0)$ 点处是不连续的，但利用偏导数的定义，可以求出 $f'_x(0,0)=0$，$f'_y(0,0)=0$. 这说明对二元函数，即使两个偏导数都存在也保证不了这个函数的连续性. 可见，多元函数的理论除与一元函数的理论有许多类似之处外，也还会产生一些本质的差别.

3. 二元函数偏导数的几何意义

根据偏导数的定义，二元函数 $z=f(x,y)$ 在点 (x_0,y_0) 处对 x 的偏导数 $f'_x(x_0,y_0)$，就是一元函数 $z=f(x,y_0)$ 在 x_0 处的导数. 由导数的几何意义可知，$\dfrac{\mathrm{d}}{\mathrm{d}x}f(x,y_0)\bigg|_{x=x_0}$ 即 $f'_x(x_0,y_0)$ 是曲线 $\begin{cases}z=f(x,y)\\y=y_0\end{cases}$ 在点 $M_0(x_0,y_0,f(x_0,y_0))$ 处的切线对 Ox 轴的斜率，即

$$f'_x(x_0,y_0)=\frac{\mathrm{d}}{\mathrm{d}x}f(x,y_0)\bigg|_{x=x_0}=\tan\alpha$$

同理，偏导数 $f'_y(x_0,y_0)$ 是曲线 $\begin{cases}z=f(x,y)\\x=x_0\end{cases}$ 在点 $M_0(x_0,y_0,f(x_0,y_0))$ 处的切线对 Oy 轴的斜率，即（图 8-7）

$$f'_y(x_0,y_0)=\frac{\mathrm{d}}{\mathrm{d}y}f(x_0,y)\bigg|_{y=y_0}=\tan\beta$$

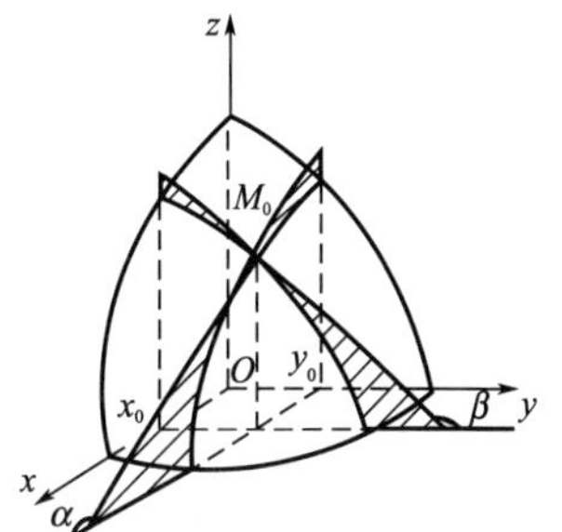

图 8-7

二、高阶偏导数

若二元函数 $z=f(x,y)$ 在区域 D 内的两个偏导数 $f'_x(x,y)$

和 $f'_y(x,y)$ 都存在，则 $f'_x(x,y)$、$f'_y(x,y)$ 一般仍然是 x、y 的函数，若它们的偏导数仍然存在，那么这种偏导数的偏导数，叫做 $z=f(x,y)$ 的二阶偏导数. 二元函数的二阶偏导数共有四个，分别记为

$$\frac{\partial}{\partial x}\left(\frac{\partial z}{\partial x}\right)=\frac{\partial^2 z}{\partial x^2}=f''_{xx}(x,y),\ \frac{\partial}{\partial y}\left(\frac{\partial z}{\partial x}\right)=\frac{\partial^2 z}{\partial x\partial y}=f''_{xy}(x,y)$$

$$\frac{\partial}{\partial x}\left(\frac{\partial z}{\partial y}\right)=\frac{\partial^2 z}{\partial y\partial x}=f''_{yx}(x,y),\ \frac{\partial}{\partial y}\left(\frac{\partial z}{\partial y}\right)=\frac{\partial^2 z}{\partial y^2}=f''_{yy}(x,y)$$

其中，$\frac{\partial^2 z}{\partial x\partial y}$，$\frac{\partial^2 z}{\partial y\partial x}$叫做混合偏导数.

类似地，可以定义三阶、四阶以至 n 阶偏导数，二阶及二阶以上的偏导数都叫做高阶偏导数.

【例 8.14】 设 $z=x^3y+2xy^2-3y^3$，求其二阶偏导数.

解

$$\frac{\partial z}{\partial x}=3x^2y+2y^2,\ \frac{\partial z}{\partial y}=x^3+4xy-9y^2$$

$$\frac{\partial^2 z}{\partial x^2}=6xy,\ \frac{\partial^2 z}{\partial x\partial y}=3x^2+4y,\ \frac{\partial^2 z}{\partial y\partial x}=3x^2+4y,\ \frac{\partial^2 z}{\partial y^2}=4x-18y$$

【例 8.15】 求 $z=y\ln(x+y)$ 的二阶偏导数.

解

$$\frac{\partial z}{\partial x}=\frac{y}{x+y},\ \frac{\partial z}{\partial y}=\ln(x+y)+\frac{y}{x+y}$$

$$\frac{\partial^2 z}{\partial x^2}=-\frac{y}{(x+y)^2}$$

$$\frac{\partial^2 z}{\partial y^2}=\frac{1}{x+y}+\frac{x+y-y}{(x+y)^2}=\frac{2x+y}{(x+y)^2}$$

$$\frac{\partial^2 z}{\partial x\partial y}=\frac{x+y-y}{(x+y)^2}=\frac{x}{(x+y)^2}$$

$$\frac{\partial^2 z}{\partial y\partial x}=\frac{1}{x+y}-\frac{y}{(x+y)^2}=\frac{x}{(x+y)^2}$$

【例 8.16】 求 $z=\arctan\frac{x+y}{1-xy}$的二阶偏导数.

解

$$\frac{\partial z}{\partial x}=\frac{1}{1+\left(\frac{x+y}{1-xy}\right)^2}\times\frac{(1-xy)-(x+y)(-y)}{(1-xy)^2}$$

$$=\frac{1+y^2}{(1-xy)^2+(x+y)^2}=\frac{1+y^2}{(1+y^2)(1+x^2)}=\frac{1}{1+x^2}$$

类似地

$$\frac{\partial z}{\partial y}=\frac{1}{1+y^2}$$

$$\frac{\partial^2 z}{\partial x^2}=\frac{-2x}{(1+x^2)^2},\ \frac{\partial^2 z}{\partial y^2}=\frac{-2y}{(1+y^2)^2}$$

$$\frac{\partial^2 z}{\partial x\partial y}=0,\ \frac{\partial^2 z}{\partial y\partial x}=0$$

由以上三个例题可以看出$\frac{\partial^2 z}{\partial x\partial y}=\frac{\partial^2 z}{\partial y\partial x}$，但是必须注意，这个结论是有条件的，下面给出定理.

定理 8.1 如果函数 $z=f(x,y)$ 的两个二阶混合偏导数$\frac{\partial^2 z}{\partial x\partial y}$和$\frac{\partial^2 z}{\partial y\partial x}$在区域 D 内连续，那

么在该区域内这两个混合偏导数必相等．即

$$\frac{\partial^2 z}{\partial x \partial y}=\frac{\partial^2 z}{\partial y \partial x}$$

思考题 8.2

1. 说明二元函数连续和偏导数之间的关系．
2. 结合具体函数说明偏导数的几何意义．
3. 二元函数的二阶混合偏导数都相等吗？

练习题 8.2

1. 求下列函数的一阶偏导数：

(1) $z=x^3y-xy^3+1$　　(2) $z=\dfrac{2xy+\sin(xy)}{x^2+e^y}$

(3) $z=(1+xy)^y$　　(4) $z=\ln\tan\dfrac{x}{y}$

(5) $u=xy^2+yz^2+zx^2$

2. 设 $z=\sin\dfrac{x}{y}\cos\dfrac{y}{x}$，求在点 $(2,\pi)$ 处的偏导数．

3. 设 $f(x,y)=e^{-\sin x}(x+2y)$，求 $f'_x(0,1)$、$f'_y(0,1)$．

4. 设 $z=\ln(x^{\frac{1}{3}}+y^{\frac{1}{3}})$，证明：$x\dfrac{\partial z}{\partial x}+y\dfrac{\partial z}{\partial y}=\dfrac{1}{3}$．

5. 设函数 $f(x,y,z)=xy^2+yz^2+zx^2$，试求：

(1) $f''_{xx}(0,0,1)$　　(2) $f''_{zx}(1,0,2)$

6. 求下列函数的二阶偏导数：

(1) $z=x^3+3x^2y+y^4+2$　　(2) $z=\arctan\dfrac{x}{y}$

7. 设 $z=\ln(e^x+e^y)$，试证：$\dfrac{\partial^2 z}{\partial x^2}\times\dfrac{\partial^2 z}{\partial y^2}-\left(\dfrac{\partial^2 z}{\partial x\partial y}\right)^2=0$．

第三节　全微分及其应用

一、全微分的概念

1. 全增量

由二元函数偏导数的定义和一元函数微分学中增量与微分的关系可得

$$f(x+\Delta x,y)-f(x,y)\approx f'_x(x,y)\Delta x$$
$$f(x,y+\Delta y)-f(x,y)\approx f'_y(x,y)\Delta y$$

上面两式左边分别叫做二元函数 $z=f(x,y)$ 对 x 和 y 的偏增量，而右边分别叫做二元函数 $z=f(x,y)$ 对 x 和 y 的偏微分．

一般情况下，二元函数的两个自变量同时取得增量，于是引入函数的全增量定义．

定义 8.5　设二元函数 $z=f(x,y)$ 的两个自变量同时取得增量 Δx、Δy，则函数取得的增量叫做全增量，记为 Δz．即

$$\Delta z=f(x+\Delta x,y+\Delta y)-f(x,y)$$

2. 全微分

二元函数的全微分是一元函数微分的推广，回顾一元函数的微分概念，如果一元函数 $y=f(x)$ 在点 x 处的改变量 $\Delta y=f(x+\Delta x)-f(x)$，可以表示为关于 Δx 的线性函数与一个比 Δx

高阶的无穷小之和，即

$$\Delta y=f(x+\Delta x)-f(x)=A\Delta x+o(\Delta x)$$

其中，A 与 Δx 无关，仅与 x 有关，$o(\Delta x)$ 是当 $\Delta x\to 0$ 时比 Δx 高阶的无穷小，则称一元函数 $y=f(x)$ 在点 x 可微，并称 $A\Delta x$ 是 $y=f(x)$ 在点 x 处的微分，记为 $dy=A\Delta x$，且有若 $y=f(x)$ 可导，则 $A=f'(x)$.

对二元函数全微分有类似的定义.

定义 8.6 若函数 $z=f(x,y)$ 在点 (x_0,y_0) 处的全增量 $\Delta z=f(x_0+\Delta x,y_0+\Delta y)-f(x_0,y_0)$可以表示为

$$\Delta z=A\Delta x+B\Delta y+o(\rho)$$

其中，A、B 与 Δx、Δy 无关，$o(\rho)$ 是 $\rho\to 0$ 时 ρ 的高阶无穷小$[\rho=\sqrt{(\Delta x)^2+(\Delta y)^2}]$，则称 $A\Delta x+B\Delta y$ 为函数 $z=f(x,y)$ 在点 (x_0,y_0) 处的全微分，记作 dz，即

$$dz=A\Delta x+B\Delta y$$

这时也称函数 $z=f(x,y)$ 在点 (x_0,y_0) 处可微.

如果函数 $z=f(x,y)$ 在区域 D 内处处可微，则称函数 $z=f(x,y)$ 在区域 D 内可微.

如果函数 $z=f(x,y)$ 在点 (x_0,y_0) 处可微，则函数在该点必连续；如果函数在点 (x_0,y_0) 处不连续，则函数在该点必不可微.

一元函数可微与可导是等价的，那么二元函数可微与可导具有怎样的关系呢?

定理 8.2 （可微的必要条件）若函数 $z=f(x,y)$ 在点 (x,y) 处可微，则函数 $z=f(x,y)$ 在点 (x,y) 处的两个偏导数存在，且有

$$A=\frac{\partial z}{\partial x},\ B=\frac{\partial z}{\partial y}$$

一般地，记 $\Delta x=dx$，$\Delta y=dy$，则函数 $z=f(x,y)$ 的全微分可写成

$$dz=\frac{\partial z}{\partial x}dx+\frac{\partial z}{\partial y}dy$$

定理 8.3 （可微的充分条件）若函数 $z=f(x,y)$ 在点 (x,y) 处的两个偏导数连续，则函数 $z=f(x,y)$ 在该点一定可微.

【例 8.17】 求函数 $z=\sin x+\frac{x}{y}$的全微分.

解 因为

$$\frac{\partial z}{\partial x}=\cos x+\frac{1}{y},\ \frac{\partial z}{\partial y}=-\frac{x}{y^2}$$

于是全微分为

$$dz=(\cos x+\frac{1}{y})dx-\frac{x}{y^2}dy$$

【例 8.18】 求函数 $f(x,y)=x^2y^3$在点 $(2,-1)$ 处的全微分.

解 因为 $f'_x(x,y)=2xy^3,f'_y(x,y)=3x^2y^2$

$$f'_x(2,-1)=2\times 2\times(-1)^3=-4$$

$$f'_y(2,-1)=3\times 2^2\times(-1)^2=12$$

于是函数在点 $(2,-1)$ 处的全微分为

$$dz=-4dx+12dy$$

【例 8.19】 设 $u=xe^{xy+2z}$，求 u 的全微分.

解 $$\frac{\partial u}{\partial x}=e^{xy+2z}+xe^{xy+2z}y=(1+xy)e^{xy+2z}$$

$$\frac{\partial u}{\partial y}=xe^{xy+2z}x=x^2e^{xy+2z}$$

$$\frac{\partial u}{\partial z}=xe^{xy+2z}\times 2=2xe^{xy+2z}$$

于是

$$\begin{aligned}du&=\frac{\partial u}{\partial x}dx+\frac{\partial u}{\partial y}dy+\frac{\partial u}{\partial z}dz\\&=(1+xy)e^{xy+2z}dx+x^2e^{xy+2z}dy+2xe^{xy+2z}dz\\&=e^{xy+2z}[(1+xy)dx+x^2dy+2xdz]\end{aligned}$$

二、全微分在近似计算中的应用

多元函数的全微分也可用来作近似计算．若函数 $z=f(x,y)$ 在点 (x_0,y_0) 可微，根据全微分的定义，当 $|\Delta x|$ 和 $|\Delta y|$ 都很小时，有近似计算公式

$$\Delta z\approx dz=f'_x(x_0,y_0)\Delta x+f'_y(x_0,y_0)\Delta y$$

$$f(x_0+\Delta x,y_0+\Delta y)\approx f(x_0,y_0)+f'_x(x_0,y_0)\Delta x+f'_y(x_0,y_0)\Delta y \tag{8-1}$$

【例 8.20】 利用全微分计算 $(0.98)^{2.03}$ 的近似值.

解 所要计算的值可以看作是函数 $f(x,y)=x^y$ 在 $x=0.98$，$y=2.03$ 时的函数值.

取 $x_0=1$，$\Delta x=-0.02$，$y_0=2$，$\Delta y=0.03$

因为

$$f'_x(x,y)=yx^{y-1},\ f'_y(x,y)=x^y\ln x$$

所以

$$f'_x(1,2)=2,\ f'_y(1,2)=0$$

根据式(8-1) 有

$$(0.98)^{2.03}\approx 1^2+2\times(-0.02)+0\times 0.03=0.96$$

【例 8.21】 用水泥建造一个无盖的圆柱形水池，其内半径为 2m，内高为 4m，侧壁及底的厚度为 0.1m，问需要多少水泥？

解 设圆柱的底半径和高分别为 x、y，则体积为

$$V=\pi x^2y$$

于是做水池需要的水泥可以看作当 $x=2.1$m，$y=4.1$m 与 $x_0=2$m，$y_0=4$m 时，两个圆柱体体积之差 ΔV，因此可利用

$$\Delta V\approx dV=f'_x(x_0,y_0)\Delta x+f'_y(x_0,y_0)\Delta y=2\pi x_0y_0\Delta x+\pi x_0{}^2\Delta y$$

来计算，此时取 $x_0=2$，$\Delta x=0.1$，$y_0=4$，$\Delta y=0.1$．所以

$$\Delta V\approx dV=2\pi\times 2\times 4\times 0.1+\pi\times 2^2\times 0.1=2\pi(m^3)$$

即建造这个水池大约需要水泥 $2\pi m^3$.

思考题 8.3

1. 偏导数、全微分与连续偏导数三者之间的关系如何？
2. 利用全微分进行近似计算的理论依据是什么？

练习题 8.3

1. 求函数 $z=\frac{y}{x}$ 当 $x=2$，$y=1$，$\Delta x=0.1$，$\Delta y=-0.2$ 时的全增量和全微分.

2. 求 $u=\left(\frac{x}{y}\right)^{\frac{1}{z}}$ 在点 (1,1,1) 处的全微分.

3. 设 $f(x,y)=x^y$，求 $\mathrm{d}f(1,1)$.

4. 求下列函数的全微分：

(1) $z=\ln(x+y^2)$　　(2) $u=e^{\frac{y}{x}}$

(3) $z=e^{xy}\cos(xy)$　　(4) $u=x^{yz}$

5. 计算 $\ln(\sqrt[3]{1.03}+\sqrt[4]{0.98}-1)$ 的近似值.

6. 计算 $(1.98)^{1.03}$的近似值 ($\ln2=0.693$).

7. 一圆柱形的无盖容器，壁与底的厚度均为 0.1cm，内高为 20cm，半径为 4cm，求容器外壳体积的近似值.

第四节　多元复合函数微分法

一、复合函数微分法

在前面已经学习了一元复合函数的求导法则，这一法则在求导过程中起着重要作用．对于多元函数，情况也是类似的．下面以二元复合函数为例，讨论多元复合函数的微分法则.

定义 8.7　设函数 $z=f(u,v)$，而 u、v 均为 x、y 的函数，即 $u=u(x,y)$，$v=v(x,y)$，则函数 $z=f[u(x,y),v(x,y)]$ 叫做 x、y 的复合函数．其中，u、v 叫做中间变量，x、y 叫做自变量.

二元复合函数有如下微分法则.

定理 8.4　如果函数 $u=u(x,y)$，$v=v(x,y)$ 在点 (x,y) 处都具有对 x 及对 y 的偏导数，函数 $z=f(u,v)$ 在对应点 (u,v) 处具有连续偏导数，则复合函数 $z=f[u(x,y),v(x,y)]$ 在点 (x,y) 处存在两个偏导数，且具有下列公式

$$\frac{\partial z}{\partial x}=\frac{\partial z}{\partial u}\times\frac{\partial u}{\partial x}+\frac{\partial z}{\partial v}\times\frac{\partial v}{\partial x} \tag{8-2}$$

$$\frac{\partial z}{\partial y}=\frac{\partial z}{\partial u}\times\frac{\partial u}{\partial y}+\frac{\partial z}{\partial v}\times\frac{\partial v}{\partial y} \tag{8-3}$$

多元复合函数的求导法则可以叙述为：多元复合函数对某一自变量的偏导数，等于函数对各个中间变量的偏导数与这个中间变量对该自变量的偏导数的乘积之和．这一法则也称为锁链法则或链法则.

初学者，常用图示法表示各变量之间的关系．例如，二元复合函数的锁链法则如图 8-8 所示.

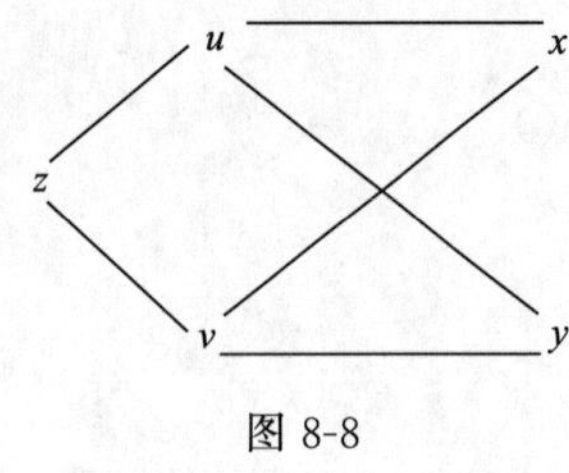

图 8-8

一般地，无论复合函数的复合关系如何，因变量到达自变量有几条路径，就有几项相加，而一条路径中有几个环节，这项就有几个偏导数相乘.

【例 8.22】　设 $z=\ln(u^2+v)$，而 $u=xy$，$v=2x+3y$，求 $\frac{\partial z}{\partial x}$，$\frac{\partial z}{\partial y}$.

解　函数各变量之间的关系如图 8-8 所示，于是

$$\frac{\partial z}{\partial x}=\frac{\partial z}{\partial u}\times\frac{\partial u}{\partial x}+\frac{\partial z}{\partial v}\times\frac{\partial v}{\partial x}=\frac{2u}{u^2+v}y+\frac{1}{u^2+v}\times2=\frac{2(1+xy^2)}{x^2y^2+2x+3y}$$

$$\frac{\partial z}{\partial y}=\frac{\partial z}{\partial u}\times\frac{\partial u}{\partial y}+\frac{\partial z}{\partial v}\times\frac{\partial v}{\partial y}=\frac{2u}{u^2+v}x+\frac{1}{u^2+v}\times3=\frac{2x^2y+3}{x^2y^2+2x+3y}$$

【例 8.23】　求函数 $z=e^{2xy}\cos(x^2+y^2)$ 的一阶偏导数.

解　设 $u=2xy$，$v=x^2+y^2$，则 $z=e^u\cos v$．函数各变量之间的关系如图 8-8 所示，于是

$$\frac{\partial z}{\partial x}=\frac{\partial z}{\partial u}\times\frac{\partial u}{\partial x}+\frac{\partial z}{\partial v}\times\frac{\partial v}{\partial x}=\mathrm{e}^{u}\cos v\times 2y-\mathrm{e}^{u}\sin v\times 2x$$
$$=2\mathrm{e}^{2xy}[y\cos(x^2+y^2)-x\sin(x^2+y^2)]$$
$$\frac{\partial z}{\partial y}=\frac{\partial z}{\partial u}\times\frac{\partial u}{\partial y}+\frac{\partial z}{\partial v}\times\frac{\partial v}{\partial y}=\mathrm{e}^{u}\cos v\times 2x-\mathrm{e}^{u}\sin v\times 2y$$
$$=2\mathrm{e}^{2xy}[x\cos(x^2+y^2)-y\sin(x^2+y^2)]$$

多元复合函数的复合关系是多种多样的，但根据锁链法则，可以灵活地掌握复合函数的求导法则. 下面举例讨论几种情形，大家可以根据例题自己作出归纳.

【例 8.24】 设 $z=f(x,u)$ 的偏导数连续，且 $u=3x^2+y^4$，求$\frac{\partial z}{\partial x}$，$\frac{\partial z}{\partial y}$.

解 函数各变量之间的关系如图 8-9 所示，由锁链法则

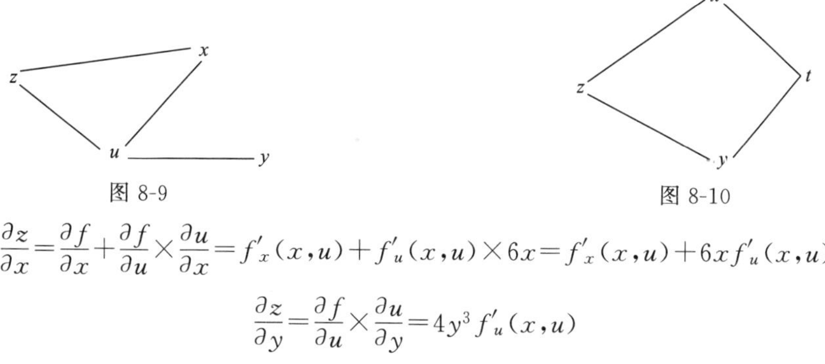

图 8-9　　图 8-10

$$\frac{\partial z}{\partial x}=\frac{\partial f}{\partial x}+\frac{\partial f}{\partial u}\times\frac{\partial u}{\partial x}=f'_x(x,u)+f'_u(x,u)\times 6x=f'_x(x,u)+6xf'_u(x,u)$$
$$\frac{\partial z}{\partial y}=\frac{\partial f}{\partial u}\times\frac{\partial u}{\partial y}=4y^3f'_u(x,u)$$

【例 8.25】 设 $z=x^y$，而 $x=\sin t$，$y=\cos t$，求$\frac{\mathrm{d}z}{\mathrm{d}t}$.

解 函数各变量之间的关系如图 8-10 所示，由锁链法则

$$\frac{\mathrm{d}z}{\mathrm{d}t}=\frac{\partial z}{\partial x}\times\frac{\mathrm{d}x}{\mathrm{d}t}+\frac{\partial z}{\partial y}\times\frac{\mathrm{d}y}{\mathrm{d}t}=yx^{y-1}\cos t+x^y\ln x(-\sin t)$$
$$=yx^{y-1}\cos t-x^y\ln x\sin t$$
$$=(\sin t)^{\cos t-1}\cos^2t-(\sin t)^{\cos t+1}\ln x$$

【例 8.26】 设 $u=f(x,y,z)$，$z=\varphi(x,y)$，求$\frac{\partial u}{\partial x}$，$\frac{\partial u}{\partial y}$.

解 在这个函数中，x、y 既是中间变量又是自变量，各变量之间的关系如图 8-11 所示，由锁链法则

$$\frac{\partial u}{\partial x}=\frac{\partial f}{\partial x}+\frac{\partial f}{\partial z}\times\frac{\partial z}{\partial x},\ \frac{\partial u}{\partial y}=\frac{\partial f}{\partial y}+\frac{\partial f}{\partial z}\times\frac{\partial z}{\partial y}$$

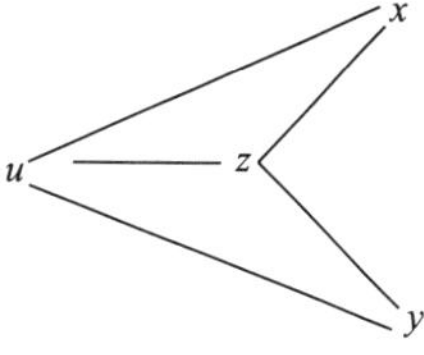

图 8-11

通过上面的例题可以看到，在利用复合函数的求导法则对复合函数求导数时，搞清楚变量之间的关系是关键.

二、隐函数求导公式

在一元函数中，前面曾学习过隐函数的求导法则，但没有给出一般的公式. 与一元函数的隐函数类似，多元函数的隐函数也是由方程式来确定的一个函数. 比如，由方程 $F(x,y,z)=0$所确定的函数 $z=f(x,y)$ 叫做二元隐函数. 但不是所有的方程式都能确定一个函数，也不能保证这个函数是连续的和可以求导的. 例如 $x^2+2y^2+3z^2+4=0$，由于 x、y、z 无论取什么实数都不满足这个方程，从而这个方程不能确定任何实函数 $z=f(x,y)$. 过去讲

一元函数的隐函数求导，是在方程能确定一个一元函数 $y=f(x)$，且这个函数可导的前提下进行的. 因此，现在需要解决在什么条件下，可以由方程式确定一个函数，且这个函数是连续的、可导的，以及具体的求导方法. 下面的定理给出了回答.

定理 8.5 设函数 $F(x,y,z)$ 在点 $P(x_0,y_0,z_0)$ 的某一邻域内有连续的偏导数，且

$$F(x_0,y_0,z_0)=0, F'_z(x_0,y_0,z_0)\neq 0$$

则方程 $F(x,y,z)=0$ 在 (x_0,y_0) 的某邻域内恒能唯一确定一个单值连续且具有连续偏导数的函数 $z=f(x,y)$，它满足方程 $F(x,y,z)=0$ 及条件 $z_0=f(x_0,y_0)$，其偏导数可由

$$\frac{\partial F}{\partial x}+\frac{\partial F}{\partial z}\times\frac{\partial z}{\partial x}=0 \text{ 和 } \frac{\partial F}{\partial y}+\frac{\partial F}{\partial z}\times\frac{\partial z}{\partial y}=0$$

即

$$\frac{\partial z}{\partial x}=-\frac{\dfrac{\partial F}{\partial x}}{\dfrac{\partial F}{\partial z}} \text{ 和 } \frac{\partial z}{\partial y}=-\frac{\dfrac{\partial F}{\partial y}}{\dfrac{\partial F}{\partial z}} \tag{8-4}$$

来确定.

这个公式可以推广到一元隐函数和三元隐函数的求导中去.

由 $F(x,y)=0$ 所确定的一元隐函数 $y=f(x)$ 的导数是

$$\frac{\mathrm{d}y}{\mathrm{d}x}=-\frac{F'_x}{F'_y}\ (F'_y\neq 0) \tag{8-5}$$

由 $F(x,y,z,u)=0$ 所确定的三元隐函数 $u=f(x,y,z)$ 的偏导数是

$$\frac{\partial u}{\partial x}=-\frac{F'_x}{F'_u},\ \frac{\partial u}{\partial y}=-\frac{F'_y}{F'_u},\ \frac{\partial u}{\partial z}=-\frac{F'_z}{F'_u}\ (F'_u\neq 0) \tag{8-6}$$

【例 8.27】 求由方程 $x^2+2y^2+3z^2=4x$ 所确定的隐函数 $z=z(x,y)$ 的偏导数 $\frac{\partial z}{\partial x}$ 和 $\frac{\partial z}{\partial y}$.

解 设 $F(x,y,z)=x^2+2y^2+3z^2-4x$，则有

$$F'_x=2x-4, F'_y=4y, F'_z=6z$$

$$\frac{\partial z}{\partial x}=-\frac{F'_x}{F'_z}=-\frac{2x-4}{6z}=\frac{2-x}{3z},\ \frac{\partial z}{\partial y}=-\frac{F'_y}{F'_z}=-\frac{4y}{6z}=-\frac{2y}{3z}$$

【例 8.28】 求由方程 $\sin y+\mathrm{e}^x-xy^2=0$ 所确定的隐函数的导数 $\frac{\mathrm{d}y}{\mathrm{d}x}$.

解 设 $F(x,y)=\sin y+\mathrm{e}^x-xy^2$，则有

$$F'_x=\mathrm{e}^x-y^2,\ F'_y=\cos y-2xy$$

$$\frac{\mathrm{d}y}{\mathrm{d}x}=-\frac{F'_x}{F'_y}=-\frac{\mathrm{e}^x-y^2}{\cos y-2xy}=\frac{y^2-\mathrm{e}^x}{\cos y-2xy}$$

【例 8.29】 求由方程 $\frac{x^5}{5}+\frac{y^4}{4}+\frac{z^3}{3}+\frac{u^2}{2}-1=0$ 所确定的隐函数的导数 $\frac{\partial u}{\partial x}$，$\frac{\partial u}{\partial y}$ 和 $\frac{\partial u}{\partial z}$.

解 设 $F(x,y,z,u)=\frac{x^5}{5}+\frac{y^4}{4}+\frac{z^3}{3}+\frac{u^2}{2}-1$，则有

$$F'_x=x^4,\ F'_y=y^3,\ F'_z=z^2,\ F'_u=u$$

$$\frac{\partial u}{\partial x}=-\frac{F'_x}{F'_u}=-\frac{x^4}{u},\ \frac{\partial u}{\partial y}=-\frac{F'_y}{F'_u}=-\frac{y^3}{u},\ \frac{\partial u}{\partial z}=-\frac{F'_z}{F'_u}=-\frac{z^2}{u}$$

思考题 8.4

1. 在使用多元复合函数的求导法则时，为什么必须清楚各变量之间的关系？

2. 由 $y=f(u,v)$，$u=\varphi(x)$，$v=\psi(x)$ 复合而成的函数是一元函数，如何求$\frac{dy}{dx}$.

3. 求隐函数偏导数的方法有几种？

4. 如何用多元隐函数求偏导数公式求一元隐函数的导数？

练习题 8.4

1. 求下列复合函数的导数：

(1) $z=u^2\ln v$，而 $u=2xy$，$v=x^2-y^2$，求$\frac{\partial z}{\partial x}$和$\frac{\partial z}{\partial y}$；

(2) $z=\frac{x}{y}$，而 $x=e^t$，$y=e^{2t}-1$，求$\frac{dz}{dt}$；

(3) $z=\sin u+x-2y$，而 $u=e^{x+y}$，求$\frac{\partial z}{\partial x}$和$\frac{\partial z}{\partial y}$；

(4) $z=\ln\left[e^{2(x+y^2)}+x^2+y\right]$，求$\frac{\partial z}{\partial x}$和$\frac{\partial z}{\partial y}$；

(5) $z=f(x,e^x,\sin x)$，求$\frac{dz}{dx}$.

2. 求下列隐函数的导数：

(1) $2x+3y-\ln z+2\sqrt{xyz}=0$，求$\frac{\partial z}{\partial x}$和$\frac{\partial z}{\partial y}$；

(2) $x^2+y^2=1$，求$\frac{dy}{dx}$；

(3) $e^z-xyz=0$，求$\frac{\partial z}{\partial x}$和$\frac{\partial z}{\partial y}$；

(4) $\frac{x}{z}=\ln\frac{z}{y}$，求$\frac{\partial z}{\partial x}$和$\frac{\partial z}{\partial y}$.

3. 设 $z=xy+xf(u)$，而 $u=\frac{y}{x}$，$f(u)$ 为可导函数，证明：$x\frac{\partial z}{\partial x}+y\frac{\partial z}{\partial y}=z+xy$.

第五节　多元函数的极值

在一元函数中，已经看到，利用函数的导数可以求得函数的极值，从而进一步解决一些有关最大值、最小值的应用问题. 多元函数的最大值、最小值问题，与一元函数相类似，多元函数的最大值、最小值与极大值、极小值有密切联系，本节主要讨论二元函数的极值、最大值、最小值问题.

一、多元函数的极值

定义 8.8　设函数 $z=f(x,y)$ 在点 (x_0,y_0) 的某个邻域内有定义，对于该邻域内异于 (x_0,y_0) 的点 (x,y)，如果都适合不等式

$$f(x,y)<f(x_0,y_0)$$

则称函数在点 (x_0,y_0) 有极大值 $f(x_0,y_0)$；如果都适合不等式

$$f(x,y)>f(x_0,y_0)$$

则称函数在点 (x_0,y_0) 有极小值 $f(x_0,y_0)$. 极大值和极小值统称为极值. 使函数取得极值的点称为极值点.

类似地，可定义三元函数 $u=f(x,y,z)$的极大值和极小值.

【例 8.30】　函数 $f(x,y)=x^2+3y^2+2$ 在点 $(0,0)$ 处有极小值 2. 因为对于点 $(0,0)$ 的任一邻域内异于 $(0,0)$ 的点，函数值都大于 2. 所以，点 $(0,0)$ 是这个函数的极小点，$f(0,$

0)=2 是这个函数的极小值. 从几何上考虑是显然的，因为点（0,0,2）是开口向上的椭圆抛物面 $f(x,y)=x^2+3y^2+2$ 的顶点.

【例 8.31】 函数 $z=\sqrt{1-x^2-y^2}$ 在点（0,0）处有极大值 $f(0,0)=1$，因为在点（0,0）附近任意的（x,y），有

$$f(x,y)=\sqrt{1-x^2-y^2}<1=f(0,0)$$

从几何上考虑是显然的，函数的图形是上半球面，而点(0,0,1）是球面的最高点.

【例 8.32】 函数 $z=xy$ 在点（0,0）处既不取得极大值也不取得极小值. 因为在点（0,0）处的函数值为零，而在点（0,0）的任一邻域内，总有使函数值为正的点，也有使函数值为负的点.

对于一元可导函数来说，极值点必定为驻点. 二元可微函数也有类似的结论. 下面是关于二元函数极值问题的两个定理.

定理 8.6（极值存在的必要条件）设函数 $z=f(x,y)$ 在点（x_0,y_0）可微，且在点（x_0，y_0）处有极值，则在该点的偏导数必然为零. 即

$$f'_x(x_0,y_0)=0,\ f'_y(x_0,y_0)=0$$

仿照一元函数，凡是能使 $f'_x(x,y)=0$，$f'_y(x,y)=0$ 同时成立的点（x_0,y_0）称为函数 $z=f(x,y)$的驻点. 从定理 8.6 可知，可微的函数的极值点一定是驻点. 但反之函数的驻点不一定是极值点. 例如，点（0,0）是函数 $z=xy$ 的驻点，但函数在该点并无极值.

怎样判定一个驻点是否是极值点呢？下面的定理回答了这个问题.

定理 8.7（极值存在的充分条件）设函数 $z=f(x,y)$ 在点（x_0,y_0）的某邻域内具有一阶及二阶连续偏导数，又 $f'_x(x_0,y_0)=0$，$f'_y(x_0,y_0)=0$ 令

$$f''_{xx}(x_0,y_0)=A,\ f''_{xy}(x_0,y_0)=B,\ f''_{yy}(x_0,y_0)=C$$

则 $z=f(x,y)$ 在点（x_0,y_0）处是否取得极值的条件如下：

（1）当 $AC-B^2>0$ 时具有极值，且当 $A<0$ 时有极大值，当 $A>0$ 时有极小值；

（2）当 $AC-B^2<0$ 时没有极值；

（3）当 $AC-B^2=0$ 时可能有极值，也可能没有极值，还需另作讨论.

根据定理 8.6 和定理 8.7，把具有一阶、二阶连续偏导数的函数 $z=f(x,y)$ 的极值求法归纳如下：

第一步 解方程组

$$\begin{cases} f'_x(x,y)=0 \\ f'_y(x,y)=0 \end{cases}$$

求得一切实数解，即可求得一切驻点；

第二步 对于每个驻点（x_0,y_0），求出二阶偏导数的值 A、B 和 C；

第三步 求出 $AC-B^2$ 的符号，按定理 8.7 的结论判定 $f(x_0,y_0)$ 是否为极值，是极大值还是极小值.

【例 8.33】 求函数 $z=x^3+y^3-3xy$ 的极值.

解
$$\frac{\partial z}{\partial x}=3x^2-3y,\ \frac{\partial z}{\partial y}=3y^2-3x$$

解方程组 $\begin{cases} 3x^2-3y=0 \\ 3y^2-3x=0 \end{cases}$ 求得驻点为（0,0）和（1,1).

因为

$$f''_{xx}(x,y)=6x,\ f''_{xy}(x,y)=-3,\ f''_{yy}(x,y)=6y$$

在点 $(0,0)$ 处，$AC-B^2=-9<0$，即点 $(0,0)$ 不是极值点.

在点 $(1,1)$ 处，$A=6$，$B=-3$，$C=6$，而 $AC-B^2=27>0$，且 $A=6>0$，即函数在 $(1,1)$ 点取得极小值，极小值为 $f(1,1)=-1$.

二、多元函数的最大值与最小值

在实际问题中，经常遇到求多元函数的最大值与最小值问题. 与一元函数相类似，可以利用函数的极值来求函数的最大值和最小值. 已经知道，如果函数 $f(x,y)$ 在有界闭区域 D 上连续，则函数 $f(x,y)$ 在 D 上必定能取得它的最大值和最小值. 这种使函数取得最大值或最小值的点既可能在 D 的内部，也可能在 D 的边界上. 假定，函数在 D 内可微且只有有限个驻点，这时如果函数在 D 的内部取得最大值（最小值），那么这个最大值（最小值）也是函数的极大值（极小值）. 因此，求函数的最大值和最小值的一般步骤是：

(1) 第一步　解方程组

$$\begin{cases} f'_x(x,y)=0 \\ f'_y(x,y)=0 \end{cases}$$

求出区域 D 上的全部驻点，找出区域 D 上连续不可导的点；

(2) 第二步　求出这些驻点和连续不可导的点的函数值，并且求出函数在区域 D 的边界上的最大值和最小值；

(3) 第三步　把这些数值进行比较，其中最大（小）的就是函数在区域 D 上的最大（小）值.

在这种方法中，由于要求出 $f(x,y)$ 在区域 D 的边界上的最大值和最小值，所以往往相当复杂. 在通常遇到的实际问题中，如果根据问题的性质，知道函数 $f(x,y)$ 的最大值（最小值）一定在区域 D 的内部取得，且函数在区域 D 内只有一个驻点，那么可以肯定该驻点处的函数值就是函数 $f(x,y)$ 在区域 D 上的最大值（最小值）.

【例 8.34】 求函数 $f(x,y)=xy\sqrt{1-x^2-y^2}$ 在区域

$$D=\{(x,y)\mid x^2+y^2\leqslant 1, x>0, y>0\}$$

内的最大值.

解　解方程组

$$\begin{cases} f'_x(x,y)=y\sqrt{1-x^2-y^2}-\dfrac{x^2y}{\sqrt{1-x^2-y^2}}=0 \\ f'_y(x,y)=x\sqrt{1-x^2-y^2}-\dfrac{xy^2}{\sqrt{1-x^2-y^2}}=0 \end{cases}$$

得区域 D 上的唯一驻点 $\left(\frac{1}{\sqrt{3}},\frac{1}{\sqrt{3}}\right)$.

容易看出这个函数在区域 D 内是可微的，且在边界上的函数值 $f(x,y)=0$，而 $f\left(\frac{1}{\sqrt{3}},\frac{1}{\sqrt{3}}\right)=\frac{\sqrt{3}}{9}$，经比较，驻点 $\left(\frac{1}{\sqrt{3}},\frac{1}{\sqrt{3}}\right)$ 是最大值点，最大值是 $\frac{\sqrt{3}}{9}$.

【例 8.35】 用铁板做一个容积为 4m^3 的有盖长方体水箱，问长、宽、高为多少时，才能使用料最省？

解　设长为 xm，宽为 ym，则高为 $\frac{4}{xy}$m，于是所用材料的面积为

$$S=2\left(xy+\frac{4}{x}+\frac{4}{y}\right)\quad (x>0, y>0)$$

解方程组

$$\begin{cases} S'_x=2\left(y-\dfrac{4}{x^2}\right)=0 \\ S'_y=2\left(x-\dfrac{4}{y^2}\right)=0 \end{cases}$$

得唯一驻点$(\sqrt[3]{4},\sqrt[3]{4})$.

由问题的实际意义可知最小值一定存在，唯一的驻点就是最小值点．所以当长、宽、高都为$\sqrt[3]{4}$m 时，用料最省.

三、条件极值

在前面讨论的极值问题中，除对自变量给出定义域外，并无其它限制条件．今后把这类极值问题称为无条件极值．而把对自变量还需附加其它条件的极值问题称为条件极值．例如，在曲面 $z=x^2+y^2$ 上求一点，使它到点（1,2,3）的距离最小．这就是在 $z=x^2+y^2$ 的条件下求函数

$$f(x,y,z)=(x-1)^2+(y-2)^2+(z-3)^2$$

的极值.

有些条件极值问题可以转化为无条件极值问题来解决，例如，在上面的例子中，若把条件 $z=x^2+y^2$ 代入函数

$$f(x,y,z)=(x-1)^2+(y-2)^2+(z-3)^2$$

中得

$$f(x,y,x^2+y^2)=(x-1)^2+(y-2)^2+(x^2+y^2-3)^2$$

于是就转化为二元函数的无条件极值问题了．这也是介绍求条件极值的第一种方法．但是有时附加条件很复杂，特别是以隐函数形式给出时，这种方法有一定困难，甚至不能用．下面介绍另一种求条件极值的方法：拉格朗日乘数法.

设函数 $u=f(x,y,z)$ 和 $\varphi(x,y,z)=0$ 均有一阶连续偏导数，求函数 $u=f(x,y,z)$ 在条件 $\varphi(x,y,z)=0$ 下的极值步骤如下：

（1）第一步，构造拉格朗日函数

$$F(x,y,z,\lambda)=f(x,y,z)+\lambda\varphi(x,y,z)$$

（2）第二步，求出 F 的所有一阶偏导数并令其等于零，得联立方程组

$$\begin{cases} F'_x=f'_x(x,y,z)+\lambda\varphi'_x(x,y,z)=0 \\ F'_y=f'_y(x,y,z)+\lambda\varphi'_y(x,y,z)=0 \\ F'_z=f'_z(x,y,z)+\lambda\varphi'_z(x,y,z)=0 \\ F'_\lambda=\varphi(x,y,z)=0 \end{cases}$$

（3）第三步，解方程组求出驻点 (x_0,y_0,z_0,λ_0)，则 (x_0,y_0,z_0) 就是函数 $u=f(x,y,z)$ 在条件 $\varphi(x,y,z)=0$ 下可能的极值点.

注意：在拉格朗日函数中，x、y、z、λ 都是独立的自变量，相互之间不存在函数关系.

【例 8.36】 求函数 $z=x^2+y^2$ 在条件$\dfrac{x}{a}+\dfrac{y}{b}=1$ 下的极值.

解 方法一：是把条件代入函数，变成无条件极值

由$\dfrac{x}{a}+\dfrac{y}{b}=1$ 解出 $y=b\left(1-\dfrac{x}{a}\right)$，代入函数 $z=x^2+y^2$ 得

$$z=x^2+b^2\left(1-\frac{x}{a}\right)^2=\frac{a^2+b^2}{a^2}x^2-\frac{2b^2}{a}x+b^2$$

这样就转化为一元函数的无条件极值问题.

$$z'_x=\frac{2(a^2+b^2)}{a^2}x-\frac{2b^2}{a}=0$$

所以，$x=\frac{ab^2}{a^2+b^2}$，$y=\frac{a^2b}{a^2+b^2}$. 再求二阶导数得

$$z''_{xx}=\frac{2(a^2+b^2)}{a^2}>0$$

因而是极小值点，极小值是

$$f(\frac{ab^2}{a^2+b^2},\frac{a^2b}{a^2+b^2})=\frac{a^2b^2}{a^2+b^2}$$

方法二：利用拉格朗日乘数法

作拉格朗日函数

$$F(x,y,\lambda)=x^2+y^2+\lambda(\frac{x}{a}+\frac{y}{b}-1)$$

求 F 的各一阶偏导数，令其等于零，得

$$\begin{cases}F'_x=2x+\frac{\lambda}{a}=0\\ F'_y-2y+\frac{\lambda}{b}=0\\ F'_\lambda=\frac{x}{a}+\frac{y}{b}-1=0\end{cases}$$

解得，$x=\frac{ab^2}{a^2+b^2}$，$y=\frac{a^2b}{a^2+b^2}$，$\lambda=-\frac{2a^2b^2}{a^2+b^2}$. 所以点（$\frac{ab^2}{a^2+b^2}$，$\frac{a^2b}{a^2+b^2}$）是可能的极值点，并且是唯一的一个可能点，由实际问题可知，一定存在极小值点，故

$$f\left(\frac{ab^2}{a^2+b^2},\frac{a^2b}{a^2+b^2}\right)=\frac{a^2b^2}{a^2+b^2}$$

是函数 $z=x^2+y^2$ 在条件 $\frac{x}{a}+\frac{y}{b}=1$ 下的极小值.

思考题 8.5

1. 二元函数的极值点一定是驻点吗？
2. 二元函数的最大值和最小值在什么位置取得？
3. 条件极值的求解方法有几种？

练习题 8.5

1. 求下列函数的极值：

(1) $z=4(x-y)-x^2-y^2$　　(2) $z=e^{2x}(x+y^2+2y)$

(3) $f(x,y)=(6x-x^2)(4y-y^2)$

2. 设有三个正数之和是 18，问三个数为何值时其乘积最大？
3. 建造一个长方形水池，其底和壁的总面积为 108m^2，问水池的尺寸如何设计时，其容积最大？
4. 求原点到曲面 $z^2=xy+x-y+4$ 的最短距离.
5. 在平面 $3x-2z=0$ 上求一点，使它与点 $A(1,1,1)$ 和 $B(2,3,4)$ 的距离的平方和最小.

习　题　八

1. 设函数 $f(x,y)=\frac{2xy}{x^2+y^2}$，求 $f\left(1,\frac{y}{x}\right)$.

2. 求下列函数的定义域：

(1) $z=\ln(y^2-2x+1)$ (2) $z=\dfrac{\sqrt{4x-y^2}}{\ln(1-x^2-y^2)}$

(3) $z=\arcsin\dfrac{x^2+y^2}{4}$ (4) $z=\sqrt{x-\sqrt{y}}$

3. 求下列函数的偏导数：

(1) $z=\arctan\sqrt{x^y}$ (2) $z=\dfrac{e^{xy}}{e^x+e^y}$

(3) $u=x^{y^z}$ (4) $z=\ln\sin(x-2y)$

4. 设 $u=f(x,y,z)$，$y=\varphi(x,t)$，$t=\psi(x,z)$，求$\dfrac{\partial u}{\partial x}$，$\dfrac{\partial u}{\partial z}$.

5. 设 $z=xf\left(\dfrac{y}{x}\right)+(x-1)y\ln x$，其中 f 是任意的二次可微函数，求证：

$$x^2\frac{\partial^2 z}{\partial x^2}-y^2\frac{\partial^2 z}{\partial y^2}=(x+1)y$$

6. 求下列各函数的全微分：

(1) $z=x\cos(x-y)$ (2) $u=x^{yz}$

7. 求由方程 $2xz-2xyz+\ln xyz=0$ 所确定的函数 $z=f(x,y)$ 的全微分.

8. 求下列复合函数的偏导数或导数：

(1) 设 $z=e^{u\cos v}$，$u=xy$，$v=\ln(x-y)$，求$\dfrac{\partial z}{\partial x}$，$\dfrac{\partial z}{\partial y}$；

(2) 设 $z=\arctan(xy)$，而 $y=e^x$，求$\dfrac{dz}{dx}$.

9. 求下列方程所确定的隐函数的偏导数或导数：

(1) 设$\dfrac{x}{z}=\ln\dfrac{z}{y}$，求$\dfrac{\partial z}{\partial x}$，$\dfrac{\partial z}{\partial y}$；

(2) 设 $\sin y+e^x-xy^2=0$，求$\dfrac{dy}{dx}$.

10. 求函数 $z=2xy-3x^2-2y^2$ 的极值.

第九章　多元函数积分学

二重积分也是由实际问题的需要而产生的. 在一元函数积分学中可以知道，定积分是某种特定形式的和的极限，把这种和的极限的概念推广到定义在某个区域上的二元函数的形式，便得到二重积分的概念.

第一节　二重积分的概念

一、两个实例

1. 曲顶柱体的体积

设有一立体，它的底是 xOy 平面上的有界闭区域 D，它的侧面是以 D 的边界曲线为准线而母线平行于 z 轴的柱面，它的顶是曲面 $z=f(x,y)$，这里 $f(x,y)\geqslant 0$，且在 D 上连续（图 9-1）. 这种立体称为曲顶柱体. 现在来讨论它的体积.

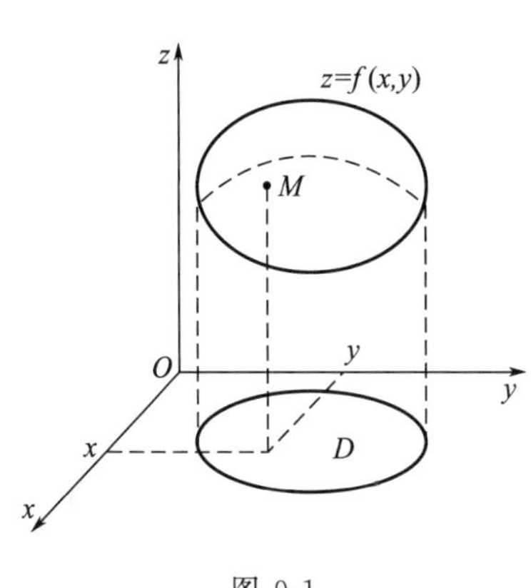

图 9-1

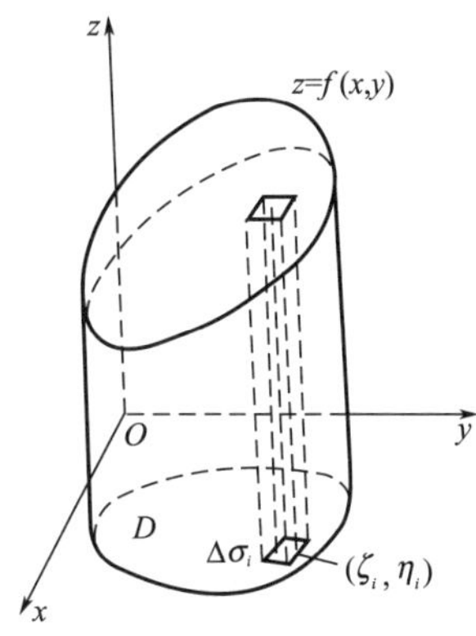

图 9-2

关于曲顶柱体，当点（x，y）在区域 D 上变动时，高 $f(x，y)$ 是个变量，因此它的体积不能直接用体积公式来计算. 不难想到，用求曲边梯形面积的方法来解决这个问题.

（1）分割：用一曲线网把区域 D 任意分成 n 个小区域

$$\Delta\sigma_1，\Delta\sigma_2，\cdots，\Delta\sigma_n$$

小区域 $\Delta\sigma_i$ 的面积也记作 $\Delta\sigma_i$. 以这些小区域的边界曲线为准线作母线平行于 z 轴的柱面，这些柱面把原来的曲顶柱体分为 n 个细条曲顶柱体. 它们的体积分别记作

$$\Delta V_1，\Delta V_2，\cdots，\Delta V_n$$

（2）近似代替：对于一个小区域 $\Delta\sigma_i$，当直径很小时，由于 $f(x,y)$ 连续，$f(x,y)$ 在 $\Delta\sigma_i$ 中的变化很小，可以近似地看作常数. 即若任意取点 $(\xi_i,\eta_i)\in\Delta\sigma_i$，则当 $(x,y)\in\Delta\sigma_i$ 时，有 $f(x,y)\approx f(\xi_i,\eta_i)$，从而以 $\Delta\sigma_i$ 为底的细条曲顶柱体可近似地看作以 $f(\xi_i,\eta_i)$ 为高的平顶柱体（图 9-2），于是

$$\Delta V_i\approx f(\xi_i,\eta_i)\Delta\sigma_i(i=1,2,3,\cdots,n)$$

（3）求和：把这些细条曲顶柱体体积的近似值 $f(\xi_i,\eta_i)\Delta\sigma_i$ 加起来，就得到所求的曲顶柱体体积 V 的近似值，即

$$V=\sum_{i=1}^{n}\Delta V_i\approx\sum_{i=1}^{n}f(\xi_i,\eta_i)\Delta\sigma_i$$

（4）取极限：一般地，如果区域 D 分得越细，则上述和式就越接近于曲顶柱体体积 V，当把区域 D 无限细分时，即当所有小区域的最大直径 $\lambda\to0$ 时，则和式的极限就是所求的曲顶柱体的体积 V，即

$$V=\lim_{\lambda\to0}\sum_{i=1}^{n}f(\xi_i,\eta_i)\Delta\sigma_i$$

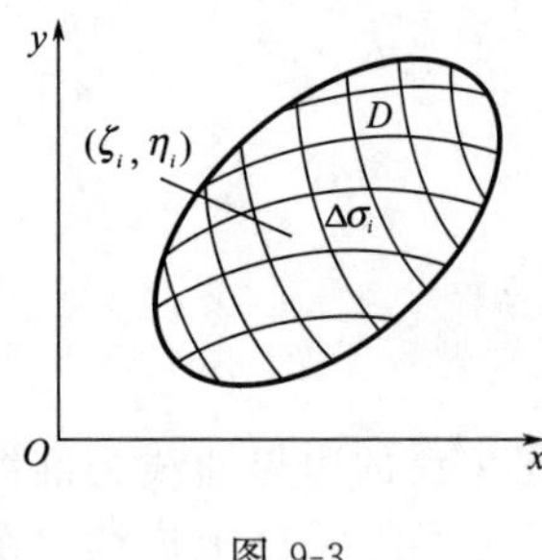

图 9-3

2. 非均匀平面薄板的质量

设薄片的形状为闭域 D（如图 9-3），其面密度 ρ 是点（x，y）的函数，即 $\rho=\rho(x,y)$ 在 D 上为正的连续函数．当质量分布是均匀时，即 ρ 为常数，则质量 M 等于面密度乘以薄片的面积．当质量分布不均匀时，ρ 随点（x，y）而变化，如何求质量呢？采用与曲顶柱体的体积相类似的方法求薄片的质量．

（1）分割：把区域 D 任意分成 n 个小区域

$$\Delta\sigma_1，\Delta\sigma_2，\cdots，\Delta\sigma_n$$

小区域 $\Delta\sigma_i$ 的面积也记作 $\Delta\sigma_i$．该薄板就相应地分成 n 个小块薄板．

（2）近似代替：对于一个小区域 $\Delta\sigma_i$，当直径很小时，由于 $\rho(x,y)$ 连续，$\rho(x,y)$ 在 $\Delta\sigma_i$ 中的变化很小，可以近似地看成常数．即若任意取点 $(\xi_i,\eta_i)\in\Delta\sigma_i$，则当 $(x,y)\in\Delta\sigma_i$ 时，有 $\rho(x,y)\approx\rho(\xi_i,\eta_i)$，从而 $\Delta\sigma_i$ 上薄板的质量可近似地看成以 $\rho(\xi_i,\eta_i)$ 为面密度的均匀薄板，于是

$$\Delta M_i\approx\rho(\xi_i,\eta_i)\Delta\sigma_i(i=1,2,3,\cdots,n)$$

（3）求和：把这些小薄板质量的近似值 $\rho(\xi_i,\eta_i)\Delta\sigma_i$ 加起来，就得到所求的整块薄板质量的近似值，即

$$M=\sum_{i=1}^{n}\Delta M_i\approx\sum_{i=1}^{n}\rho(\xi_i,\eta_i)\Delta\sigma_i$$

（4）取极限：一般地，如果区域 D 分得越细，则上述和式就越接近于非均匀平面薄板的质量 M，当把区域 D 无限细分时，即当所有小区域的最大直径 $\lambda\to0$ 时，则和式的极限就是所求的非均匀平面薄板的质量 M，即

$$M=\lim_{\lambda\to0}\sum_{i=1}^{n}\rho(\xi_i,\eta_i)\Delta\sigma_i$$

二、二重积分的概念

上面两个例子的意义虽然不同，但解决问题的方法是一样的，都归结为求二元函数的某种和式的极限，抽去它们的几何或物理意义，研究它们的共性，便得到二重积分的定义．

定义 9.1 设函数 $z=f(x,y)$ 在闭区域 D 上有定义，将 D 任意分成 n 个小区域

$$\Delta\sigma_1，\Delta\sigma_2，\cdots，\Delta\sigma_n$$

其中，$\Delta\sigma_i$ 表示第 i 个小区域，也表示它的面积．在每个小区域 $\Delta\sigma_i$ 上任取一点（ξ_i，η_i），作乘积 $f(\xi_i,\eta_i)\Delta\sigma_i$（$i=1$，2，3，…，$n$），并作和式 $\sum\limits_{i=1}^{n}f(\xi_i,\eta_i)\Delta\sigma_i$，如果当各小区域的直径中的最大值 λ 趋于零时，此和式的极限存在，且极限值与区域 D 的分法无关，也与每个小区域 $\Delta\sigma_i$ 中点（ξ_i，η_i）的取法无关．则称此极限值为函数 $f(x,y)$ 在闭区域 D 上的二重积分，记作 $\iint\limits_D f(x,y)\mathrm{d}\sigma$，即

$$\iint_D f(x,y)\mathrm{d}\sigma=\lim_{\lambda\to 0}\sum_{i=1}^{n}f(\xi_i,\eta_i)\Delta\sigma_i$$

其中，$\iint$ 叫做二重积分号，$f(x,y)$叫做被积函数，$f(x,y)\mathrm{d}\sigma$ 叫做被积表达式，$\mathrm{d}\sigma$ 叫做面积元素，x 与 y 叫做积分变量，D 叫做积分区域.

关于二重积分的几点说明如下。

(1) 二重积分仅与被积函数及积分区域有关，而与积分变量的记号无关. 即有

$$\iint_D f(x,y)\mathrm{d}\sigma=\iint_D f(u,v)\mathrm{d}\sigma$$

(2) 如果被积函数 $f(x,y)$ 在闭区域 D 上的二重积分存在，则称 $f(x,y)$在 D 上可积. $f(x,y)$在闭区域 D 上连续时，$f(x,y)$在 D 上一定可积. 以后总假定 $f(x,y)$在 D 连续.

(3) 二重积分 $\iint_D f(x,y)\mathrm{d}\sigma$ 的几何意义是：当 $f(x,y)\geqslant 0$ 时，二重积分就表示曲顶柱体的体积；若 $f(x,y)\leqslant 0$，二重积分就表示曲顶柱体的体积的负值；当 $f(x,y)$在 D 上的符号有正有负时，二重积分就等于这些部分区域上的柱体体积的代数和.

由二重积分的定义，可知曲顶柱体的体积 V 是曲面 $z=f(x,y)$在底 D 上的二重积分，即

$$V=\iint_D f(x,y)\mathrm{d}\sigma$$

非均匀平面薄板的质量 M 是面密度 $\rho=\rho(x,y)$在薄片所占闭区域 D 上的二重积分，即

$$M=\iint_D \rho(x,y)\mathrm{d}\sigma$$

三、二重积分的性质

比较定积分与二重积分的定义可知，二重积分与定积分有完全类似的性质. 假设二元函数 $f(x,y)$，$g(x,y)$在积分区域 D 上都连续，因而它们在 D 上的二重积分是存在的.

性质 1 被积函数的常数因子可以提到二重积分号的外面. 即

$$\iint_D kf(x,y)\mathrm{d}\sigma=k\iint_D f(x,y)\mathrm{d}\sigma$$

性质 2 有限个函数代数和的二重积分等于各个函数二重积分的代数和. 即

$$\iint_D [f(x,y)\pm g(x,y)]\mathrm{d}\sigma=\iint_D f(x,y)\mathrm{d}\sigma\pm\iint_D g(x,y)\mathrm{d}\sigma$$

性质 3 如果把积分区域 D 分成两个闭子域 D_1 与 D_2，即 $D=D_1+D_2$. 则

$$\iint_D f(x,y)\mathrm{d}\sigma=\iint_{D_1} f(x,y)\mathrm{d}\sigma+\iint_{D_2} f(x,y)\mathrm{d}\sigma$$

性质 4 如果在 D 上，$f(x,y)=1$，D 的面积为 σ，则

$$\iint_D f(x,y)\mathrm{d}\sigma=\iint_D 1\mathrm{d}\sigma=\sigma$$

性质 5 若在 D 上有 $f(x,y)\leqslant g(x,y)$，则

$$\iint_D f(x,y)\mathrm{d}\sigma\leqslant\iint_D g(x,y)\mathrm{d}\sigma$$

特别有

$$\left|\iint_D f(x,y)\mathrm{d}\sigma\right|\leqslant\iint_D |f(x,y)|\mathrm{d}\sigma$$

性质 6 （估值定理）设 M、m 分别是 $f(x,y)$ 在闭区域 D 上的最大值和最小值，σ 是 D 的面积，则

$$m\sigma \leqslant \iint_D f(x,y)\mathrm{d}\sigma \leqslant M\sigma$$

性质 7 （中值定理）设函数 $f(x,y)$ 在闭区域 D 上连续，σ 是 D 的面积，则在 D 上至少存在一点（ξ，η），使得下式成立

$$\iint_D f(x,y)\mathrm{d}\sigma = f(\xi,\eta)\sigma$$

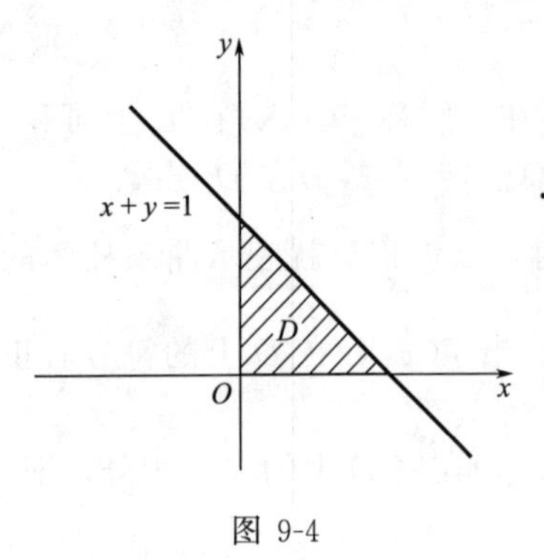

图 9-4

【例 9.1】 根据二重积分的性质，比较 $\iint_D (x+y)^2\mathrm{d}\sigma$ 与 $\iint_D (x+y)^3\mathrm{d}\sigma$ 的大小. 其中 D 是 x 轴，y 轴和直线 $x+y=1$ 所围成的区域（图 9-4).

解 对于 D 上的任意一点（x，y）有 $0\leqslant x+y\leqslant 1$，因此在 D 上有

$$(x+y)^3\leqslant(x+y)^2$$

由性质 5 可知

$$\iint_D (x+y)^2\mathrm{d}\sigma \geqslant \iint_D (x+y)^3\mathrm{d}\sigma$$

思考题 9.1

1. 比较二重积分与定积分的定义，指出两者的异同点.
2. 二重积分的几何意义是什么？
3. 在二重积分的定义中，最大的子域直径趋近于零能否改成最大的子域面积趋近于零？

练习题 9.1

1. 用二重积分表示下列曲顶柱体的体积：

(1) $f(x,y)=(x+y)^2$，D 为矩形区域：$1\leqslant x\leqslant 2$，$1\leqslant y\leqslant 4$；

(2) $f(x,y)=x^2+y^2$，D 为圆形区域：$x^2+y^2\leqslant R^2$.

2. 利用二重积分的几何意义计算二重积分：

(1) $\iint_D \mathrm{d}\sigma$　　D：$x^2+y^2\leqslant 1$；

(2) $\iint_D \mathrm{d}\sigma$　　D：$\frac{x^2}{a^2}+\frac{y^2}{b^2}\leqslant 1$；

(3) $\iint_D \sqrt{R^2-x^2-y^2}\,\mathrm{d}\sigma$　　D：$x^2+y^2\leqslant R^2$.

3. 根据二重积分的性质，估算二重积分 $\iint_D \mathrm{e}^{-x^2-y^2}\mathrm{d}\sigma$ 的值，其中 D：$x^2+y^2\leqslant 1$.

第二节　二重积分的计算

一般情况下，直接利用二重积分的定义计算二重积分是非常困难的，二重积分的计算可以归结为求二次定积分（即二次积分). 下面由二重积分的几何意义导出二重积分的计算方法.

一、在直角坐标系下计算二重积分

若二重积分存在，和式极限值与区域 D 的分法无关，故在直角坐标系下用与坐标轴平行

的两组直线把 D 划分成各边平行于坐标轴的一些小矩形（图 9-5），于是小矩形的面积 $\Delta\sigma=\Delta x\Delta y$，因此在直角坐标系下，面积元素为

$$\mathrm{d}\sigma=\mathrm{d}x\mathrm{d}y$$

于是二重积分可写成

$$\iint\limits_D f(x,y)\mathrm{d}\sigma=\iint\limits_D f(x,y)\mathrm{d}x\mathrm{d}y$$

下面根据二重积分的几何意义，结合积分区域的几种形状，推导二重积分的计算方法.

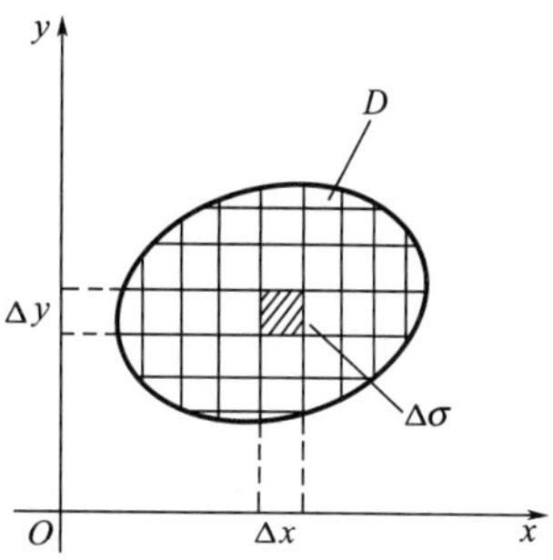

图 9-5

1. 积分区域 D 为

$$a\leqslant x\leqslant b,\ \varphi_1(x)\leqslant y\leqslant\varphi_2(x)$$

其中，函数 $\varphi_1(x)$，$\varphi_2(x)$ 在 $[a,b]$ 上连续（图 9-6）.

不妨设 $f(x,y)\geqslant0$，由二重积分的几何意义知，$\iint\limits_D f(x,y)\mathrm{d}x\mathrm{d}y$ 表示以 D 为底，以曲面 $z=f(x,y)$ 为顶的曲顶柱体的体积（图 9-7）. 可以应用第五章中计算“平行截面面积为已知的立体的体积”的方法，来计算这个曲顶柱体的体积.

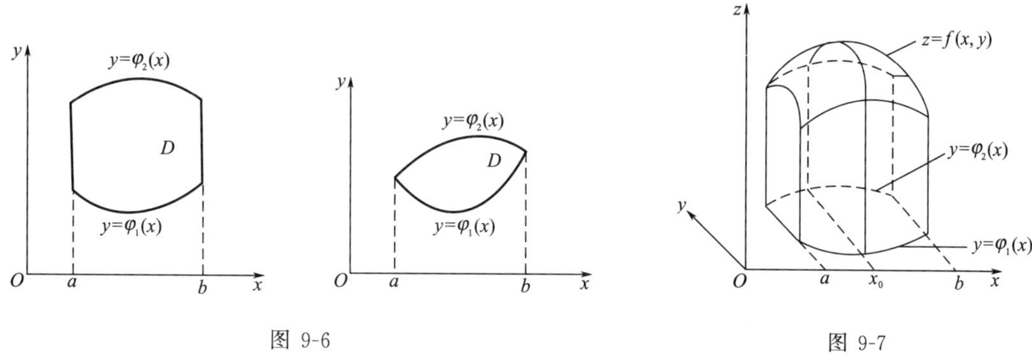

图 9-6

图 9-7

先计算截面面积. 在区间 $[a,b]$ 中任意取定一点 x_0，过 x_0 作平行于 yOz 面的平面 $x=x_0$，这个平面截曲顶柱体所得截面是一个以区间 $[\varphi_1(x_0),\varphi_2(x_0)]$ 为底，曲线 $z=f(x_0,y)$ 为曲边的曲边梯形（图 9-7），其面积为

$$A(x_0)=\int_{\varphi_1(x_0)}^{\varphi_2(x_0)}f(x_0,y)\mathrm{d}y$$

一般地，过区间 $[a,b]$ 上任意一点 x 且平行于 yOz 面的平面截曲顶柱体所得截面的面积为

$$A(x)=\int_{\varphi_1(x)}^{\varphi_2(x)}f(x,y)\mathrm{d}y$$

于是，由计算平行截面面积为已知的立体体积的方法，得曲顶柱体的体积为

$$V=\int_a^b A(x)\mathrm{d}x=\int_a^b\left[\int_{\varphi_1(x)}^{\varphi_2(x)}f(x,y)\mathrm{d}y\right]\mathrm{d}x$$

即

$$\iint\limits_D f(x,y)\mathrm{d}x\mathrm{d}y=\int_a^b\left[\int_{\varphi_1(x)}^{\varphi_2(x)}f(x,y)\mathrm{d}y\right]\mathrm{d}x$$

上式右端是一个先对 y、再对 x 的二次积分. 就是说，先把 x 看成常数，把 $f(x,y)$ 只看成 y 的函数，并对 y 计算从 $\varphi_1(x)$ 到 $\varphi_2(x)$ 的定积分，然后把所得的结果（是 x 的函数）再

对 x 计算从 a 到 b 的定积分、这个先对 y、再对 x 的二次积分也常记作

$$\int_a^b \mathrm{d}x \int_{\varphi_1(x)}^{\varphi_2(x)} f(x,y)\mathrm{d}y$$

从而把二重积分化为先对 y、再对 x 的二次积分的公式写作

$$\iint_D f(x,y)\mathrm{d}x\mathrm{d}y = \int_a^b \mathrm{d}x \int_{\varphi_1(x)}^{\varphi_2(x)} f(x,y)\mathrm{d}y$$

在上述讨论中，假定 $f(x,y) \geqslant 0$. 但实际上公式的成立并不受此条件限制.

2. 积分区域 D 为

$$\psi_1(y) \leqslant x \leqslant \psi_2(y),\ c \leqslant y \leqslant d$$

其中，函数 $\psi_1(y)$，$\psi_2(y)$ 在区间 $[c,\ d]$ 上连续（图 9-8）.

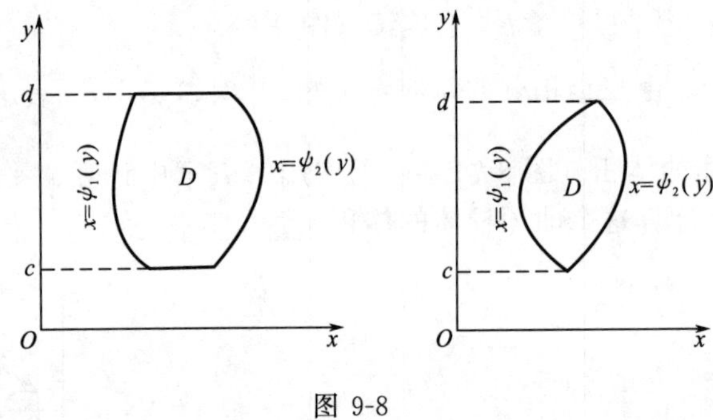

图 9-8

仿照上面的计算方法，有

$$\iint_D f(x,y)\mathrm{d}x\mathrm{d}y = \int_c^d \left[\int_{\psi_1(y)}^{\psi_2(y)} f(x,y)\mathrm{d}x\right]\mathrm{d}y = \int_c^d \mathrm{d}y \int_{\psi_1(y)}^{\psi_2(y)} f(x,y)\mathrm{d}x$$

这就是把二重积分化为先对 x、再对 y 的二次积分的公式.

注意：如果积分区域 D 不能表示成上面两种形式中的任何一种，那么，可将 D 分割，使其各部分符合第一种类型或第二种类型.

【例 9.2】 计算积分 $\iint\limits_D (x+y)^2 \mathrm{d}x\mathrm{d}y$，其中 D 为矩形区域：$0 \leqslant x \leqslant 1$，$0 \leqslant y \leqslant 2$.

解 矩形区域既属于第一种类型，也属于第二种类型（图 9-9），所以，可以先对 x 积分，也可以先对 y 积分. 此题选择先对 y 积分.

$$\iint_D (x+y)^2 \mathrm{d}x\mathrm{d}y = \int_0^1 \mathrm{d}x \int_0^2 (x+y)^2 \mathrm{d}y = \int_0^1 \frac{1}{3}(x+y)^3 \Big|_0^2 \mathrm{d}x$$

$$= \int_0^1 \left[\frac{(x+2)^3}{3} - \frac{x^3}{3}\right]\mathrm{d}x = \frac{1}{12}(x+2)^4 \Big|_0^1 - \frac{1}{12}x^4 \Big|_0^1 = \frac{16}{3}$$

【例 9.3】 计算二重积分 $\iint\limits_D \frac{x^2}{y^2}\mathrm{d}x\mathrm{d}y$，其中 D 是由直线 $x=2$，$y=x$ 及双曲线 $xy=1$ 所围成的区域.

解 直线 $y=x$ 与双曲线 $xy=1$ 在第一象限的交点为 $(1,1)$（图 9-10），选择先对 y、后对 x 积分，则积分区域 D 可表示为

$$1 \leqslant x \leqslant 2,\ \frac{1}{x} \leqslant y \leqslant x$$

于是

$$\iint_D \frac{x^2}{y^2}\mathrm{d}x\mathrm{d}y = \int_1^2 \mathrm{d}x \int_{\frac{1}{x}}^{x} \frac{x^2}{y^2}\mathrm{d}y = \int_1^2 x^2\left(-\frac{1}{y}\right)\Big|_{\frac{1}{x}}^{x}\mathrm{d}x = \int_1^2 (-x+x^3)\mathrm{d}x = \frac{9}{4}$$

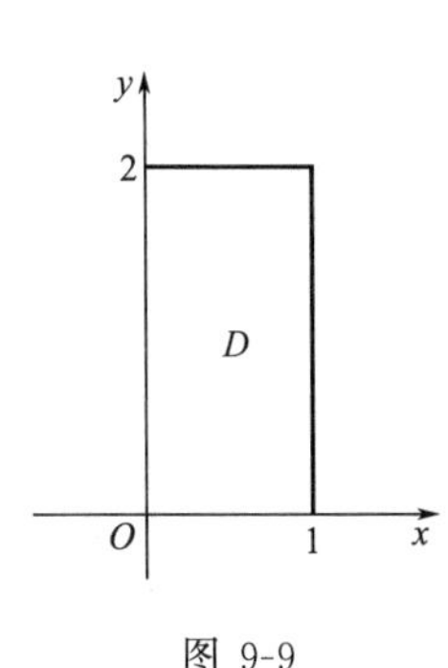

图 9-9

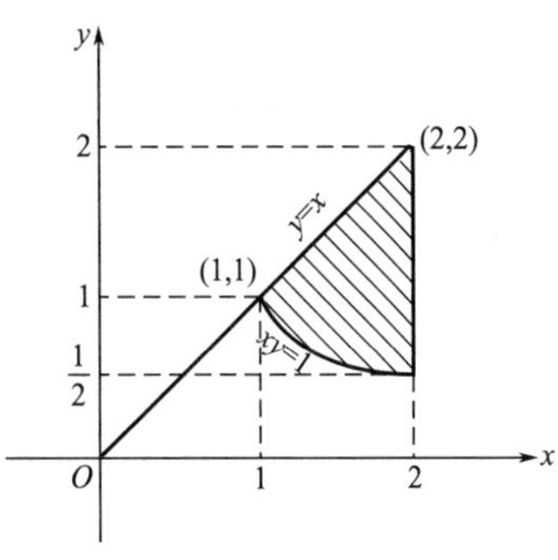

图 9-10

当然，这个积分也可以选择另一种积分次序，即先对 x、再对 y 积分. 但必须把积分区域 D 划分成两个区域，分别表示为

$$D_1：\frac{1}{2}\leqslant y\leqslant 1，\frac{1}{y}\leqslant x\leqslant 2 \text{ 与 } D_2：1\leqslant y\leqslant 2，y\leqslant x\leqslant 2$$

$$\iint_D \frac{x^2}{y^2}\mathrm{d}x\mathrm{d}y = \int_{\frac{1}{2}}^{1}\mathrm{d}y\int_{\frac{1}{y}}^{2}\frac{x^2}{y^2}\mathrm{d}x + \int_1^2\mathrm{d}y\int_y^2\frac{x^2}{y^2}\mathrm{d}x = \frac{9}{4}$$

【例 9.4】 计算二重积分 $\iint\limits_D y^2\mathrm{d}x\mathrm{d}y$，其中 D 是由抛物线 $x=y^2$，直线 $2x-y-1=0$ 所围成.

解　画出积分区域的图形（图 9-11），解方程组

$$\begin{cases} x=y^2 \\ 2x-y-1=0 \end{cases}$$

得抛物线和直线的两个交点（1，1）和 $\left(\frac{1}{4}，-\frac{1}{2}\right)$.

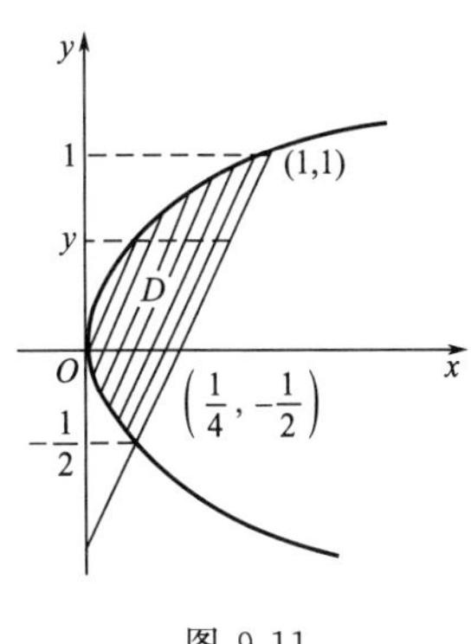

图 9-11

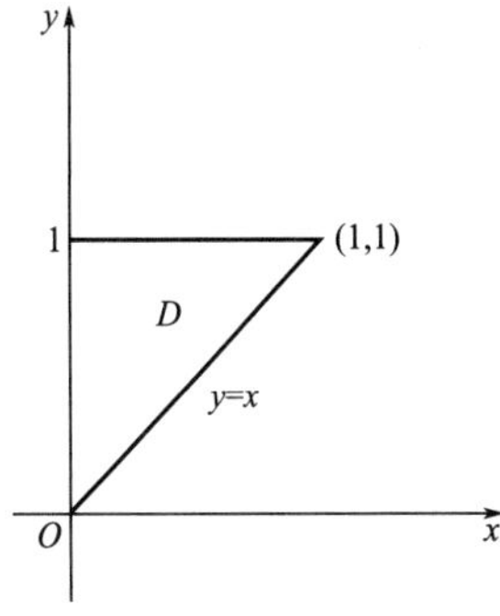

图 9-12

选择先对 x 积分、再对 y 积分，则积分区域 D 表示为

$$-\frac{1}{2}\leqslant y\leqslant 1，\ y^2\leqslant x\leqslant \frac{y+1}{2}$$

$$\iint_D y^2\mathrm{d}x\mathrm{d}y = \int_{-\frac{1}{2}}^{1}\mathrm{d}y\int_{y^2}^{\frac{y+1}{2}} y^2\mathrm{d}x = \int_{-\frac{1}{2}}^{1} y^2\left(\frac{y+1}{2}-y^2\right)\mathrm{d}y = \int_{-\frac{1}{2}}^{1}\left(\frac{y^3}{2}+\frac{y^2}{2}-y^4\right)\mathrm{d}y$$

$$=\left(\frac{1}{8}y^4+\frac{1}{6}y^3-\frac{1}{5}y^5\right)\Big|_{-\frac{1}{2}}^{1}=\frac{63}{640}$$

当然，这个积分也可以选择另一种积分次序，但必须把积分区域 D 划分成两个区域.

从上面两例可以看出，积分次序的选择直接影响着二重积分计算的繁简程度. 显然，积分次序的选择与积分区域有关.

【例 9.5】 计算 $\iint\limits_D e^{-y^2}\mathrm{d}x\mathrm{d}y$，其中 D 是由直线 $x=0$，$y=x$，$y=1$ 围成的（图 9-12).

解 选择先对 x 积分、再对 y 积分，则积分区域 D 表示为

$$0\leqslant y\leqslant 1,\ 0\leqslant x\leqslant y$$

$$\iint\limits_D e^{-y^2}\mathrm{d}x\mathrm{d}y=\int_0^1\mathrm{d}y\int_0^y e^{-y^2}\mathrm{d}x=\int_0^1 ye^{-y^2}\mathrm{d}y=-\frac{1}{2}e^{-y^2}\Big|_0^1=\frac{1}{2}\left(1-\frac{1}{e}\right)$$

如果改变积分次序，即先对 y 积分、再对 x 积分，则得

$$\iint\limits_D e^{-y^2}\mathrm{d}x\mathrm{d}y=\int_0^1\mathrm{d}x\int_x^1 e^{-y^2}\mathrm{d}y$$

由于 e^{-y^2} 的原函数不能用初等函数表示，所以无法计算出二重积分的结果.

从上例知道，选择积分次序也要考虑到被积函数的特点. 从以上这些例题看到计算二重积分关键是如何化为二次积分，而在化二重积分为二次积分的过程中又要注意积分次序的选择. 由于二重积分化为二次积分时，有两种积分顺序，所以通过二重积分可以将已给的二次积分进行更换积分顺序，这种积分顺序的更换，有时可以简化问题的计算.

二、在极坐标系下计算二重积分

对于某些被积函数和某些积分区域，利用直角坐标系计算二重积分往往是很困难的，而在极坐标系下计算则比较简单. 下面介绍在极坐标系下，二重积分 $\iint\limits_D f(x,y)\mathrm{d}\sigma$ 的计算方法.

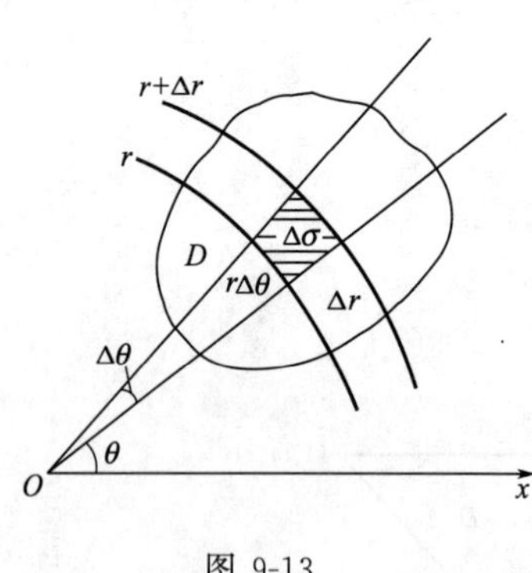

图 9-13

在极坐标系下计算二重积分，只要将积分区域和被积函数都化为极坐标表示即可. 为此，分割积分区域，用 r 取一系列的常数（得到一族中心在极点的同心圆）和 θ 取一系列的常数（得到一族过极点的射线）的两组曲线将 D 分成小区域 $\Delta\sigma$. 如图 9-13 所示.

设 $\Delta\sigma$ 是半径为 r 和 $r+\Delta r$ 的两个圆弧及极角 θ 和 $\theta+\Delta\theta$ 的两条射线所围成的小区域，其面积可近似地表示为

$$\Delta\sigma=r\Delta r\Delta\theta$$

因此在极坐标系下的面积元素为

$$\mathrm{d}\sigma=r\mathrm{d}r\mathrm{d}\theta$$

再将直角坐标系与极坐标系间的互换公式

$$\begin{cases}x=r\cos\theta\\ y=r\sin\theta\end{cases}\text{及}\begin{cases}r=\sqrt{x^2+y^2}\\ \tan\theta=\dfrac{y}{x}\end{cases}$$

代入被积函数，于是得到二重积分在极坐标系下的表达式

$$\iint\limits_D f(x,y)\mathrm{d}\sigma=\iint\limits_D f(r\cos\theta,r\sin\theta)r\mathrm{d}r\mathrm{d}\theta$$

下面分三种情况，给出在极坐标系下如何把二重积分化成二次积分.

1. 极点在区域 D 之外（图 9-14).

$$D: \alpha \leqslant \theta \leqslant \beta,\ r_1(\theta) \leqslant r \leqslant r_2(\theta)$$

$$\iint_D f(r\cos\theta, r\sin\theta) r\mathrm{d}r\mathrm{d}\theta = \int_\alpha^\beta \mathrm{d}\theta \int_{r_1(\theta)}^{r_2(\theta)} f(r\cos\theta, r\sin\theta) r\mathrm{d}r$$

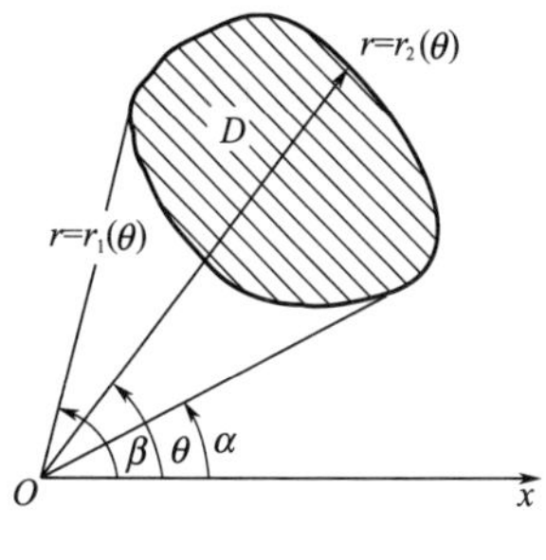

图 9-14

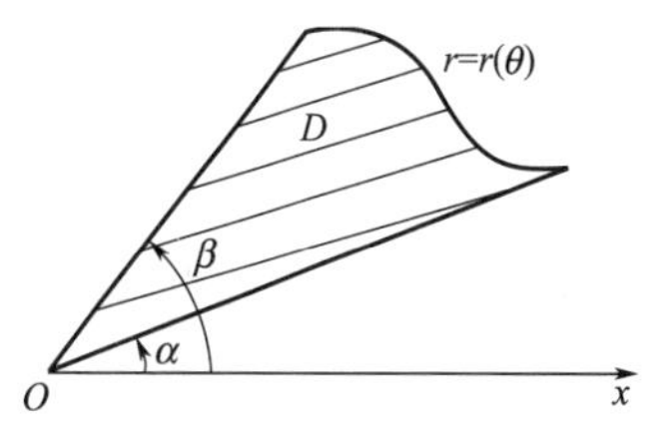

图 9-15

2. 极点在区域 D 的边界上（图 9-15）.

$$D: \alpha \leqslant \theta \leqslant \beta,\ 0 \leqslant r \leqslant r(\theta)$$

$$\iint_D f(r\cos\theta, r\sin\theta) r\mathrm{d}r\mathrm{d}\theta = \int_\alpha^\beta \mathrm{d}\theta \int_0^{r(\theta)} f(r\cos\theta, r\sin\theta) r\mathrm{d}r$$

3. 极点在区域 D 之内（图 9-16）.

$$D: 0 \leqslant \theta \leqslant 2\pi,\ 0 \leqslant r \leqslant r(\theta)$$

$$\iint_D f(r\cos\theta, r\sin\theta) r\mathrm{d}r\mathrm{d}\theta = \int_0^{2\pi} \mathrm{d}\theta \int_0^{r(\theta)} f(r\cos\theta, r\sin\theta) r\mathrm{d}r$$

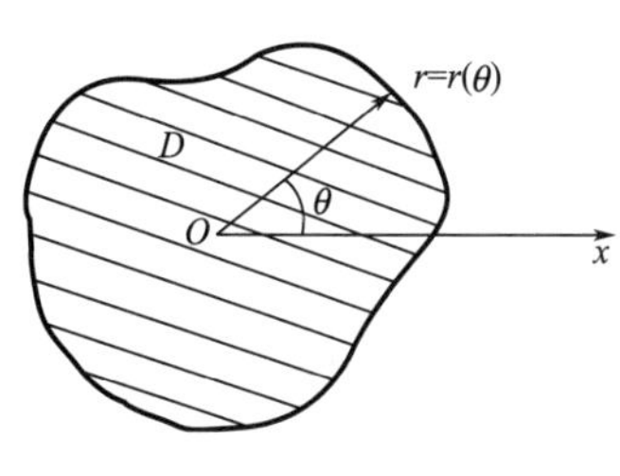

图 9-16

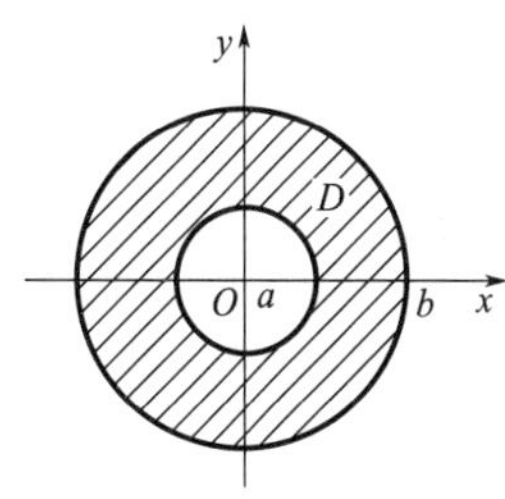

图 9-17

一般情况下，当二重积分的被积函数中自变量以 x^2+y^2，x^2-y^2，xy，$\dfrac{x}{y}$ 等形式出现时，以及积分区域为以原点为中心的圆形、扇形、圆环形或过原点中心在坐标轴上的圆域，利用极坐标系来计算往往比较简单.

【例 9.6】 计算二重积分 $\iint\limits_D (x^2+y^2)\mathrm{d}\sigma$，其中 D 为 $a^2 \leqslant x^2+y^2 \leqslant b^2$（图 9-17）.

解　积分区域 D 属于第一种情况.

$$D: 0 \leqslant \theta \leqslant 2\pi,\ a \leqslant r \leqslant b$$

于是

$$\iint_D (x^2+y^2)\mathrm{d}\sigma = \int_0^{2\pi} \mathrm{d}\theta \int_a^b r^2 r\mathrm{d}r = \int_0^{2\pi} \left(\frac{1}{4}r^4\right)\Bigg|_a^b \mathrm{d}\theta = \frac{\pi}{2}(b^4-a^4)$$

【例 9.7】 计算二重积分 $\iint\limits_D \sqrt{x^2+y^2}\,\mathrm{d}\sigma$，其中 D：$(x-a)^2+y^2 \leqslant a^2$（$a>0$）.

解　积分区域 D 如图 9-18 所示，D 的边界曲线 $(x-a)^2+y^2 \leqslant a^2$（$a>0$）的极坐标方程

为 $r=2a\cos\theta\ (a>0)$. 属于第二种情况，于是

$$\iint\limits_D \sqrt{x^2+y^2}\,\mathrm{d}\sigma = \int_{-\frac{\pi}{2}}^{\frac{\pi}{2}}\mathrm{d}\theta\int_0^{2a\cos\theta} r^2\,\mathrm{d}r = \frac{8a^3}{3}\int_{-\frac{\pi}{2}}^{\frac{\pi}{2}}\cos^3\theta\,\mathrm{d}\theta$$

$$= \frac{8a^3}{3}\int_{-\frac{\pi}{2}}^{\frac{\pi}{2}}(1-\sin^2\theta)\cos\theta\,\mathrm{d}\theta = \frac{8a^3}{3}\int_{-\frac{\pi}{2}}^{\frac{\pi}{2}}(1-\sin^2\theta)\,\mathrm{d}\sin\theta$$

$$= \frac{8a^3}{3}\left(\sin\theta-\frac{1}{3}\sin^3\theta\right)\Big|_{-\frac{\pi}{2}}^{\frac{\pi}{2}} = \frac{32}{9}a^3$$

【例 9.8】 计算二重积分 $\iint\limits_D \mathrm{e}^{-x^2-y^2}\,\mathrm{d}\sigma$，其中 D 为圆 $r=a$.

解 积分区域 D 如图 9-19 所示，属于第三种情况.

$$D:\ 0\leqslant\theta\leqslant 2\pi,\ 0\leqslant r\leqslant a$$

于是

$$\iint\limits_D \mathrm{e}^{-x^2-y^2}\,\mathrm{d}\sigma = \iint\limits_D \mathrm{e}^{-r^2}\,r\,\mathrm{d}r\,\mathrm{d}\theta = \int_0^{2\pi}\mathrm{d}\theta\int_0^a \mathrm{e}^{-r^2}\,r\,\mathrm{d}r = -\frac{1}{2}\int_0^{2\pi}\left[\mathrm{e}^{-r^2}\right]_0^a\mathrm{d}\theta$$

$$= -\frac{1}{2}\int_0^{2\pi}(\mathrm{e}^{-a^2}-1)\,\mathrm{d}\theta = \pi(1-\mathrm{e}^{-a^2})$$

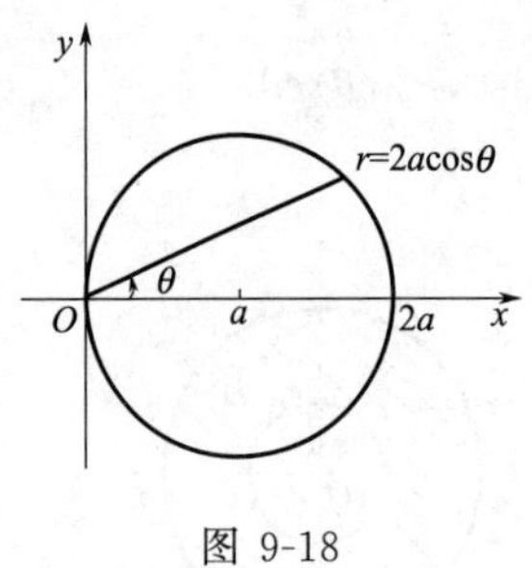

图 9-18

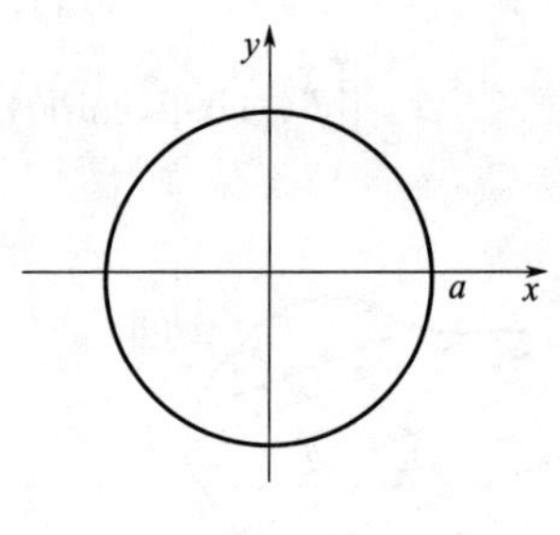

图 9-19

思考题 9.2

1. 在直角坐标系下如何把二重积分化为二次积分？
2. 在直角坐标系和极坐标系下，面积元素各是什么？
3. 一般被积函数是什么形式时，选择极坐标系下计算二重积分简单？
4. 如何把直角坐标系下的二重积分化成极坐标系下的二重积分？

练习题 9.2

1. 将下列二重积分化为二次积分：

(1) $\iint\limits_D f(x,y)\,\mathrm{d}x\mathrm{d}y$，$D$：$1\leqslant x\leqslant 2$，$3\leqslant y\leqslant 4$；

(2) $\iint\limits_D f(x,y)\,\mathrm{d}x\mathrm{d}y$，$D$ 是由 $x+y=1$，$x-y=1$，$x=0$ 所围成；

(3) $\iint\limits_D f(x,y)\,\mathrm{d}x\mathrm{d}y$，$D$ 是由 $y=x$，$y=3x$，$x=1$ 和 $x=3$ 所围成；

(4) $\iint\limits_D f(x,y)\,\mathrm{d}x\mathrm{d}y$，$D$ 是由 $y=x^2$，$y=4-x^2$ 所围成；

(5) $\iint\limits_D f(x,y)\mathrm{d}x\mathrm{d}y$，$D$：$\dfrac{x^2}{4}+\dfrac{y^2}{9}\leqslant 1$.

2. 计算下列二重积分：

(1) $\iint\limits_D \mathrm{e}^{x+y}\mathrm{d}x\mathrm{d}y$，$D$：$0\leqslant x\leqslant \ln 3$，$0\leqslant y\leqslant \ln 2$；

(2) $\iint\limits_D x^2 y\mathrm{d}x\mathrm{d}y$，$D$ 是由 $xy=2$，$x+y=3$ 所围成的闭区域；

(3) $\iint\limits_D (x+y)\mathrm{d}x\mathrm{d}y$，$D$ 是由 $y=x^2$，$y=4x^2$，$y=1$ 所围成的闭区域；

(4) $\iint\limits_D x\cos(x+y)\mathrm{d}x\mathrm{d}y$，$D$：顶点分别为（0，0），（π，0）和（π，π）的三角形闭区域；

(5) $\iint\limits_D x\sqrt{y}\mathrm{d}x\mathrm{d}y$，$D$ 是由 $y=x^2$，$y=\sqrt{x}$所围成的闭区域.

3. 交换下列积分的积分顺序：

(1) $\int_0^1\mathrm{d}y\int_y^{\sqrt{y}}f(x,y)\mathrm{d}x$；

(2) $\int_0^1\mathrm{d}y\int_0^{2y}f(x,y)\mathrm{d}x+\int_1^3\mathrm{d}y\int_0^{3-y}f(x,y)\mathrm{d}x$；

(3) $\int_1^{\mathrm{e}}\mathrm{d}x\int_0^{\ln x}f(x,y)\mathrm{d}y$.

4. 将二重积分 $\iint\limits_D f(x,y)\mathrm{d}x\mathrm{d}y$ 化成极坐标系下的二次积分，其中积分区域 D 是：

(1) $x^2+y^2\leqslant 1$，$x\geqslant 0$，$y\geqslant 0$；

(2) $a^2\leqslant x^2+y^2\leqslant b^2$，$x\geqslant 0$，$y\geqslant 0$；

(3) $x^2+y^2\leqslant 2Ry$，$x\geqslant 0$.

5. 把下列直角坐标系下的二次积分化为极坐标系下的二次积分：

(1) $\int_0^a\mathrm{d}x\int_0^{\sqrt{a^2-x^2}}f(x,y)\mathrm{d}y\quad(a>0)$；

(2) $\int_0^2\mathrm{d}x\int_x^{\sqrt{3}x}f(\sqrt{x^2+y^2})\mathrm{d}y$.

6. 在极坐标系下计算二重积分：

(1) $\iint\limits_D \arctan\dfrac{y}{x}\mathrm{d}x\mathrm{d}y$，其中 D 是由圆周 $x^2+y^2=1$，$x^2+y^2=4$ 及直线 $y=0$，$y=x$ 所围成的在第一象限内的区域；

(2) $\iint\limits_D \mathrm{e}^{x^2+y^2}\mathrm{d}x\mathrm{d}y$，其中 D 是由圆周 $x^2+y^2=4$ 所围成的闭区域.

第三节　二重积分的应用

一、二重积分在几何上的应用

1. 平面图形的面积

在定积分中计算过平面图形的面积，用二重积分也可计算平面图形的面积.

当被积函数 $f(x,y)=1$ 时，则有

$$\iint\limits_D \mathrm{d}\sigma=\sigma$$

其中，σ 为积分区域 D 的面积.

【例 9.9】 求曲线 $y=\sqrt{2Rx-x^2}$（$R>0$）与 $y=x$ 所围成的平面图形的面积.

解 如图 9-20 所示，将曲线方程化为极坐标方程：

$$r=2R\cos\theta,\ \theta=\frac{\pi}{4}$$

于是

$$S=\iint_D \mathrm{d}\sigma=\iint_D r\,\mathrm{d}r\mathrm{d}\theta=\int_{\frac{\pi}{4}}^{\frac{\pi}{2}}\mathrm{d}\theta\int_0^{2R\cos\theta}r\mathrm{d}r=\left(\frac{\pi}{4}-\frac{1}{2}\right)R^2$$

2. 曲顶柱体的体积

由二重积分的几何意义知，曲顶柱体的体积可表示为二重积分

$$V=\iint_D |f(x,y)|\,\mathrm{d}x\mathrm{d}y$$

其中，$z=f(x,y)$为曲顶柱体的曲顶方程，D 为曲面在 xOy 平面上的投影.

【例 9.10】 求由两个圆柱面 $x^2+y^2=a^2$ 和 $x^2+z^2=a^2$ 相交所形成的立体的体积.

解 先画出立体的图形（图 9-21）

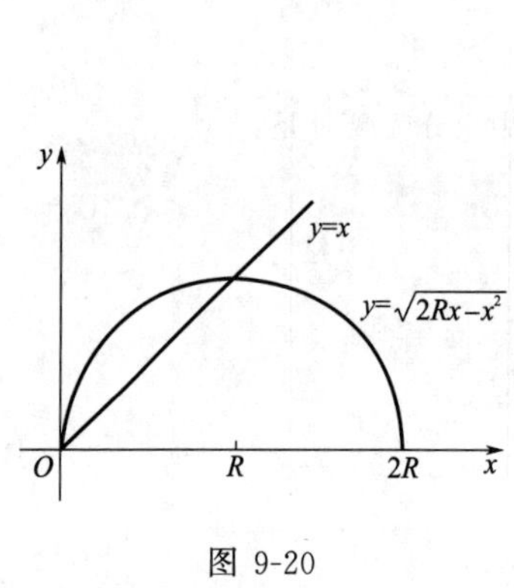

图 9-20

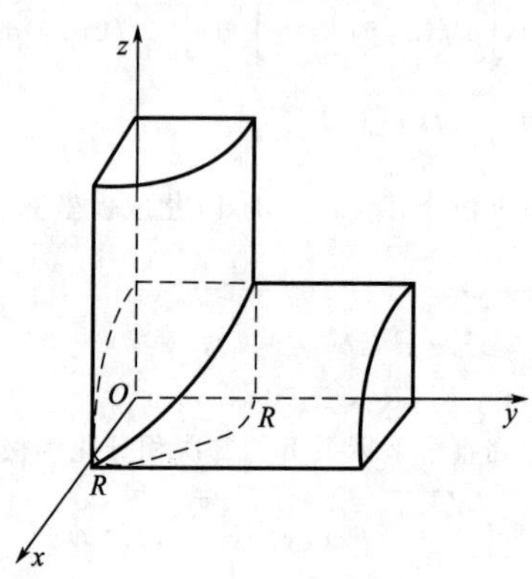

图 9-21

根据图形的对称性，所求的体积是图 9-21 中所画出的第一卦限中的体积的 8 倍. 它可看成一个曲顶柱体. 曲顶是圆柱面 $z=\sqrt{a^2-x^2}$，底是 xOy 平面上圆 $x^2+y^2=a^2$ 在第一象限内的部分，表示为

$$D:0\leqslant x\leqslant a,\ 0\leqslant y\leqslant\sqrt{a^2-x^2}$$

于是所求体积为

$$\begin{aligned}V&=8\iint_D\sqrt{a^2-x^2}\,\mathrm{d}x\mathrm{d}y=8\int_0^a\mathrm{d}x\int_0^{\sqrt{a^2-x^2}}\sqrt{a^2-x^2}\,\mathrm{d}y\\&=8\int_0^a\left(\sqrt{a^2-x^2}\,y\Big|_0^{\sqrt{a^2-x^2}}\right)\mathrm{d}x=8\int_0^a(a^2-x^2)\mathrm{d}x\\&=8\left[a^2x-\frac{1}{3}x^3\right]\Big|_0^a=\frac{16}{3}a^3\end{aligned}$$

3. 曲面的面积

设曲面 S 由方程

$$z=f(x,y)$$

给出，D 为曲面 S 在 xOy 面上的投影区域，函数 $f(x,y)$在 D 上具有连续偏导数 $f'_x(x,y)$和 $f'_y(x,y)$，那么曲面 S 的面积可由下面公式计算：

$$A=\iint_D \sqrt{1+f_x'^2(x,y)+f_y'^2(x,y)}\mathrm{d}x\mathrm{d}y$$

也可以写成

$$A=\iint_D \sqrt{1+\left(\frac{\partial z}{\partial x}\right)^2+\left(\frac{\partial z}{\partial y}\right)^2}\mathrm{d}x\mathrm{d}y$$

如果曲面方程为 $x=g(y,z)$ 或 $y=h(x,z)$，可分别将曲面投影到 yOz 面和 xOz 面上，记投影区域分别为 D_{yz} 和 D_{xz}，可得类似公式

$$A=\iint_{D_{yz}} \sqrt{1+\left(\frac{\partial x}{\partial y}\right)^2+\left(\frac{\partial x}{\partial z}\right)^2}\mathrm{d}y\mathrm{d}z$$

和

$$A=\iint_{D_{xz}} \sqrt{1+\left(\frac{\partial y}{\partial x}\right)^2+\left(\frac{\partial y}{\partial z}\right)^2}\mathrm{d}x\mathrm{d}z$$

【例 9.11】 求球面 $x^2+y^2+z^2=a^2$ 的表面积.

解 上半球面的方程为 $z=\sqrt{a^2-x^2-y^2}$，它在 xOy 面上的投影 D 为：$x^2+y^2\leqslant a^2$

$$\frac{\partial z}{\partial x}=\frac{-x}{\sqrt{a^2-x^2-y^2}},\frac{\partial z}{\partial y}=\frac{-y}{\sqrt{a^2-x^2-y^2}}$$

$$\sqrt{1+\left(\frac{\partial z}{\partial x}\right)^2+\left(\frac{\partial z}{\partial y}\right)^2}=\frac{a}{\sqrt{a^2-x^2-y^2}}$$

由对称性，取 D_1：$x^2+y^2\leqslant a^2$，$x\geqslant 0$，$y\geqslant 0$，则球面面积

$$\begin{aligned}A&=8\iint_{D_1}\frac{a}{\sqrt{a^2-x^2-y^2}}\mathrm{d}x\mathrm{d}y=8\int_0^{\frac{\pi}{2}}\mathrm{d}\theta\int_0^a\frac{a}{\sqrt{a^2-r^2}}r\mathrm{d}r\\&=8\int_0^{\frac{\pi}{2}}\left[-a\sqrt{a^2-r^2}\right]_0^a\mathrm{d}\theta=8\int_0^{\frac{\pi}{2}}a^2\mathrm{d}\theta\\&=8a^2\times\frac{\pi}{2}=4\pi a^2\end{aligned}$$

二、二重积分在物理学上的应用

1. 非均匀平面薄板的质量

非均匀平面薄板的质量为

$$M=\iint_D \rho(x,y)\mathrm{d}x\mathrm{d}y$$

其中，$\rho(x,y)$是薄板在点 (x,y) 处的密度.

【例 9.12】 设圆心在原点，半径为 R，面密度为 $\rho(x,y)=x^2+y^2$，求薄板的质量.

解 设薄板的质量为 M，则有

$$M=\iint_D \rho(x,y)\mathrm{d}x\mathrm{d}y=\iint_D (x^2+y^2)\mathrm{d}x\mathrm{d}y$$

其中 D：$x^2+y^2\leqslant R^2$.

在极坐标系下计算，得

$$M=\int_0^{2\pi}\mathrm{d}\theta\int_0^R r^2 r\mathrm{d}r=\frac{1}{2}\pi R^4$$

2. 平面薄片的重心

设有一平面薄片，占有 xOy 面上的区域 D，面密度 $\rho(x,y)$是 D 上的连续函数，那么平面

薄片的重心坐标为

$$\overline{x}=\frac{M_y}{M}=\frac{\iint\limits_D x\rho(x,y)\mathrm{d}\sigma}{\iint\limits_D \rho(x,y)\mathrm{d}\sigma},\ \overline{y}=\frac{M_x}{M}=\frac{\iint\limits_D y\rho(x,y)\mathrm{d}\sigma}{\iint\limits_D \rho(x,y)\mathrm{d}\sigma}$$

如果薄片是均匀的，即面密度为常量，则在上式中可把 ρ 提到积分号外面并从分子、分母中约去，这样便得到均匀薄片的重心坐标为

$$\overline{x}=\frac{1}{A}\iint\limits_D x\,\mathrm{d}\sigma,\ \overline{y}=\frac{1}{A}\iint\limits_D y\,\mathrm{d}\sigma$$

其中，$A=\iint\limits_D \mathrm{d}\sigma$ 为闭区域 D 的面积.

【例 9.13】 求位于两圆 $r=2\sin\theta$ 和 $r=4\sin\theta$ 之间的均匀薄片的重心（图 9-22).

解 由于薄片是均匀的，且关于 y 轴对称，所以重心一定在 y 轴上，于是

$$\overline{x}=0$$

$$\overline{y}=\frac{\iint\limits_D y\,\mathrm{d}\sigma}{A}=\frac{\int_0^{\pi}\mathrm{d}\theta\int_{2\sin\theta}^{4\sin\theta} r\sin\theta r\,\mathrm{d}r}{\pi\times 2^2-\pi\times 1^2}=\frac{\int_0^{\pi}\left[\frac{1}{3}\sin\theta r^3\right]_{2\sin\theta}^{4\sin\theta}\mathrm{d}\theta}{3\pi}$$

$$=\frac{56}{9\pi}\int_0^{\pi}\sin^4\theta\,\mathrm{d}\theta=\frac{56}{9\pi}\int_0^{\pi}\left(\frac{3}{8}-\frac{1}{2}\cos 2\theta+\frac{1}{8}\cos 4\theta\right)\mathrm{d}\theta=\frac{7}{3}$$

故重心坐标为 $\left(0,\ \frac{7}{3}\right)$.

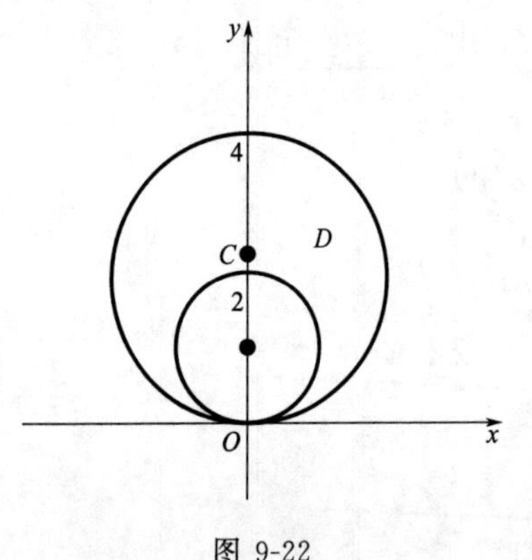

图 9-22

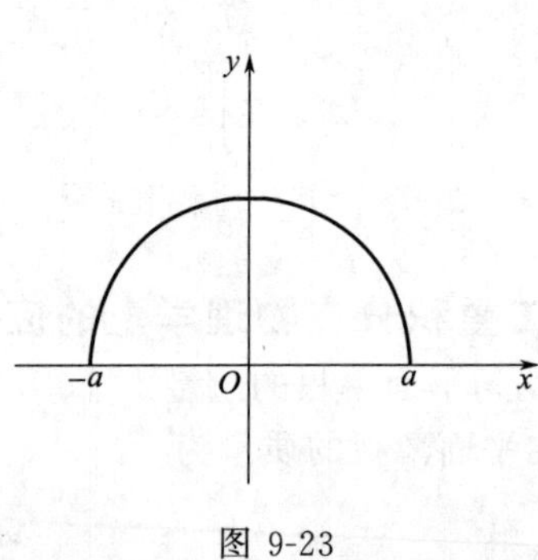

图 9-23

3. 平面薄片的转动惯量

设有一平面薄片，在 xOy 面上占有区域 D，薄片的面密度 $\rho(x,y)$ 是 D 上的连续函数，那么薄片关于 x 轴、y 轴和原点的转动惯量可分别由下面公式计算：

$$I_x=\iint\limits_D y^2\rho(x,y)\mathrm{d}\sigma$$

$$I_y=\iint\limits_D x^2\rho(x,y)\mathrm{d}\sigma$$

$$I_O=\iint\limits_D (x^2+y^2)\rho(x,y)\mathrm{d}\sigma$$

【例 9.14】 有半径为 a 的均匀半圆薄片（面密度为常数 ρ)，求其关于对称轴的转动惯量.

解 建立如图 9-23 所示的坐标系，于是对称轴是 y 轴，薄片所占有的区域 D 为

$$x^2+y^2\leqslant a^2,\ y\geqslant 0$$

$$\begin{aligned}I_y&=\iint\limits_D x^2\rho\mathrm{d}\sigma=\rho\int_0^\pi\mathrm{d}\theta\int_0^a r^2\cos^2\theta r\,\mathrm{d}r\\&=\rho\int_0^\pi\cos^2\theta\left[\frac{1}{4}r^4\right]_0^a\mathrm{d}\theta=\frac{\rho a^4}{4}\int_0^\pi\cos^2\theta\mathrm{d}\theta\\&=\frac{\rho a^4}{4}\times\frac{\pi}{2}=\frac{1}{4}Ma^2\end{aligned}$$

练习题 9.3

1. 利用二重积分计算曲线 $y=1-x^2$ 与直线 $y=0$ 所围成的封闭图形的面积.
2. 求由曲面 $z=1-4x^2-y^2$ 与 xOy 坐标面所围成的立体的体积.
3. 求球面 $x^2+y^2+z^2=a^2$ 含在圆柱面 $x^2+y^2=ax$ 内部的那部分面积.
4. 求抛物面 $z=x^2+y^2$ 在平面 $z=1$ 下面的面积.
5. 求半径为 R，中心角为 2α 的均匀扇形的重心.
6. 设均匀薄片（面密度为常数 1）所占区域 D 如下，求其指定的转动惯量：

(1) D：$\dfrac{x^2}{a^2}+\dfrac{y^2}{b^2}\leqslant 1$，求 I_y 和 I_O；

(2) D：$0\leqslant x\leqslant a$，$0\leqslant y\leqslant b$，求 I_x 和 I_y.

习　题　九

1. 在直角坐标系下化 $\iint\limits_D f(x,y)\mathrm{d}x\mathrm{d}y$ 为二次积分，其中 D 为

(1) 由 $x=2$，$y=2$，$x+y=6$ 围成；

(2) 由 $y=1$，$y=2$，$y=x$，$y=x-1$ 围成.

2. 在极坐标系下化 $\iint\limits_D f(x,y)\mathrm{d}x\mathrm{d}y$ 为二次积分，其中 D 为

(1) 由 $x^2+y^2\leqslant 1$，$x\geqslant 0$ 围成；

(2) 由 $1\leqslant x^2+y^2\leqslant 9$，$y\geqslant 0$ 围成.

3. 交换下列积分的积分次序：

(1) $\int_0^2\mathrm{d}x\int_0^x f(x,y)\mathrm{d}y$；　　(2) $\int_0^2\mathrm{d}y\int_0^y f(x,y)\mathrm{d}x$.

4. 计算下列二次积分：

(1) $\int_0^1\mathrm{d}x\int_x^1 y^2\mathrm{e}^{xy}\mathrm{d}y$；　　(2) $\int_0^1\mathrm{d}y\int_y^1\dfrac{\sin x}{x}\mathrm{d}x$；

5. 计算下列二重积分：

(1) $\iint\limits_D(4-y^2)\mathrm{d}x\mathrm{d}y$，$D$ 是 $0\leqslant x\leqslant 3$，$0\leqslant y\leqslant 2$；

(2) $\iint\limits_D y\cos(xy)\mathrm{d}x\mathrm{d}y$，$D$ 是 $0\leqslant x\leqslant\pi$，$0\leqslant y\leqslant 1$；

(3) $\iint\limits_D\sqrt{x^2+y^2}\mathrm{d}x\mathrm{d}y$，$D$ 是 $x^2+y^2\leqslant 2x$；

(4) $\iint\limits_D|1-x^2-y^2|\mathrm{d}x\mathrm{d}y$，$D$ 是由 $x^2+y^2\leqslant 4$，$y\geqslant 0$ 围成.

6. 求面密度为 $\rho=x^2+y^2$，由 $x=0$，$y=0$，$x+y=1$ 所围成的平面薄板的质量.

第十章　无穷级数

无穷级数是表示函数、研究函数性质以及进行数值计算的有力工具，是高等数学的重要组成部分．本章主要讨论常数项级数、函数项级数、幂级数以及将函数展开成幂级数的方法和应用，最后介绍傅里叶级数.

第一节　常数项级数的概念与性质

对于有限个数求和的问题，都非常熟悉．但在科学研究和一些实际问题中会遇到无穷多个数求和的问题．这就是常数项无穷级数问题.

一、常数项级数的概念

定义 10.1　设有无穷数列

$$u_1, u_2, u_3, \cdots, u_n, \cdots$$

则和式

$$u_1+u_2+u_3+\cdots+u_n+\cdots$$

称为常数项无穷级数，简称无穷级数或级数．记作 $\sum\limits_{n=1}^{\infty}u_n$ ，即

$$\sum_{n=1}^{\infty}u_n = u_1+u_2+u_3+\cdots+u_n+\cdots \tag{10-1}$$

其中，u_1，u_2，u_3，…，u_n，…分别叫做第一项，第二项，…，第 n 项，…，级数的第 n 项 u_n 叫做级数的一般项或通项.

级数（10-1）的前 n 项和

$$S_n=\sum_{k=1}^{n}u_k=u_1+u_2+u_3+\cdots+u_n$$

称为级数的部分和．部分和组成的数列

$$S_1, S_2, S_3, \cdots, S_n, \cdots$$

称为级数的部分和数列，记为 $\{S_n\}$．部分和数列 $\{S_n\}$ 可能收敛，也可能发散．从而引出级数收敛的定义.

定义 10.2　如果无穷级数 $\sum\limits_{n=1}^{\infty}u_n$ 的部分和数列 $\{S_n\}$ 的极限为 S，即

$$\lim_{n\to\infty}S_n=S$$

则称级数 $\sum\limits_{n=1}^{\infty}u_n$ 收敛，极限 S 叫做该级数的和，记作

$$S=\sum_{n=1}^{\infty}u_n=u_1+u_2+u_3+\cdots+u_n+\cdots$$

如果 $\{S_n\}$ 没有极限，则称级数 $\sum\limits_{n=1}^{\infty}u_n$ 发散.

由上述定义可知：级数 $\sum_{n=1}^{\infty} u_n$ 的敛散性问题可以转化为其部分和数列 $\{S_n\}$ 当 $n\to\infty$时，极限是否存在问题．对于收敛级数，其部分和 S_n可作为级数的和 S 的近似值，它们之间的差是

$$r_n = S - S_n = u_{n+1} + u_{n+2} + \cdots = \sum_{k=n+1}^{\infty} u_k$$

称为级数的余项．r_n表示用S_n代替 S 时所产生的误差．显然，对收敛级数有

$$\lim_{n\to\infty} r_n = 0$$

【例 10.1】 讨论等比级数（几何级数）$\sum_{n=0}^{\infty} aq^n$ 的敛散性.

解　(1) 当$|q|\neq 1$ 时，部分和

$$S_n = a + aq + aq^2 + \cdots + aq^{n-1} = \frac{a(1-q^n)}{1-q}$$

当$|q|<1$ 时，由于$\lim\limits_{n\to\infty} q^n = 0$，从而有$\lim\limits_{n\to\infty} S_n = \frac{a}{1-q}$，这时级数 $\sum_{n=0}^{\infty} aq^n$ 收敛，其和是$\frac{a}{1-q}$．当$|q|>1$ 时，由于$\lim\limits_{n\to\infty} q^n = \infty$，从而有$\lim\limits_{n\to\infty} S_n = \infty$，这时级数 $\sum_{n=0}^{\infty} aq^n$ 发散.

(2) 当$|q|=1$ 时，若 $q=1$，则 $S_n = na\to\infty$（当 $n\to\infty$时），这时级数 $\sum_{n=0}^{\infty} aq^n$ 发散．若 $q=-1$，则

$$S_n = \begin{cases} 0 & n \text{ 为奇数时} \\ a & n \text{ 为偶数时} \end{cases}$$

显然，$\lim\limits_{n\to\infty} S_n$不存在，这时级数 $\sum_{n=0}^{\infty} aq^n$ 发散.

综上所述，等比级数 $\sum_{n=0}^{\infty} aq^n$ 当$|q|<1$ 时收敛，当$|q|\geqslant 1$ 时发散.

【例 10.2】 判定级数 $\sum_{n=1}^{\infty} \frac{1}{n(n+1)}$ 的敛散性.

解　因为 $u_n = \frac{1}{n(n+1)} = \frac{1}{n} - \frac{1}{n+1}$，所以

$$\begin{aligned} S_n &= \frac{1}{1\times 2} + \frac{1}{2\times 3} + \frac{1}{3\times 4} + \cdots + \frac{1}{n(n+1)} \\ &= \left(\frac{1}{1} - \frac{1}{2}\right) + \left(\frac{1}{2} - \frac{1}{3}\right) + \left(\frac{1}{3} - \frac{1}{4}\right) + \cdots + \left(\frac{1}{n} - \frac{1}{n+1}\right) \\ &= 1 - \frac{1}{n+1} \end{aligned}$$

从而$\lim\limits_{n\to\infty} S_n = \lim\limits_{n\to\infty}\left(1 - \frac{1}{n+1}\right) = 1$，所以级数 $\sum_{n=1}^{\infty} \frac{1}{n(n+1)}$ 收敛，且 $\sum_{n=1}^{\infty} \frac{1}{n(n+1)} = 1$.

【例 10.3】 判定级数 $\sum_{n=1}^{\infty} \ln\left(1 + \frac{1}{n}\right)$ 的敛散性.

解　因为 $u_n = \ln\left(1 + \frac{1}{n}\right) = \ln\left(\frac{1+n}{n}\right) = \ln(1+n) - \ln n$，所以

$$S_n = \ln\left(1 + \frac{1}{1}\right) + \ln\left(1 + \frac{1}{2}\right) + \ln\left(1 + \frac{1}{3}\right) + \cdots + \ln\left(1 + \frac{1}{n}\right)$$

$$=\ln 2+\ln\frac{3}{2}+\ln\frac{4}{3}+\cdots+\ln\left(\frac{1+n}{n}\right)$$
$$=\ln 2+(\ln 3-\ln 2)+(\ln 4-\ln 3)+\cdots+[\ln(1+n)-\ln n]$$
$$=\ln(n+1)$$

故 $\lim\limits_{n\to\infty}S_n=\lim\limits_{n\to\infty}\ln(n+1)=\infty$，所以级数 $\sum\limits_{n=1}^{\infty}\ln\left(1+\frac{1}{n}\right)$ 发散.

二、常数项级数的基本性质

根据无穷级数的敛散性概念，可以得出级数的基本性质.

性质 1 若级数 $\sum\limits_{n=1}^{\infty}u_n$ 收敛于 S，则它的各项同乘以一个常数 k 所得的级数 $\sum\limits_{n=1}^{\infty}ku_n$ 也收敛，且其和为 kS.

性质 2 如果级数 $\sum\limits_{n=1}^{\infty}u_n$ 及 $\sum\limits_{n=1}^{\infty}v_n$ 分别收敛于 S 和 σ，则级数 $\sum\limits_{n=1}^{\infty}(u_n\pm v_n)$ 也收敛，且有

$$\sum_{n=1}^{\infty}(u_n\pm v_n)=\sum_{n=1}^{\infty}u_n\pm\sum_{n=1}^{\infty}v_n=S\pm\sigma$$

推论 如果 $\sum\limits_{n=1}^{\infty}u_n$ 收敛，而 $\sum\limits_{n=1}^{\infty}v_n$ 发散，则级数 $\sum\limits_{n=1}^{\infty}(u_n\pm v_n)$ 发散.

性质 3 将级数去掉有限多项，或增加有限多项，或改变有限多项的数值，级数的敛散性不变（注意：如果级数收敛，级数的和可能会改变）.

性质 4 收敛级数加括号后所成的级数仍然收敛，且其和不变.

推论 如果加括号后所成级数发散，则原级数也发散.

定理 10.1 （级数收敛的必要条件）如果级数 $\sum\limits_{n=1}^{\infty}u_n$ 收敛，则 $\lim\limits_{n\to\infty}u_n=0$.

注意：$\lim\limits_{n\to\infty}u_n=0$ 是级数 $\sum\limits_{n=1}^{\infty}u_n$ 收敛的必要条件而不是充分条件. 因此，可以利用定理 10.1 判定级数 $\sum\limits_{n=1}^{\infty}u_n$ 是发散的，但不能判定级数 $\sum\limits_{n=1}^{\infty}u_n$ 是收敛的.

【例 10.4】 判定级数 $\sum\limits_{n=1}^{\infty}\left(\frac{1}{2^n}+\frac{2}{3^n}\right)$ 的敛散性，如果收敛，求其和.

解 由等比级数的敛散性知，级数 $\sum\limits_{n=1}^{\infty}\frac{1}{2^n}$ 与 $\sum\limits_{n=1}^{\infty}\frac{1}{3^n}$ 都收敛. 且 $\sum\limits_{n=1}^{\infty}\frac{1}{2^n}=1$，$\sum\limits_{n=1}^{\infty}\frac{1}{3^n}=\frac{1}{2}$. 又由性质 1 知，$\sum\limits_{n=1}^{\infty}\frac{2}{3^n}=2\times\frac{1}{2}=1$. 由性质 2 知，级数 $\sum\limits_{n=1}^{\infty}\left(\frac{1}{2^n}+\frac{2}{3^n}\right)$ 收敛，且和为 2.

【例 10.5】 判定级数 $\sum\limits_{n=1}^{\infty}\frac{2n}{3n-1}$ 的敛散性.

解 由于 $\lim\limits_{n\to\infty}u_n=\lim\limits_{n\to\infty}\frac{2n}{3n-1}=\frac{2}{3}$，所以级数 $\sum\limits_{n=1}^{\infty}\frac{2n}{3n-1}$ 发散.

思考题 10.1

1. 常数项级数就是数列的和吗？
2. 用级数收敛的必要条件能否判定级数的收敛与发散？

3. 如果级数 $\sum_{n=1}^{\infty}(u_n+v_n)$ 收敛，两个级数 $\sum_{n=1}^{\infty}u_n$ 与 $\sum_{n=1}^{\infty}v_n$ 是否一定都收敛？

练习题 10.1

1. 写出下列级数的一般项：

(1) $\frac{1}{2}-\frac{2}{2^2}+\frac{3}{2^3}-\frac{4}{2^4}+\cdots$

(2) $\frac{\sqrt{x}}{2}+\frac{x}{2\times4}+\frac{x\sqrt{x}}{2\times4\times6}+\frac{x^2}{2\times4\times6\times8}+\cdots$

(3) $\frac{a^2}{3}-\frac{a^3}{5}+\frac{a^4}{7}-\frac{a^5}{9}+\cdots$

2. 利用级数的基本性质，判别下列级数的敛散性：

(1) $1+2+3+\cdots$　　(2) $\frac{1}{16}+\frac{1}{32}+\frac{1}{64}+\cdots$

3. 判别下列级数的敛散性，并求出收敛级数的和：

(1) $\sum_{n=1}^{\infty}\frac{1}{(2n-1)(2n+3)}$　　(2) $\sum_{n=1}^{\infty}(-1)^n$

(3) $\frac{\ln3}{3}+\frac{(\ln3)^2}{3^2}+\frac{(\ln3)^3}{3^3}+\cdots$　　(4) $\sum_{n=1}^{\infty}\left(\frac{1}{2^n}+\frac{1}{5^n}\right)$

(5) $\frac{1}{3}+\frac{1}{10}+\frac{1}{9}+\frac{1}{100}+\cdots+\frac{1}{3^n}+\frac{1}{10^n}+\cdots$

4. 设级数 $\sum_{n=1}^{\infty}u_n=S$，常数 $k\neq0$，试判别下列级数的敛散性：

(1) $k+\sum_{n=1}^{\infty}u_n$　　(2) $\sum_{n=1}^{\infty}(u_n+k)$

第二节　常数项级数的敛散性

用级数收敛、发散的定义来判别其敛散性往往是十分困难的，因此有必要寻找判别级数敛散性的简单有效的方法. 本节将讨论这个问题，先讨论正项级数敛散性，这种级数特别重要，以后将看到许多级数的收敛性问题可以归结为正项级数的收敛性问题.

一、正项级数及其敛散性

1. 正项级数及其基本性质

设级数

$$\sum_{n=1}^{\infty}u_n=u_1+u_2+\cdots+u_n+\cdots \tag{10-2}$$

如果 $u_n\geqslant0$，则称级数（10-2）为正项级数.

显然一个正项级数的部分和数列 $\{S_n\}$ 是一个单调递增数列，即

$$S_1\leqslant S_2\leqslant\cdots\leqslant S_n\leqslant\cdots$$

如果 $\{S_n\}$ 有界，根据单调有界数列必有极限的准则可知，$\lim\limits_{n\to\infty}S_n=S$. 因此，正项级数（10-2）收敛；反之，如果正项级数（10-2）收敛于 S，即 $\lim\limits_{n\to\infty}S_n=S$，根据有极限数列是有界数列的性质可知，数列 $\{S_n\}$ 有界.

定理 10.2　正项级数 $\sum_{n=1}^{\infty}u_n$ 收敛的充分必要条件是它的部分和数列 $\{S_n\}$ 有界.

2. 正项级数敛散性判别法

定理 10.3 （比较判别法）设有两个正项级数 $\sum_{n=1}^{\infty}u_n$ 及 $\sum_{n=1}^{\infty}v_n$，且存在 $u_n \leqslant v_n$（$n=1$，2，3，…），那么：

（1）若级数 $\sum_{n=1}^{\infty}v_n$ 收敛时，级数 $\sum_{n=1}^{\infty}u_n$ 也收敛；

（2）若级数 $\sum_{n=1}^{\infty}u_n$ 发散时，级数 $\sum_{n=1}^{\infty}v_n$ 也发散.

证明略（大家可以根据正项级数基本性质定理自己证明）.

注意到级数的敛散性与它前面有限项无关，以及级数的每一项乘不为零的常数 k 不会影响级数的敛散性. 因此，如果存在正数 k，使得从某项起 $u_n \leqslant kv_n$ 成立时，比较审敛法亦成立. 后面许多敛散性的判别法亦同此理.

【例 10.6】 讨论调和级数 $\sum_{n=1}^{\infty}\frac{1}{n}$ 的敛散性.

解 由不等式 $x>\ln(1+x)(x>0)$ 可得

$$\frac{1}{n}>\ln\left(1+\frac{1}{n}\right)$$

由例 10.3 知级数 $\sum_{n=1}^{\infty}\ln\left(1+\frac{1}{n}\right)$ 是发散的，根据正项级数的比较判别法知，调和级数 $\sum_{n=1}^{\infty}\frac{1}{n}$ 是发散的.

【例 10.7】 讨论 p 级数 $\sum_{n=1}^{\infty}\frac{1}{n^p}$ 的敛散性，其中，$p>0$.

解 当 $p=1$ 时，p 级数 $\sum_{n=1}^{\infty}\frac{1}{n^p}$ 为调和级数，发散.

当 $p<1$ 时，这时级数的各项不小于调和级数的对应项，即 $\frac{1}{n^p}>\frac{1}{n}$，而调和级数是发散的，因此根据比较判别法知，当 $p<1$ 时，$\sum_{n=1}^{\infty}\frac{1}{n^p}$ 发散.

当 $p>1$ 时，依次把原级数 $\sum_{n=1}^{\infty}\frac{1}{n^p}$ 的一项、两项、四项、八项括在一起，生成一个新级数

$$1+\left(\frac{1}{2^p}+\frac{1}{3^p}\right)+\left(\frac{1}{4^p}+\frac{1}{5^p}+\frac{1}{6^p}+\frac{1}{7^p}\right)+\left(\frac{1}{8^p}+\cdots+\frac{1}{15^p}\right)+\cdots$$

它的各项显然小于级数

$$1+\left(\frac{1}{2^p}+\frac{1}{2^p}\right)+\left(\frac{1}{4^p}+\frac{1}{4^p}+\frac{1}{4^p}+\frac{1}{4^p}\right)+\left(\frac{1}{8^p}+\cdots+\frac{1}{8^p}\right)+\cdots$$

$$=1+\frac{1}{2^{p-1}}+\left(\frac{1}{2^{p-1}}\right)^2+\left(\frac{1}{2^{p-1}}\right)^3+\cdots$$

各相同序号的项，而后一个级数是收敛的等比级数$\left(\text{公比 } q=\frac{1}{2^{p-1}}<1\right)$. 故由比较判别法，当 $p>1$ 时，级数 $\sum_{n=1}^{\infty}\frac{1}{n^p}$ 收敛.

综上所述，p 级数 $\sum\limits_{n=1}^{\infty}\frac{1}{n^p}$ 当 $p\leqslant 1$ 时发散，当 $p>1$ 时收敛.

【例 10.8】 判别级数 $\sum\limits_{n=1}^{\infty}\frac{1}{\sqrt{4n^2-1}}$ 的敛散性.

解 因为$\frac{1}{\sqrt{4n^2+1}}\geqslant\frac{1}{2n}$，而调和级数 $\sum\limits_{n=1}^{\infty}\frac{1}{n}$ 发散，从而 $\sum\limits_{n=1}^{\infty}\frac{1}{2n}$ 发散，由比较判别法知所给级数发散.

【例 10.9】 判别级数 $\sum\limits_{n=1}^{\infty}\frac{1}{n^2+n+2}$ 的敛散性.

解 因为$\frac{1}{n^2+n+2}<\frac{1}{n^2}$，而级数 $\sum\limits_{n=1}^{\infty}\frac{1}{n^2}$ 是 $p=2$ 的 p 级数，是收敛的. 由比较判别法知所给级数收敛.

由以上例题可以看出，使用比较判别法时，需要寻找一个已知敛散性的级数进行比较，最常用的比较级数是等比级数、调和级数和 p 级数. 应熟练掌握它们的敛散性. 在一般项比较复杂时，比较判别法使用起来就不太方便，因此，下面给出它的极限形式.

定理 10.4 （比较判别法的极限形式）设有两个正项级数 $\sum\limits_{n=1}^{\infty}u_n$ 及 $\sum\limits_{n=1}^{\infty}v_n$ ，如果

$$\lim_{n\to\infty}\frac{u_n}{v_n}=c\ (0<c<+\infty)$$

则级数 $\sum\limits_{n=1}^{\infty}u_n$ 与 $\sum\limits_{n=1}^{\infty}v_n$ 同时收敛或者同时发散.

从比较判别法的极限形式看出，如果两个正项级数的一般项是同阶无穷小时，则这两个级数敛散性相同.

【例 10.10】 判别级数 $\sum\limits_{n=1}^{\infty}\sin\frac{1}{n}$ 的敛散性 .

解 因为

$$\lim_{n\to\infty}\frac{\sin\frac{1}{n}}{\frac{1}{n}}=1$$

而级数 $\sum\limits_{n=1}^{\infty}\frac{1}{n}$ 是调和级数，发散. 所以级数 $\sum\limits_{n=1}^{\infty}\sin\frac{1}{n}$ 发散.

定理 10.5 （达朗贝尔比值判别法）设有正项级数 $\sum\limits_{n=1}^{\infty}u_n$ ，并且 $\lim\limits_{n\to\infty}\frac{u_{n+1}}{u_n}=\rho$，则

（1） 当 $\rho<1$ 时级数收敛；

（2） 当 $\rho>1$ 时级数发散；

（3） 当 $\rho=1$ 时不能确定.

【例 10.11】 判别级数 $\sum\limits_{n=1}^{\infty}\frac{1}{\sqrt{n(n^2+1)}}$ 的敛散性.

解 $\frac{u_{n+1}}{u_n}=\frac{\sqrt{n(n^2+1)}}{\sqrt{(n+1)[(n+1)^2+1]}}=\sqrt{\frac{n}{n+1}\times\frac{n^2+1}{(n+1)^2+1}}\to 1\ (n\to\infty)$

这时 $\rho=1$，比值判别法失效．但由于

$$u_n=\frac{1}{\sqrt{n(n^2+1)}}<\frac{1}{\sqrt{n^3}}=\frac{1}{n^{\frac{3}{2}}}$$

而 $\sum\limits_{n=1}^{\infty}\frac{1}{n^{\frac{3}{2}}}$ 收敛$\left(p=\frac{3}{2}\text{的 }p\text{ 级数}\right)$，因此由比较判别法知所给级数收敛．

【例 10.12】 判别级数 $\sum\limits_{n=1}^{\infty}\frac{n^n}{n!}$ 的敛散性．

解 因为 $u_n=\frac{n^n}{n!}$，$u_{n+1}=\frac{(n+1)^{n+1}}{(n+1)!}$，所以

$$\lim_{n\to\infty}\frac{u_{n+1}}{u_n}=\lim_{n\to\infty}\left[\frac{(n+1)^{n+1}}{(n+1)!}\times\frac{n!}{n^n}\right]=\lim_{n\to\infty}\left(\frac{n+1}{n}\right)^n=\lim_{n\to\infty}\ (1+\frac{1}{n})^n=\mathrm{e}>1$$

所以级数发散．

二、交错级数及其敛散性

在常数项级数 $\sum\limits_{n=1}^{\infty}u_n$ 中，如果 u_n 是任意给定的实数，则称该级数为任意项级数．任意项级数中比较重要的是交错级数，它是各项正负相间的级数，这种级数可以写成下面的形式．

$$\sum_{n=1}^{\infty}(-1)^{n-1}u_n=u_1-u_2+u_3-u_4+\cdots+(-1)^{n-1}u_n+\cdots$$

或

$$\sum_{n=1}^{\infty}(-1)^{n}u_n=-u_1+u_2-u_3+u_4-\cdots+(-1)^{n}u_n+\cdots$$

其中，$u_n\geqslant0$（$n=1,2,3,\cdots$）．

关于交错级数敛散性的判定，有下面的重要定理．

定理 10.6 （莱布尼兹判别法）如果交错级数 $\sum\limits_{n=1}^{\infty}(-1)^{n-1}u_n$（$u_n\geqslant0$）满足条件：

（1）$\lim\limits_{n\to\infty}u_n=0$；

（2）$u_n\geqslant u_{n+1}$（$n=1,2,3,\cdots$）．

则该级数收敛．且其和 $S\leqslant u_1$，其余项 r_n 的绝对值 $|r_n|\leqslant u_{n+1}$．

【例 10.13】 判别交错级数 $\sum\limits_{n=1}^{\infty}(-1)^{n-1}\frac{1}{n}$ 的敛散性．

解 因为 $u_n=\frac{1}{n}$，$u_{n+1}=\frac{1}{n+1}$，显然满足 $\lim\limits_{n\to\infty}\frac{1}{n}=0$，$\frac{1}{n}>\frac{1}{n+1}$．根据莱布尼兹判别法，级数 $\sum\limits_{n=1}^{\infty}(-1)^{n-1}\frac{1}{n}$ 收敛．

三、绝对收敛与条件收敛

对于任意项级数 $\sum\limits_{n=1}^{\infty}u_n$，其各项取绝对值所构成的正项级数 $\sum\limits_{n=1}^{\infty}|u_n|$ 称为 $\sum\limits_{n=1}^{\infty}u_n$ 的绝对值级数．为了判别任意项级数的敛散性，有时可以利用正项级数 $\sum\limits_{n=1}^{\infty}|u_n|$ 的敛散性来判别．

定理 10.7 如果级数 $\sum\limits_{n=1}^{\infty}|u_n|$ 收敛，则级数 $\sum\limits_{n=1}^{\infty}u_n$ 必定收敛．

证明　由于 $0\leqslant|u_n|+u_n\leqslant 2|u_n|$. 如果级数 $\sum\limits_{n=1}^{\infty}|u_n|$ 收敛，则由正项级数的比较审敛法知 $\sum\limits_{n=1}^{\infty}(|u_n|+u_n)$ 也收敛.

因为 $u_n=(|u_n|+u_n)-|u_n|$，所以 $\sum\limits_{n=1}^{\infty}u_n$ 级数是两个收敛级数逐项相减而成，于是由收敛级数的性质可知，级数 $\sum\limits_{n=1}^{\infty}u_n$ 收敛.

这个定理说明 $\sum\limits_{n=1}^{\infty}|u_n|$ 收敛是 $\sum\limits_{n=1}^{\infty}u_n$ 收敛的充分条件，而不是必要条件. 例如，级数 $\sum\limits^{\infty}(-1)^{n-1}\dfrac{1}{n}$ 收敛，但各项取绝对值所得级数 $\sum\limits_{n=1}^{\infty}\dfrac{1}{n}$ 是发散的.

定义 10.3　若级数 $\sum\limits_{n=1}^{\infty}|u_n|$ 收敛，则称级数 $\sum\limits_{n=1}^{\infty}u_n$ 绝对收敛；若 $\sum\limits_{n=1}^{\infty}u_n$ 收敛，而 $\sum\limits_{n=1}^{\infty}|u_n|$ 发散，则称级数 $\sum\limits_{n=1}^{\infty}u_n$ 条件收敛.

例如，级数 $\sum\limits^{\infty}(-1)^{n-1}\dfrac{1}{n^2}$ 是绝对收敛，级数 $\sum\limits_{n=1}^{\infty}(-1)^{n-1}\dfrac{1}{n}$ 是条件收敛.

【例 10.14】　判断级数 $\sum\limits_{n=1}^{\infty}\dfrac{\sin n\alpha}{n^2}$ 是否收敛，如果收敛，是条件收敛还是绝对收敛.

解　因为 $|u_n|=\left|\dfrac{\sin n\alpha}{n^2}\right|\leqslant\dfrac{1}{n^2}$，而 $\sum\limits_{n=1}^{\infty}\dfrac{1}{n^2}$ 是 $p=2$ 的 p 级数，收敛. 所以所给级数绝对收敛.

【例 10.15】　证明级数 $\sum\limits_{n=1}^{\infty}(-1)^n\dfrac{n!}{n^n}$ 绝对收敛.

证明　由于

$$\lim_{n\to\infty}\frac{|u_{n+1}|}{|u_n|}=\lim_{n\to\infty}\left[\frac{(n+1)!}{(n+1)^{n+1}}\times\frac{n^n}{n!}\right]=\lim_{n\to\infty}\frac{1}{\left(1+\dfrac{1}{n}\right)^n}=\frac{1}{\mathrm{e}}<1$$

由正项级数的达朗贝尔比值判别法可知，级数 $\sum\limits_{n=1}^{\infty}\left|(-1)^n\dfrac{n!}{n^n}\right|$ 是收敛的，所以所给级数是绝对收敛的.

思考题 10.2

1. 正项级数的敛散性判别法是否可以用于非正项级数敛散性判别？
2. 举例说明任意项级数的绝对收敛和条件收敛.

练习题 10.2

1. 用比较判别法或比较判别法的极限形式判别下列级数的敛散性：

(1) $\sum\limits_{n=1}^{\infty}\sin\dfrac{\pi}{2^n}$　　　　(2) $\sum\limits_{n=2}^{\infty}\dfrac{n}{n^2-1}$

(3) $\sum_{n=1}^{\infty}\frac{2+(-1)^n}{2^n}$　　(4) $\sum_{n=1}^{\infty}\frac{1}{\ln(1+n)}$

2. 用比值判别法判别下列级数的敛散性：

(1) $\sum_{n=1}^{\infty}\frac{2+n}{2^n}$　　(2) $\sum_{n=1}^{\infty}\frac{3^n}{(2n+1)!}$

(3) $\sum_{n=1}^{\infty}\frac{1\times3\times5\cdots(2n-1)}{3^n\times n!}$　　(4) $\frac{3}{1\times2}+\frac{3^2}{2\times2^2}+\frac{3^3}{3\times2^3}+\cdots$

3. 判别下列级数的敛散性：

(1) $\frac{3}{4}+2\left(\frac{3}{4}\right)^2+3\left(\frac{3}{4}\right)^3+\cdots$　　(2) $\frac{1^4}{1!}+\frac{2^4}{2!}+\frac{3^4}{3!}+\frac{4^4}{4!}+\cdots$

(3) $\frac{2}{3}+\frac{3}{6}+\frac{4}{11}+\cdots+\frac{n+1}{n^2+2}+\cdots$　　(4) $\frac{1}{1\times2}+\frac{1}{3\times2^3}+\frac{1}{5\times2^5}+\cdots$

(5) $\sum_{n=1}^{\infty}\frac{3^n n!}{n^n}$　　(6) $\sqrt{\frac{1}{2}}+\sqrt{\frac{2}{3}}+\sqrt{\frac{3}{4}}+\cdots$

4. 判别下列交错级数的敛散性：

(1) $1-\frac{1}{\sqrt{2}}+\frac{1}{\sqrt{3}}-\frac{1}{\sqrt{4}}+\cdots+(-1)^{n-1}\frac{1}{\sqrt{n}}+\cdots$

(2) $1-\frac{2}{3}+\frac{3}{5}-\frac{4}{7}+\cdots+(-1)^{n-1}\frac{n}{2n-1}+\cdots$

(3) $\frac{1}{2}-\frac{2}{3}+\frac{3}{4}-\frac{4}{5}+\cdots+(-1)^{n-1}\frac{n}{n+1}+\cdots$

(4) $\sum_{n=1}^{\infty}(-1)^n\frac{n}{3^{n-1}}$

5. 判别下列级数是否收敛，如果收敛是绝对收敛还是条件收敛：

(1) $-1+\frac{1}{\sqrt{2}}-\frac{1}{\sqrt{3}}+\cdots+(-1)^n\frac{1}{\sqrt{n}}+\cdots$　　(2) $1-\frac{1}{3^2}+\frac{1}{5^2}-\frac{1}{7^2}+\cdots$

(3) $1-\frac{1}{3}+\frac{1}{5}-\frac{1}{7}+\cdots$　　(4) $\frac{1}{\ln2}-\frac{1}{\ln3}+\frac{1}{\ln4}-\cdots$

第三节　幂　级　数

在前面讨论了常数项级数的一些初步理论，现在将讨论应用更为广泛的函数项级数.

一、函数项级数的概念

设给定一个定义在实数集合 I 上的函数列

$$u_1(x),u_2(x),u_3(x),\cdots,u_n(x),\cdots$$

则由这个函数列构成的表达式

$$u_1(x)+u_2(x)+u_3(x)+\cdots+u_n(x)+\cdots \tag{10-3}$$

叫做定义在实数集 I 上的函数项无穷级数，简称（函数项）级数. 记作 $\sum_{n=1}^{\infty}u_n(x)$.

对于每一个确定的值 $x_0\in I$，函数项级数（10-3）成为常数项级数

$$u_1(x_0)+u_2(x_0)+u_3(x_0)+\cdots+u_n(x_0)+\cdots$$

如果这个常数项级数收敛，则称 x_0 为级数（10-3）的一个收敛点，如果发散则称 x_0 为级数（10-3）的一个发散点. 函数项级数（10-3）的所有收敛点的集合称为它的收敛域. 所有发散点构成的集合称为它的发散域.

对于收敛域内的任意一点 x，函数项级数成为收敛的常数项级数，设它的和为 $S(x)$，即

$$S(x)=u_1(x)+u_2(x)+u_3(x)+\cdots+u_n(x)+\cdots$$

把函数项级数（10-3）的前 n 项和记作 $S_n(x)$，则在收敛域上有

$$\lim_{n\to\infty} S_n(x)=S(x)$$

下面讨论各项都是幂函数的函数项级数，即所谓幂级数.

二、幂级数及其收敛性

1. 幂级数的概念

各项都是幂函数 $a_n(x-x_0)^n(n=0,1,2,\cdots)$的函数项级数

$$\sum_{n=1}^{\infty} a_n(x-x_0)^n = a_0+a_1(x-x_0)+a_2(x-x_0)^2+\cdots+a_n(x-x_0)^n+\cdots \tag{10-4}$$

称为 $x-x_0$的幂级数. 特别地，当 $x_0=0$ 时

$$\sum_{n=1}^{\infty} a_n x^n = a_0+a_1x+a_2x^2+\cdots+a_nx^n+\cdots \tag{10-5}$$

称为 x 的幂级数. 其中，常数 a_0，a_1，a_2，…，a_n，…称为幂级数的系数.

在幂级数（10-4）中，如果作 $t=x-x_0$ 变换. 则级数就变为幂级数（10-5），因此，下面只讨论形如（10-5）的幂级数.

2. 幂级数的收敛半径

由于幂级数（10-5）的各项可能符号不同，将幂级数（10-5）的各项取绝对值，则得到正项级数

$$\sum_{n=1}^{\infty}|a_nx^n|=|a_0|+|a_1x|+|a_2x^2|+\cdots+|a_nx^n|+\cdots$$

设当 n 充分大时，$a_n\neq 0$，且

$$\lim_{n\to\infty}\left|\frac{a_{n+1}}{a_n}\right|=\rho$$

则

$$\lim_{n\to\infty}\left|\frac{u_{n+1}}{u_n}\right|=\lim_{n\to\infty}\left|\frac{a_{n+1}x^{n+1}}{a_nx^x}\right|=\lim_{n\to\infty}\left|\frac{a_{n+1}}{a_n}\right||x|=|x|\rho$$

于是，根据正项级数的比值判别法可知，当 $\rho\neq 0$ 时，如果 $|x|\rho<1$，即 $|x|<\frac{1}{\rho}=R$，则幂级数（10-5）绝对收敛；如果 $|x|\rho>1$，即 $|x|>\frac{1}{\rho}=R$，则幂级数（10-5）发散.

这个结果表明，只要 ρ 是个不为零的正数，就会有一个以原点为中心的对称区间 $\left(-\frac{1}{\rho},\ \frac{1}{\rho}\right)$，即 $(-R,\ R)$，在这个区间内幂级数绝对收敛，在这个区间外幂级数发散，当 $x=\pm R$ 时幂级数可能收敛也可能发散.

称 $R=\frac{1}{\rho}$ 为幂级数（10-5）的收敛半径.

当 $\rho=0$ 时，$|x|\rho=0<1$，幂级数（10-5）对于一切实数 x 都绝对收敛，这时规定收敛半径 $R=+\infty$.

如果幂级数（10-5）仅在 $x=0$ 一点处收敛，则规定收敛半径 $R=0$，由上面讨论可以得到求幂级数（10-5）的收敛半径的定理.

定理 10.8 如果幂级数（10-5）的系数满足

$$\lim_{n\to\infty}\left|\frac{a_{n+1}}{a_n}\right|=\rho$$

那么它的收敛半径

$$R=\begin{cases}\dfrac{1}{\rho} & 0<\rho<+\infty\\ +\infty & \rho=0\\ 0 & \rho=+\infty\end{cases}$$

【例 10.16】 求幂级数 $\sum_{n=0}^{\infty}n!x^n$ 的收敛半径.

解 因为

$$\rho=\lim_{n\to\infty}\left|\frac{a_{n+1}}{a_n}\right|=\lim_{n\to\infty}\frac{(n+1)!}{n!}=\lim_{n\to\infty}(n+1)=+\infty$$

所以幂级数 $\sum_{n=0}^{\infty}n!x^n$ 的收敛半径 $R=0$，即级数仅在 $x=0$ 处收敛.

【例 10.17】 求幂级数 $\sum_{n=0}^{\infty}2^nx^n$ 的收敛半径.

解 因为

$$\rho=\lim_{n\to\infty}\left|\frac{a_{n+1}}{a_n}\right|=\lim_{n\to\infty}\frac{2^{n+1}}{2^n}=2$$

所以幂级数 $\sum_{n=0}^{\infty}2^nx^n$ 的收敛半径 $R=\frac{1}{2}$.

3. 幂级数的收敛区间

设幂级数（10-5）的收敛半径为 R，则 $(-R, R)$ 称为幂级数（10-5）的收敛区间，幂级数在收敛区间内绝对收敛. 把收敛区间的端点 $x=\pm R$ 代入幂级数（10-5）中，判定常数项级数的敛散性后，就可得到幂级数的收敛域.

【例 10.18】 求幂级数 $\sum_{n=0}^{\infty}\frac{n}{2^n}x^n$ 的收敛半径、收敛区间.

解 因为

$$\rho=\lim_{n\to\infty}\left|\frac{a_{n+1}}{a_n}\right|=\lim_{n\to\infty}\frac{\frac{n+1}{2^{n+1}}}{\frac{n}{2^n}}=\frac{1}{2}$$

所以所给幂级数的收敛半径 $R=2$，收敛区间为 $(-2, 2)$.

【例 10.19】 求幂级数 $\sum_{n=1}^{\infty}(-1)^{n-1}\frac{x^n}{n}$ 的收敛域.

解 因为

$$\rho=\lim_{n\to\infty}\left|\frac{a_{n+1}}{a_n}\right|=\lim_{n\to\infty}\frac{\frac{1}{n+1}}{\frac{1}{n}}=1$$

所以所给幂级数的收敛半径 $R=1$.

当 $x=1$ 时，级数为交错级数 $\sum_{n=1}^{\infty}(-1)^{n-1}\frac{1}{n}$，收敛；当 $x=-1$ 时，级数为 $\sum_{n=1}^{\infty}(-1)\frac{1}{n}=-\sum_{n=1}^{\infty}\frac{1}{n}$，发散. 所以所给幂级数的收敛域为 $(-1, 1]$.

【例 10.20】 求幂级数 $\sum_{n=1}^{\infty}2^nx^{2n-1}$ 的收敛半径.

解 所给幂级数缺少偶数次幂的项，不同于幂级数（10-5）的标准形式，因此不能直接应用定理，这时可根据定理求其收敛半径.

$$\lim_{n\to\infty}\left|\frac{u_{n+1}}{u_n}\right|=\lim_{n\to\infty}\left|\frac{2^{n+1}x^{2n+1}}{2^n x^{2n-1}}\right|=\lim_{n\to\infty}2|x|^2=2|x|^2$$

当 $2|x|^2<1$，即 $|x|<\frac{\sqrt{2}}{2}$ 时所给级数绝对收敛；当 $2|x|^2>1$，即 $|x|>\frac{\sqrt{2}}{2}$ 时，所给级数发散. 因此所给幂级数的收敛半径 $R=\frac{\sqrt{2}}{2}$.

【例 10.21】 求幂级数 $\sum_{n=0}^{\infty}(-1)^n\frac{(x-2)^n}{2^n}$ 的收敛区间.

解 因为

$$\rho=\lim_{n\to\infty}\left|\frac{a_{n+1}}{a_n}\right|=\lim_{n\to\infty}\frac{\frac{1}{2^{n+1}}}{\frac{1}{2^n}}=\frac{1}{2}$$

所以级数的收敛半径 $R=2$，收敛区间为（0，4）.

由例 10.21 知，若幂级数（10-4）的收敛半径为 R，则它的收敛区间为（x_0-R，x_0+R）.

三、幂级数的运算

设幂级数 $\sum_{n=0}^{\infty}a_nx^n$ 与 $\sum_{n=0}^{\infty}b_nx^n$ 分别在 $(-R_1, R_1)$，$(-R_2, R_2)$ 内收敛，$R_1>0$，$R_2>0$. 它们的和函数分别为 $S_1(x)$ 与 $S_2(x)$，那么对于上述的幂级数可以进行如下运算.

1. 加法和减法

$$\sum_{n=0}^{\infty}a_nx^n\pm\sum_{n=0}^{\infty}b_nx^n=\sum_{n=0}^{\infty}(a_n\pm b_n)x^n=S_1(x)\pm S_2(x)$$

所得的幂级数 $\sum_{n=0}^{\infty}(a_n\pm b_n)x^n$ 仍收敛，且收敛半径为 R_1 与 R_2 中较小的一个.

2. 乘法

$$\begin{aligned}\sum_{n=0}^{\infty}a_nx^n\sum_{n=0}^{\infty}b_nx^n&=a_0b_0+(a_0b_1+a_1b_0)x+(a_0b_2+a_1b_1+a_2b_0)x^2+\cdots+\\&\quad(a_0b_n+a_1b_{n-1}+\cdots+a_nb_0)x^n+\cdots\\&=S_1(x)S_2(x)\end{aligned}$$

乘积所得的幂级数仍收敛，且收敛半径为 R_1 与 R_2 中较小的一个.

3. 逐项求导

若幂级数 $\sum_{n=0}^{\infty}a_nx^n$ 的收敛半径为 R，则在 $(-R, R)$ 内和函数 $S(x)$ 可导，且有

$$S'(x)=\left(\sum_{n=0}^{\infty}a_nx^n\right)'=\sum_{n=0}^{\infty}(a_nx^n)'=\sum_{n=0}^{\infty}a_nnx^{n-1}$$

求导后所得幂级数的收敛半径仍不变，但在收敛区间端点处的收敛性可能改变. 显然，幂级数在其收敛区间内具有任意阶导数.

4. 逐项积分

若幂级数 $\sum_{n=0}^{\infty} a_n x^n$ 的收敛半径为 R，则在 $(-R, R)$ 内和函数 $S(x)$ 可积，且有

$$\int_0^x S(x)\mathrm{d}x = \int_0^x \left[\sum_{n=0}^{\infty} a_n x^n\right]\mathrm{d}x = \sum_{n=0}^{\infty}\int_0^x a_n x^n \mathrm{d}x = \sum_{n=0}^{\infty} \frac{a_n}{n+1} x^{n+1}$$

积分后所得的幂级数仍收敛，且收敛半径不变，但在收敛区间端点处的敛散性可能改变.

【例 10.22】 求幂级数 $\sum_{n=0}^{\infty} \frac{(-1)^n}{n+1} x^{n+1}$ 的和函数，并求 $\sum_{n=1}^{\infty} \frac{(-1)^{n-1}}{n}$.

解 设所给级数的和函数为 $S(x)$，即

$$S(x) = \sum_{n=0}^{\infty} \frac{(-1)^n}{n+1} x^{n+1}$$

两端求导得

$$S'(x) = \sum_{n=0}^{\infty} (-1)^n x^n = 1 - x + x^2 - x^3 + \cdots + (-1)^n x^n + \cdots = \frac{1}{1+x}\ (-1<x<1)$$

两端积分得

$$S(x) = \int_0^x \frac{1}{1+x}\mathrm{d}x = \ln(1+x)\ (-1<x<1)$$

当 $x=-1$ 时，级数为 $\sum_{n=0}^{\infty} \frac{-1}{n+1}$，是发散的.

当 $x=1$ 时，级数为 $\sum_{n=0}^{\infty} \frac{(-1)^n}{n+1}$，是收敛的.

所以有

$$\sum_{n=0}^{\infty} \frac{(-1)^n}{n+1} x^{n+1} = \ln(1+x)\ (-1<x\leqslant 1)$$

将 $x=1$ 代入上式，得 $\sum_{n=0}^{\infty} \frac{(-1)^n}{n+1} = \ln 2 = \sum_{n=1}^{\infty} \frac{(-1)^{n-1}}{n}$，即

$$\sum_{n=1}^{\infty} \frac{(-1)^{n-1}}{n} = \ln 2$$

【例 10.23】 求幂级数 $\sum_{n=1}^{\infty} n x^{n-1}$ 的和函数.

解 所给幂级数的收敛半径为 $R=1$，收敛区间为 $(-1, 1)$. 设其和函数为 $S(x)$，则

$$S(x)=1+2x+3x^2+\cdots+nx^{n-1}+\cdots$$

在 $(-1, 1)$ 内逐项积分，得

$$\int_0^x S(t)\mathrm{d}t = \int_0^x 1\mathrm{d}t + \int_0^x 2t\mathrm{d}t + \int_0^x 3t^2\mathrm{d}t + \cdots + \int_0^x nt^n\mathrm{d}t + \cdots$$

$$= x + x^2 + x^3 + \cdots + x^n + \cdots = \frac{x}{1-x}$$

再求导，得

$$S(x)=\left(\frac{x}{1-x}\right)'=\frac{1}{(1-x)^2}$$

即

$$\sum_{n=1}^{\infty} n x^{n-1} = \frac{1}{(1-x)^2}\ (-1<x<1)$$

思考题 10.3

1. 幂级数（10-4）的收敛区间有什么特点？
2. 对于缺项的幂级数，使用什么方法求其收敛半径？

练习题 10.3

1. 求下列幂级数的收敛半径及收敛区间：

(1) $\sum_{n=1}^{\infty}\frac{x^n}{2n-1}$　(2) $\sum_{n=0}^{\infty}\frac{3^n}{n!}x^n$　(3) $\sum_{n=0}^{\infty}\frac{x^{n+1}}{(2n+1)(2n+1)!}$

(4) $\sum_{n=1}^{\infty}n\left(\frac{x}{2}\right)^n$　(5) $\sum_{n=1}^{\infty}nx^{n-1}$　(6) $\sum_{n=0}^{\infty}\frac{x^n}{2^n n^2}$

2. 求幂级数 $x-\frac{x^3}{3}+\frac{x^5}{5}-\cdots$ 的和函数，并求 $\sum_{n=1}^{\infty}\frac{(-1)^{n-1}}{2n-1}\left(\frac{3}{4}\right)^n$.

3. 求幂级数 $\sum_{n=0}^{\infty}(n+1)x^n$ 的和函数.

第四节　函数展开成幂级数

前面讨论了幂级数的收敛域及其和函数的性质，本节讨论相反的问题，即函数 $f(x)$ 可以用幂级数表示的条件及其展开式.

一、泰勒公式

若函数 $f(x)$ 在点 x_0 的某一邻域内具有直到 $n+1$ 阶导数，则在该邻域内的任意点 x，有

$$f(x)=f(x_0)+f'(x_0)(x-x_0)+\frac{f''(x_0)}{2!}(x-x_0)^2+\cdots+\frac{f^{(n)}(x_0)}{n!}(x-x_0)^n+R_n(x) \tag{10-6}$$

其中，余项 $R_n(x)=\frac{f^{(n+1)}(\xi)}{(n+1)!}(x-x_0)^{n+1}$，$\xi$ 是介于 x_0 与 x 之间的值. 式(10-6) 称为泰勒公式.

在泰勒公式中，令 $x_0=0$，则式（10-6）成为

$$f(x)=f(0)+f'(0)x+\frac{f''(0)}{2!}x^2+\cdots+\frac{f^{(n)}(0)}{n!}x^n+R_n(x) \tag{10-7}$$

其中，$R_n(x)=\frac{f^{(n+1)}(\xi)}{(n+1)!}x^{n+1}$，$\xi$ 是介于 0 与 x 之间的值. 式(10-7) 称为麦克劳林公式.

定义 10.4 如果函数 $f(x)$ 在点 x_0 的某一邻域内具有任意阶导数，$f'(x),f''(x),\cdots,f^{(n)}(x)\cdots$，则称级数

$$f(x_0)+f'(x_0)(x-x_0)+\frac{f''(x_0)}{2!}(x-x_0)^2+\cdots+\frac{f^{(n)}(x_0)}{n!}(x-x_0)^n+\cdots \tag{10-8}$$

为函数 $f(x)$ 在 $x=x_0$ 处的泰勒级数.

关于 $f(x)$ 的泰勒级数在什么条件下收敛于 $f(x)$ 的问题，有如下定理.

定理 10.9 如果函数 $f(x)$ 在点 x_0 的某一邻域内具有任意阶导数，那么 $f(x)$ 在该邻域内的泰勒级数收敛于 $f(x)$ 的充分必要条件是 $f(x)$ 的泰勒公式的余项 $R_n(x)$ 满足：

$$\lim_{n\to\infty}R_n(x)=0$$

在式(10-8) 中取 $x_0=0$，得

$$f(x)=f(0)+f'(0)x+\frac{f''(0)}{2!}x^2+\cdots+\frac{f^{(n)}(0)}{n!}x^n+\cdots \tag{10-9}$$

级数（10-9）称为函数 $f(x)$ 的麦克劳林级数.

将函数 $f(x)$ 展开成 $x-x_0$ 的幂级数或 x 的幂级数，就是用 $f(x)$ 的泰勒级数或麦克劳林级数表示 $f(x)$.

二、函数展开成幂级数

1. 直接展开法

利用麦克劳林公式将函数 $f(x)$ 展开成 x 的幂级数的方法称为直接展开法. 其一般步骤如下：

（1）求出 $f(x)$ 的各阶导数 $f'(x)$，$f''(x)$，$\cdots$，$f^{(n)}(x)$，$\cdots$

（2）计算函数及各阶导数在 $x=0$ 处的值 $f(0)$，$f'(0)$，$f''(0)$，$\cdots$，$f^{(n)}(0)$，$\cdots$

（3）写出幂级数

$$f(0)+f'(0)x+\frac{f''(0)}{2!}x^2+\cdots+\frac{f^{(n)}(0)}{n!}x^n+\cdots$$

并求出收敛区间$(-R, R)$.

（4）讨论当 $x\in(-R,R)$时，余项 R_n的极限

$$\lim_{n\to\infty}R_n(x)=\lim_{n\to\infty}\frac{f^{(n+1)}(\xi)}{(n+1)!}x^{n+1}(\xi\text{ 介于 }0\text{ 与 }x\text{ 之间})$$

是否为零. 如果为零，则函数 $f(x)$ 在区间$(-R, R)$内的幂级数展开式为

$$f(x)=f(0)+f'(0)x+\frac{f''(0)}{2!}x^2+\cdots+\frac{f^{(n)}(0)}{n!}x^n+\cdots \quad x\in(-R,R)$$

【例 10.24】 将函数 $f(x)=e^x$展开成 x 的幂级数.

解 由 $f^{(n)}(x)=e^x(n=1,2,3,\cdots)$，可得到

$$f(0)=f^{(n)}(0)=1(n=1,2,3,\cdots)$$

于是得到幂级数

$$1+x+\frac{x^2}{2!}+\frac{x^3}{3!}+\cdots+\frac{x^n}{n!}+\cdots$$

收敛区间为（$-\infty$，$+\infty$），且

$$R_n(x)=\frac{e^{\xi}}{(n+1)!}x^{n+1} \quad (\xi\text{ 介于 }0\text{ 与 }x\text{ 之间})$$

所以 $e^{\xi}<e^{|x|}$，因而有

$$|R_n(x)|=\frac{e^{\xi}}{(n+1)!}|x|^{n+1}<\frac{e^{|x|}}{(n+1)!}|x|^{n+1}$$

对于任意确定的 x 值，$e^{|x|}$ 是一个确定的常数，而幂级数是绝对收敛的，由级数收敛的必要条件可知

$$\lim_{n\to\infty}\frac{1}{(n+1)!}|x|^{n+1}=0$$

所以

$$\lim_{n\to\infty}\frac{e^{|x|}}{(n+1)!}|x|^{n+1}=0$$

由此可得

$$\lim_{n\to\infty}R_n(x)=0$$

从而函数 $f(x)=e^x$的幂级数展开式为

$$e^x=1+x+\frac{x^2}{2!}+\frac{x^3}{3!}+\cdots+\frac{x^n}{n!}+\cdots\ (-\infty<x<+\infty)$$

【例 10.25】 将函数 $f(x)=\sin x$ 展开成 x 的幂级数.

解 由 $f^{(n)}(x)=\sin\left(x+n\dfrac{\pi}{2}\right)(n=1,2,3\cdots)$可得

$$f(0)=0,\ f'(0)=1,\ f''(0)=0,\ f'''(0)=-1,\ \cdots,\ f^{(2n)}(0)=0,\ f^{(2n+1)}(0)=(-1)^n$$

于是可得到幂级数

$$x-\frac{x^3}{3!}+\frac{x^5}{5!}-\cdots+(-1)^n\frac{x^{2n+1}}{(2n+1)!}+\cdots$$

且它的收敛区间为 $(-\infty, +\infty)$.

因为

$$|R_n(x)|=\frac{\left|\sin\left[\xi+(n+1)\dfrac{\pi}{2}\right]\right|}{(n+1)!}|x^{n+1}|\leqslant\frac{|x|^{n+1}}{(n+1)!}\to 0(n\to\infty)\ (\xi\text{ 介于 }0\text{ 与 }x\text{ 之间})$$

所以 $f(x)=\sin x$ 的幂级数展开式为

$$\sin x=x-\frac{x^3}{3!}+\frac{x^5}{5!}-\cdots+(-1)^n\frac{x^{2n+1}}{(2n+1)!}+\cdots\ (-\infty<x<+\infty)$$

2. 间接展开法

运用麦克劳林公式将函数展开成幂级数的方法，虽然步骤明确，但是运算常常过于烦琐. 因此可以利用一些已知函数的幂级数展开式，通过幂级数的运算求得另外一些函数的幂级数展开式. 这种求函数的幂级数展开式的方法称为间接展开法.

【例 10.26】 将 $f(x)=\dfrac{1}{2-x}$展开成 x 的幂级数.

解 因为

$$\frac{1}{2-x}=\frac{1}{2}\times\frac{1}{1-\dfrac{x}{2}}$$

又已知

$$\frac{1}{1-x}=1+x+x^2+x^3+\cdots+x^n+\cdots\ (-1<x<1)$$

用$\dfrac{x}{2}$代替上式中的 x，得到

$$\begin{aligned}\frac{1}{2-x}&=\frac{1}{2}\left[1+\frac{x}{2}+\left(\frac{x}{2}\right)^2+\left(\frac{x}{2}\right)^3+\cdots+\left(\frac{x}{2}\right)^n+\cdots\right]\\&=\frac{1}{2}+\frac{1}{2}\left(\frac{x}{2}\right)+\frac{1}{2}\left(\frac{x}{2}\right)^2+\frac{1}{2}\left(\frac{x}{2}\right)^3+\cdots+\frac{1}{2}\left(\frac{x}{2}\right)^n+\cdots\ (-2<x<2)\end{aligned}$$

其中收敛区间 $(-2, 2)$ 是由不等式$-1<\dfrac{x}{2}<1$ 得到的.

【例 10.27】 将函数 $f(x)=\cos x$ 展开成 x 的幂级数.

解 已知

$$\sin x=x-\frac{x^3}{3!}+\frac{x^5}{5!}-\cdots+(-1)^n\frac{x^{2n+1}}{(2n+1)!}+\cdots(-\infty<x<+\infty)$$

而

$$\cos x=(\sin x)'$$

利用逐项求导公式，得到

$$\cos x=1-\frac{x^2}{2!}+\frac{x^4}{4!}-\cdots+(-1)^n\frac{x^{2n}}{(2n)!}+\cdots(-\infty<x<+\infty)$$

【例 10.28】 将函数 $f(x)=\ln(x+1)$ 展开成 x 的幂级数.

解 已知

$$\frac{1}{1+x}=1-x+x^2-x^3+\cdots(-1)^nx^n+\cdots\ (-1<x<1)$$

将上式从 0 到 x 逐项积分，得到

$$\ln(x+1)=x-\frac{x^2}{2}+\frac{x^3}{3}-\cdots+(-1)^n\frac{x^{n+1}}{n}+\cdots$$

因为幂级数逐项积分后收敛半径不变，所以上式中右端级数的收敛半径仍为 $R=1$，而当 $x=-1$ 时，级数发散，当 $x=1$ 时，级数收敛，故该级数的收敛域为 $(-1, 1]$.

同样，也可以将函数展开成 $x-x_0$ 的幂级数.

【例 10.29】 将函数 $f(x)=\dfrac{1}{2-x}$ 展开成 $x-1$ 的幂级数.

解 因为

$$\frac{1}{2-x}=\frac{1}{1-(x-1)}$$

而

$$\frac{1}{1-x}=1+x+x^2+x^3+\cdots+x^n+\cdots\ (-1<x<1)$$

用 $x-1$ 代替上式中的 x，得到

$$\frac{1}{2-x}=1+(x-1)+(x-1)^2+(x-1)^3+\cdots+(x-1)^n+\cdots$$

其中，$-1<x-1<1$，即 $0<x<2$.

由上面几个例题可以看出，利用一些已知函数的幂级数展开式将函数展开成幂级数较直接展开法容易得多. 因此将初等函数展开成幂级数通常用间接展开法.

几个常用的标准展开式：

(1) $\dfrac{1}{1-x}=\sum\limits_{n=0}^{\infty}x^n \qquad (-1<x<1)$

(2) $\dfrac{1}{1+x}=\sum\limits_{n=0}^{\infty}(-1)^nx^n \qquad (-1<x<1)$

(3) $e^x=\sum\limits_{n=0}^{\infty}\dfrac{x^n}{n!} \qquad (-\infty<x<+\infty)$

(4) $\sin x=\sum\limits_{n=0}^{\infty}(-1)^n\dfrac{x^{2n+1}}{(2n+1)!} \qquad (-\infty<x<+\infty)$

(5) $\cos x=\sum\limits_{n=0}^{\infty}(-1)^n\dfrac{x^{2n}}{(2n)!} \qquad (-\infty<x<+\infty)$

(6) $\ln(1+x)=\sum\limits_{n=1}^{\infty}(-1)^{n-1}\dfrac{x^n}{n} \qquad (-1<x\leqslant 1)$

(7) $\ln(1-x)=-\sum\limits_{n=1}^{\infty}\dfrac{x^n}{n} \qquad (-1\leqslant x<1)$

思考题 10.4

1. 泰勒公式与泰勒级数有什么区别?
2. 把一个函数展开成幂级数有哪几种方法? 一般情况下用什么方法? 为什么?
3. 用直接展开法将函数 $f(x)$ 展开成 x 的幂级数的步骤是什么?

练习题 10.4

1. 将下列函数展开成 x 的幂级数:

(1) $f(x)=e^{-x}$　　(2) $f(x)=\sin 2x$

(3) $f(x)=\ln(a+x)(a>0)$　　(4) $f(x)=\dfrac{1}{3-x}$

2. 将函数 $f(x)=\dfrac{1}{x}$ 展开成 $x-3$ 的幂级数.

3. 将函数 $f(x)=\lg x$ 展开成 $x-1$ 的幂级数.

*第五节　傅里叶级数

本节将讨论函数项级数的另一重要类型，就是傅里叶级数，它的各项都由三角函数组成，因此，在研究具有周期性的实际问题中有着广泛的应用. 主要讨论将一个周期函数展开成傅里叶级数的方法.

一、以 2π 为周期的函数展开成傅里叶级数

1. 三角级数、三角函数系的正交性

形如

$$\frac{a_0}{2}+\sum_{n=1}^{\infty}(a_n\cos nx+b_n\sin nx) \tag{10-10}$$

的级数叫做三角级数，其中，a_0、a_n、b_n（$n=1$, 2, 3, …）都是常数，称为三角级数的系数.

为了讨论三角级数（10-10）的收敛问题，以及给定周期为 2π 的周期函数如何展开成三角级数（10-10），这里直接给出三角函数系的正交性.

函数列

$$1,\ \cos x,\ \sin x,\ \cos 2x,\ \sin 2x,\ \cdots,\ \cos nx,\ \sin nx,\ \cdots \tag{10-11}$$

称为三角函数系. 三角函数系（10-11）中任何两个不同函数的乘积在区间 $[-\pi, \pi]$ 上的积分等于零. 即

$$\int_{-\pi}^{\pi}\cos nx\,dx=0 \qquad (n=1,2,3,\cdots)$$

$$\int_{-\pi}^{\pi}\sin nx\,dx=0 \qquad (n=1,2,3,\cdots)$$

$$\int_{-\pi}^{\pi}\cos mx\sin nx\,dx=0 \qquad (m,n=1,2,3,\cdots)$$

$$\int_{-\pi}^{\pi}\cos mx\cos nx\,dx=0 \qquad (m,n=1,2,3,\cdots m\neq n)$$

$$\int_{-\pi}^{\pi}\sin mx\sin nx\,dx=0 \qquad (m,n=1,2,3,\cdots m\neq n)$$

任何两个相同函数的乘积在区间 $[-\pi, \pi]$ 上的积分不等于零，即

$$\int_{-\pi}^{\pi} \mathrm{d}x = 2\pi$$

$$\int_{-\pi}^{\pi} \sin^2 nx \mathrm{d}x = \pi \qquad (n=1,2,3,\cdots)$$

$$\int_{-\pi}^{\pi} \cos^2 nx \mathrm{d}x = \pi \qquad (n=1,2,3,\cdots)$$

称此特性为三角函数的正交性.

2. 函数 $f(x)$ 的傅里叶级数

设 $f(x)$ 是周期为 2π 的周期函数，且能展开成三角级数

$$f(x) = \frac{a_0}{2} + \sum_{k=1}^{\infty}(a_k \cos kx + b_k \sin kx) \tag{10-12}$$

那么系数 a_0，a_1，b_1，…如何确定呢？假设式(10-12) 可以逐项积分，对式(10-12) 在 $[-\pi, \pi]$ 上逐项积分

$$\int_{-\pi}^{\pi} f(x)\mathrm{d}x = \int_{-\pi}^{\pi} \frac{a_0}{2}\mathrm{d}x + \sum_{k=1}^{\infty}\left(a_k\int_{-\pi}^{\pi} \cos kx \mathrm{d}x + b_k\int_{-\pi}^{\pi} \sin kx \mathrm{d}x\right)$$

根据三角函数系的正交性，等式右端除第一项外，其余各项均为零，所以

$$\int_{-\pi}^{\pi} f(x)\mathrm{d}x = \frac{a_0}{2} \times 2\pi$$

于是得

$$a_0 = \frac{1}{\pi}\int_{-\pi}^{\pi} f(x)\mathrm{d}x$$

为求 a_n，用 $\cos nx$ 乘以式(10-12) 两端，再在 $[-\pi, \pi]$ 上逐项积分得

$$\int_{-\pi}^{\pi} f(x)\cos nx \mathrm{d}x = \frac{a_0}{2}\int_{-\pi}^{\pi} \cos nx \mathrm{d}x + \sum_{k=1}^{\infty}\left[a_k\int_{-\pi}^{\pi} \cos kx \cos nx \mathrm{d}x + b_k\int_{-\pi}^{\pi} \sin kx \cos nx \mathrm{d}x\right]$$

根据三角函数系的正交性，等式右端除 $k=n$ 的一项外，其余各项均为零. 所以

$$\int_{-\pi}^{\pi} f(x)\cos nx \mathrm{d}x = a_n\int_{-\pi}^{\pi} \cos^2 nx \mathrm{d}x = a_n\pi$$

于是得

$$a_n = \frac{1}{\pi}\int_{-\pi}^{\pi} f(x)\cos nx \mathrm{d}x \ (n=1,2,3,\cdots)$$

类似地，用 $\sin nx$ 乘式(10-12) 两端，再在 $[-\pi, \pi]$ 上逐项积分，可得

$$b_n = \frac{1}{\pi}\int_{-\pi}^{\pi} f(x)\sin nx \mathrm{d}x \ (n=1,2,3,\cdots)$$

由于当 $n=0$ 时，a_n的表达式正好是 a_0，因此，已得结果可以合并写成

$$\begin{cases} a_n = \dfrac{1}{\pi}\displaystyle\int_{-\pi}^{\pi} f(x)\cos nx \mathrm{d}x & (n = 0,1,2,3,\cdots) \\ b_n = \dfrac{1}{\pi}\displaystyle\int_{-\pi}^{\pi} f(x)\sin nx \mathrm{d}x & (n = 1,2,3,\cdots) \end{cases} \tag{10-13}$$

系数 a_0、a_n、b_n ($n=1, 2, 3, \cdots$) 叫做函数 $f(x)$ 的傅里叶系数，由傅里叶系数 (10-13) 所确定的三角函数

$$\frac{a_0}{2} + \sum_{n=1}^{\infty}(a_n \cos nx + b_n \sin nx)$$

叫做函数 $f(x)$ 的傅里叶级数.

(1) 若 $f(x)$ 为奇函数，则它的傅里叶系数为

$$a_n=0(n=0,1,2,3,\cdots)$$

$$b_n=\frac{2}{\pi}\int_0^{\pi}f(x)\sin nx\,dx\ (n=1,2,3,\cdots)$$

傅里叶级数成为只含有正弦项的正弦级数

$$\sum_{n=1}^{\infty}b_n\sin nx \tag{10-14}$$

(2) 若 $f(x)$ 为偶函数，则它的傅里叶系数为

$$a_n=\frac{2}{\pi}\int_0^{\pi}f(x)\cos nx\,dx\ (n=0,1,2,3,\cdots)$$

$$b_n=0(n=1,2,3,\cdots)$$

傅里叶级数成为只含有常数项和余弦项的余弦级数

$$\frac{a_0}{2}+\sum_{n=1}^{\infty}a_n\cos nx \tag{10-15}$$

3. 傅里叶级数的收敛性

函数 $f(x)$ 的傅里叶级数是否一定收敛？如果收敛，是否一定收敛于 $f(x)$？对此有下面的狄利克雷 (Dirichlet) 充分条件定理.

定理 10.10 (收敛定理) 设函数 $f(x)$ 是周期为 2π 的周期函数，如果它满足条件：在一个周期内连续或只有有限个第一类间断点，并且至多有有限个极值点，则函数 $f(x)$ 的傅里叶级数收敛. 并且：

(1) 当 x 是 $f(x)$ 的连续点时，级数收敛于 $f(x)$；

(2) 当 x 是 $f(x)$ 的间断点时，级数收敛于$\dfrac{f(x-0)+f(x+0)}{2}$.

【例 10.30】 设 $f(x)$ 是周期为 2π 的周期函数，它在 $(-\pi,\pi)$ 上的表达式为 $f(x)=x$，将 $f(x)$ 展开为傅里叶级数.

解 这个函数满足收敛定理的条件. 除了不连续点 $x=(2k+1)\pi$ ($k=0$，±1，±2，$\cdots$) 外，$f(x)$ 是周期为 2π 的奇函数，由式(10-14) 可知，$f(x)$ 的傅里叶系数为

$$a_n=0(n=0,1,2,3,\cdots)$$

$$\begin{aligned}b_n&=\frac{2}{\pi}\int_0^{\pi}f(x)\sin nx\,dx=\frac{2}{\pi}\int_0^{\pi}x\sin nx\,dx\\&=\frac{2}{\pi}\left[-\frac{x\cos nx}{n}+\frac{\sin nx}{n^2}\right]_0^{\pi}=-\frac{2}{n}\cos n\pi\\&=\frac{2}{n}(-1)^{n+1}\ (n=1,2,3,\cdots)\end{aligned}$$

将求得的 b_n 代入正弦级数 (10-14) 得到函数 $f(x)$ 的傅里叶级数展开式为

$$f(x)=2\left(\sin x-\frac{1}{2}\sin 2x+\frac{1}{3}\sin 3x-\cdots+\frac{(-1)^{n+1}}{n}\sin nx+\cdots\right)$$

$$(-\infty<x<+\infty,x\neq(2k+1)\pi\quad k\in Z)$$

函数 $f(x)$ 的傅里叶级数在不连续点 $x=(2k+1)\pi$ 处收敛于

$$\frac{f[(2k+1)\pi-0]+f[(2k+1)\pi+0]}{2}=\frac{\pi+(-\pi)}{2}=0$$

在连续点处收敛于 $f(x)$. 和函数的图像如图 10-1 所示.

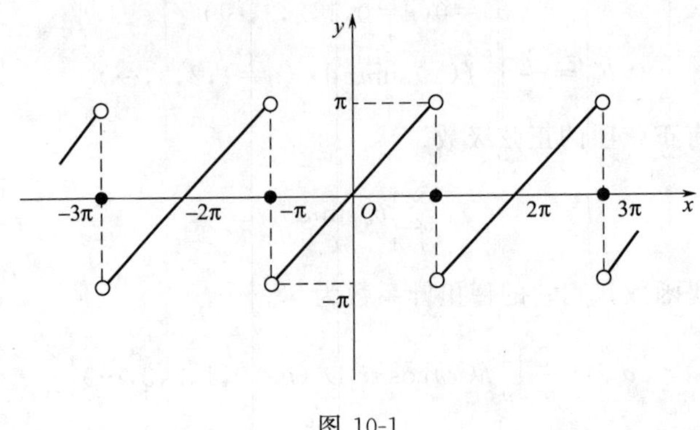

图 10-1

【例 10.31】 将周期函数 $u(t)=\left|\sin\frac{t}{2}\right|$ 展开成傅里叶级数.

解 函数 $u(t)$ 满足收敛定理的条件，并且处处连续（图 10-2），因此 $u(t)$ 的傅里叶级数处处收敛于 $u(t)$.

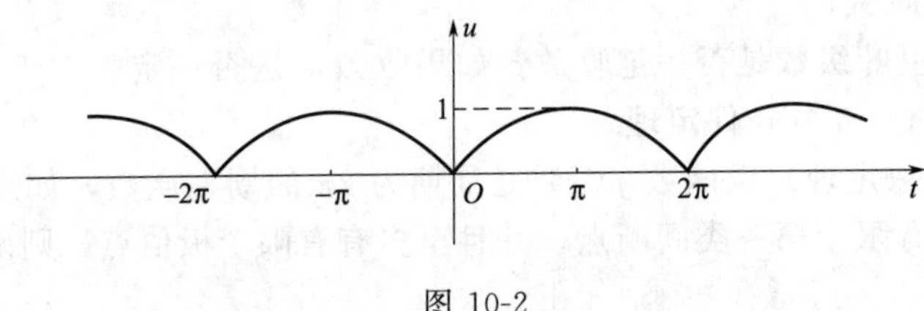

图 10-2

因为 $u(t)$ 是周期为 2π 的偶函数，由式(10-15) 可知，$u(t)$ 的傅里叶系数为

$$a_n=\frac{2}{\pi}\int_0^\pi u(t)\cos nt\,\mathrm{d}t=\frac{2}{\pi}\int_0^\pi \sin\frac{t}{2}\cos nt\,\mathrm{d}t=\frac{1}{\pi}\int_0^\pi\left[\sin\left(n+\frac{1}{2}\right)t-\sin\left(n-\frac{1}{2}\right)t\right]\mathrm{d}t$$

$$=\frac{1}{\pi}\left[-\frac{\cos\left(n+\frac{1}{2}\right)t}{n+\frac{1}{2}}+\frac{\cos\left(n-\frac{1}{2}\right)t}{n-\frac{1}{2}}\right]_0^\pi$$

$$=\frac{1}{\pi}\left(\frac{1}{n+\frac{1}{2}}-\frac{1}{n-\frac{1}{2}}\right)=-\frac{4}{(4n^2-1)\pi}\quad(n=0,1,2,3,\cdots)$$

$$b_n=0\quad(n=1,2,3,\cdots)$$

将求得的 a_n 代入余弦级数（10-15）得到函数 $u(t)$ 的傅里叶级数展开式为

$$u(t)=\frac{4}{\pi}\left(\frac{1}{2}-\frac{1}{3}\cos t-\frac{1}{15}\cos 2t-\frac{1}{35}\cos 3t-\cdots-\frac{1}{4n^2-1}\cos nt-\cdots\right)(-\infty<t<+\infty)$$

4. [−π, π] 或 [0, π] 上的函数展开成傅里叶级数

由于求 $f(x)$ 的傅里叶系数只用到 $f(x)$ 在 $[-\pi,\pi]$ 上的部分，由此可知，即使 $f(x)$ 只在 $[-\pi,\pi]$ 上有定义或虽在 $[-\pi,\pi]$ 外也有定义但不是周期函数，仍可用式(10-13) 求 $f(x)$ 的傅里叶系数，而且如果 $f(x)$ 在 $[-\pi,\pi]$ 上满足收敛定理的条件，则至少 $f(x)$ 在 $(-\pi,\pi)$ 内的连续点上傅里叶级数是收敛于 $f(x)$ 的，而在 $x=\pm\pi$ 处，级数收敛于 $\frac{f(\pi-0)+f(-\pi+0)}{2}$.

类似地，如果函数 $f(x)$ 只在 $[0,\pi]$ 上有定义且满足收敛定理的条件，要得到 $f(x)$ 在 $[0,\pi]$ 上的傅里叶级数展开式，可以任意补充 $f(x)$ 在 $[-\pi,0]$ 上的定义 [只要式(10-13)

中的积分可行]，称为函数的延拓，便可得到相应的傅里叶级数展开式，这一展开式至少在 $(0,\pi)$ 内的连续点上是收敛到 $f(x)$ 的. 常用的两种延拓办法是把 $f(x)$ 延拓成偶函数或奇函数，这样就可以把 $f(x)$ 展开成正弦级数或余弦级数. 也称为奇展开或偶展开.

【例 10.32】 将函数 $f(x)=x$，$x\in[0,\pi]$分别展开成正弦级数和余弦级数.

解 (1) 奇展开：把 $f(x)$ 延拓成奇函数 $f^*(x)=x$，$x\in[-\pi,\pi]$. 由式(10-14) 得傅里叶系数为

$$b_n=\frac{2}{\pi}\int_0^{\pi}f(x)\sin nx\,\mathrm{d}x=\frac{2}{\pi}\int_0^{\pi}x\sin nx\,\mathrm{d}x=(-1)^{n+1}\frac{2}{n}$$

由此得 $f^*(x)$ 在 $(-\pi,\pi)$ 上的展开式也即 $f(x)$ 在 $[0,\pi)$ 上的正弦级数为

$$x=2\left[\sin x-\frac{\sin 2x}{2}+\frac{\sin 3x}{3}-\cdots+(-1)^{n+1}\frac{\sin nx}{n}+\cdots\right]\ (0\leqslant x<\pi)$$

在 $x=\pi$ 处，级数收敛于$\dfrac{f^*(-\pi+0)+f^*(\pi-0)}{2}=\dfrac{-\pi+\pi}{2}=0$.

(2) 偶展开：把 $f(x)$ 延拓成偶函数 $f^*(x)=|x|$，$x\in[-\pi,\pi]$. 由式(10-15) 得傅里叶系数为

$$a_0=\frac{2}{\pi}\int_0^{\pi}f(x)\,\mathrm{d}x=\frac{2}{\pi}\int_0^{\pi}x\,\mathrm{d}x=\pi$$

$$a_n=\frac{2}{\pi}\int_0^{\pi}f(x)\cos nx\,\mathrm{d}x=\frac{2}{\pi}\int_0^{\pi}x\cos nx\,\mathrm{d}x=\begin{cases}\dfrac{-4}{n^2\pi} & n\text{ 为奇数时}\\ 0 & n\text{ 为偶数时}\end{cases}$$

由此得 $f^*(x)$ 在 $[-\pi,\pi]$ 上的展开式也即 $f(x)$ 在 $[0,\pi]$ 上的余弦级数为

$$x=\frac{\pi}{2}-\frac{4}{\pi}\left[\cos x+\frac{\cos 3x}{3^2}+\frac{\cos 5x}{5^2}+\cdots+\frac{\cos(2k-1)x}{(2k-1)^2}+\cdots\right]\ (0\leqslant x\leqslant\pi)$$

二、以 2*l* 为周期的函数展开成傅里叶级数

设 $f(x)$ 是以 $2l$ 为周期的函数，且在 $[-l,l]$ 上满足收敛定理的条件，作代换 $x=\dfrac{l}{\pi}t$，即 $t=\dfrac{\pi}{l}x$，$f(x)=f\left(\dfrac{l}{\pi}t\right)=F(t)$，则 $F(t)$ 是以 2π 为周期的函数且在 $[-\pi,\pi]$ 上满足收敛定理的条件. 于是可用前面的办法得到 $F(t)$ 的傅里叶级数展开式

$$F(t)=\frac{a_0}{2}+\sum_{n=1}^{\infty}(a_n\cos nt+b_n\sin nt)$$

然后再把 t 换回 x 就得到 $f(x)$ 的傅里叶级数展开式

$$f(x)=\frac{a_0}{2}+\sum_{n=1}^{\infty}\left(a_n\cos\frac{n\pi}{l}x+b_n\sin\frac{n\pi}{l}x\right)$$

【例 10.33】 如图 10-3 所示的三角波的波形函数是以 2 为周期的函数 $f(x)$，$f(x)$ 在 $[-1,1]$上的表达式是 $f(x)=|x|$，$|x|\leqslant 1$. 求 $f(x)$ 的傅里叶展开式.

解 作变换 $x=\dfrac{1}{\pi}t$，则得 $F(t)$ 在 $[-\pi,\pi]$ 上的表达式为

$$F(t)=\left|\frac{1}{\pi}t\right|=\frac{1}{\pi}|t|\quad(|t|\leqslant\pi)$$

利用例 10.32 的后半部分直接得到系数

$$a_0=1$$

$$a_n=\begin{cases}\dfrac{-4}{n^2\pi^2} & n\text{ 为奇数时}\\ 0 & n\text{ 为偶数时}\end{cases}$$

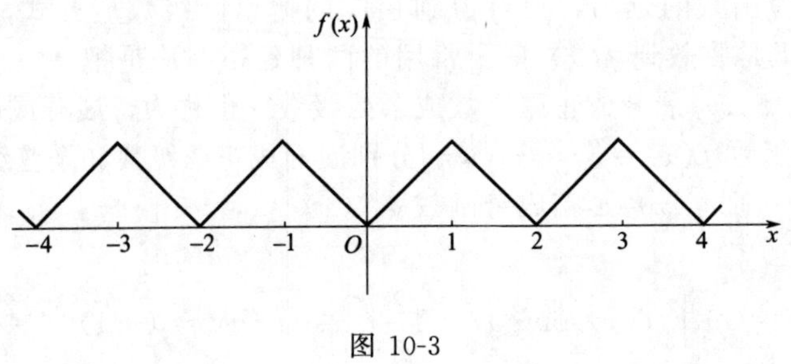

图 10-3

于是得 $F(t)$ 的展开式

$$F(t)=\frac{1}{2}-\frac{4}{\pi^2}\left(\cos t+\frac{\cos 3t}{3^2}+\frac{\cos 5t}{5^2}+\cdots\right)\quad(-\infty<x<+\infty)$$

把 t 换回 x （$t=\pi x$）得

$$f(x)=\frac{1}{2}-\frac{4}{\pi^2}\left(\cos\pi x+\frac{\cos 3\pi x}{3^2}+\frac{\cos 5\pi x}{5^2}+\cdots\right)\quad(-\infty<x<+\infty)$$

思考题 10.5

1. 三角函数系中任何两个函数的乘积在区间 $[-\pi, \pi]$ 上的积分等于零，这种说法是否正确？

2. 函数 $f(x)$ 在 $[0, \pi]$ 上的傅里叶级数是否唯一？

3. 能否把在 $[0, l]$ 上的函数 $f(x)$ 展开成正弦级数或余弦级数？

练习题 10.5

1. 设 $f(x)$ 是周期为 2π 的周期函数，它在区间 $[-\pi, \pi]$ 上的表达式为

$$f(x)=\begin{cases}-x & -\pi\leqslant x<0\\ x & 0\leqslant x\leqslant\pi\end{cases}$$

试将函数 $f(x)$ 展开为傅里叶级数.

2. 设 $f(x)$ 是周期为 2π 的周期函数，它在区间 $[-\pi, \pi]$ 上的表达式为

$$f(x)=\begin{cases}2 & -\frac{\pi}{2}\leqslant x\leqslant\frac{\pi}{2}\\ 0 & x<-\frac{\pi}{2}, x>\frac{\pi}{2}\end{cases}$$

试将函数 $f(x)$ 展开为傅里叶级数.

3. 将函数 $f(x)=x+1$，$x\in[0,\pi]$分别展开成正弦级数、余弦级数.

4. 设 $f(x)$ 是周期为 6 的周期函数，它在区间 $[-3, 3)$ 上的表达式为

$$f(x)=\begin{cases}0 & -3\leqslant x<0\\ c & 0\leqslant x<3\end{cases}\text{（常数 }c\neq0\text{）}$$

试将函数 $f(x)$ 展开为傅里叶级数.

习 题 十

1. 填空：

(1) 级数 $\sum\limits_{n=1}^{\infty}\frac{1+3^n}{4^n}$ 的和为________；

(2) 已知 $\sum\limits_{n=1}^{\infty}u_n$ 收敛，则 $\lim\limits_{n\to\infty}u_n=$________；

(3) $\lim\limits_{n\to\infty}\frac{n!}{n^n}=$________；

(4) 级数 $\sum\limits_{n=1}^{\infty}\frac{1+n^2}{n^4+n}$ 的敛散性为________；

(5) $\sum_{n=1}^{\infty}(-1)^n\frac{x^n}{\sqrt{n}}$ 的收敛半径为________；　　(6) $\sum_{n=1}^{\infty}\frac{x^{2n}}{9^n}$ 的收敛域为________；

(7) 如果 x_0 是 $\sum_{n=0}^{\infty}u_n(x)$ 的收敛点，则 $\lim\limits_{n\to\infty}u_n(x_0)=$ ________；

(8) 幂级数 $\sum_{n=1}^{\infty}a_n(x+1)^n$ 在点 $x=1$ 收敛，则在 $x=-2$ 点__________；

(9) $f(x)=xe^{x^2}$ 的麦克劳林级数是____________________；

(10) $f(x)=\frac{2}{2-x}$ 的麦克劳林级数是____________________.

2. 判别下列级数的敛散性：

(1) $\sum_{n=1}^{\infty}\frac{1}{n\sqrt[n]{n}}$　　(2) $\sum_{n=1}^{\infty}\frac{(n!)^2}{2n^2}$

(3) $\sum_{n=1}^{\infty}\frac{n\cos^2\frac{n\pi}{2}}{2^n}$　　(4) $\sum_{n=1}^{\infty}\frac{n^3}{3^n}$

3. 讨论下列级数是绝对收敛还是条件收敛：

(1) $\sum_{n=1}^{\infty}(-1)^n\frac{1}{n^p}$　　(2) $\sum_{n=1}^{\infty}(-1)^n\frac{(n+1)!}{n^{n+1}}$

(3) $\sum_{n=1}^{\infty}(-1)^n\ln\left(\frac{n+1}{n}\right)$　　(4) $\sum_{n=1}^{\infty}(-1)^{n-1}\frac{3^n+n^3}{5^n}$

4. 求下列幂级数的收敛半径和收敛域：

(1) $\sum_{n=0}^{\infty}\frac{x^n}{n\times 3^n}$　　(2) $\sum_{n=1}^{\infty}(-1)^n\frac{x^n}{2^n\times n!}$

(3) $\sum_{n=1}^{\infty}\frac{2n-1}{2^n}x^n$　　(4) $\sum_{n=1}^{\infty}\left(\frac{2^n}{3^n}+n\right)x^n$

(5) $\sum_{n=1}^{\infty}\frac{(-1)^n}{n^2}(x-2)^n$　　(6) $\sum_{n=1}^{\infty}\frac{(x+1)^n}{n\times 2^n}$

5. 将下列函数展开成麦克劳林级数：

(1) $y=\ln(5+x)$　　(2) $y=2^x$

(3) $y=\frac{1}{2}\sin 2x$　　(4) $y=e^{-x^2}$

6. 设 $f(x)$ 是周期为 2π 的周期函数，它在区间 $[-\pi,\pi]$ 上的表达式为

$$f(x)=\begin{cases}0 & -\pi\leqslant x<0\\ e^x & 0\leqslant x\leqslant\pi\end{cases}$$

试将函数 $f(x)$ 展开为傅里叶级数.

第十一章　拉普拉斯变换

在高等数学中，为了把复杂的计算转化为较简单的计算，往往采用变换的方法. 拉普拉斯变换（简称拉氏变换）就是其中的一种. 拉氏变换是分析和求解常系数线性微分方程的常用方法. 用拉氏变换分析和综合线性系统（如线性电路）的运动过程在工程上有着广泛的应用. 本章将简单地介绍拉氏变换的基本概念、主要性质、拉氏逆变换及拉氏变换的简单应用.

第一节　拉普拉斯变换的概念与性质

一、拉普拉斯变换的概念

定义 11.1　设函数 $f(t)$ 在区间 $[0, +\infty)$ 上有定义，且广义积分

$$\int_0^{+\infty} e^{-st} f(t) dt$$

在 s 的某一区域内收敛，则由此积分确定的参数为 s 的函数

$$F(s) = \int_0^{+\infty} e^{-st} f(t) dt \tag{11-1}$$

叫做函数 $f(t)$ 的拉普拉斯变换，简称为拉氏变换，记作

$$F(s) = L[f(t)]$$

函数 $F(s)$ 也叫做 $f(t)$ 的像函数.

若 $F(s)$ 为 $f(t)$ 的拉氏变换，则称 $f(t)$ 是 $F(s)$ 的拉氏逆变换［或叫做 $F(s)$ 的像原函数］，记作

$$f(t) = L^{-1}[F(s)]$$

在拉氏变换中，只要求 $f(t)$ 在 $[0, +\infty)$ 上有定义即可. 为了研究方便，以后总假定在 $(-\infty, 0)$ 内，$f(t) \equiv 0$. 另外，拉氏变换中的参数 s 是在复数域中取值的，但只讨论 s 是实数的情形，所得结论也适用于 s 是复数的情况.

【例 11.1】　求指数函数 $f(t) = e^{at}$（$t \geqslant 0$，a 是常数）的拉氏变换.

解　根据定义有

$$L[e^{at}] = \int_0^{+\infty} e^{at} e^{-st} dt = \int_0^{+\infty} e^{-(s-a)t} dt$$

此积分在 $s > a$ 时收敛，有

$$\int_0^{+\infty} e^{-(s-a)t} dt = \frac{1}{s-a}$$

所以

$$L[e^{at}] = \frac{1}{s-a} \quad (s > a)$$

【例 11.2】　求函数 $f(t) = at$（a 为常数）的拉氏变换.

解　$L[at] = \int_0^{+\infty} at e^{-st} dt = -\frac{a}{s}\int_0^{+\infty} t de^{-st} = -\frac{a}{s}[te^{-st}]_0^{+\infty} + \frac{a}{s}\int_0^{+\infty} e^{-st} dt$

$$= -\frac{a}{s^2}[e^{-st}]_0^{+\infty} = \frac{a}{s^2}$$

【例 11.3】 求正弦函数 $f(t)=\sin\omega t$ 的拉氏变换.

解 $L[\sin\omega t]=\int_0^{+\infty}\sin\omega t\,e^{-st}\,dt=\frac{1}{s^2+\omega^2}[-e^{-st}(s\sin\omega t+\omega\cos\omega t)]_0^{+\infty}$

$$=\frac{\omega}{s^2+\omega^2}\ (s>0)$$

同样可求得余弦函数 $f(t)=\cos\omega t$ 的拉氏变换为

$$L[\cos\omega t]=\frac{s}{s^2+\omega^2}\quad(s>0)$$

【例 11.4】 求单位阶梯函数

$$u(t)=\begin{cases}0 & t<0\\ 1 & t\geqslant 0\end{cases}$$

的拉氏变换.

解 $L[u(t)]=\int_0^{+\infty}e^{-st}\,dt$

此积分在 $s>0$ 时收敛，且有 $\int_0^{+\infty}e^{-st}\,dt=\frac{1}{s}\ (s>0)$，所以

$$L[u(t)]=\frac{1}{s}(s>0)$$

在自动控制系统中经常要用到单位阶梯函数与狄拉克函数. 下面给出狄拉克函数及其它的拉氏变换.

在许多实际问题中，常常会遇到一种集中在极短时间内作用的量，这种瞬间作用的量不能用通常的函数表示. 为此假设

$$\delta_\tau(t)=\begin{cases}0 & t<0\\ \frac{1}{\tau} & 0\leqslant t\leqslant\tau\\ 0 & t>\tau\end{cases}$$

其中，τ 是很小的正数. 当 $\tau\to 0$ 时，$\delta_\tau(t)$ 的极限

$$\delta(t)=\lim_{\tau\to 0}\delta_\tau(t)$$

叫做狄拉克函数，简称为 δ 函数.

当 $t\neq 0$ 时，$\delta(t)$ 的值为 0，当 $t=0$ 时，$\delta(t)$ 的值为无穷大，即

$$\delta(t)=\begin{cases}0 & t\neq 0\\ \infty & t=0\end{cases}$$

对任何的 $\tau>0$，有

$$\int_{-\infty}^{+\infty}\delta_\tau(t)\,dt=\int_0^{\tau}\frac{1}{\tau}dt=1$$

所以规定：$\int_{-\infty}^{+\infty}\delta(t)\,dt=1$.

工程技术中常将 $\delta(t)$ 叫做单位脉冲函数.

【例 11.5】 求狄拉克函数 $\delta(t)$ 的拉氏变换.

解 先对 $\delta_\tau(t)$ 求拉氏变换

$$L[\delta_\tau(t)]=\int_0^{+\infty}\delta_\tau(t)e^{-st}\,dt=\int_0^{\tau}\frac{1}{\tau}e^{-st}\,dt=\frac{1}{\tau s}(1-e^{-\tau s})$$

$\delta(t)$ 的拉氏变换为

$$L[\delta(t)]=\lim_{\tau\to 0}L[\delta_\tau(t)]=\lim_{\tau\to 0}\frac{1-e^{-\tau s}}{\tau s}=\lim_{\tau\to 0}\frac{se^{-\tau s}}{s}=1$$

二、拉普拉斯变换的性质

拉氏变换有以下几个主要性质，通过这些性质可以求出一些较复杂函数的拉氏变换.

性质 1 （线性性质）若 a、b 是常数，且

$$L[f_1(t)]=F_1(s),\ L[f_2(t)]=F_2(s)$$

则

$$L[af_1(t)+bf_2(t)]=aL[f_1(t)]+bL[f_2(t)]=aF_1(s)+bF_2(s)$$

性质 1 表明，函数线性组合的拉氏变换等于各函数拉氏变换的线性组合.

性质 1 可以推广到有限个函数的情形.

【例 11.6】 求函数 $f(t)=t+3e^{2t}-2\cos 3t$ 的拉氏变换.

解 $L[f(t)]=L[t+3e^{2t}-2\cos 3t]=L[t]+3L[e^{2t}]-2L[\cos 3t]$

$$=\frac{1}{s^2}+\frac{3}{s-2}-\frac{2s}{s^2+9}$$

性质 2 （平移性质）若 $L[f(t)]=F(s)$，则

$$L[e^{at}f(t)]=F(s-a)$$

性质 2 表明像原函数乘以 e^{at}，等于其像函数作位移 a，因此这个性质称为平移性质.

【例 11.7】 求 $L[e^{-2t}\sin 4t]$.

解 因为 $L[\sin 4t]=\frac{4}{s^2+16}$，由平移性质可得

$$L[e^{-2t}\sin 4t]=\frac{4}{(s+2)^2+16}$$

性质 3 （延滞性质）若 $L[f(t)]=F(s)$，则

$$L[f(t-a)]=e^{-as}F(s)(a>0)$$

函数 $f(t-a)$ 与 $f(t)$ 相比，滞后了 a 个单位，若 t 表示时间，性质 3 表明，时间延迟了 a 个单位（图 11-1）.

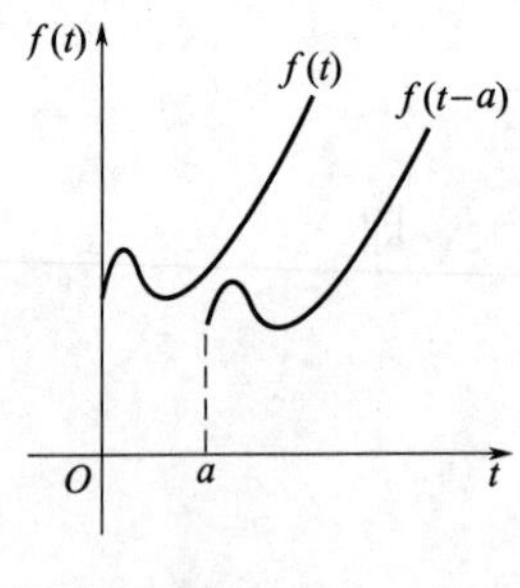

图 11-1

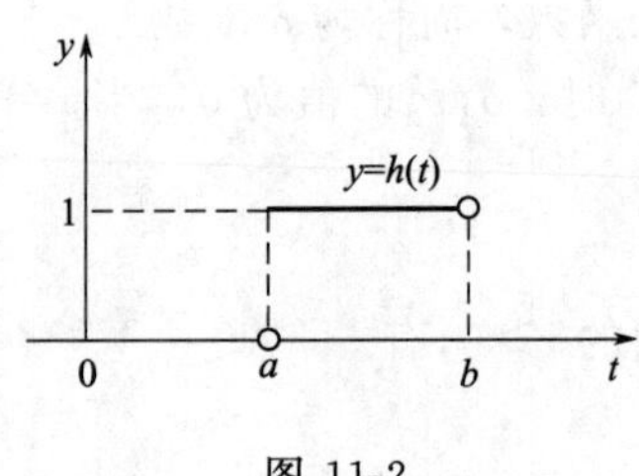

图 11-2

【例 11.8】 求函数

$$u(t-a)=\begin{cases}0 & t<a\\1 & t\geqslant a\end{cases}$$

的拉氏变换，其中，$u(t)$ 为单位阶梯函数.

解 因为 $L[u(t)]=\frac{1}{s}$，根据性质 3，有

$$L[u(t-a)]=\frac{1}{s}e^{-as}$$

【例 11.9】　求如图 11-2 所示的分段函数

$$h(t)=\begin{cases}1 & a\leqslant t<b\\ 0 & \text{其它}\end{cases}$$

的拉氏变换.

解　由 $h(t)=u(t-a)-u(t-b)$ 得

$$L[h(t)]=L[u(t-a)-u(t-b)]=L[u(t-a)]-L[u(t-b)]$$
$$=\frac{1}{s}\mathrm{e}^{-as}-\frac{1}{s}\mathrm{e}^{-bs}=\frac{1}{s}(\mathrm{e}^{-as}-\mathrm{e}^{-bs})$$

性质 4　（微分性质）若 $L[f(t)]=F(s)$，则

$$L[f'(t)]=sF(s)-f(0)$$

性质 4 表明，一个函数求导后取拉氏变换，等于这个函数的拉氏变换乘以参数 s 再减去这个函数的初值.

性质 4 可以推广到 n 阶导数的情形.

推论　若 $L[f(t)]=F(s)$，则

$$L[f^{(n)}(t)]=s^nF(s)-[s^{n-1}f(0)+s^{n-2}f'(0)+\cdots+f^{(n-1)}(0)]$$

特别地，当 $f(0)=f'(0)=\cdots=f^{(n-1)}(0)=0$ 时，有

$$L[f^{(n)}(t)]=s^nF(s)$$

利用这个性质，可将函数的微分运算化为代数运算. 这是拉氏变换的一个重要特点.

【例 11.10】　利用微分性质求 $f(t)=\cos at$ 的拉氏变换.

解　因为 $f(t)=\cos at$，$f'(t)=-a\sin at$，$f''(t)=-a^2\cos at$，所以有

$$f(0)=1,\ f'(0)=0$$

根据性质 4 的推论得

$$L[f''(t)]=s^2F(s)-sf(0)-f'(0)$$

即

$$-a^2L[\cos at]=s^2L[\cos at]-s$$

于是

$$L[\cos at]=\frac{s}{s^2+a^2}$$

【例 11.11】　利用微分性质求 $f(t)=t^m$（m 是正整数）的拉氏变换.

解　由 $f(0)=f'(0)=\cdots=f^{(m-1)}(0)=0$ 及 $f^{(m)}(t)=m!$

根据性质 4 的推论有

$$L[f^{(m)}(t)]=s^mF(s)$$

即

$$m!\ L[1]=s^mF(s)$$

于是

$$L[t^m]=\frac{m!}{s^{m+1}}$$

性质 5　（积分性质）若 $L[f(t)]=F(s)$，则

$$L\left[\int_0^t f(x)\mathrm{d}x\right]=\frac{F(s)}{s}$$

性质 5 表明，一个函数积分后再取拉氏变换，等于这个函数的拉氏变换除以参变量 s.

【例 11.12】　利用积分性质求 $L[t]$，$L[t^2]$，…，$L[t^m]$（m 是正整数）.

解　因为

$$t=\int_0^t 1\mathrm{d}t\ ,\ t^2=\int_0^t 2t\mathrm{d}t\ ,\cdots,\ t^m=\int_0^t mt^{m-1}\mathrm{d}t$$

所以由积分性质，可得

$$L[t]=L\left[\int_0^t 1\mathrm{d}t\right]=\frac{L[1]}{s}=\frac{1}{s^2}$$

$$L[t^2]=L\left[\int_0^t 2t\mathrm{d}t\right]=\frac{2}{s}L[t]=\frac{2!}{s^3}$$

……

$$L[t^m]=L\left[\int_0^t mt^{m-1}\mathrm{d}t\right]=\frac{m}{s}L[t^{m-1}]=\frac{m!}{s^{m+1}}$$

拉氏变换除了上述五个主要性质外，根据拉氏变换的定义，还可以得到下列性质.

性质 6 若 $L[f(t)]=F(s)$，则当 $a>0$ 时，有

$$L[f(at)]=\frac{1}{a}F\left(\frac{s}{a}\right)$$

性质 7 若 $L[f(t)]=F(s)$，则

$$L[t^n f(t)]=(-1)^n F^{(n)}(s)$$

性质 8 若 $L[f(t)]=F(s)$，且 $\lim\limits_{t\to 0}\frac{f(t)}{t}$ 存在，则

$$L\left[\frac{f(t)}{t}\right]=\int_s^{+\infty}F(s)\mathrm{d}s$$

【例 11.13】 求 $L\left[\frac{\sin t}{t}\right]$.

解 $L\left[\frac{\sin t}{t}\right]=\int_s^{+\infty}L[\sin t]\mathrm{d}s=\int_s^{+\infty}\frac{1}{s^2+1}\mathrm{d}s=\arctan s\Big|_s^{+\infty}=\frac{\pi}{2}-\arctan s$

在求函数的拉氏变换时，并不总是用定义去求解，也可以查表. 现将常用函数的拉氏变换列于表 11-1，以备今后查用.

表 11-1 常用函数的拉氏变换

编号	$f(t)$	$F(s)$	编号	$f(t)$	$F(s)$
1	$\delta(t)$	1	12	$\cos(\omega t+\varphi)$	$\frac{s\cos\varphi-\omega\sin\varphi}{s^2+\omega^2}$
2	$u(t)$	$\frac{1}{s}$	13	$t\sin\omega t$	$\frac{2\omega s}{(s^2+\omega^2)^2}$
3	t	$\frac{1}{s^2}$	14	$t\cos\omega t$	$\frac{s^2-\omega^2}{(s^2+\omega^2)^2}$
4	$t^n(n=1,2,\cdots)$	$\frac{n!}{s^{n+1}}$	15	$e^{-at}\sin\omega t$	$\frac{\omega}{(s+a)^2+\omega^2}$
5	e^{at}	$\frac{1}{s-a}$	16	$e^{-at}\cos\omega t$	$\frac{s+a}{(s+a)^2+\omega^2}$
6	$1-e^{-at}$	$\frac{a}{s(s+a)}$	17	$\sin\omega t-\omega t\cos\omega t$	$\frac{2\omega^3}{(s^2+\omega^2)^2}$
7	te^{at}	$\frac{1}{(s-a)^2}$	18	$\frac{1}{\omega^2}(1-\cos\omega t)$	$\frac{1}{s(s^2+\omega^2)}$
8	$t^n e^{at}(n=1,2,\cdots)$	$\frac{n!}{(s-a)^{n+1}}$	19	$e^{at}-e^{bt}$	$\frac{a-b}{(s-a)(s-b)}$
9	$\sin\omega t$	$\frac{\omega}{s^2+\omega^2}$	20	$2\sqrt{\frac{t}{\pi}}$	$\frac{1}{s\sqrt{s}}$
10	$\cos\omega t$	$\frac{s}{s^2+\omega^2}$	21	$\frac{1}{\sqrt{\pi t}}$	$\frac{1}{\sqrt{s}}$
11	$\sin(\omega t+\varphi)$	$\frac{s\sin\varphi+\omega\cos\varphi}{s^2+\omega^2}$			

【例 11.14】 求 $L\left[e^{-4t}\cos\left(2t+\frac{\pi}{4}\right)\right]$.

解　由 $\cos\left(2t+\frac{\pi}{4}\right)=\frac{1}{\sqrt{2}}(\cos 2t-\sin 2t)$得

$$L\left[e^{-4t}\cos\left(2t+\frac{\pi}{4}\right)\right]=\frac{1}{\sqrt{2}}L[e^{-4t}\cos 2t-e^{-4t}\sin 2t]$$
$$=\frac{1}{\sqrt{2}}L[e^{-4t}\cos 2t]-\frac{1}{\sqrt{2}}L[e^{-4t}\sin 2t]$$

查表 $L[e^{-4t}\cos 2t]=\frac{s+4}{(s+4)^2+4}$, $L[e^{-4t}\sin 2t]=\frac{2}{(s+4)^2+4}$

所以 $L\left[e^{-4t}\cos\left(2t+\frac{\pi}{4}\right)\right]=\frac{1}{\sqrt{2}}\left[\frac{s+4}{(s+4)^2+4}-\frac{2}{(s+4)^2+4}\right]=\frac{s+2}{\sqrt{2}[(s+4)^2+4]}$

思考题 11.1

1. 什么叫做单位阶梯函数？它的拉氏变换是什么？
2. 什么是 $\delta(t)$ 函数？它的拉氏变换是什么？
3. 拉氏变换有哪些主要的性质？

练习题 11.1

1. 用定义求下列函数的拉氏变换：

(1) $f(t)=\sin\frac{t}{2}$　　(2) $f(t)=e^{-2t}$

(3) $f(t)=t^2$　　(4) $f(t)=\sin t\cos t$

2. 求下列函数的拉氏变换：

(1) $f(t)=t^2+3t+2$　　(2) $f(t)=(t-1)^2e^t$

(3) $f(t)=e^{-4t}\cos 4t$　　(4) $f(t)=\sin^2 t$

3. 设 $f(t)=t\sin at$，验证 $f''(t)+a^2f(t)=2a\cos at$，并求 $L[f(t)]$.

第二节　拉普拉斯逆变换及其应用

一、拉普拉斯逆变换

上一节讨论了由已知函数 $f(t)$ 求它的像函数 $F(s)$ 的问题. 但在实际工作中经常会遇到相反的问题，即已知像函数 $F(s)$，求它的像原函数 $f(t)$，这时则称 $f(t)$ 是 $F(s)$ 的拉氏逆变换，记为

$$f(t)=L^{-1}[F(s)]$$

在求像原函数时，常从拉氏变换表 11-1 中查找，同时要结合拉氏变换的性质. 因此把常用的拉氏变换的性质用逆变换的形式列出如下.

设 $L[f_1(t)]=F_1(s)$, $L[f_2(t)]=F_2(s)$, $L[f(t)]=F(s)$.

性质 1　(线性性质)

$$L^{-1}[aF_1(s)+bF_2(s)]=aL^{-1}[F_1(s)]+bL^{-1}[F_2(s)]=af_1(t)+bf_2(t)$$

性质 2　(平移性质)

$$L^{-1}[F(s-a)]=e^{at}L^{-1}[F(s)]=e^{at}f(t)$$

性质 3　(延滞性质)

$$L^{-1}[e^{as}F(s)]=f(t-a)u(t-a)$$

下面举例说明求拉氏逆变换的方法.

【例 11.15】 求下列函数的拉氏逆变换：

(1) $F(s)=\frac{3s-7}{s^2}$　　(2) $F(s)=\frac{1}{(s-1)^2}$

解 (1) 由性质 1 及表 11-1 中的 2、3 得

$$f(t)=L^{-1}[F(s)]=L^{-1}\left[\frac{3s-7}{s^2}\right]=3L^{-1}\left[\frac{1}{s}\right]-7L^{-1}\left[\frac{1}{s^2}\right]=3-7t$$

(2) 由表 11-1 中的 7，取 $a=1$ 得

$$f(t)=L^{-1}[F(s)]=L^{-1}\left[\frac{1}{(s-1)^2}\right]=te^t$$

【例 11.16】 求 $F(s)=\frac{2s+3}{s^2-2s+5}$的拉氏逆变换.

解 $$f(t)=L^{-1}\left[\frac{2s+3}{s^2-2s+5}\right]=L^{-1}\left[\frac{2s+3}{(s-1)^2+4}\right]$$

$$=2L^{-1}\left[\frac{s-1}{(s-1)^2+4}\right]+\frac{5}{2}L^{-1}\left[\frac{2}{(s-1)^2+4}\right]$$

$$=2e^t\cos 2t+\frac{5}{2}e^t\sin 2t=e^t\left(2\cos 2t+\frac{5}{2}\sin 2t\right)$$

【例 11.17】 求 $F(s)=\frac{s^2}{(s+2)(s^2+2s+2)}$的拉氏逆变换.

解 先将 $F(s)$ 分解为部分分式之和

设

$$F(s)=\frac{s^2}{(s+2)(s^2+2s+2)}=\frac{A}{s+2}+\frac{Bs+C}{s^2+2s+2}$$

用待定系数法求得

$$A=2，B=-1，C=-2$$

所以

$$F(s)=\frac{s^2}{(s+2)(s^2+2s+2)}=\frac{2}{s+2}-\frac{s+2}{s^2+2s+2}$$

$$=\frac{2}{s+2}-\frac{s+1}{(s+1)^2+1}-\frac{1}{(s+1)^2+1}$$

于是

$$f(t)=L^{-1}[F(s)]=L^{-1}\left[\frac{2}{s+2}-\frac{s+1}{(s+1)^2+1}-\frac{1}{(s+1)^2+1}\right]$$

$$=L^{-1}\left[\frac{2}{s+2}\right]-L^{-1}\left[\frac{s+1}{(s+1)^2+1}\right]-L^{-1}\left[\frac{1}{(s+1)^2+1}\right]$$

$$=2e^{-2t}-e^{-t}\cos t-e^{-t}\sin t$$

$$=2e^{-2t}-e^{-t}(\cos t+\sin t)$$

二、应用举例

在研究电路理论和自动控制理论所遇到的数学模型中有不少是常系数线性微分方程，下面举例说明应用拉氏变换解这类线性微分方程的问题．这是一种把复杂运算转化为简单运算的做法，它利用积分运算把一种函数简化为另一种函数，从而使运算更为简便.

【例 11.18】 求方程 $x'(t)+2x(t)=0$ 满足初值条件 $x(0)=3$ 的解.

解 对方程两端取拉氏变换，并设 $L[x(t)]=X(s)$，则

$$L[x'(t)+2x(t)]=L[0]$$
$$sX(s)-x(0)+2X(s)=0$$

将初始条件 $x(0)=3$ 代入上式，得

$$sX(s)+2X(s)=3$$

即

$$X(s)=\frac{3}{s+2}$$

求像函数的拉氏逆变换

$$x(t)=L^{-1}\left[\frac{3}{s+2}\right]=3\mathrm{e}^{-2t}$$

即得方程的解为

$$x(t)=3\mathrm{e}^{-2t}$$

由上例可以看出，利用拉氏变换可以比较方便地求出常系数线性微分方程的初值问题的解. 它的解题思路大致包括以下三个基本步骤：

(1) 第一步　根据拉氏变换的微分性质和线性性质，对微分方程两端取拉氏变换，把微分方程化为像函数的代数方程；

(2) 第二步　从像函数的代数方程中解出像函数；

(3) 第三步　对像函数求拉氏逆变换，求得微分方程的解并进行检验.

【例 11.19】 求微分方程 $y''+4y=2\sin t$ 满足初始条件 $y(0)=0$，$y'(0)=1$ 的特解.

解 对方程两边取拉氏变换，并设 $L[y(t)]=Y(s)$，得

$$L[y'']+4L[y]=2L[\sin t]$$

将初始条件 $y(0)=0$，$y'(0)=1$ 代入，得

$$s^2Y(s)-1+4Y(s)=\frac{2}{s^2+1}$$

即

$$Y(s)=\frac{s^2+3}{(s^2+1)(s^2+4)}$$

用待定系数法求得

$$Y(s)=\frac{s^2+3}{(s^2+1)(s^2+4)}=\frac{2}{3}\times\frac{1}{s^2+1}+\frac{1}{3}\times\frac{1}{s^2+4}$$

所以

$$y(t)=L^{-1}[Y(s)]=L^{-1}\left[\frac{2}{3}\times\frac{1}{s^2+1}+\frac{1}{3}\times\frac{1}{s^2+4}\right]$$
$$=\frac{2}{3}L^{-1}\left[\frac{1}{s^2+1}\right]+\frac{1}{6}L^{-1}\left[\frac{2}{s^2+4}\right]=\frac{2}{3}\sin t+\frac{1}{6}\sin 2t$$

思考题 11.2

1. 怎样求拉氏逆变换？
2. 拉氏逆变换有哪些性质？
3. 如何用拉氏变换求解常微分方程？

练习题 11.2

1. 求下列函数的拉氏逆变换：

(1) $F(s)=\frac{2}{s-3}$　　(2) $F(s)=\frac{1}{3s+5}$

(3) $F(s)=\frac{4s}{s^2+16}$　　(4) $F(s)=\frac{1}{4s^2+9}$

(5) $F(s)=\frac{2s-8}{s^2+36}$　　(6) $F(s)=\frac{s}{(s+3)(s+5)}$

(7) $F(s)=\frac{4}{s^2+4s+10}$　　(8) $F(s)=\frac{s}{s+2}$

(9) $F(s)=\frac{s^2+2}{(s^2+10)(s^2+20)}$　　(10) $F(s)=\frac{s}{(s^2+a^2)^2}$

2. 求下列常微分方程的解：

(1) $y'-y=e^{2t}+t$，$y(0)=0$

(2) $x''+4x'+3x=e^{-t}$，$x(0)=x'(0)=1$

(3) $y''-y=4\sin t+5\cos 2t$，$y(0)=-1$，$y'(0)=-2$

(4) $y'''+y'=1$，$y(0)=y'(0)=y''(0)=0$

习　题　十　一

1. 求下列函数的拉氏变换：

(1) $f(t)=\begin{cases}8 & 0\leqslant t<2\\ 6 & t\geqslant 2\end{cases}$　　(2) $f(t)=e^{4t}\cos 3t\cos 4t$

2. 求下列函数的拉氏逆变换：

(1) $F(s)=\frac{1}{s(s-1)^2}$　　(2) $F(s)=\frac{3s+9}{s^2+2s+10}$

(3) $F(s)=\frac{5s^2-15s+7}{(s+1)(s-2)^3}$

3. 求微分方程 $y''-3y'+2y=2e^{-t}$ 满足初始条件 $y(0)=2$，$y'(0)=-1$ 的特解.

4. 用拉氏变换解下列微分方程：

(1) $y''+2y'+2y=e^{-t}$　　$y(0)=y'(0)=0$

(2) $y''+2y'=3e^{-2t}$　　$y(0)=y'(0)=0$

(3) $y''+9y=\cos 3t$　　$y(0)=y'(0)=0$

附录Ⅰ　部分习题答案

练习题 1.1

1. (1) 不同 (2) 相同

2. $f(0)=0$　$f\left(\frac{\pi}{2}\right)=1$　$f\left(-\frac{\pi}{2}\right)=\frac{\pi^2+4}{4}$

3. $f(x)=x^2-x+3$

4. $y=\frac{1}{3}x-\frac{2}{3}$

5. (1) $[-2, 4]$　(2) ϕ　(3) $(-2, 1)$

6. $y=\begin{cases} x & x\geqslant 1 \\ 3x-2 & \frac{1}{2}\leqslant x<1 \\ -x & x<\frac{1}{2} \end{cases}$

7. (1) 奇函数　(2) 奇函数　(3) 非奇非偶函数

8. (1) $y=\cot u$　$u=\sqrt{v}$　$v=4x^5+3x-1$　(2) $y=u^3$　$u=\ln v$　$v=t^2$　$t=\sin w$　$w=x^2+1$

9. $S=2\left(\pi r^2+\frac{V}{r}\right)$　$r\in(0, +\infty)$

10. $y=\begin{cases} 0 & x\leqslant 20 \\ 0.2\times(x-20) & 20<x\leqslant 50 \\ 0.2\times(50-20)+(x-50)\times 0.2\times(1+0.5) & x>50 \end{cases}$

练习题 1.2

1. $\lim\limits_{x\to 0^-} f(x)=1$　$\lim\limits_{x\to 0^+} f(x)=1$

2. $\lim\limits_{x\to 0^-} f(x)=-1$　$\lim\limits_{x\to 0^+} f(x)=1$

3. 不存在

4. $\lim\limits_{x\to +\infty} \operatorname{arccot} x=0$　$\lim\limits_{x\to -\infty} \operatorname{arccot} x=\pi$

5. (1) 4　(2) $-\frac{5}{6}$　(3) $\frac{1}{6}$　(4) 1　(5) 2　(6) 0　(7) ∞　(8) $\frac{1}{2}$

练习题 1.3

1. (1) $\frac{b}{a}$　(2) 3　(3) $\frac{a}{b}$　(4) $\frac{2}{3}$　(5) 1　(6) $\frac{2}{3}$

2. (1) e^3　(2) e^{-2}　(3) e^{-4}　(4) e^2

练习题 1.4

1. (1) $x\to 1$ 时是无穷小，$x\to 0$ 时是无穷大

(2) $x\to1$ 时是无穷小，$x\to0^+$，$x\to+\infty$时是无穷大

(3) $x\to0$ 时是无穷小，$x\to+\infty$时是无穷大

(4) $x\to1$，$x\to-1$ 时是无穷小，$x\to\infty$时是无穷大

2. (1) $f(x)=1+\dfrac{1}{x^2-1}$　(2) $f(x)=\dfrac{1}{2}-\dfrac{1}{4x^2+2}$

3. $x\to0$ 时，$\dfrac{1}{1-x}-1-x$ 与 x^2 是等价无穷小

4. (1) 0　(2) 0　(3) ∞　(4) ∞　(5) $\dfrac{2}{5}$　(6) $\dfrac{1}{3}$

练习题 1.5

1. (1) $\dfrac{2}{5}$　(2) 0　(3) 0　(4) 3e

2. (1) 1　(2) e　(3) 0　(4) $\dfrac{1}{a}$

3. 在 $x=1$ 连续，在 $x=-1$ 间断

4. $a=-1$

5. $a=2$

习　题　一

1. (1) $[-3,+\infty)$ (2) $[1,5]$ (3) $[-4,-\pi]\cup[0,\pi]$

2. $f(x)=x^2-2$ $f\left(x-\dfrac{1}{x}\right)=x^2+\dfrac{1}{x^2}-4$

4. (1) 等价 (2) 同阶 (3) 同阶

5. (1) $\dfrac{1}{2}$　(2) $\dfrac{3}{2}$　(3) $\dfrac{1}{e}$　(4) e^{-3}　(5) 4　(6) $\dfrac{4}{3}$　(7) $-\dfrac{3}{4}$　(8) 0　(9) $-\dfrac{1}{2}$　(10) $\dfrac{1}{2}$

6. $x=0$ 是第二类间断点，$x=1$ 是第一类间断点

7. (1) $[0,+\infty)$ (2) $x=1$ 是第一类跳跃间断点

8. $k=e^{\frac{1}{2}}$

练习题 2.1

1. -2

2. $-\dfrac{1}{2}$

4. (1) $y'=\dfrac{3}{2}\sqrt{x}$　(2) $y'=-\dfrac{1}{3}x^{-\frac{4}{3}}$　(3) $y'=\dfrac{9}{4}x^{\frac{5}{4}}$

5. $f'\left(\dfrac{\pi}{6}\right)=\dfrac{\sqrt{3}}{2}$ $f'\left(\dfrac{\pi}{3}\right)=\dfrac{1}{2}$

6. $k=-\dfrac{\sqrt{3}}{2}$

7. 切线方程为 $y=x-1$　法线方程为 $y=1-x$

8. 不可导

练习题 2.2

1. (1) $y'=2x+\dfrac{2}{x^2}$　(2) $y'=2x\cos x-(1+x^2)\sin x$　(3) $y'=-\dfrac{2}{x(1+\ln x)^2}-\dfrac{2}{x^3}$

(4) $y'=\ln x(\sin x+\sin x+x\ln x\cos x)$ (5) $y'=-\frac{1}{2\sqrt{x}}\left(\frac{1}{x}+1\right)$ (6) $y'=\tan x+x\sec^2 x$

2. (1) $y'|_{x=4}=\frac{1}{2}\sin 4+4\cos 4$ (2) $y'|_{x=4}=-\frac{1}{18}$

3. (1) $y''=4-\frac{1}{x^2}$ (2) $y''=-2\sin x-x\cos x$ (3) $y''=2\ln x+3-\frac{1}{x^2}$

4. 0

5. (1) $y^{(n)}=(-1)^n\frac{(n-2)!}{x^{n-1}}(n\geqslant 2)$ (2) $y^{(n)}=(-1)^{n-1}\cdot\frac{(n-1)!}{x^n\cdot\ln 10}$

练习题 2.3

1. (1) $y'=20x(2x^2+3)^4$ (2) $y'=\frac{3x}{\sqrt{1+3x^2}}$ (3) $y'=5\cos\left(5x+\frac{\pi}{4}\right)$

(4) $y'=\frac{1}{x-1}$ (5) $y'=-\frac{1}{2}\csc^2\left(\frac{x}{2}+1\right)$ (6) $y'=-\frac{1}{3}\csc\frac{x}{3}\cot\frac{x}{3}$

(7) $y'=12(3x+2)(3x^2+4x-5)^5$ (8) $y'=-\frac{x}{(1+x^2)\sqrt{1+x^2}}$

(9) $y'=\frac{2x^2-x+1}{\sqrt{x^2+1}}$ (10) $y'=\frac{2\sqrt{x}+1}{4\sqrt{x}\ (x+\sqrt{x})}$ (11) $y'=-(1+x)\sin 2x-\sin^2 x$

(12) $y'=\frac{x(x^2+2)}{\sqrt{(x^2+1)^3}}$ (13) $y'=\frac{2x^2-a^2}{2\sqrt{x^2-a^2}}$ (14) $y'=2x\sin 2(x^2+1)$

(15) $y'=-\frac{1}{x^2\sqrt{1-x^2}}$ (16) $y'=\frac{1}{2}\cos^2\frac{x}{3}\sec^2\frac{x}{2}-\frac{1}{3}\sin\frac{2x}{3}\tan\frac{x}{2}$

(17) $y'=\frac{2}{x}(1+\ln x)$ (18) $y'=-\frac{3}{x}\csc^3(\ln x)\cot(\ln x)$

(19) $y'=3(2x+\cos^2 x)^2(2-\sin 2x)$ (20) $y'=4(\ln\ln x)^3\frac{1}{x\ln x}$

(21) $y'=\frac{1}{x(1-x)\ln 3}$ (22) $y'=2x\tan\frac{x+1}{3}+\frac{1}{3}x^2\sec^2\frac{x+1}{3}$

(23) $y'=n\sin^{n-1}x\cos x\cos nx-n\sin^n x\sin nx$ (24) $y'=2x\cos 3x^3-9x^4\sin 3x^3$

(25) $y'=-\frac{2x^3}{\sqrt{(a^2+x^4)^3}}$ (26) $y'=\frac{1}{\ln 10}\left[\frac{x}{x^2+1}-\frac{1}{3(3+x)}\right]$

2. (1) $y'=3e^{3x}$ (2) $y'=\left(\frac{5}{2}\right)^x\ln\left(\frac{5}{2}\right)$ (3) $y'=3^x\ln 3\cos 3^x$

(4) $y'=xe^x\ (2+x)$ (5) $y'=e^{x\ln x}\ (\ln x+1)$ (6) $y'=5^x\ln 5+4x^3$

(7) $y'=-2\times 3^{\cos 2x}\sin 2x\ln 3+\frac{2}{x}$ (8) $y'=\frac{1}{2\sqrt{x+1}}e^{\sqrt{x+1}}$

(9) $y'=-\frac{3x^2-2}{2(1+x^3-2x)\sqrt{x^3-2x}}$ (10) $y'=\frac{1}{2\sqrt{x}\ (1+x)}e^{\arctan\sqrt{x}}$

(11) $y'=-\frac{1}{(\arcsin x)^2\sqrt{1-x^2}}$ (12) $y'=\frac{1}{2\sqrt{x}}\arctan x+\frac{\sqrt{x}}{1+x^2}$

(13) $y'=\sin x\arctan x+x\cos x\arctan x+x\sin x\ \frac{1}{1+x^2}$ (14) $y'=\arcsin\frac{x}{2}$

3. (1) $\frac{dy}{dx}=\frac{3t^2-1}{2t}$ (2) $\frac{dy}{dx}=-\frac{2}{\sin t}$ (3) $\frac{dy}{dx}=-1$ (4) $\frac{dy}{dx}=\frac{\cos t-\sin t}{\sin t+\cos t}$

练习题 2.4

1. (1) $\frac{dy}{dx}=-\frac{4x+3y}{3x+15y^2}$ (2) $\frac{dy}{dx}=-\frac{y^2e^x}{1+ye^x}$ (3) $\frac{dy}{dx}=-\frac{1}{x\sin(xy)}-\frac{y}{x}$

(4) $\frac{dy}{dx}=\frac{2x+e^y}{1-xe^y}$ (5) $\frac{dy}{dx}=\frac{y}{y-1}$ (6) $\frac{dy}{dx}=\frac{\cos(x+y)}{1-\cos(x+y)}$ (7) $\frac{dy}{dx}=-\frac{\sqrt{y}}{\sqrt{x}}$ (8) $\frac{dy}{dx}=\frac{x+y}{x-y}$

2. $\left.\frac{dy}{dx}\right|_{x=0}=\frac{1}{e}$

3. $y=-\frac{1}{2}x+1$

4. (1) $\frac{dy}{dx}=\frac{y(y-x\ln y)}{x(x-y\ln x)}$

(2) $\frac{dy}{dx}=-(\sin x)^{\cos x+1}\ln\sin x+\cos^2 x(\sin x)^{\cos x-1}$

$+(\cos x)^{1+\sin x}\ln\cos x-\sin^2 x(\cos x)^{\sin x-1}$

(3) $\frac{dy}{dx}=\frac{1}{5}\left[\frac{1}{x-5}-\frac{2x}{5(x^2+2)}\right]\sqrt[5]{\frac{x-5}{\sqrt[5]{x^2+2}}}$ (4) $\frac{dy}{dx}=\left[\frac{1}{2(x+2)}-\frac{4}{3-x}-\frac{5}{x+1}\right]\frac{\sqrt{x+2}(3-x)^4}{(x+1)^5}$

(5) $\frac{dy}{dx}=\sqrt{\frac{1-x}{1+x}}+\frac{1}{2}\left(\frac{1}{x-1}-\frac{1}{1+x}\right)x\sqrt{\frac{1-x}{1+x}}$ (6) $\frac{dy}{dx}=(\cos x\ln x+\frac{\sin x}{x})x^{\sin x}$

(7) $\frac{dy}{dx}=\left(\frac{2}{x}+\frac{1}{1-x}+\frac{1}{3}\frac{1}{x-3}-\frac{2}{3}\frac{1}{3+x}\right)\frac{x^2}{1-x}\sqrt[3]{\frac{3-x}{(3+x)^2}}$

(8) $\frac{dy}{dx}=\left(\ln\frac{b}{a}-\frac{a}{x}+\frac{b}{x}\right)\left(\frac{b}{a}\right)^x\left(\frac{b}{x}\right)^a\left(\frac{x}{a}\right)^b$

练习题 2.5

1. $\Delta x=1$，$\Delta y=18$，$dy=11$ $\Delta x=0.1$，$\Delta y=1.161$，$dy=1.1$
$\Delta x=0.01$，$\Delta y=0.110601$，$dy=0.11$

2. (1) $2x$ (2) $\frac{3}{2}x^2$ (3) $\sin t$ (4) $-\frac{1}{\omega}\cos\omega x$ (5) $\ln(1+x)$ (6) $-\frac{1}{2}e^{-2x}$

(7) $2\sqrt{x}$ (8) $\frac{1}{3}\tan 3x$

3. (1) $dy|_{x=\frac{1}{2}}=dx$ $dy|_{x=\frac{a^2}{2}}=\frac{1}{a\sqrt{2-a^2}}dx$ (2) $dy|_{x=0}=dx$ $dy|_{x=1}=0$

4. (1) $dy=(\ln x-2x+1)dx$ (2) $dy=(be^{-ax}\cos bx-ae^{-ax}\sin bx)dx$

(3) $dy=\left[\arctan\sqrt{x}+\frac{x}{2\sqrt{x}(1+x)}\right]dx$ (4) $dy=\frac{1}{\sin x}dx$ (5) $dy=\frac{e^y}{1-xe^y}dx$

(6) $dy=\frac{3a^2\cos 3x+y^2\sin x}{2y\cos x}dx$ (7) $dy=\frac{1}{2\sqrt{x(1-x)}}dx$

5. (1) $dy=\frac{e^x-y}{x+e^y}dx$ (2) $dy=-\frac{y^2e^x}{e^xy+1}dx$ (3) $dy=\frac{y+x\sqrt{x^2+y^2}}{x-y\sqrt{x^2+y^2}}dx$

6. 2.5133

7. (1) 0.8748 (2) 1.0478 (3) 2.0052 (4) 2.7455 (5) −0.02 (6) 1.01

习 题 二

1. (1) $y'=\frac{\sin x}{(1+\cos x)^2}$ (2) $y'=e^{-x}\sin e^{-x}$ (3) $y'=2x\arctan x+1$

(4) $y'=\frac{\cos x}{|\cos x|}$ (5) $y'=\frac{2}{x}\cos\ln x^2$ (6) $y'=\frac{1+x+\ln x}{(1+x)^2}$

(7) $y'=\frac{-(x^2-1)\sin x-2x\cos x}{(x^2-1)^2}$ (8) $y'=\frac{x}{\sqrt{1+x^2}}-\tan x$

(9) $y'=-\frac{\ln 2}{x^2}2^{\tan\frac{1}{x}}\sec^2\frac{1}{x}$ (10) $y'=\frac{1}{x^2+1}$

2. (1) $y''=e^x(2+x)$ (2) $y''=6x\ln x+5x$

(3) $y''=-\frac{8x}{(x^2-4)^2}$

(4) $y''=\frac{e^{\sqrt{x}}(\sqrt{x}-1)}{4x\sqrt{x}}$

(5) $y''=e^{\cos x}(\sin^2 x-\cos x)$

3. (1) $y'=2xf'(x^2)$ (2) $y'=a^{f(x)}(\ln a)f'(x)+2f(x)f'(x)$

4. (1) $v=\frac{ds}{dt}\bigg|_{t=1}=10-g$，$a=\frac{d^2s}{dt^2}\bigg|_{t=1}=-g$ (2) $t=\frac{10}{g}$

5. (1) $\frac{dy}{dx}=\frac{e^x-y\cos xy}{e^y+x\cos xy}$

(2) $\frac{dy}{dx}=\frac{\sqrt{1-x^2y^2}-y}{3y^2\sqrt{1-x^2y^2}+x}$

(3) $\frac{dy}{dx}=-\frac{(\cot x)^{\frac{1}{x}}}{x}\left(\frac{\ln\cot x}{x}+\frac{2}{\sin 2x}\right)$

(4) $\frac{dy}{dx}=\cos x+x^{\sqrt{x}-\frac{1}{2}}(\ln\sqrt{x}+1)$

6. (1) $\frac{dy}{dx}=\frac{b\sin t}{a(1-\cos t)}$ (2) $\frac{dy}{dx}=-\frac{1}{2t(1+t)^2}$

7. (1) $dy=(3\sin^2 x\cos x+3\sin 3x)dx$ (2) $dy=\frac{x}{\sqrt{1+x^2}}dx$

(3) $dy=\left(e^x\arctan x+\frac{e^x}{1+x^2}\right)dx$ (4) $dy=\frac{1}{2x\sqrt{\ln x}}dx$

(5) $dy=-\frac{2x+y}{x+2y}dx$ (6) $dy=\frac{e^{x-y}-y}{x+e^{x-y}}dx$

8. $a=\frac{1}{2}$，$b=1$，$c=1$

9. (1) 切线方程为 $y=1$，法线方程为 $x=0$

(2) 切线方程为 $y=-2\sqrt{2}x+2$，法线方程为 $y=\frac{\sqrt{2}}{4}x-\frac{1}{4}$

练习题 3.2

(1) 1 (2) 2 (3) $\cos a$ (4) $-\frac{3}{5}$ (5) $-\frac{1}{8}$ (6) $\frac{m}{n}a^{m-n}$ (7) 1 (8) 3

(9) 2 (10) 1 (11) $\frac{1}{2}$ (12) $+\infty$ (13) 0 (14) e^a (15) 1 (16) 1

练习题 3.3

1. (1) 单调递减 (2) 单调递增 (3) 单调递增

2. (1) $f(x)$ 在 $(-\infty,-1]$ 与 $[3,+\infty)$ 内单调递增，在 $[-1,3]$ 内单调递减

(2) $f(x)$ 在 $(0,\frac{1}{\sqrt[3]{6}}]$ 上单调递减，在 $[\frac{1}{\sqrt[3]{6}},+\infty)$ 上单调递增

(3) $f(x)$ 在 $(-\infty,\frac{1}{2}]$ 上单调递减，在 $[\frac{1}{2},+\infty)$ 上单调递增

(4) $f(x)$ 在 $(-\infty,0]$ 上单调递增，在 $[0,+\infty)$ 上单调递减

3. (1) 极大点 $x=\frac{3}{4}$，极大值 $y=\frac{5}{4}$　(2) $x=-\frac{1}{2}$，$x=1$ 分别是极大点和极小点，极大值 $y=\frac{11}{4}$，极小值 $y=-4$

(3) $x=0$ 是极小点，极小值 $y=0$ (4) 无极值点和极值

4. 函数在 $x=\frac{3}{4}\pi$ 处取得极大值 $y=\sqrt{2}$

5. (1) 最大值为 $y=5\frac{16}{27}$，最小值为 $y=-11$　(2) 最大值为 $y=1+2\pi$，最小值为 $y=1$

(3) 最大值为 $y=8$，最小值为 $y=0$　(4) 最大值为 $y=10$，最小值为 $y=6$

6. $x=\frac{2\sqrt{6}\pi}{3}$

7. 5h

练习题 3.4

1. (1) 拐点 $\left(\frac{5}{3}, \frac{20}{27}\right)$，$\left(-\infty, \frac{5}{3}\right)$是凸区间，$\left(\frac{5}{3}, +\infty\right)$是凹区间

(2) 拐点 $(2, 2e^{-2})$，$(-\infty, 2)$是凸区间，$(2, +\infty)$是凹区间

(3) 无拐点，$(-\infty, +\infty)$ 是凹区间

(4) 两个拐点 $(\pm 1, \ln 2)$，$(-\infty, -1)\cup(1, +\infty)$ 是凸区间，$(-1, 1)$是凹区间

(5) 拐点$\left(\frac{1}{2}, e^{\arctan\frac{1}{2}}\right)$，$\left(-\infty, \frac{1}{2}\right)$是凹区间，$\left(\frac{1}{2}, +\infty\right)$是凸区间

(6) 拐点 $(1, -7)$，$(0, 1)$是凸区间，$(1, +\infty)$是凹区间

2. $a=3$，$(-\infty, 1)$ 是凸区间，$(1, +\infty)$是凹区间，拐点 $(1, -7)$

3. $a=-\frac{3}{2}$，$b=-\frac{9}{2}$

4. (1) $y=0$ 是函数的水平渐近线　(2) $y=0$ 是函数的水平渐近线，$x=-2$ 是函数的垂直渐近线

(3) $y=1$ 是函数的水平渐近线，$x=0$ 是函数的垂直渐近线

(4) 无渐近线

练习题 3.5

1. (1) $k=\frac{\sqrt{2}}{2}$，$R=\sqrt{2}$　(2) $k=\frac{\sqrt{2}}{4}$，$R=2\sqrt{2}$　(3) $k=\frac{\sqrt{2}}{4}$，$R=2\sqrt{2}$

(4) $k=0$，曲率半径不存在　(5) $k=\frac{4\sqrt{5}}{25}$，$R=\frac{5\sqrt{5}}{4}$

2. $x=0$

习　题　三

1. (1) $\xi=\frac{9}{\ln 10}$　(2) $\xi=\sqrt{\frac{4-\pi}{\pi}}$　(3) $\xi=\frac{5-\sqrt{97}}{9}$

2. (1) $\frac{5}{4}$　(2) 0　(3) 1　(4) 0　(5) 1　(6) cos2 (7) e^2　(8) 1

3. (1) $(0, e]$ 是单调增加区间，$[e, +\infty)$ 是单调减少区间

(2) $\left[-\frac{\sqrt{6}}{2}, 0\right]$，$\left[\frac{\sqrt{6}}{2}, +\infty\right)$是单调增加区间，$\left(-\infty, -\frac{\sqrt{6}}{2}\right]$，$\left[0, \frac{\sqrt{6}}{2}\right]$是单调减少区间

(3) $(-\infty, -2]$，$[0, +\infty)$ 是单调增加区间，$[-2, -1)$，$(-1, 0]$ 是单调减少区间

4. (1) 函数的极大值是 $y=\frac{1}{2}$，函数的极小值是 $y=-\frac{1}{2}$

(2) 函数的极大值是 $y=0$，函数的极小值是 $y=-1$

(3) 函数只有极小值 $y=2$

5. 函数的最大值为 $f(2)=\frac{2}{3}$，最小值为 $f(-1)=-\frac{41}{6}$

6. $a=2$，$b=3$

7. 场地的长为 15m、宽为 10m 时材料费最少

8. $a=-1$，$b=0$，$c=3$，$y=-x^3+3x$

9. $x\in\left(-\infty,1-\frac{\sqrt{2}}{2}\right)\cup\left(1+\frac{\sqrt{2}}{2},+\infty\right)$时函数是凹的，$x\in\left(1-\frac{\sqrt{2}}{2},1+\frac{\sqrt{2}}{2}\right)$时函数是凸的，$\left(1+\frac{\sqrt{2}}{2},e^{\frac{1}{2}}\right)$，$\left(1-\frac{\sqrt{2}}{2},e^{\frac{1}{2}}\right)$是拐点

11. (1) $k=\frac{2\sqrt{5}}{25}$，$R=\frac{5\sqrt{5}}{2}$ (2) $k=4$，$R=\frac{1}{4}$

12. $x=0$ 时曲率半径最小为$\frac{1}{2}$

练习题 4.1

3. (1) $4\sqrt{x}-\frac{1}{2x^2}-3x+C$ (2) $\frac{2^{3x}e^x}{3\ln 2+1}+C$ (3) $\frac{3}{5}x^{\frac{5}{3}}-\frac{3}{2}x^{\frac{2}{3}}+C$

(4) $\frac{1}{3}x^3-x+\arctan x+C$ (5) $-\frac{1}{x}-\arctan x+C$ (6) e^x-x+C

(7) $-\cot x-x+C$ (8) $x-\cos x+C$ (9) $-\cot x-\tan x+C$

(10) $\frac{1}{2}\tan x+\frac{1}{2}x+C$

4. $f(x)=x-e^x+1$

练习题 4.2

1. (1) $\frac{1}{5}$ (2) $-\frac{1}{4}$ (3) 2 (4) $-\frac{1}{2}$ (5) $-\frac{1}{3}$ (6) $\frac{1}{2}$ (7) $\frac{1}{2}$ (8) -1

2. (1) $\frac{1}{a}f(ax+b)+C$ (2) $\frac{1}{2a}f(ax^2-b)+C$ (3) $\frac{1}{2}e^{2f(x)}+C$

(4) $\arctan f(x)+C$ (5) $\ln[\ln f(x)]+C$ (6) $\arcsin\frac{f(x)}{a}+C$

3. (1) $\frac{1}{3}e^{3x}+C$ (2) $\frac{1}{12}(2x+1)^6+C$ (3) $e^{\sin x}+C$ (4) $\frac{1}{2\ln a}a^{x^2}+C$

(5) $\frac{1}{2}\ln(x^2+2)+C$ (6) $\sqrt{x^2+2}+C$ (7) $\frac{1}{2}\ln|x^2-4x+1|+C$ (8) $\ln(1+e^x)+C$

(9) $\frac{1}{2(1-x^2)}+C$ (10) $\frac{1}{4}(\arctan x)^4+C$ (11) $-\frac{1}{3}(1-x^2)^{\frac{3}{2}}+C$

(12) $-2\sqrt{1-x^2}-\arcsin x+C$ (13) $\frac{1}{6}\arctan\frac{2}{3}x+C$ (14) $\frac{1}{2}\arcsin\frac{2}{3}x+C$

(15) $\frac{1}{2}\arctan\frac{x-2}{2}+C$ (16) $\arcsin\frac{x+1}{2}+C$ (17) $-\frac{1}{\sin x}+C$ (18) $\frac{1}{2}\tan^2 x+C$

(19) $\frac{1}{2}x+\frac{1}{4}\sin 2x+C$ (20) $\sin x-\frac{1}{3}\sin^3 x+C$

(21) $\frac{1}{7}\sin^7 x-\frac{1}{9}\sin^9 x+C$ (22) $-\frac{1}{2}\cot(x^2+1)+C$

4. $-\frac{3}{2}x-\frac{1}{4}\sin 2x+C$

5. (1) $2\sqrt{x}-2\ln(1+\sqrt{x})+C$ (2) $\frac{2}{3}(1-x)\sqrt{1-x}-2\sqrt{1-x}+C$

(3) $-\sqrt{2x}-\ln\left|1-\sqrt{2x}\right|+C$ (4) $\frac{2}{5}(x+1)^{\frac{5}{2}}-\frac{2}{3}(x+1)^{\frac{3}{2}}+C$

(5) $2\sqrt{x}-3\sqrt[3]{x}+6\sqrt[6]{x}-6\ln(1+\sqrt[6]{x})+C$ (6) $-\frac{1}{12}(1-3x)^{\frac{4}{3}}+\frac{1}{21}(1-3x)^{\frac{7}{3}}+C$

(7) $2\arctan\sqrt{e^x-1}+C$ (8) $\frac{x}{\sqrt{1-x^2}}+C$ (9) $\frac{a^2}{2}\arcsin\frac{x}{a}-\frac{x}{2}\sqrt{a^2-x^2}+C$

(10) $-\frac{\sqrt{1+x^2}}{x}+C$ (11) $\arccos\frac{1}{x}+C$ (12) $\sqrt{x^2-9}-3\arccos\frac{3}{x}+C$

练习题 4.3

1. (1) $-e^{-x}(x+1)+C$ (2) $-x\cos x+\sin x+C$ (3) $\frac{1}{3}x^3\ln x-\frac{1}{9}x^3+C$

(4) $x\ln x-x+C$ (5) $x\ln(1+x)-2x+2\arctan x+C$ (6) $x\arctan x-\frac{1}{2}\ln(1+x^2)+C$

(7) $x\tan x+\ln|\cos x|-\frac{1}{2}x^2+C$

(8) $-\frac{1}{4}x\cos 2x+\frac{1}{8}\sin 2x+C$ (9) $-\frac{1}{2}x^4\cos x^2+x^2\sin x^2+\cos x^2+C$

(10) $\frac{1}{5}e^x\sin 2x-\frac{2}{5}e^x\cos 2x+C$ (11) $-2\sqrt{x}\cos\sqrt{x}+2\sin\sqrt{x}+C$

(12) $-\frac{\ln x}{x}+C$ (13) $x(\arcsin x)^2+2\sqrt{1-x^2}\arcsin x-2x+C$

(14) $-e^{-x}\arctan e^x+x-\frac{1}{2}\ln(1+e^{2x})+C$

2. $x\cos x\ln x+(1+\sin x)(1-\ln x)+C$

习 题 四

1. (1) $y=x^3-4$ (2) $\frac{1}{2}x^2+C$ (3) $-F(e^{-x})+C$ (4) $\frac{1}{x}+C$ (5) $-\cos x+C$

2. (1) $\frac{4}{3}\arcsin x+C$ (2) $\frac{1}{3}x^3-x+2\arctan x+C$ (3) $-\frac{1}{3}\cos^3 x+C$

(4) $\ln|e^x+b|+C$ (5) $\arcsin(\ln x)+C$ (6) $\arctan(\sin x)+C$ (7) $\frac{1}{4}\arctan\left(x+\frac{1}{2}\right)+C$

(8) $\frac{1}{2}\ln(e^{2x}+1)+C$ (9) $\tan x+\frac{1}{3}\tan^3 x+C$

(10) $-\frac{1}{\ln x}+C$ (11) $2\sqrt{x+1}-2\ln\left(1+\sqrt{x+1}\right)+C$ (12) $\frac{2}{3}(x+1)^{\frac{3}{2}}-x+C$

(13) $\frac{9}{2}\arcsin\frac{x}{3}+\frac{x}{2}\sqrt{9-x^2}+C$ (14) $\frac{x}{\sqrt{x^2+1}}+C$ (15) $\frac{1}{2}\arctan x-\frac{x}{2(1+x^2)}+C$

(16) $x\arcsin 2x+\frac{\sqrt{1-4x^2}}{2}+C$ (17) $2e^{\sin x}(\sin x-1)+C$ (18) $x\tan x+\ln|\cos x|+C$

3. $\ln(1-\sin x)+C$

练习题 5.1

1. (1) $\int_0^a x^2\,dx$ (2) $\int_{-1}^2 x^2\,dx$ (3) $\int_a^b dx$ (4) $\int_{-1}^0 [(x-1)^2-1]dx-\int_0^2 [(x-1)^2-1]dx$

2. (1) + (2) − (3) + (4) −

3. (1) + (2) −

4. $\int_0^1 x\,dx > \int_0^1 x^2\,dx > \int_0^1 x^3\,dx$

5. (1) $\pi < \int_{\frac{\pi}{4}}^{\frac{5\pi}{4}} (1+\sin^2 x)\,dx < 2\pi$ (2) $2e^{-\frac{1}{4}} \leqslant \int_0^2 e^{x^2-x}\,dx \leqslant 2e^2$

练习题 5.2

1. $\Phi'(0)=\sqrt{2}$

2. $\frac{dy}{dx}=-\sqrt{1+x^2}$

3. $x=0$

4. $\frac{1}{2}$

5. (1) $a\left(a^2-\frac{a}{2}+1\right)$ (2) $45\frac{1}{6}$ (3) $\frac{1}{3}(1-\cos^3 a)$ (4) $\frac{1}{2}\ln 3$ (5) $e^{\frac{1}{2}}-1$ (6) $\frac{1}{4}$

6. (1) 1 (2) $\frac{17}{4}$

练习题 5.3

1. (1) $\frac{\sqrt{2}}{2}$ (2) $2+\ln\frac{3}{2}$ (3) $7+2\ln 2$ (4) $\frac{\pi}{8}-\frac{1}{4}$ (5) 2 (6) $2\sqrt{3}-2\sqrt{2}$

   (7) 0 (8) $\frac{3}{2}\pi$ (9) $\frac{\pi^3}{324}$ (10) 0

2. (1) $\int_0^1 xe^{-x}\,dx = 1-\frac{2}{e}$ (2) $\int_0^{\frac{\pi}{2}} x\sin x\,dx = 1$ (3) $\int_1^e x^2\ln x\,dx = \frac{1}{9}(2e^3+1)$

   (4) $\int_0^{\frac{\pi}{2}} e^x\cos x\,dx = \frac{1}{2}(e^{\frac{\pi}{2}}-1)$ (5) $\int_0^{\frac{\pi}{2}} (x-x\sin x)\,dx = \frac{\pi^2}{8}-1$ (6) $\int_0^1 x\arctan x\,dx = \frac{\pi}{4}-\frac{1}{2}$

练习题 5.4

1. (1) $\frac{1}{3}$ (2) 发散 (3) 0 (4) 1 (5) 发散 (6) $\frac{\pi}{2}$

练习题 5.5

1. (1) $\frac{1}{6}$ (2) $\frac{3}{2}-\ln 2$ (3) $b-a$ (4) $\frac{4}{3}$ (5) $\frac{32}{3}$ (6) $\frac{7}{6}$

2. (1) $\frac{\pi}{3}$ (2) $\frac{\pi}{2}(e^2-1)$ (3) 8π (4) $\frac{3}{5}\pi$ (5) 8π

4. $1+\frac{1}{2}\ln\frac{3}{2}$

练习题 5.6

1. 0.0075
2. $\frac{1}{4}\pi r^4\rho g$
3. $\frac{1}{6}a^2b\rho$

习 题 五

1. (1) $\lim\limits_{\lambda\to 0}\sum\limits_{i=1}^{n}f(\xi_i)\Delta x_i$ (2) $\int_c^b f(x)\mathrm{d}x$ (3) 0 (4) $a=1$，$b=\mathrm{e}$ (5) 0 (6) 2 (7) $\frac{\pi^2}{4}$

2. (1) 1 (2) $\frac{26}{3}$ (3) $\arctan f(3)-\arctan(1)$ (4) $\frac{2}{3}\ln\frac{9}{2}$ (5) $\frac{1}{2}(\mathrm{e}\sin 1+\mathrm{e}\cos 1-1)$

   (6) 2

3. $14\mathrm{e}^{-\frac{1}{6}}-12$

4. 当 $k>1$ 时，收敛于$\frac{1}{(k-1)(\ln 2)^{k-1}}$，当 $k\leqslant 1$ 时发散

5. (1) $\frac{9}{4}$ (2) $2(\sqrt{2}-1)$

6. $V_x=7.5\pi$ $V_y=24.8\pi$

7. $\frac{1}{4}[\sqrt{2}+\ln(1+\sqrt{2})]$

9. $\frac{2}{3}a^2b\rho$

练习题 6.1

1. (1) 是，二阶 (2) 是，一阶 (3) 不是 (4) 是，一阶 (5) 是，二阶 (6) 是，三阶
2. (1) 否 (2) 否
3. (1) $y=\ln(\mathrm{e}^x+C)$ (2) $(3+y)(3-x)=C$ (3) $y\sqrt{1+x^2}=C$ (4) $y=C\mathrm{e}^{\arcsin x}$ (5) $y=\mathrm{e}^{Cx}$
4. (1) $y=2(1+x^2)$ (2) $y=\mathrm{e}^{\tan\frac{x}{2}}$ (3) $y=\arcsin\frac{1}{1+x^2}$

练习题 6.2

1. (1) $y=\frac{1}{2}(x\mathrm{e}^x-\frac{1}{2}\mathrm{e}^x+c\mathrm{e}^{-x})$ (2) $y=c\mathrm{e}^{-x^2}+\mathrm{e}^{-x^2}\ln x$ (3) $y=\frac{x}{2}\ln^2 x+Cx$

   (4) $x=C\mathrm{e}^y-y-1$

2. (1) $y=\frac{x}{\cos x}$ (2) $x=y^2-y$

3. (1) $y=\mathrm{e}^x-\cos x+C_1x^2+C_2x+C_3$ (2) $y=C_1x^2+C_2$

   (3) $y=(x-2)\mathrm{e}^x+C_1x+C_2$ (4) $y=\frac{1}{3}Cx^3+Cx+C_1$

练习题 6.3

1.（1）$y=C_1\mathrm{e}^{-x}+C_2\mathrm{e}^{3x}$ （2）$y=\mathrm{e}^{-3x}(C_1+C_2x)$

（3）$y=(C_1+C_2x)\mathrm{e}^{\frac{x}{2}}$ （4）$y=C_1\cos\sqrt{5}x+C_2\sin\sqrt{5}x$

2.（1）$y=-\mathrm{e}^{4x}+\mathrm{e}^{-x}$ （2）$y=2\cos5x+\sin5x$

3.（1）$y=C_1\cos3x+C_2\sin3x+\frac{\mathrm{e}^x}{10}$ （2）$y=C_1\mathrm{e}^x+C_2\mathrm{e}^{2x}+(\frac{1}{2}x^2-x)\mathrm{e}^{2x}$

（3）$y=C_1\mathrm{e}^{-x}+C_2\mathrm{e}^{-2x}-\cos2x+3\sin2x$ （4）$y=\mathrm{e}^x(C_1\cos2x+C_2\sin2x)+\frac{4}{17}\cos2x+\frac{1}{17}\sin2x$

4.（1）$y=-\frac{1}{16}\sin2x+\frac{1}{8}x$ （2）$y=\mathrm{e}^x-\mathrm{e}^{-x}+\mathrm{e}^x(x^2-x)$ （3）$y=\left(1+\frac{x}{4}\right)\sin2x$

习 题 六

1.（1）$\sqrt{1-y^2}-\frac{1}{3x}+C=0$ （2）$\tan x\tan y=C$ （3）$x=\frac{y^3}{2}+cy$

（4）$y=\mathrm{e}^{3x}(C_1\cos x+C_2\sin x)$ （5）$y=C_1\mathrm{e}^{-x}+C_2\mathrm{e}^{-2x}$ （6）$y=(C_1+C_2x)\mathrm{e}^{-x}+\frac{5}{2}x^2\mathrm{e}^{-x}$

（7）$y=C_1\cos x+C_2\sin x+\frac{1}{2}\mathrm{e}^x+\frac{1}{2}x\sin x$

2.（1）$y=\mathrm{e}^{1+x+\frac{1}{2}x^2+\frac{1}{3}x^3}$ （2）$y=\sin x-1+2\mathrm{e}^{-\sin x}$ （3）$y=\mathrm{e}^{-t}(4+2t)$

（4）$y=\mathrm{e}^{-x}-\frac{1}{10}\mathrm{e}^{-2x}-\frac{9}{10}\cos x+\frac{3}{10}\sin x$

3. $f(x)=\frac{1}{2}\left(\mathrm{e}^x-\frac{1}{\mathrm{e}^x}\right)$

4. $\frac{1}{2}\mathrm{e}^x-\frac{1}{2}\mathrm{e}^{-x}$

5. $y''-3y'+2y=0$

练习题 7.1

1. $7\boldsymbol{a}-13\boldsymbol{b}+11\boldsymbol{c}$

3. $\frac{1}{\sqrt{14}}(1,2,3)$

4. 到 x、y、z 轴之间的距离分别是 $\sqrt{13}$、$\sqrt{10}$、$\sqrt{5}$

5. $|AB|=\sqrt{21}$，$|AC|=3\sqrt{3}$，$|BC|=\sqrt{6}$，直角三角形

6. $m=-\frac{1}{2}$，$n=6$

7. $\boldsymbol{a}=(0,0,-3)$

练习题 7.2

1. $l=10$

2. $\left(\frac{3}{5},\frac{4}{5},0\right)$与$\left(-\frac{3}{5},-\frac{4}{5},0\right)$

3. $\frac{\pi}{2}$

4. $a\times b=(-3,-8,-9)$

5. $m=-\frac{3}{2}$，$n=-4$

6. $\left(\frac{1}{3},-\frac{2}{3},\frac{2}{3}\right)$与$\left(-\frac{1}{3},\frac{2}{3},-\frac{2}{3}\right)$

7. $\sqrt{17}$

练习题 7.3

1. $x+2y+3z=0$
2. $z=1$
3. $\frac{x}{2}+\frac{y}{-3}+\frac{z}{4}=1$
4. $2x-y-3z=0$
5. $x-y=0$
6. $67°37'$
7. 2
8. $\frac{x-1}{4}=\frac{y-1}{3}=\frac{z-1}{2}$
9. $\frac{x-1}{1}=\frac{y-2}{-1}=\frac{z-1}{1}$
10. $\frac{x-1}{2}=\frac{y-1}{3}=\frac{z-1}{4}$
11. $\frac{x+1}{4}=\frac{y-1}{-1}=\frac{z-1}{-3}$
12. $\varphi=\arcsin\frac{1}{\sqrt{51}}$

练习题 7.4

1. (1) 球面　(2) 圆柱面　(3) 两平行平面　(4) 椭圆柱面　(5) 旋转抛物面　(6) 椭球面
2. $(x-3)^2+(y+2)^2+(z-5)^2=9$
3. $z^2+y^2=5x$

习　题　七

1. (1) 2　(2) -219　(3) $\frac{2}{\sqrt{130}}$
2. (1) (5，1，7)　(2) (20，4，28)　(3) (10，2，14)
3. $15\sqrt{2}$
4. $\left(\frac{3}{\sqrt{17}},-\frac{2}{\sqrt{17}},-\frac{2}{\sqrt{17}}\right)$与$\left(-\frac{3}{\sqrt{17}},\frac{2}{\sqrt{17}},\frac{2}{\sqrt{17}}\right)$
5. $14x+9y-z-15=0$
6. $x+z-2=0$
7. $2x+2y+z-6=0$
8. $\frac{x-1}{2}=\frac{y+2}{7}=\frac{z-1}{1}$

9. $4x+3y-6z+18=0$

10. $x-7y-5z+28=0$

11. 绕 x 轴 $y^2+z^2=4x^2$ 圆锥面，绕 y 轴 $y^2=4x^2+4z^2$ 圆锥面

练习题 8.1

1. x^{x^2}，y^{y-x}

2. $(tx)^{ty}-t^2xy\tan\frac{x}{y}$

3. (1) $\{(x,y)|(x,y)\neq(0,0)\}$ (2) $\left\{(x,y)\left|\frac{x^2}{a^2}+\frac{y^2}{b^2}\leqslant 1\right.\right\}$ (3) $\{(x,y)|x>0,x-y>0\}$

   (4) $\{(x,y)|xy\geqslant 0\}$ (5) R^2 (6) $\left\{(x,y)\left|-1\leqslant\frac{y}{x}\leqslant 1\right.\right\}$

4. (1) 0 (2) $-\frac{1}{4}$ (3) 6 (4) ln2

5. 除 (0,0) 点外处处连续

练习题 8.2

1. (1) $\frac{\partial z}{\partial x}=3x^2y-y^3$ $\frac{\partial z}{\partial y}=x^3-3xy^2$ (2) $\frac{\partial z}{\partial x}=\frac{2y+y\cos(xy)}{x^2+e^y}-\frac{4x^2y+2x\sin(xy)}{(x^2+e^y)^2}$

   $\frac{\partial z}{\partial y}=\frac{2x+x\cos(xy)}{x^2+e^y}-\frac{2xye^y+e^y\sin(xy)}{(x^2+e^y)^2}$ (3) $\frac{\partial z}{\partial x}=y^2(1+xy)^{y-1}$ $\frac{\partial z}{\partial y}=(1+xy)^y\left[\ln(1+xy)+\frac{xy}{1+xy}\right]$

   (4) $\frac{\partial z}{\partial x}=\frac{1}{y\sin\frac{x}{y}\cos\frac{x}{y}}$ $\frac{\partial z}{\partial y}=-\frac{x}{y^2\sin\frac{x}{y}\cos\frac{x}{y}}$

   (5) $\frac{\partial u}{\partial x}=y^2+2zx$ $\frac{\partial u}{\partial y}=2xy+z^2$ $\frac{\partial u}{\partial z}=2yz+x^2$

2. $\left.\frac{\partial z}{\partial x}\right|_{\substack{x=2\\y=\pi}}=\frac{\pi}{4}\sin\frac{2}{\pi}$ $\left.\frac{\partial z}{\partial y}\right|_{\substack{x=2\\y=\pi}}=-\frac{1}{2}\sin\frac{2}{\pi}$

3. $f'_x(0,1)=-1$ $f'_y(0,1)=2$

5. (1) $f''_{xx}(0,0,1)=2$ (2) $f''_{zx}(1,0,2)=2$

6. (1) $\frac{\partial^2 z}{\partial x^2}=6x+6y$ $\frac{\partial^2 z}{\partial y^2}=12y^2$ $\frac{\partial^2 z}{\partial x\partial y}=6x$ (2) $\frac{\partial^2 z}{\partial x^2}=-\frac{2xy}{(x^2+y^2)^2}$ $\frac{\partial^2 z}{\partial y^2}=\frac{2xy}{(x^2+y^2)^2}$ $\frac{\partial^2 z}{\partial x\partial y}=\frac{x^2-y^2}{(x^2+y^2)^2}$

练习题 8.3

1. $\Delta z\approx -0.1190$ $dz=-0.125$

2. $dx-dy$

3. $df(1,1)=dx$

4. (1) $dz=\frac{1}{x+y^2}dx+\frac{2y}{x+y^2}dy$ (2) $du=-\frac{y}{x^2}e^{\frac{y}{x}}dx+\frac{1}{x}e^{\frac{y}{x}}dy$

   (3) $dz=e^{xy}[\cos(xy)-\sin(xy)](ydx+xdy)$

   (4) $du=x^{yz}\left(\frac{yz}{x}dx+z\ln x dy+y\ln x dz\right)$

5. 0.005

6. 2.022

7. 55.3cm^3

练习题 8.4

1. (1) $\frac{\partial z}{\partial x}=8xy^2\ln(x^2-y^2)+\frac{8x^3y^2}{x^2-y^2},\frac{\partial z}{\partial y}=8x^2y\ln(x^2-y^2)-\frac{8x^2y^3}{x^2-y^2}$

(2) $\frac{dz}{dt}=-\frac{e^{3t}+e^t}{(e^{2t}-1)^2}$ (3) $\frac{\partial z}{\partial x}=e^{x+y}\cos e^{x+y}+1,\frac{\partial z}{\partial y}=e^{x+y}\cos e^{x+y}-2$

(4) $\frac{\partial z}{\partial x}=\frac{2e^{2(x+y^2)}+2x}{e^{2(x+y^2)}+x^2+y},\frac{\partial z}{\partial y}=\frac{4ye^{2(x+y^2)}+1}{e^{2(x+y^2)}+x^2+y}$

(5) 令 $u=e^x$，$v=\sin x$ 则 $\frac{dz}{dx}=\frac{\partial f}{\partial x}+\frac{\partial f}{\partial u}e^x+\frac{\partial f}{\partial v}\cos x$

2. (1) $\frac{\partial z}{\partial x}=\frac{2z\sqrt{xyz}+yz^2}{xyz-\sqrt{xyz}}\frac{\partial z}{\partial y}=\frac{3z\sqrt{xyz}+xz^2}{xyz-\sqrt{xyz}}$ (2) $\frac{dy}{dx}=-\frac{x}{y}$

(3) $\frac{\partial z}{\partial x}=\frac{yz}{e^z-xy}\frac{\partial z}{\partial y}=\frac{xz}{e^z-xy}$ (4) $\frac{\partial z}{\partial x}=\frac{z}{x+z}\frac{\partial z}{\partial y}=\frac{z^2}{y(x+z)}$

练习题 8.5

1. (1) 极大 $z(2,-2)=8$ (2) 极小 $z\left(\frac{1}{2},-1\right)=-\frac{e}{2}$

(3) 极大 $f(3,2)=36$

2. 6,6,6
3. 长和宽都是 6，高是 3
4. $\sqrt{3}$
5. $\left(\frac{21}{13},2,\frac{63}{26}\right)$

习 题 八

1. $f\left(1,\frac{y}{x}\right)=\frac{2xy}{x^2+y^2}z=\frac{\sqrt{4x-y^2}}{\ln(1-x^2-y^2)}$
2. (1) $\{(x,y)\mid y^2>2x-1\}$ (2) $\{(x,y)\mid x^2+y^2<1,x^2+y^2\neq 0,y^2\leqslant 4x\}$

(3) $\{(x,y)\mid x^2+y^2\leqslant 4\}$ (4) $\{(x,y)\mid 0\leqslant y\leqslant x^2,x\geqslant 0\}$

3. (1) $\frac{\partial z}{\partial x}=\frac{yx^{y-1}}{1+x^y}$ $\frac{\partial z}{\partial y}=\frac{x^y\ln x}{1+x^y}$ (2) $\frac{\partial z}{\partial x}=\frac{e^{xy}(ye^x+ye^y-e^x)}{(e^x+e^y)^2}$ $\frac{\partial z}{\partial y}=\frac{e^{xy}(xe^x+xe^y-e^y)}{(e^x+e^y)^2}$

(3) $\frac{\partial u}{\partial x}=y^zx^{y^z-1}$ $\frac{\partial u}{\partial y}=x^{y^z}zy^{z-1}\ln x$ $\frac{\partial u}{\partial z}=x^{y^z}y^z\ln x\ln y$

(4) $\frac{\partial z}{\partial x}=\cot(x-2y)$ $\frac{\partial z}{\partial y}=-2\cot(x-2y)$

4. $\frac{\partial u}{\partial x}=\frac{\partial f}{\partial x}+\frac{\partial f}{\partial y}\left(\frac{\partial \varphi}{\partial x}+\frac{\partial \varphi}{\partial t}\times\frac{\partial \psi}{\partial x}\right)\frac{\partial u}{\partial z}=\frac{\partial f}{\partial z}+\frac{\partial f}{\partial y}\times\frac{\partial \varphi}{\partial t}\times\frac{\partial \psi}{\partial z}$
6. (1) $dz=[\cos(x-y)-x\sin(x-y)]dx+x\sin(x-y)dy$

(2) $du=yzx^{yz-1}dx+zx^{yz}\ln x dy+yx^{yz}\ln x dz$

7. $dz=-\frac{z}{x}dx+\frac{z(2xyz-1)}{y(2xz-2xyz+1)}dy$
8. (1) $\frac{\partial z}{\partial x}=e^{xy\cos\ln(x-y)}\left[y\cos\ln(x-y)-\frac{xy\sin\ln(x-y)}{x-y}\right]$

$\frac{\partial z}{\partial y}=e^{xy\cos\ln(x-y)}\left[x\cos\ln(x-y)+\frac{xy\sin\ln(x-y)}{x-y}\right]$ (2) $\frac{dz}{dx}=\frac{e^x(1+x)}{1+x^2e^{2x}}$

9. (1) $\frac{\partial z}{\partial x}=\frac{z}{x+z}$ $\frac{\partial z}{\partial y}=\frac{z^2}{y(x+z)}$ (2) $\frac{dy}{dx}=\frac{y^2-e^x}{\cos y-2xy}$

10. 极大值 $z(0,0)=0$

练习题 9.1

1. (1) $\iint\limits_D (x+y)^2 d\sigma$ (2) $\iint\limits_D (x^2+y^2)d\sigma$

2. (1) π (2) πab (3) $\frac{2}{3}\pi R^3$

3. $\frac{\pi}{e}\leqslant\iint\limits_D e^{-x^2-y^2}d\sigma\leqslant\pi$

练习题 9.2

1. (1) $\int_1^2 dx\int_3^4 f(x,y)dy$ 或 $\int_3^4 dy\int_1^2 f(x,y)dx$ (2) $\int_0^1 dx\int_{x-1}^{1-x} f(x,y)dy$

   (3) $\int_1^3 dx\int_x^{3x} f(x,y)dy$ (4) $\int_{-\sqrt{2}}^{\sqrt{2}} dx\int_{x^2}^{4-x^2} f(x,y)dy$

   (5) $\int_{-2}^2 dx\int_{-\frac{3}{2}\sqrt{4-x^2}}^{\frac{3}{2}\sqrt{4-x^2}} f(x,y)dy$ 或 $\int_{-3}^3 dy\int_{-\frac{2}{3}\sqrt{9-y^2}}^{\frac{2}{3}\sqrt{9-y^2}} f(x,y)dx$

2. (1) 2 (2) $\frac{7}{20}$ (3) $\frac{2}{5}$ (4) $-\frac{3}{2}\pi$ (5) $\frac{6}{55}$

3. (1) $\int_0^1 dx\int_{x^2}^{x} f(x,y)dy$ (2) $\int_0^2 dx\int_{\frac{1}{2}x}^{3-x} f(x,y)dy$ (3) $\int_0^1 dy\int_{e^y}^{e} f(x,y)dx$

4. (1) $\int_0^{\frac{\pi}{2}} d\theta\int_0^1 f(r\cos\theta,r\sin\theta)rdr$ (2) $\int_0^{\frac{\pi}{2}} d\theta\int_a^b f(r\cos\theta,r\sin\theta)rdr$ (3) $\int_0^{\frac{\pi}{2}} d\theta\int_0^{2R\sin\theta} f(r\cos\theta,r\sin\theta)rdr$

5. (1) $\int_0^{\frac{\pi}{2}} d\theta\int_0^a f(r\cos\theta,r\sin\theta)rdr$ (2) $\int_{\frac{\pi}{4}}^{\frac{\pi}{3}} d\theta\int_0^{\frac{2}{\cos\theta}} f(r)rdr$

6. (1) $\frac{3\pi^2}{64}$ (2) $\pi(e^4-1)$

练习题 9.3

1. $\frac{4}{3}$

2. $\frac{\pi}{2}$

3. $2a^2(\pi-2)$

4. $\frac{\pi}{6}(5\sqrt{5}-1)$

5. $\left(\frac{2R}{3\alpha}\sin\alpha,0\right)$(其中扇形的顶点为原点，中心角的平分线为 x 轴)

6. (1) $I_y=\frac{1}{4}\pi a^3 b$ $I_O=\frac{1}{4}\pi ab(a^2+b^2)$ (2) $I_x=\frac{1}{3}ab^3$ $I_y=a^3 b$

习 题 九

1. (1) $\int_2^4 dx\int_2^{6-x} f(x,y)dy$ (2) $\int_1^2 dy\int_y^{y+1} f(x,y)dx$

2. （1）$\int_{-\frac{\pi}{2}}^{\frac{\pi}{2}}d\theta\int_0^1 f(r\cos\theta,r\sin\theta)rdr$ （2）$\int_0^{\pi}d\theta\int_1^3 f(r\cos\theta,r\sin\theta)rdr$

3. （1）$\int_0^2 dy\int_y^2 f(x,y)dx$ （2）$\int_0^2 dx\int_x^2 f(x,y)dx$

4. （1）$\frac{1}{2}e-1$ （2）$1-\cos1$

5. （1）16 （2）$\frac{2}{\pi}$ （3）$\frac{32}{9}$ （4）5π

6. $\frac{1}{6}$

练习题 10.1

1. （1）$u_n=(-1)^{n-1}\frac{n}{2^n}$ （2）$u_n=\frac{x^{\frac{n}{2}}}{2^n n!}$ （3）$u_n=(-1)^{n-1}\frac{a^{n+1}}{2n+1}$
2. （1）发散 （2）收敛
3. （1）$\frac{1}{3}$ （2）发散 （3）$\frac{\ln3}{3-\ln3}$ （4）$\frac{5}{4}$ （5）$\frac{11}{18}$
4. （1）收敛 （2）发散

练习题 10.2

1. （1）收敛 （2）发散 （3）收敛 （4）发散
2. （1）收敛 （2）收敛 （3）收敛 （4）发散
3. （1）收敛 （2）收敛 （3）发散 （4）收敛 （5）发散 （6）发散
4. （1）收敛 （2）收敛 （3）发散 （4）收敛
5. （1）条件收敛 （2）绝对收敛 （3）条件收敛 （4）条件收敛

练习题 10.3

1. （1）$R=1$ $(-1,1)$ （2）$R=+\infty$ $(-\infty,+\infty)$ （3）$R=+\infty$ $(-\infty,+\infty)$
（4）$R=2$ $(-2,2)$ （5）$R=1$ $(-1,1)$ （6）$R=2$ $(-2,2)$
2. $\arctan x(-1\leqslant x\leqslant1)$ $\frac{\sqrt{3}}{2}\arctan\frac{\sqrt{3}}{2}$
3. $\frac{1}{(1-x)^2}(-1<x<1)$

练习题 10.4

1. （1）$\sum_{n=0}^{\infty}(-1)^n\frac{x^n}{n!}(-\infty<x<+\infty)$ （2）$\sum_{n=0}^{\infty}(-1)^n\frac{(2x)^{2n+1}}{(2n+1)!}(-\infty<x<+\infty)$
（3）$\ln a+\sum_{n=1}^{\infty}(-1)^{n-1}\frac{1}{n}\left(\frac{x}{a}\right)^n(-a<x\leqslant a)$ （4）$\frac{1}{3}\sum_{n=0}^{\infty}\left(\frac{x}{3}\right)^n(-3<x<3)$
2. $\frac{1}{3}\sum_{n=0}^{\infty}(-1)^n\left(\frac{x-3}{3}\right)^n(0<x<6)$
3. $\frac{1}{\ln10}\sum_{n=1}^{\infty}(-1)^{n-1}\frac{(x-1)^n}{n}(0<x\leqslant2)$

练习题 10.5

1. $f(x)=\frac{\pi}{2}-\frac{4}{\pi}\left[\cos x+\frac{1}{3^2}\cos 3x+\cdots+\frac{1}{(2n-1)^2}\cos(2n-1)x+\cdots\right]$

$(-\infty<x<+\infty)$

2. $f(x)=1+\frac{4}{\pi}\left(\sin x-\frac{1}{3}\sin 3x+\frac{1}{5}\sin 5x-\frac{1}{7}\sin 7x+\cdots\right)$

$\left(-\infty<x<+\infty, x\neq k\pi-\frac{\pi}{2}, k=0,\pm1,\pm2,\cdots\right)$

3. $x+1=\frac{2}{\pi}\left[(\pi+2)\sin x-\frac{\pi}{2}\sin 2x+\frac{1}{3}(\pi+2)\sin 3x-\frac{\pi}{4}\sin 4x+\cdots\right](0<x<\pi)$

$x+1=\frac{\pi}{2}+1-\frac{4}{\pi}\left(\cos x+\frac{1}{3^2}\cos 3x+\frac{1}{5^2}\cos 5x+\cdots\right)(0\leqslant x\leqslant\pi)$

4. $f(x)=\frac{c}{2}+\frac{2c}{\pi}\left(\sin\frac{\pi x}{3}+\frac{1}{3}\sin\frac{3\pi x}{3}+\frac{1}{5}\sin\frac{5\pi x}{3}+\cdots\right)$

$\left(-\infty<x<+\infty, x\neq 0,\pm3,\pm6,\cdots;\text{在 } x=0,\pm3,\pm6,\cdots\text{处收敛于}\frac{c}{2}\right)$

习 题 十

1. (1) $\frac{10}{3}$ (2) 0 (3) 0 (4) 收敛 (5) $R=1$ (6) $(-3,\ 3)$ (7) 0 (8) 绝对收敛

(9) $\sum_{n=0}^{\infty}\frac{x^{2n+1}}{n!}$ (10) $\sum_{n=0}^{\infty}\frac{x^n}{2^n}$

2. (1) 收敛 (2) 发散 (3) 收敛 (4) 收敛

3. (1) $p>1$ 时绝对收敛 $0<p<1$ 时条件收敛 $p\leqslant 0$ 时发散 (2) 绝对收敛 (3) 条件收敛

(4) 绝对收敛

4. (1) $R=3$ $[-3,3)$ (2) $R=+\infty$ $(-\infty<x<+\infty)$ (3) $R=2$ $(-2,2)$

(4) $R=1$ $(-1,1)$ (5) $R=1$ $[1,3]$ (6) $R=2$ $[-3,1)$

5. (1) $y=\ln 5+\frac{x}{5}-\frac{x^2}{2\times5^2}+\frac{x^3}{3\times5^3}-\cdots+(-1)^n\frac{x^{n+1}}{(n+1)\times5^{n+1}}+\cdots(-5<x<5)$

(2) $y=1+\frac{\ln 2}{1}x+\frac{(\ln 2)^2}{2!}x^2+\cdots+\frac{(\ln 2)^n}{n!}x^n+\cdots(-\infty<x<+\infty)$

(3) $y=x-\frac{2^2}{3!}x^3+\frac{2^4}{5!}x^5-\cdots+(-1)^{k-1}\frac{2^{2k-2}}{(2k-1)!}x^{2k-1}+\cdots(-\infty<x<+\infty)$

(4) $y=1-x^2+\frac{x^4}{2!}-\frac{x^6}{3!}+\cdots+(-1)^n\frac{x^{2n}}{n!}+\cdots(-\infty<x<+\infty)$

6. $f(x)=\frac{e^{\pi}-1}{2\pi}+\frac{1}{\pi}\sum_{n=1}^{\infty}\left[\frac{(-1)^n e^{\pi}-1}{n^2+1}\cos nx+\frac{n(-1)^{n+1}e^{\pi}-1}{n^2+1}\sin nx\right]$

$(-\infty<x<+\infty, x\neq n\pi, n=0,\pm1,\pm2,\cdots)$

练习题 11.1

1. (1) $\frac{2}{4s^2+1}$ (2) $\frac{1}{s+2}$ (3) $\frac{2}{s^2}$ (4) $\frac{1}{s^2+4}$

2. (1) $\frac{1}{s^3}(2s^2+3s+2)$ (2) $\frac{1}{(s-1)^3}(s^2-4s+5)$ (3) $\frac{s+4}{(s+4)^2+16}$ (4) $\frac{2}{s(s^2+4)}$

3. $\dfrac{2as}{(s^2+a^2)^2}$

练习题 11.2

1. (1) $2e^{3t}$ (2) $\dfrac{1}{3}e^{-\frac{5}{3}t}$ (3) $4\cos 4t$ (4) $\dfrac{1}{6}\sin\dfrac{3}{2}t$ (5) $2\cos 6t-\dfrac{4}{3}\sin 6t$

(6) $\dfrac{5}{2}e^{-5t}-\dfrac{3}{2}e^{-3t}$ (7) $\dfrac{4}{\sqrt{6}}e^{-2t}\sin\sqrt{6}t$ (8) $\delta(t)-2e^{-2t}$ (9) $\dfrac{9}{10\sqrt{5}}\sin 2\sqrt{5}t-\dfrac{4}{5\sqrt{10}}\sin\sqrt{10}t$

(10) $\dfrac{t}{2a}\sin at$

2. (1) $y(t)=e^{2t}-t-u(t)$ (2) $x(t)=\left(\dfrac{7}{4}+\dfrac{1}{2}t\right)e^{-t}-\dfrac{3}{4}e^{-3t}$ (3) $y(t)=-2\sin t-\cos 2t$

(4) $y(t)=t-\sin t$

习题十一

1. (1) $\dfrac{2}{s}(4-e^{-2s})$ (2) $\dfrac{1}{2}\left[\dfrac{s-4}{(s-4)^2+49}+\dfrac{s-4}{(s-4)^2+1}\right]$

2. (1) $1-e^t+te^t$ (2) $e^t(3\cos 3t+2\sin 3t)$ (3) $-e^{-t}+e^{2t}\left(1+2t-\dfrac{1}{2}t^2\right)$

3. $y(t)=\dfrac{1}{3}e^{-t}+4e^t-\dfrac{7}{3}e^{2t}$

4. (1) $y=e^{-x}(1-\cos x)$ (2) $y=\dfrac{3}{4}-\dfrac{3}{4}e^{-2t}(1+2t)$ (3) $y=\dfrac{1}{6}t\sin 3t$

附录Ⅱ　简易积分表

（一）含有 $ax+b$ 的积分（$a\neq 0$）

1. $\int \frac{dx}{ax+b} = \frac{1}{a}\ln|ax+b|+C$

2. $\int (ax+b)^{\mu}dx = \frac{1}{a(\mu+1)}(ax+b)^{\mu+1}+C(\mu\neq -1)$

3. $\int \frac{x}{ax+b}dx = \frac{1}{a^2}(ax+b-b\ln|ax+b|)+C$

4. $\int \frac{x^2}{ax+b}dx = \frac{1}{a^3}\left[\frac{1}{2}(ax+b)^2-2b(ax+b)+b^2\ln|ax+b|\right]+C$

5. $\int \frac{dx}{x(ax+b)} = -\frac{1}{b}\ln\left|\frac{ax+b}{x}\right|+C$

6. $\int \frac{dx}{x^2(ax+b)} = -\frac{1}{bx}+\frac{a}{b^2}\ln\left|\frac{ax+b}{x}\right|+C$

7. $\int \frac{x}{(ax+b)^2}dx = \frac{1}{a^2}(\ln|ax+b|+\frac{b}{ax+b})+C$

8. $\int \frac{x^2}{(ax+b)^2}dx = \frac{1}{a^3}(ax+b-2b\ln|ax+b|-\frac{b^2}{ax+b})+C$

9. $\int \frac{dx}{x(ax+b)^2} = \frac{1}{b(ax+b)}-\frac{1}{b^2}\ln\left|\frac{ax+b}{x}\right|+C$

（二）含有 $\sqrt{ax+b}$ 的积分

10. $\int \sqrt{ax+b}dx = \frac{2}{3a}\sqrt{(ax+b)^3}+C$

11. $\int x\sqrt{ax+b}dx = \frac{2}{15a^2}(3ax-2b)\sqrt{(ax+b)^3}+C$

12. $\int x^2\sqrt{ax+b}dx = \frac{2}{105a^3}(15a^2x^2-12abx+8b^2)\sqrt{(ax+b)^3}+C$

13. $\int \frac{x}{\sqrt{ax+b}}dx = \frac{2}{3a^2}(ax-2b)\sqrt{ax+b}+C$

14. $\int \frac{x^2}{\sqrt{ax+b}}dx = \frac{2}{15a^3}(3a^2x^2-4abx+8b^2)\sqrt{ax+b}+C$

15. $\int \frac{dx}{x\sqrt{ax+b}} = \begin{cases} \frac{1}{\sqrt{b}}\ln\left|\frac{\sqrt{ax+b}-\sqrt{b}}{\sqrt{ax+b}+\sqrt{b}}\right|+C\ (b>0) \\ \frac{2}{\sqrt{-b}}\arctan\sqrt{\frac{ax+b}{-b}}+C\ (b<0) \end{cases}$

16. $\int \frac{dx}{x^2\sqrt{ax+b}} = -\frac{\sqrt{ax+b}}{bx}-\frac{a}{2b}\int\frac{dx}{x\sqrt{ax+b}}$

17. $\int \frac{\sqrt{ax+b}}{x}dx = 2\sqrt{ax+b}+b\int\frac{dx}{x\sqrt{ax+b}}$

18. $\int \frac{\sqrt{ax+b}}{x^2}dx = -\frac{\sqrt{ax+b}}{x}+\frac{a}{2}\int\frac{dx}{x\sqrt{ax+b}}$

（三）含有 $x^2\pm a^2$ 的积分

19. $\int \frac{dx}{x^2+a^2} = \frac{1}{a}\arctan\frac{x}{a}+C$

20. $\int \frac{\mathrm{d}x}{(x^2+a^2)^n} = \frac{x}{2(n-1)a^2(x^2+a^2)^{n-1}} + \frac{2n-3}{2(n-1)a^2}\int \frac{\mathrm{d}x}{(x^2+a^2)^{n-1}}$

21. $\int \frac{\mathrm{d}x}{x^2-a^2} = \frac{1}{2a}\ln\left|\frac{x-a}{x+a}\right| + C$

（四）含有 ax^2+b（$a>0$）的积分

22. $\int \frac{\mathrm{d}x}{ax^2+b} = \begin{cases} \frac{1}{\sqrt{ab}}\arctan\sqrt{\frac{a}{b}}x + C & (b>0) \\ \frac{1}{2\sqrt{-ab}}\ln\left|\frac{\sqrt{a}x-\sqrt{-b}}{\sqrt{a}x+\sqrt{-b}}\right| + C & (b<0) \end{cases}$

23. $\int \frac{x}{ax^2+b}\mathrm{d}x = \frac{1}{2a}\ln|ax^2+b| + C$

24. $\int \frac{x^2}{ax^2+b}\mathrm{d}x = \frac{x}{a} - \frac{b}{a}\int \frac{\mathrm{d}x}{ax^2+b}$

25. $\int \frac{\mathrm{d}x}{x(ax^2+b)} = \frac{1}{2b}\ln\frac{x^2}{|ax^2+b|} + C$

26. $\int \frac{\mathrm{d}x}{x^2(ax^2+b)} = -\frac{1}{bx} - \frac{a}{b}\int \frac{\mathrm{d}x}{ax^2+b}$

27. $\int \frac{\mathrm{d}x}{x^3(ax^2+b)} = \frac{a}{2b^2}\ln\frac{|ax^2+b|}{x^2} - \frac{1}{2bx^2} + C$

28. $\int \frac{\mathrm{d}x}{(ax^2+b)^2} = \frac{x}{2b(ax^2+b)} + \frac{1}{2b}\int \frac{\mathrm{d}x}{ax^2+b}$

（五）含有 ax^2+bx+c（$a>0$）的积分

29. $\int \frac{\mathrm{d}x}{ax^2+bx+c} = \begin{cases} \frac{2}{\sqrt{4ac-b^2}}\arctan\frac{2ax+b}{\sqrt{4ac-b^2}} + C & (b^2<4ac) \\ \frac{1}{\sqrt{b^2-4ac}}\ln\left|\frac{2ax+b-\sqrt{b^2-4ac}}{2ax+b+\sqrt{b^2-4ac}}\right| + C & (b^2>4ac) \end{cases}$

30. $\int \frac{x}{ax^2+bx+c}\mathrm{d}x = \frac{1}{2a}\ln|ax^2+bx+c| - \frac{b}{2a}\int \frac{\mathrm{d}x}{ax^2+bx+c}$

（六）含有 $\sqrt{x^2+a^2}$（$a>0$）的积分

31. $\int \frac{\mathrm{d}x}{\sqrt{x^2+a^2}} = \operatorname{arsh}\frac{x}{a} + C_1 = \ln(x+\sqrt{x^2+a^2}) + C$

32. $\int \frac{\mathrm{d}x}{\sqrt{(x^2+a^2)^3}} = \frac{x}{a^2\sqrt{x^2+a^2}} + C$

33. $\int \frac{x}{\sqrt{x^2+a^2}}\mathrm{d}x = \sqrt{x^2+a^2} + C$

34. $\int \frac{x}{\sqrt{(x^2+a^2)^3}}\mathrm{d}x = -\frac{1}{\sqrt{x^2+a^2}} + C$

35. $\int \frac{x^2}{\sqrt{x^2+a^2}}\mathrm{d}x = \frac{x}{2}\sqrt{x^2+a^2} - \frac{a^2}{2}\ln(x+\sqrt{x^2+a^2}) + C$

36. $\int \frac{x^2}{\sqrt{(x^2+a^2)^3}}\mathrm{d}x = -\frac{x}{\sqrt{x^2+a^2}} + \ln(x+\sqrt{x^2+a^2}) + C$

37. $\int \frac{\mathrm{d}x}{x\sqrt{x^2+a^2}} = \frac{1}{a}\ln\frac{\sqrt{x^2+a^2}-a}{|x|} + C$

38. $\int \frac{\mathrm{d}x}{x^2\sqrt{x^2+a^2}} = -\frac{\sqrt{x^2+a^2}}{a^2x} + C$

39. $\int \sqrt{x^2+a^2}\,\mathrm{d}x = \frac{x}{2}\sqrt{x^2+a^2} + \frac{a^2}{2}\ln(x+\sqrt{x^2+a^2}) + C$

40. $\int \sqrt{(x^2+a^2)^3}\,\mathrm{d}x = \frac{x}{8}(2x^2+5a^2)\sqrt{x^2+a^2} + \frac{3}{8}a^4\ln(x+\sqrt{x^2+a^2}) + C$

41. $\int x\sqrt{x^2+a^2}\,dx=\frac{1}{3}\sqrt{(x^2+a^2)^3}+C$

42. $\int x^2\sqrt{x^2+a^2}\,dx=\frac{x}{8}(2x^2+a^2)\sqrt{x^2+a^2}-\frac{a^4}{8}\ln(x+\sqrt{x^2+a^2})+C$

43. $\int\frac{\sqrt{x^2+a^2}}{x}dx=\sqrt{x^2+a^2}+a\ln\frac{\sqrt{x^2+a^2}-a}{|x|}+C$

44. $\int\frac{\sqrt{x^2+a^2}}{x^2}dx=-\frac{\sqrt{x^2+a^2}}{x}+\ln(x+\sqrt{x^2+a^2})+C$

(七) 含有 $\sqrt{x^2-a^2}$ ($a>0$) 的积分

45. $\int\frac{dx}{\sqrt{x^2-a^2}}=\frac{x}{|x|}\operatorname{arch}\frac{|x|}{a}+C_1=\ln\left|x+\sqrt{x^2-a^2}\right|+C$

46. $\int\frac{dx}{\sqrt{(x^2-a^2)^3}}=-\frac{x}{a^2\sqrt{x^2-a^2}}+C$

47. $\int\frac{x}{\sqrt{x^2-a^2}}dx=\sqrt{x^2-a^2}+C$

48. $\int\frac{x}{\sqrt{(x^2-a^2)^3}}dx=-\frac{1}{\sqrt{x^2-a^2}}+C$

49. $\int\frac{x^2}{\sqrt{x^2-a^2}}dx=\frac{x}{2}\sqrt{x^2-a^2}+\frac{a^2}{2}\ln\left|x+\sqrt{x^2-a^2}\right|+C$

50. $\int\frac{x^2}{\sqrt{(x^2-a^2)^3}}dx=-\frac{x}{\sqrt{x^2-a^2}}+\ln\left|x+\sqrt{x^2-a^2}\right|+C$

51. $\int\frac{dx}{x\sqrt{x^2-a^2}}=\frac{1}{a}\arccos\frac{a}{|x|}+C$

52. $\int\frac{dx}{x^2\sqrt{x^2-a^2}}=\frac{\sqrt{x^2-a^2}}{a^2x}+C$

53. $\int\sqrt{x^2-a^2}\,dx=\frac{x}{2}\sqrt{x^2-a^2}-\frac{a^2}{2}\ln\left|x+\sqrt{x^2-a^2}\right|+C$

54. $\int\sqrt{(x^2-a^2)^3}\,dx=\frac{x}{8}(2x^2-5a^2)\sqrt{x^2-a^2}+\frac{3}{8}a^4\ln\left|x+\sqrt{x^2-a^2}\right|+C$

55. $\int x\sqrt{x^2-a^2}\,dx=\frac{1}{3}\sqrt{(x^2-a^2)^3}+C$

56. $\int x^2\sqrt{x^2-a^2}\,dx=\frac{x}{8}(2x^2-a^2)\sqrt{x^2-a^2}-\frac{a^4}{8}\ln\left|x+\sqrt{x^2-a^2}\right|+C$

57. $\int\frac{\sqrt{x^2-a^2}}{x}dx=\sqrt{x^2-a^2}-a\arccos\frac{a}{|x|}+C$

58. $\int\frac{\sqrt{x^2-a^2}}{x^2}dx=-\frac{\sqrt{x^2-a^2}}{x}+\ln\left|x+\sqrt{x^2-a^2}\right|+C$

(八) 含有 $\sqrt{a^2-x^2}$ ($a>0$) 的积分

59. $\int\frac{dx}{\sqrt{a^2-x^2}}=\arcsin\frac{x}{a}+C$

60. $\int\frac{dx}{\sqrt{(a^2-x^2)^3}}=\frac{x}{a^2\sqrt{a^2-x^2}}+C$

61. $\int\frac{x}{\sqrt{a^2-x^2}}dx=-\sqrt{a^2-x^2}+C$

62. $\int\frac{x}{\sqrt{(a^2-x^2)^3}}dx=\frac{1}{\sqrt{a^2-x^2}}+C$

63. $\int\frac{x^2}{\sqrt{a^2-x^2}}dx=-\frac{x}{2}\sqrt{a^2-x^2}+\frac{a^2}{2}\arcsin\frac{x}{a}+C$

64. $\int \frac{x^2}{\sqrt{(a^2-x^2)^3}}dx = \frac{x}{\sqrt{a^2-x^2}} - \arcsin\frac{x}{a} + C$

65. $\int \frac{dx}{x\sqrt{a^2-x^2}} = \frac{1}{a}\ln\frac{a-\sqrt{a^2-x^2}}{|x|} + C$

66. $\int \frac{dx}{x^2\sqrt{a^2-x^2}} = -\frac{\sqrt{a^2-x^2}}{a^2x} + C$

67. $\int \sqrt{a^2-x^2}dx = \frac{x}{2}\sqrt{a^2-x^2} + \frac{a^2}{2}\arcsin\frac{x}{a} + C$

68. $\int \sqrt{(a^2-x^2)^3}dx = \frac{x}{8}(5a^2-2x^2)\sqrt{a^2-x^2} + \frac{3}{8}a^4\arcsin\frac{x}{a} + C$

69. $\int x\sqrt{a^2-x^2}dx = -\frac{1}{3}\sqrt{(a^2-x^2)^3} + C$

70. $\int x^2\sqrt{a^2-x^2}dx = \frac{x}{8}(2x^2-a^2)\sqrt{a^2-x^2} + \frac{a^4}{8}\arcsin\frac{x}{a} + C$

71. $\int \frac{\sqrt{a^2-x^2}}{x}dx = \sqrt{a^2-x^2} + a\ln\frac{a-\sqrt{a^2-x^2}}{|x|} + C$

72. $\int \frac{\sqrt{a^2-x^2}}{x^2}dx = -\frac{\sqrt{a^2-x^2}}{x} - \arcsin\frac{x}{a} + C$

（九）含有$\sqrt{\pm ax^2+bx+c}$（$a>0$）的积分

73. $\int \frac{dx}{\sqrt{ax^2+bx+c}} = \frac{1}{\sqrt{a}}\ln\left|2ax+b+2\sqrt{a}\sqrt{ax^2+bx+c}\right| + C$

74. $\int \sqrt{ax^2+bx+c}dx = \frac{2ax+b}{4a}\sqrt{ax^2+bx+c} + \frac{4ac-b^2}{8\sqrt{a^3}}\ln\left|2ax+b+2\sqrt{a}\sqrt{ax^2+bx+c}\right| + C$

75. $\int \frac{x}{\sqrt{ax^2+bx+c}}dx = \frac{1}{a}\sqrt{ax^2+bx+c} - \frac{b}{2\sqrt{a^3}}\ln\left|2ax+b+2\sqrt{a}\sqrt{ax^2+bx+c}\right| + C$

76. $\int \frac{dx}{\sqrt{c+bx-ax^2}} = -\frac{1}{\sqrt{a}}\arcsin\frac{2ax-b}{\sqrt{b^2+4ac}} + C$

77. $\int \sqrt{c+bx-ax^2}dx = \frac{2ax-b}{4a}\sqrt{c+bx-ax^2} + \frac{b^2+4ac}{8\sqrt{a^3}}\arcsin\frac{2ax-b}{\sqrt{b^2+4ac}} + C$

78. $\int \frac{x}{\sqrt{c+bx-ax^2}}dx = -\frac{1}{a}\sqrt{c+bx-ax^2} + \frac{b}{2\sqrt{a^3}}\arcsin\frac{2ax-b}{\sqrt{b^2+4ac}} + C$

（十）含有$\sqrt{\pm\frac{x-a}{x-b}}$或$\sqrt{(x-a)(b-x)}$的积分

79. $\int \sqrt{\frac{x-a}{x-b}}dx = (x-b)\sqrt{\frac{x-a}{x-b}} + (b-a)\ln(\sqrt{|x-a|} + \sqrt{|x-b|}) + C$

80. $\int \sqrt{\frac{x-a}{b-x}}dx = (x-b)\sqrt{\frac{x-a}{b-x}} + (b-a)\arcsin\sqrt{\frac{x-a}{b-x}} + C$

81. $\int \frac{dx}{\sqrt{(x-a)(b-x)}} = 2\arcsin\sqrt{\frac{x-a}{b-x}} + C$ ($a<b$)

82. $\int \sqrt{(x-a)(b-x)}dx = \frac{2x-a-b}{4}\sqrt{(x-a)(b-x)} + \frac{(b-a)^2}{4}\arcsin\sqrt{\frac{x-a}{b-x}} + C$
($a<b$)

（十一）含有三角函数的积分

83. $\int \sin x dx = -\cos x + C$

84. $\int \cos x dx = \sin x + C$

85. $\int \tan x dx = -\ln|\cos x| + C$

86. $\int \cot x \mathrm{d}x = \ln|\sin x| + C$

87. $\int \sec x \mathrm{d}x = \ln\left|\tan\left(\frac{\pi}{4} + \frac{x}{2}\right)\right| + C = \ln|\sec x + \tan x| + C$

88. $\int \csc x \mathrm{d}x = \ln\left|\tan\frac{x}{2}\right| + C = \ln|\csc x - \cot x| + C$

89. $\int \sec^2 x \mathrm{d}x = \tan x + C$

90. $\int \csc^2 x \mathrm{d}x = -\cot x + C$

91. $\int \sec x \tan x \mathrm{d}x = \sec x + C$

92. $\int \csc x \cot x \mathrm{d}x = -\csc x + C$

93. $\int \sin^2 x \mathrm{d}x = \frac{x}{2} - \frac{1}{4}\sin 2x + C$

94. $\int \cos^2 x \mathrm{d}x = \frac{x}{2} + \frac{1}{4}\sin 2x + C$

95. $\int \sin^n x \mathrm{d}x = -\frac{1}{n}\sin^{n-1} x\cos x + \frac{n-1}{n}\int \sin^{n-2} x \mathrm{d}x$

96. $\int \cos^n x \mathrm{d}x = \frac{1}{n}\cos^{n-1} x\sin x + \frac{n-1}{n}\int \cos^{n-2} x \mathrm{d}x$

97. $\int \frac{\mathrm{d}x}{\sin^n x} = \frac{\cos x}{(n-1)\sin^{n-1} x} + \frac{n-2}{n-1}\int \frac{\mathrm{d}x}{\sin^{n-2} x}$

98. $\int \frac{\mathrm{d}x}{\cos^n x} = \frac{\sin x}{(n-1)\cos^{n-1} x} + \frac{n-2}{n-1}\int \frac{\mathrm{d}x}{\cos^{n-2} x}$

99. $\int \cos^m x \sin^n x \mathrm{d}x = \frac{1}{m+n}\cos^{m-1} x\sin^{n+1} x + \frac{m-1}{m+n}\int \cos^{m-2} x\sin^n x \mathrm{d}x$

$= -\frac{1}{m+n}\cos^{m+1} x\sin^{n-1} x + \frac{n-1}{m+n}\int \cos^m x\sin^{n-2} x \mathrm{d}x$

100. $\int \sin ax \cos bx \mathrm{d}x = -\frac{1}{2(a+b)}\cos(a+b)x - \frac{1}{2(a-b)}\cos(a-b)x + C$

101. $\int \sin ax \sin bx \mathrm{d}x = -\frac{1}{2(a+b)}\sin(a+b)x + \frac{1}{2(a-b)}\sin(a-b)x + C$

102. $\int \cos ax \cos bx \mathrm{d}x = \frac{1}{2(a+b)}\sin(a+b)x + \frac{1}{2(a-b)}\sin(a-b)x + C$

103. $\int \frac{\mathrm{d}x}{a + b\sin x} = \frac{2}{\sqrt{a^2 - b^2}}\arctan\frac{a\tan\frac{x}{2} + b}{\sqrt{a^2 - b^2}} + C \ (a^2 > b^2)$

104. $\int \frac{\mathrm{d}x}{a + b\sin x} = \frac{1}{\sqrt{b^2 - a^2}}\ln\left|\frac{a\tan\frac{x}{2} + b - \sqrt{b^2 - a^2}}{a\tan\frac{x}{2} + b + \sqrt{b^2 - a^2}}\right| + C \ (a^2 < b^2)$

105. $\int \frac{\mathrm{d}x}{a + b\cos x} = \frac{2}{a+b}\sqrt{\frac{a+b}{a-b}}\arctan\left(\sqrt{\frac{a-b}{a+b}}\tan\frac{x}{2}\right) + C \ (a^2 > b^2)$

106. $\int \frac{\mathrm{d}x}{a + b\cos x} = \frac{1}{a+b}\sqrt{\frac{a+b}{b-a}}\ln\left|\frac{\tan\frac{x}{2} + \sqrt{\frac{a+b}{b-a}}}{\tan\frac{x}{2} - \sqrt{\frac{a+b}{b-a}}}\right| + C \ (a^2 < b^2)$

107. $\int \frac{\mathrm{d}x}{a^2\cos^2 x + b^2\sin^2 x} = \frac{1}{ab}\arctan\left(\frac{b}{a}\tan x\right) + C$

108. $\int \frac{\mathrm{d}x}{a^2\cos^2 x - b^2\sin^2 x} = \frac{1}{2ab}\ln\left|\frac{b\tan x + a}{b\tan x - a}\right| + C$

109. $\int x\sin ax\,dx = \frac{1}{a^2}\sin ax - \frac{1}{a}x\cos ax + C$

110. $\int x^2\sin ax\,dx = -\frac{1}{a}x^2\cos ax + \frac{2}{a^2}x\sin ax + \frac{2}{a^3}\cos ax + C$

111. $\int x\cos ax\,dx = \frac{1}{a^2}\cos ax + \frac{1}{a}x\sin ax + C$

112. $\int x^2\cos ax\,dx = \frac{1}{a}x^2\sin ax + \frac{2}{a^2}x\cos ax - \frac{2}{a^3}\sin ax + C$

（十二）含有反三角函数的积分（其中 $a>0$）

113. $\int \arcsin\frac{x}{a}\,dx = x\arcsin\frac{x}{a} + \sqrt{a^2-x^2} + C$

114. $\int x\arcsin\frac{x}{a}\,dx = \left(\frac{x^2}{2}-\frac{a^2}{4}\right)\arcsin\frac{x}{a} + \frac{x}{4}\sqrt{a^2-x^2} + C$

115. $\int x^2\arcsin\frac{x}{a}\,dx = \frac{x^3}{3}\arcsin\frac{x}{a} + \frac{1}{9}(x^2+2a^2)\sqrt{a^2-x^2} + C$

116. $\int \arccos\frac{x}{a}\,dx = x\arccos\frac{x}{a} - \sqrt{a^2-x^2} + C$

117. $\int x\arccos\frac{x}{a}\,dx = \left(\frac{x^2}{2}-\frac{a^2}{4}\right)\arccos\frac{x}{a} - \frac{x}{4}\sqrt{a^2-x^2} + C$

118. $\int x^2\arccos\frac{x}{a}\,dx = \frac{x^3}{3}\arccos\frac{x}{a} - \frac{1}{9}(x^2+2a^2)\sqrt{a^2-x^2} + C$

119. $\int \arctan\frac{x}{a}\,dx = x\arctan\frac{x}{a} - \frac{a}{2}\ln(a^2+x^2) + C$

120. $\int x\arctan\frac{x}{a}\,dx = \frac{1}{2}(a^2+x^2)\arctan\frac{x}{a} - \frac{a}{2}x + C$

121. $\int x^2\arctan\frac{x}{a}\,dx = \frac{x^3}{3}\arctan\frac{x}{a} - \frac{a}{6}x^2 + \frac{a^3}{6}\ln(a^2+x^2) + C$

（十三）含有指数函数的积分

122. $\int a^x\,dx = \frac{1}{\ln a}a^x + C$

123. $\int e^{ax}\,dx = \frac{1}{a}e^{ax} + C$

124. $\int xe^{ax}\,dx = \frac{1}{a^2}(ax-1)e^{ax} + C$

125. $\int x^n e^{ax}\,dx = \frac{1}{a}x^n e^{ax} - \frac{n}{a}\int x^{n-1}e^{ax}\,dx$

126. $\int xa^x\,dx = \frac{x}{\ln a}a^x - \frac{1}{(\ln a)^2}a^x + C$

127. $\int x^n a^x\,dx = \frac{1}{\ln a}x^n a^x - \frac{n}{\ln a}\int x^{n-1}a^x\,dx$

128. $\int e^{ax}\sin bx\,dx = \frac{1}{a^2+b^2}e^{ax}(a\sin bx - b\cos bx) + C$

129. $\int e^{ax}\cos bx\,dx = \frac{1}{a^2+b^2}e^{ax}(b\sin bx + a\cos bx) + C$

130. $\int e^{ax}\sin^n bx\,dx = \frac{1}{a^2+b^2n^2}e^{ax}\sin^{n-1}bx(a\sin bx - nb\cos bx) + \frac{n(n-1)b^2}{a^2+b^2n^2}\int e^{ax}\sin^{n-2}bx\,dx$

131. $\int e^{ax}\cos^n bx\,dx = \frac{1}{a^2+b^2n^2}e^{ax}\cos^{n-1}bx(a\cos bx + nb\sin bx) + \frac{n(n-1)b^2}{a^2+b^2n^2}\int e^{ax}\cos^{n-2}bx\,dx$

（十四）含有对数函数的积分

132. $\int \ln x\,dx = x\ln x - x + C$

133. $\int \frac{dx}{x\ln x} = \ln|\ln x| + C$

134. $\int x^n \ln x \mathrm{d}x = \frac{1}{n+1}x^{n+1}(\ln x - \frac{1}{n+1}) + C$

135. $\int (\ln x)^n \mathrm{d}x = x(\ln x)^n - n\int (\ln x)^{n-1} \mathrm{d}x$

136. $\int x^m (\ln x)^n \mathrm{d}x = \frac{1}{m+1}x^{m+1}(\ln x)^n - \frac{n}{m+1}\int x^m (\ln x)^{n-1} \mathrm{d}x$

（十五）含有双曲函数的积分

137. $\int \mathrm{sh}x\mathrm{d}x = \mathrm{ch}x + C$

138. $\int \mathrm{ch}x\mathrm{d}x = \mathrm{sh}x + C$

139. $\int \mathrm{th}x\mathrm{d}x = \ln\mathrm{ch}x + C$

140. $\int \mathrm{sh}^2 x\mathrm{d}x = -\frac{x}{2} + \frac{1}{4}\mathrm{sh}2x + C$

141. $\int \mathrm{ch}^2 x\mathrm{d}x = \frac{x}{2} + \frac{1}{4}\mathrm{sh}2x + C$

（十六）定积分

142. $\int_{-\pi}^{\pi} \cos nx \mathrm{d}x = \int_{-\pi}^{\pi} \sin nx \mathrm{d}x = 0$

143. $\int_{-\pi}^{\pi} \cos mx \sin nx \mathrm{d}x = 0$

144. $\int_{-\pi}^{\pi} \cos mx \cos nx \mathrm{d}x = \begin{cases} 0, & m \neq n \\ \pi, & m = n \end{cases}$

145. $\int_{-\pi}^{\pi} \sin mx \sin nx \mathrm{d}x = \begin{cases} 0, & m \neq n \\ \pi, & m = n \end{cases}$

146. $\int_{0}^{\pi} \sin mx \sin nx \mathrm{d}x = \int_{0}^{\pi} \cos mx \cos nx \mathrm{d}x = \begin{cases} 0, & m \neq n \\ \frac{\pi}{2}, & m = n \end{cases}$

147. $I_n = \int_{0}^{\frac{\pi}{2}} \sin^n x \mathrm{d}x = \int_{0}^{\frac{\pi}{2}} \cos^n x \mathrm{d}x$

$I_n = \frac{n-1}{n} I_{n-2}$

$I_n = \frac{n-1}{n} \times \frac{n-3}{n-2} \cdots \frac{4}{5} \times \frac{2}{3}$（$n$ 为大于 1 的正奇数），$I_1 = 1$

$I_n = \frac{n-1}{n} \times \frac{n-3}{n-2} \cdots \frac{3}{4} \times \frac{1}{2} \times \frac{\pi}{2}$（$n$ 为正偶数），$I_0 = \frac{\pi}{2}$

附录Ⅲ　初等数学常用公式

一、代数

1. $|x+y|\leqslant|x|+|y|$

2. $|x|-|y|\leqslant|x-y|\leqslant|x|+|y|$

3. $\sqrt{x^2}=|x|=\begin{cases}x, & x\geqslant 0\\ -x, & x<0\end{cases}$

4. 若$|x|\leqslant a$，则$-a\leqslant x\leqslant a$

5. 若$|x|\geqslant b$，$b>0$，则 $x\geqslant b$ 或 $x\leqslant -b$

6. 设 $ax^2+bx+c=0$ 的判别式为Δ(只就 $a>0$ 的情形讨论)

(1)当 $\Delta>0$ 时，方程有两不等的实根 x_1，x_2($x_1<x_2$)

$$\begin{cases}ax^2+bx+c>0 \text{ 的解集为}\{x|x>x_2\}\cup\{x|x<x_1\}\\ ax^2+bx+c<0 \text{ 的解集为}\{x|x_1<x<x_2\}\end{cases}$$

(2)当 $\Delta=0$ 时，方程有两个相等实根 $x_1=x_2$，

$$ax^2+bx+c>0 \text{ 的解集为}\{x|x\in R \text{ 且 } x\neq x_1\}$$

$$ax^2+bx+c<0 \text{ 的解集为 } \varnothing$$

(3)当 $\Delta<0$ 时，方程无实根

$$ax^2+bx+c>0 \text{ 的解集为 } R$$

$$ax^2+bx+c<0 \text{ 的解集为 } \varnothing$$

7. $a^m\cdot a^n=a^{m+n}$

8. $a^m\div a^n=a^{m-n}$

9. $(a^m)^n=a^{m\cdot n}$

10. $\sqrt[n]{a^m}=a^{\frac{m}{n}}$(公式 7～10 中 $a>0$，m，n 均为任意实数)

11. $\log_a M\cdot N=\log_a M+\log_a N$

12. $\log_a \dfrac{M}{N}=n\log_a M-\log_a N$

13. $\log_a M^n=n\log_a M$

14. $\log_a \sqrt[n]{M}=\dfrac{1}{n}\log_a M$ (公式 11～14 中，$M>0$，$N>0$)

15. $x=a^{\log_a x}$ ($x>0$)

16. $1+2+3+\cdots+n=\dfrac{1}{2}n(n+1)$

17. $1^2+2^2+3^2+\cdots+n^2=\dfrac{1}{6}n(n+1)(2n+1)$

18. $a+(a+d)+(a+2d)+\cdots+[a+(n-1)d]=na+\dfrac{n(n-1)}{2}d$

19. $a+aq+aq^2+\cdots+aq^{n-1}=\dfrac{a(1-q^n)}{1-q}$ ($q\neq 1$)

20. $a^2-b^2=(a-b)(a+b)$

21. $a^3\pm b^3=(a\pm b)(a^2\mp ab+b^2)$

22. $(a+b)^2=a^2+2ab+b^2$

23. $(a\pm b)^3=a^3\pm 3a^2b+3ab^2\pm b^3$

二、三角

24. $\sin(\alpha\pm\beta)=\sin\alpha\cos\beta\pm\cos\alpha\sin\beta$

25. $\cos(\alpha\pm\beta)=\cos\alpha\cos\beta\pm\sin\alpha\sin\beta$

26. $\mathrm{tg}(\alpha\pm\beta)=\dfrac{\mathrm{tg}\alpha\pm\mathrm{tg}\beta}{1\mp\mathrm{tg}\alpha\mathrm{tg}\beta}$

27. $\sin2\alpha=2\sin\alpha\cos\alpha$

28. $\cos2\alpha=\cos^2\alpha-\sin^2\alpha=2\cos^2\alpha-1=1-2\sin^2\alpha$

29. $\sin\alpha\cos\beta=\dfrac{1}{2}[\sin(\alpha+\beta)+\sin(\alpha-\beta)]$

30. $\cos\alpha\cos\beta=\dfrac{1}{2}[\cos(\alpha+\beta)+\cos(\alpha-\beta)]$

31. $\sin\alpha\sin\beta=-\dfrac{1}{2}[\cos(\alpha+\beta)-\cos(\alpha-\beta)]$

三、几何

32. 三角形的面积$=\dfrac{1}{2}\times$底$\times$高

33. 圆弧长 $l=R\theta$（θ为弧度）

34. 圆扇形面积 $S=\dfrac{1}{2}R^2\theta=\dfrac{1}{2}Rl$（$\theta$为圆心角的弧度，$l$为$\theta$对应的圆弧长）

35. 球的体积 $V=\dfrac{4}{3}\pi R^3$

36. 球的表面积 $S=4\pi R^2$

37. 圆锥的体积 $V=\dfrac{1}{3}\pi R^2H$

38. 圆锥的侧面积 $S=\pi Rl$

附录Ⅳ　初等数学常见曲线

一、垂直于坐标轴的直线 $x=a$ 或 $y=b$

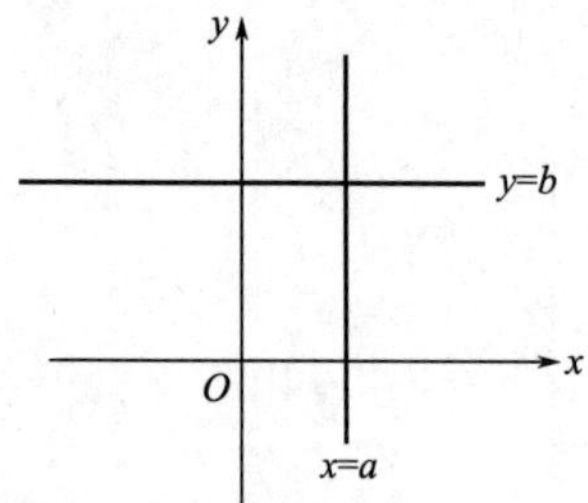

二、存在斜率 $k(k\neq 0)$ 的直线 $y=kx+b$

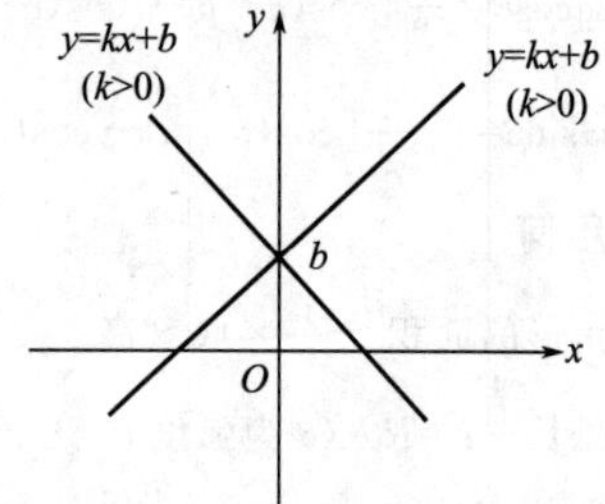

三、$y=x^{2n}$ 或 $y=\sqrt[2n]{x}$ 型幂函数曲线

（以 $y=x^2$，$y=\sqrt{x}$ 为例）

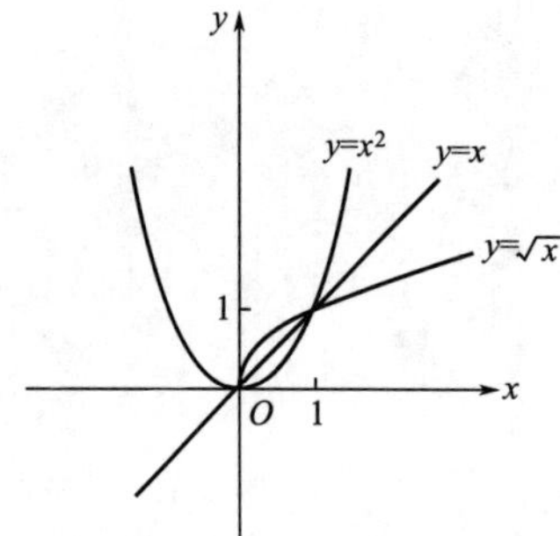

四、$y=x^{2n+1}$ 或 $y=\sqrt[2n+1]{x}$ 型幂函数曲线

（以 $y=x^3$，$y=\sqrt[3]{x}$ 为例）

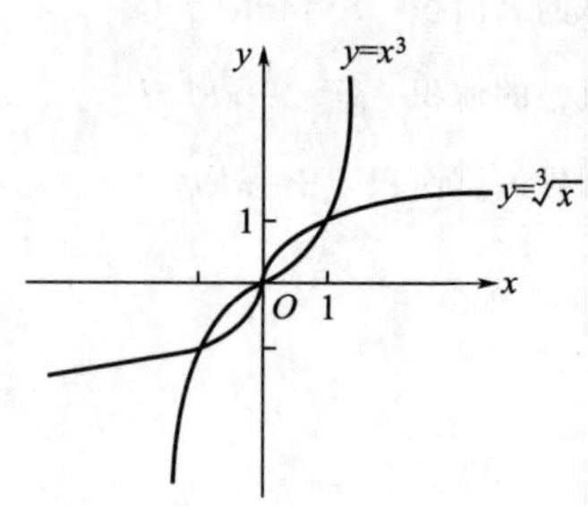

五、$y=x^{-2n}$ 或 $y=x^{-(2n-1)}$ 型幂函数曲线

（以 $y=\frac{1}{x^2}$，$y=\frac{1}{x}$ 为例）

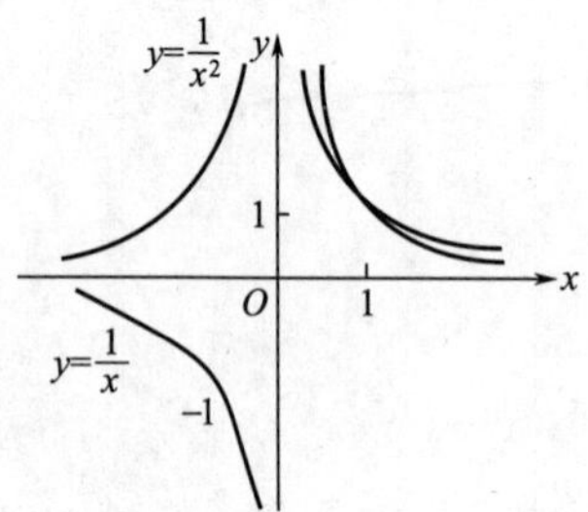

六、指数函数曲线 $y=a^x$

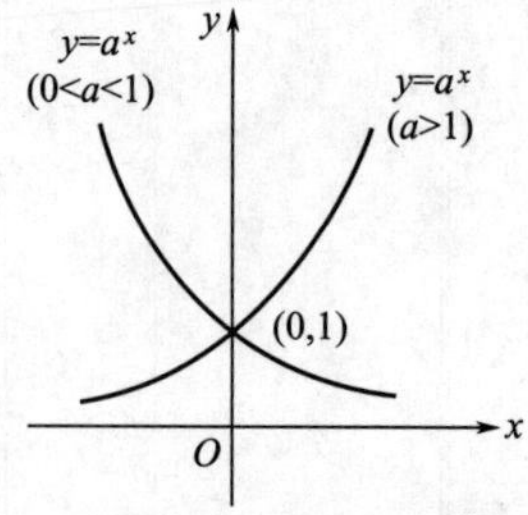

七、对数函数曲线 $y=\log_a x$

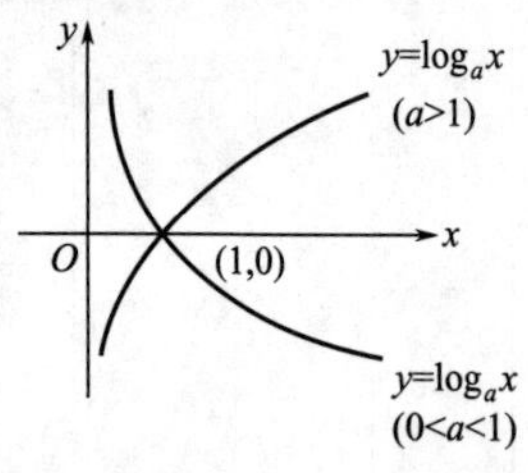

八、正弦曲线 $y=\sin x$

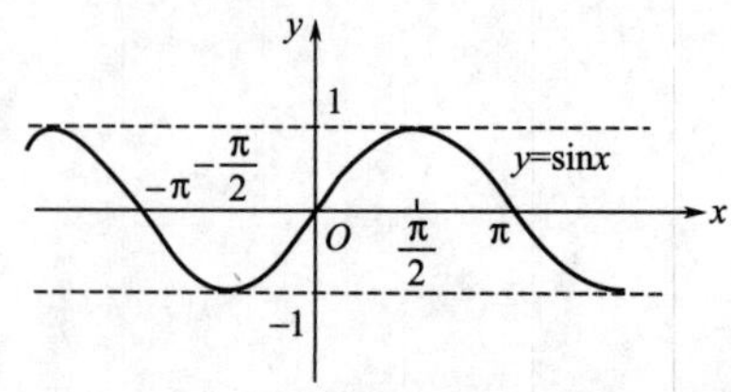

九、余弦曲线 $y=\cos x$

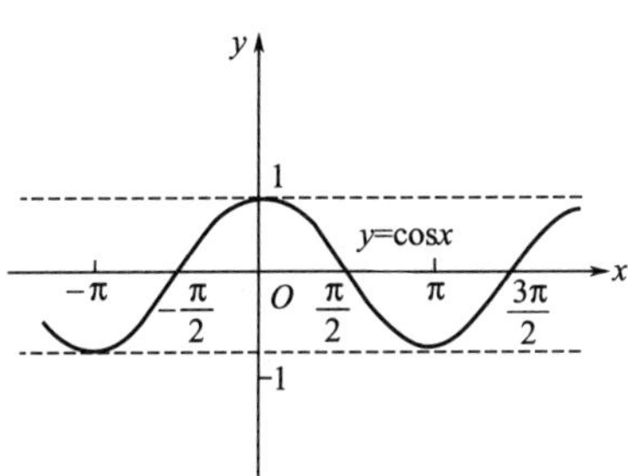

十、正弦曲线 $y=\tan x$

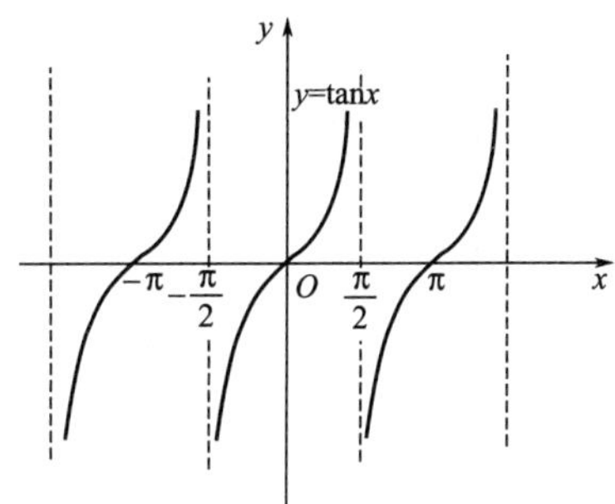

十一、余切曲线 $y=\cot x$

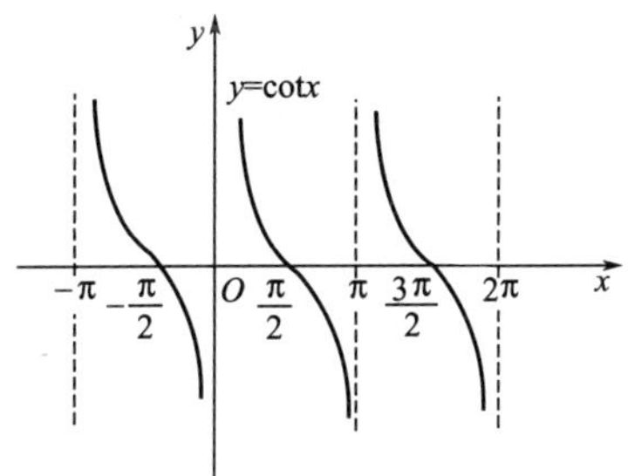

十二、反正弦曲线 $y=\arcsin x$

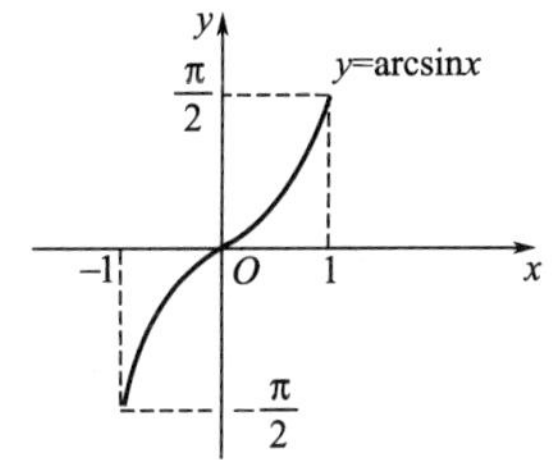

十三、反余弦曲线 $y=\arccos x$

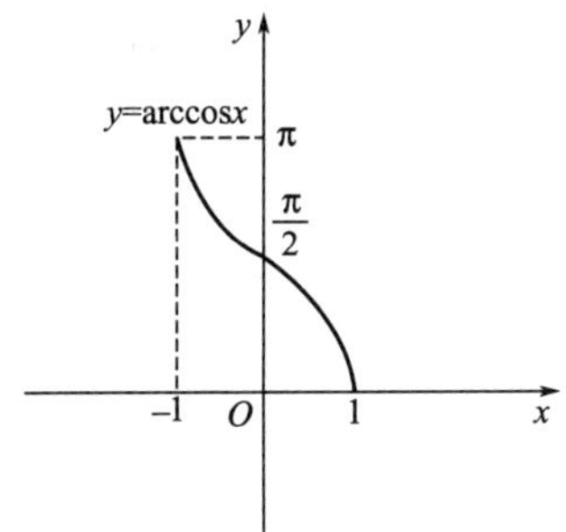

十四、反正切曲线 $y=\arctan x$

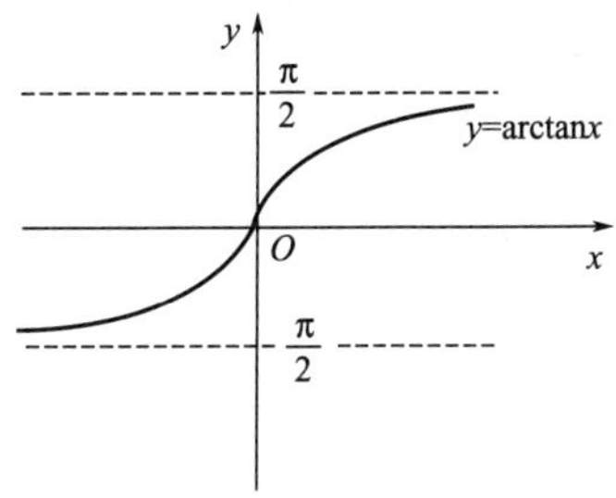

十五、反余切曲线 $y=\operatorname{arccot} x$

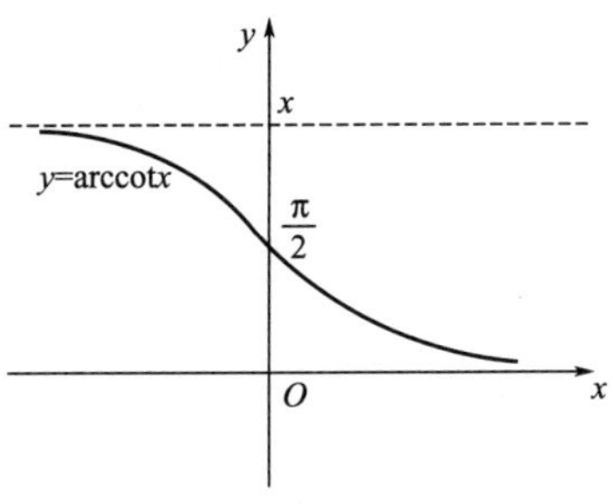

十六、圆 $(x-x_0)^2+(y-y_0)^2=R^2$

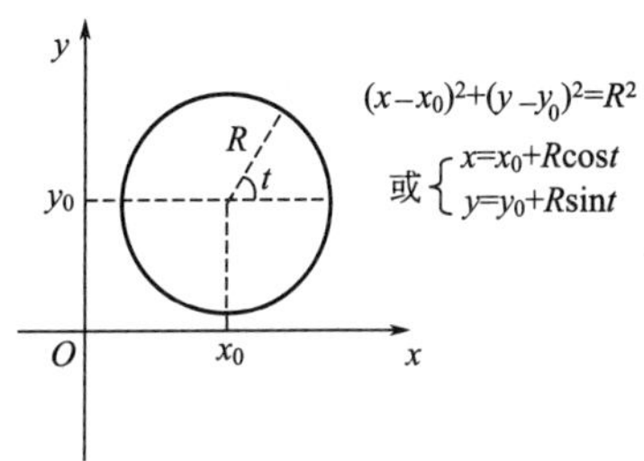

十七、椭圆$\frac{x^2}{a^2}+\frac{y^2}{b^2}=1$

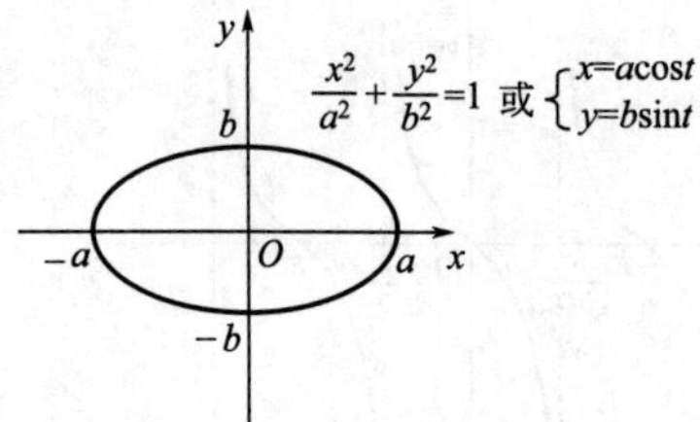

十八、以 x 轴为实轴的双曲线$\frac{x^2}{a^2}-\frac{y^2}{b^2}=1$

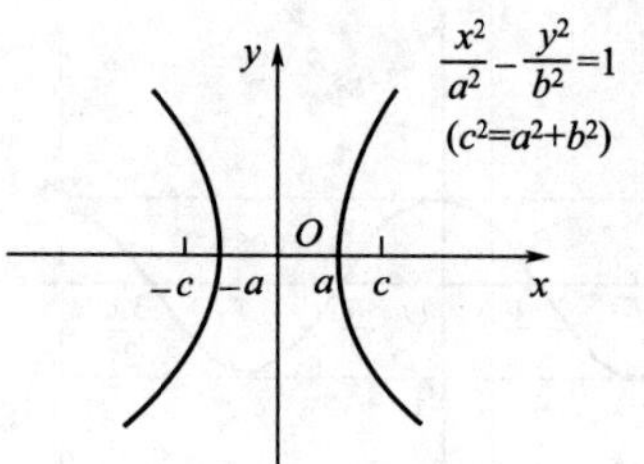

十九、以 y 轴为实轴的双曲线$\frac{y^2}{a^2}-\frac{x^2}{b^2}=1$

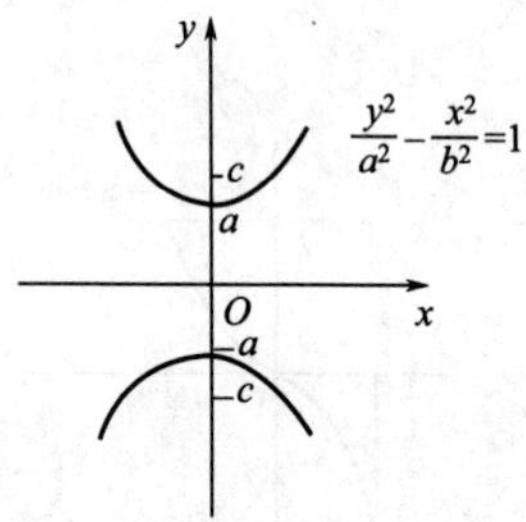

二十、抛物线(Ⅰ)$y^2=2px$ $(p>0)$

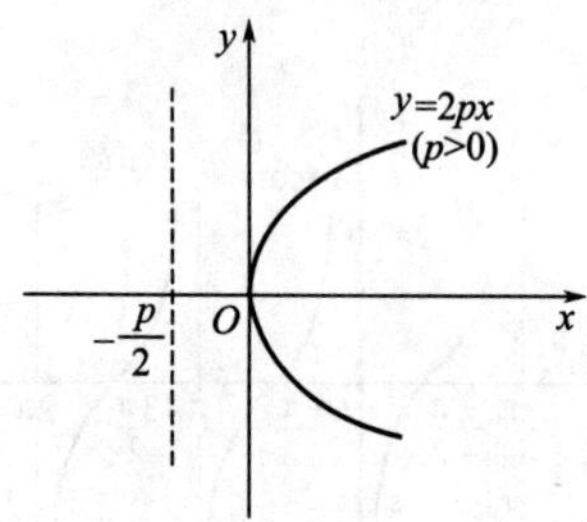

二十一、抛物线(Ⅱ)$y^2=-2px$ $(p>0)$

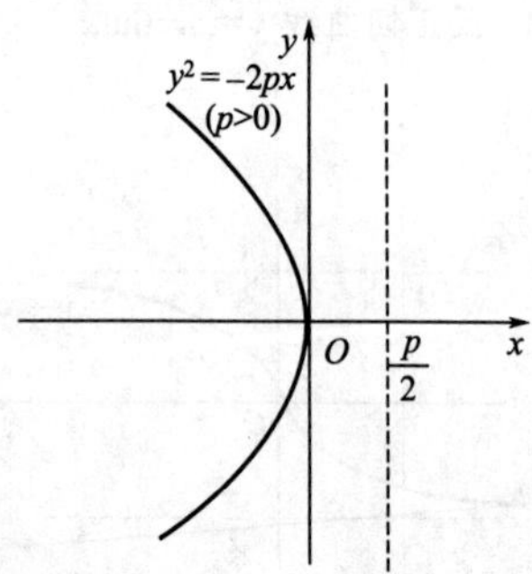

二十二、抛物线(Ⅲ)$y=ax^2+bx+c$ $(a>0)$

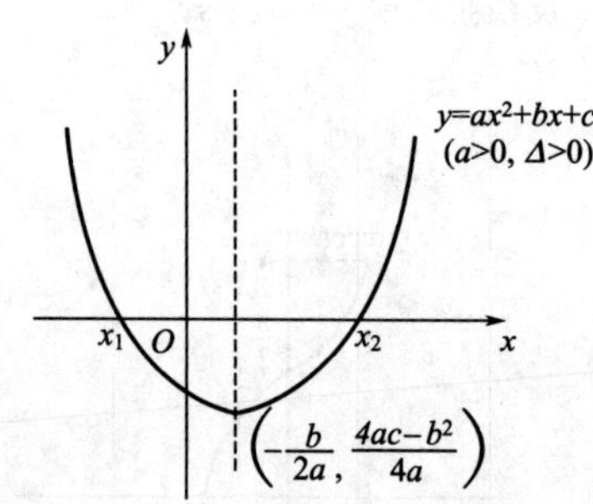

二十三、抛物线(Ⅳ)$y=ax^2+bx+c$ $(a<0)$

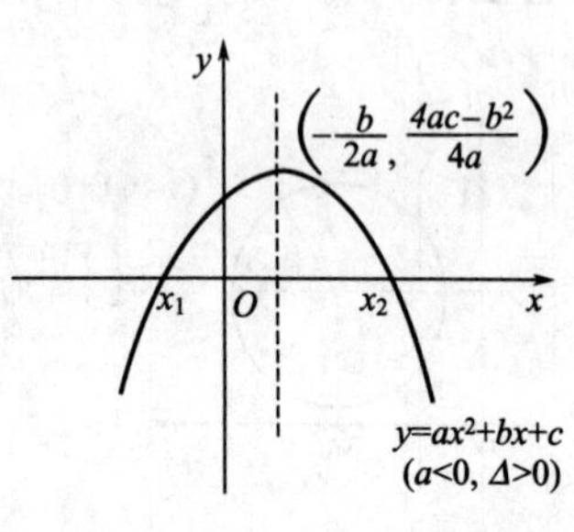

二十四、星形线(内摆线的一种)

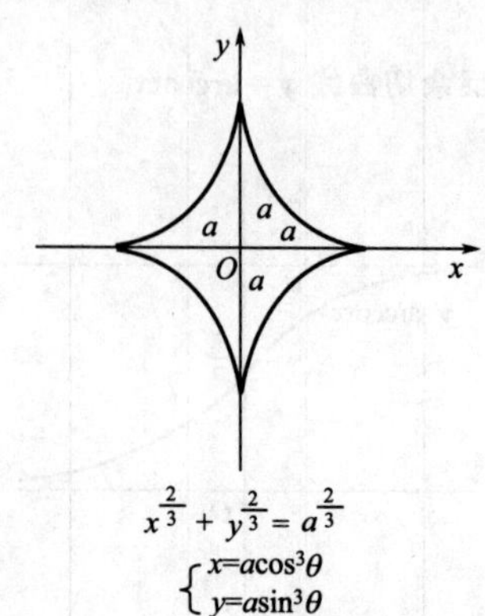

二十五、摆线

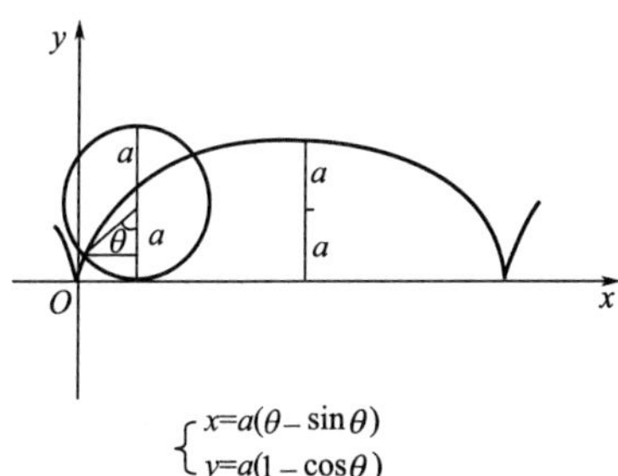

二十六、心形线（外摆线的一种）

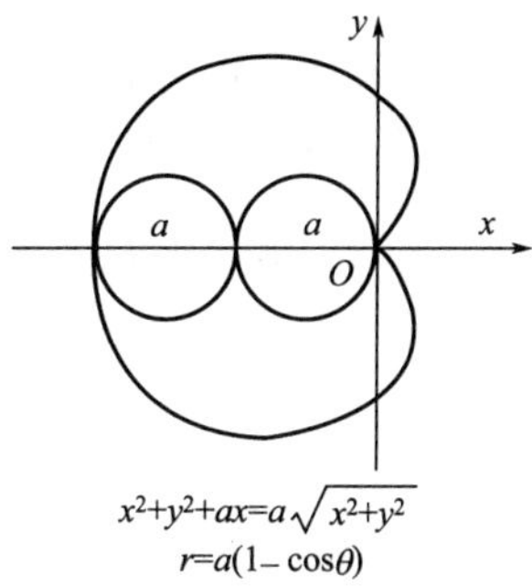

二十七、阿基米得螺线

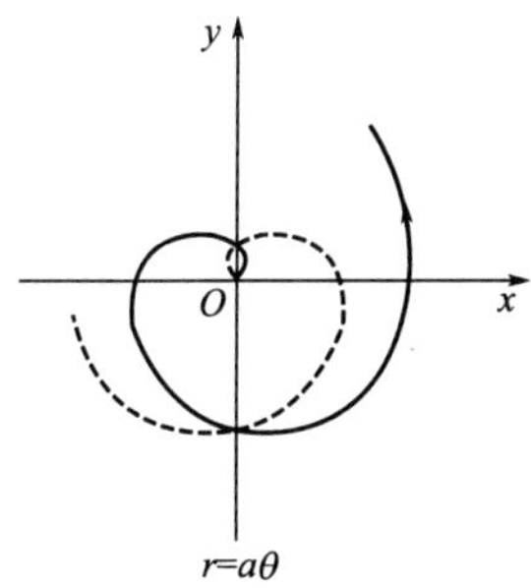

二十八、双曲余弦曲线

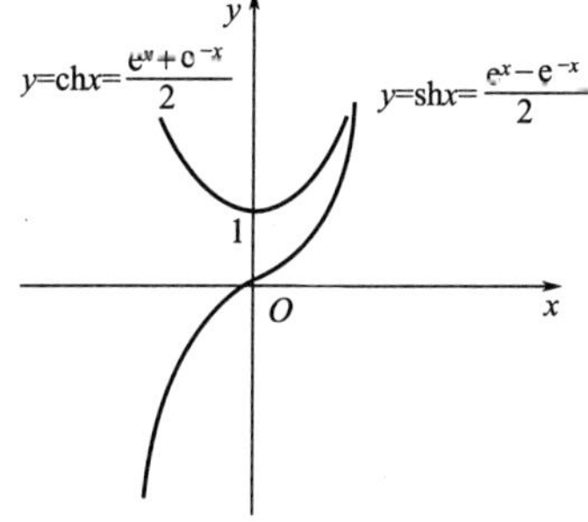

二十九、双曲正切曲线

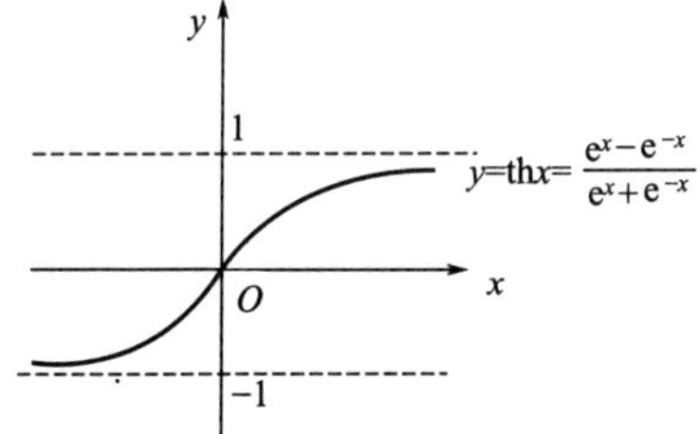

参 考 文 献

[1] 同济大学应用数学系．高等数学．第五版．北京：高等教育出版社，2002.
[2] 刘严等．新编高等数学．第四版．大连：大连理工大学出版社，2004.
[3] 侯风波．高等数学．第二版．北京：高等教育出版社，2003.
[4] 白富志．高等数学．北京：机械工业出版社，1994.
[5] 王化久．高等数学．第二版．北京：机械工业出版社，2004.
[6] 高汝熹．高等数学．第二版．武汉：武汉大学出版社，2000.
[7] 盛祥耀．高等数学．第三版．北京：高等教育出版社，2004.
[8] 李天然．工程数学．北京：高等教育出版社，2002.
[9] 宣立新等．实用工程数学．北京：高等教育出版社，2003.
[10] 林益．工程数学．北京：高等教育出版社，2003.
[11] 李凤香等．新编经济应用数学．第四版．大连：大连理工大学出版社，2005.